새로운 배움, 더 큰 즐거움

미래엔이 응원합니다!

수학 5·1

## WRITERS


**미래엔콘텐츠연구회**
No.1 Content를 개발하는 교육 콘텐츠 연구회


## COPYRIGHT


**인쇄일** 2024년 3월 4일(1판4쇄)
**발행일** 2022년 10월 17일

**펴낸이** 신광수
**펴낸곳** (주)미래엔
**등록번호** 제16-67호

**융합콘텐츠개발실장** 황은주
**개발책임** 김보나 **개발** 장지현, 이선화, 권순주, 심소정, 윤선정

**디자인실장** 손현지
**디자인책임** 김기욱 **디자인** 장병진

**CS본부장** 강윤구
**제작책임** 강승훈

ISBN 979-11-6841-385-6

초등에서 고등까지

# 수학 한눈에 보기

## 초등

| | 1학년 | 2학년 | 3학년 | 4학년 | 5학년 | 6학년 |
|---|---|---|---|---|---|---|
| 수와 연산 | • 9까지의 수<br>• 50까지의 수<br>• 100까지의 수 | • 세 자리 수<br>• 네 자리 수 | • 분수와 소수 | • 큰 수 | • 약수와 배수<br>• 약분과 통분 | |
| | • 덧셈과 뺄셈 | • 덧셈과 뺄셈 | • 덧셈과 뺄셈 | • 곱셈과 나눗셈 | • 자연수의 혼합 계산 | • 분수의 나눗셈<br>• 소수의 나눗셈 |
| | | • 곱셈<br>• 곱셈구구 | • 곱셈<br>• 나눗셈 | • 분수의 덧셈과 뺄셈<br>• 소수의 덧셈과 뺄셈 | • 분수의 덧셈과 뺄셈<br>• 분수의 곱셈<br>• 소수의 곱셈 | |
| 문자와 식 | | | | | | |
| 도형 (기하) | • 여러 가지 모양 | • 여러 가지 도형 | • 평면도형<br>• 원 | • 예각과 둔각<br>• 평면도형의 이동 | • 합동과 대칭 | • 각기둥과 각뿔<br>• 공간과 입체<br>• 원기둥, 원뿔, 구 |
| | | | | • 삼각형, 사각형<br>• 다각형 | • 직육면체 | |
| 측정 | • 비교하기 | • 길이 재기 | • 길이와 시간 | • 각도 | • 다각형의 둘레와 넓이 | • 직육면체의 겉넓이와 부피 |
| | • 시계 보기 | • 시각과 시간 | • 무게와 들이 | | • 수의 범위와 어림하기 | • 원의 둘레와 넓이 |
| 규칙성 | • 규칙 찾기 | • 규칙 찾기 | | • 규칙 찾기 | • 규칙과 대응 | • 비와 비율<br>• 비례식과 비례배분 |
| 함수 | | | | | | |
| 자료와 가능성 (확률과 통계) | | • 분류하기 | • 그림그래프 | • 막대그래프<br>• 꺾은선그래프 | • 평균과 가능성 | • 여러 가지 그래프 |
| | | • 표와 그래프 | | | | |

1 매일 꾸준히 학습하고 싶다면 수학 학습 계획표를 사용하여 스스로 공부하는 습관을 길러 보세요!

2 계획에 맞춰 학습하고, 학습이 끝나면 ☐에 √ 표시를 하세요.

차
-6
23쪽
일

**5일차**
유형 1~2
024~025쪽
월 일
학습 완료 ☐

**6일차**
응용 1~4
026~029쪽
월 일
학습 완료 ☐

**7일차**
단원 평가 1, 2회
030~035쪽
월 일
학습 완료 ☐

## 2 약수와 배수

**13일차**
단원 평가 1, 2회
058~063쪽
월 일
학습 완료 ☐

## 3 규칙과 대응

**14일차**
개념 1~2
066~069쪽
월 일
학습 완료 ☐

**15일차**
유형 1~3
070~072쪽
월 일
학습 완료 ☐

**16일차**
응용 1~3
073~075쪽
월 일
학습 완료 ☐

차
-5
97쪽
일

**21일차**
유형 1~4
098~101쪽
월 일
학습 완료 ☐

**22일차**
응용 1~4
102~105쪽
월 일
학습 완료 ☐

**23일차**
단원 평가 1, 2회
106~111쪽
월 일
학습 완료 ☐

## 5 분수의 덧셈과 뺄셈

차
7쪽
일

**29일차**
단원 평가 1, 2회
138~143쪽
월 일
학습 완료 ☐

## 6 다각형의 둘레와 넓이

**30일차**
개념 1~2
146~149쪽
월 일
학습 완료 ☐

**31일차**
유형 1~2
150~151쪽
월 일
학습 완료 ☐

일차
념 9
~169쪽
일

**37일차**
유형 1~4
170~173쪽
월 일
학습 완료 ☐

**38일차**
응용 1~2
174~175쪽
월 일
학습 완료 ☐

**39일차**
응용 3~5
176~178쪽
월 일
학습 완료 ☐

**40일차**
단원 평가 1, 2회
179~184쪽
월 일
학습 완료 ☐

초코가 추천하는

# 수학 5-1 학습 계획표

**1 자연수의 혼합 계산**

| 1일차 | 2일차 | 3일차 | 4일차 |
|---|---|---|---|
| 개념 1~2 | 개념 3~4 | 유형 1~4 | 개념 5 |
| 008~011쪽 | 012~015쪽 | 016~019쪽 | 020~ |
| 월 일 | 월 일 | 월 일 | 월 |
| 학습 완료 | 학습 완료 | 학습 완료 | 학습 완료 |

| 8일차 | 9일차 | 10일차 | 11일차 | 12일차 |
|---|---|---|---|---|
| 개념 1~2 | 유형 1~4 | 개념 3~4 | 유형 1~4 | 응용 1~4 |
| 038~041쪽 | 042~045쪽 | 046~049쪽 | 050~053쪽 | 054~057쪽 |
| 월 일 | 월 일 | 월 일 | 월 일 | 월 일 |
| 학습 완료 | 학습 완료 | 학습 완료 | 학습 완료 | 학습 완료 |

| 17일차 |
|---|
| 단원평가 1, 2회 |
| 076~081쪽 |
| 월 일 |
| 학습 완료 |

**4 약분과 통분**

| 18일차 | 19일차 | 20일차 |
|---|---|---|
| 개념 1~3 | 유형 1~4 | 개념 4 |
| 084~089쪽 | 090~093쪽 | 094~ |
| 월 일 | 월 일 | 월 |
| 학습 완료 | 학습 완료 | 학습 완료 |

| 24일차 | 25일차 | 26일차 | 27일차 | 28일차 |
|---|---|---|---|---|
| 개념 1~3 | 유형 1~4 | 개념 4~6 | 유형 1~4 | 응용 1~ |
| 114~119쪽 | 120~123쪽 | 124~129쪽 | 130~133쪽 | 134~13 |
| 월 일 | 월 일 | 월 일 | 월 일 | 월 |
| 학습 완료 | 학습 완료 | 학습 완료 | 학습 완료 | 학습 완료 |

| 32일차 | 33일차 | 34일차 | 35일차 | 36 |
|---|---|---|---|---|
| 개념 3~4 | 개념 5~6 | 유형 1~4 | 개념 7~8 | 1 |
| 152~155쪽 | 156~159쪽 | 160~163쪽 | 164~167쪽 | 168~ |
| 월 일 | 월 일 | 월 일 | 월 일 | |
| 학습 완료 | 학습 완료 | 학습 완료 | 학습 완료 | 학습 완 |

초등 수학은 수와 연산, 도형, 측정, 규칙성, 자료와 가능성 영역으로 구성되어 있습니다. 초중고 모든 학년이 다음 학년과 연관되어 있으므로 모든 영역을 완벽하게 학습해 두어야 합니다.

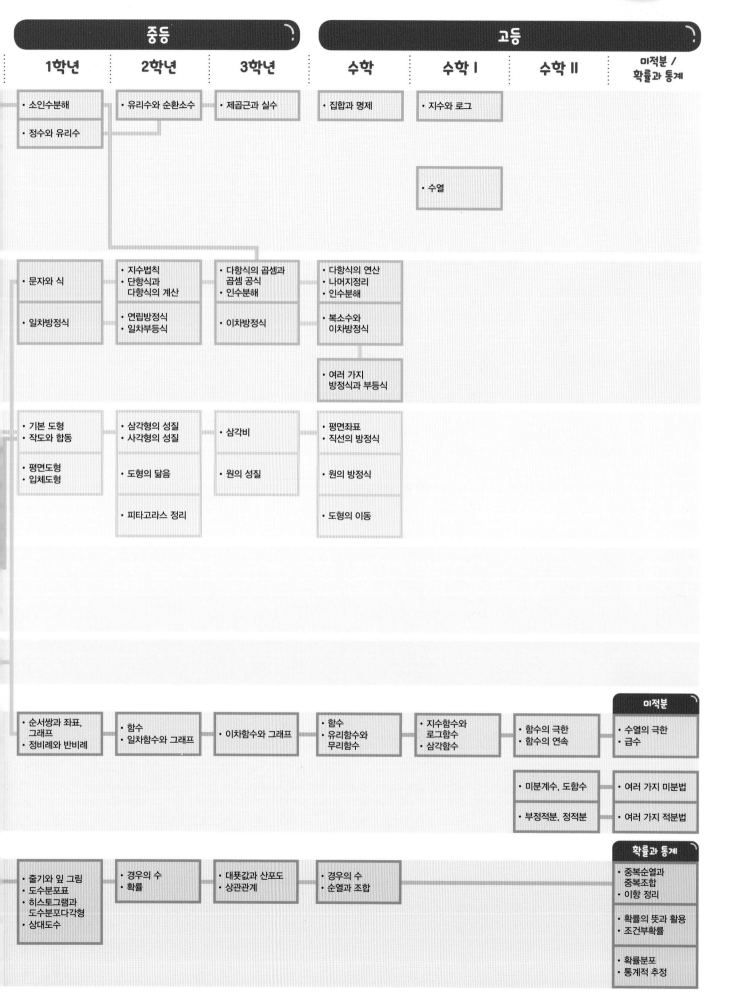

| 중등 | | | 고등 | | | |
|---|---|---|---|---|---|---|
| 1학년 | 2학년 | 3학년 | 수학 | 수학 I | 수학 II | 미적분 / 확률과 통계 |
| • 소인수분해 | • 유리수와 순환소수 | • 제곱근과 실수 | • 집합과 명제 | • 지수와 로그 | | |
| • 정수와 유리수 | | | | | | |
| | | | | • 수열 | | |
| • 문자와 식 | • 지수법칙<br>• 단항식과 다항식의 계산 | • 다항식의 곱셈과 곱셈 공식<br>• 인수분해 | • 다항식의 연산<br>• 나머지정리<br>• 인수분해 | | | |
| • 일차방정식 | • 연립방정식<br>• 일차부등식 | • 이차방정식 | • 복소수와 이차방정식 | | | |
| | | | • 여러 가지 방정식과 부등식 | | | |
| • 기본 도형<br>• 작도와 합동 | • 삼각형의 성질<br>• 사각형의 성질 | • 삼각비 | • 평면좌표<br>• 직선의 방정식 | | | |
| • 평면도형<br>• 입체도형 | • 도형의 닮음 | • 원의 성질 | • 원의 방정식 | | | |
| | • 피타고라스 정리 | | • 도형의 이동 | | | |
| | | | | | | 미적분 |
| • 순서쌍과 좌표, 그래프<br>• 정비례와 반비례 | • 함수<br>• 일차함수와 그래프 | • 이차함수와 그래프 | • 함수<br>• 유리함수와 무리함수 | • 지수함수와 로그함수<br>• 삼각함수 | • 함수의 극한<br>• 함수의 연속 | • 수열의 극한<br>• 급수 |
| | | | | | • 미분계수, 도함수 | • 여러 가지 미분법 |
| | | | | | • 부정적분, 정적분 | • 여러 가지 적분법 |
| | | | | | | 확률과 통계 |
| • 줄기와 잎 그림<br>• 도수분포표<br>• 히스토그램과 도수분포다각형<br>• 상대도수 | • 경우의 수<br>• 확률 | • 대푯값과 산포도<br>• 상관관계 | • 경우의 수<br>• 순열과 조합 | | | • 중복순열과 중복조합<br>• 이항 정리 |
| | | | | | | • 확률의 뜻과 활용<br>• 조건부확률 |
| | | | | | | • 확률분포<br>• 통계적 추정 |

# 수학 5·1

수학은
우리 생활에 꼭 필요한 과목이에요.

하지만 수학의 원리를 이해하지 못하고
무작정 공부를 하거나
뭘 배우는지 알지 못하는 친구들도 있어요.

그런 친구들을 위해
**초코**가 왔어요!

**초코**는~
처음부터 개념과 원리를 이해하기 쉽게 그림과 함께 정리했어요.
쉬운 익힘책 문제부터 유형별 문제까지 공부하다 보면
수학 실력을 쌓을 수 있어요.

공부가 재밌어지는 **초코**와 함께라면
수학이 쉬워진답니다.

## 초등 수학의 즐거운 길잡이!
## 초코! 맛보러 떠나요~

# 구성과 특징

"책"으로 공부해요

## 1 개념이 탄탄

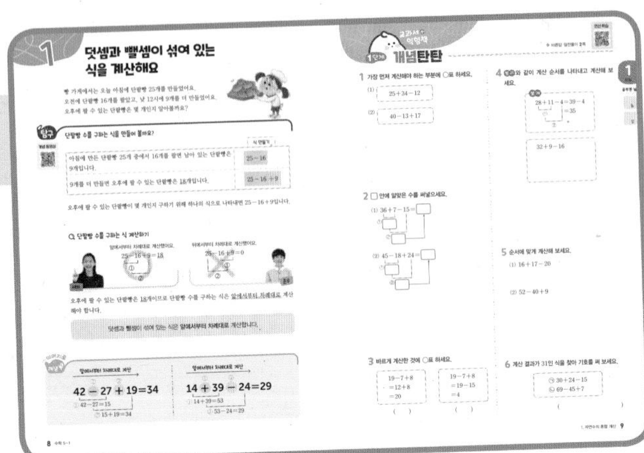

- 교과서 순서에 맞춘 개념 설명과 **이미지로 개념콕**으로 핵심 개념을 분명하게 파악할 수 있어요.
- 교과서와 익힘책 문제 수준의 기본 문제로 개념을 확실히 이해했는지 확인할 수 있어요.

## 2 실력이 쑥쑥

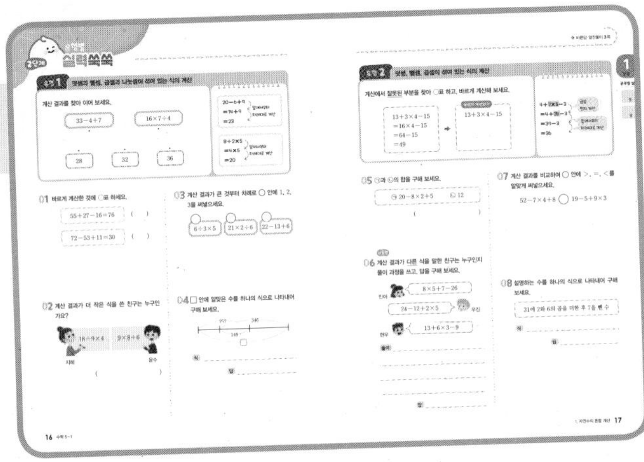

- 개념별 유형을 꼼꼼히 분류하여 유형별로 다양한 문제를 풀면서 실력을 키울 수 있어요.
- 서술형 문제로 서술형 평가에 대비할 수 있어요.

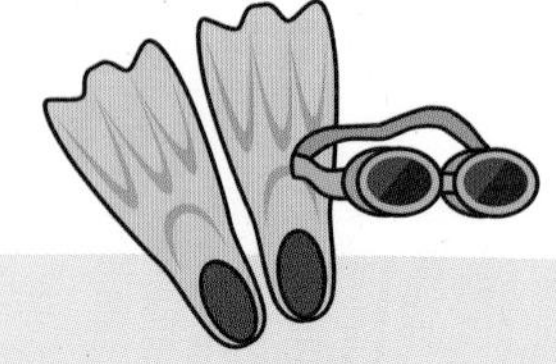

"온라인 서비스"도 활용해요

### 선생님과 함께하는 개념 강의

개념의 핵심을 잡을 수 있는 동영상 강의로 알차게 학습을 할 수 있어요.

### 간편한 연산 학습

바로 풀고 바로 답을 확인하는 연산 학습을 할 수 있어요.

## 3 응용력도 UP UP

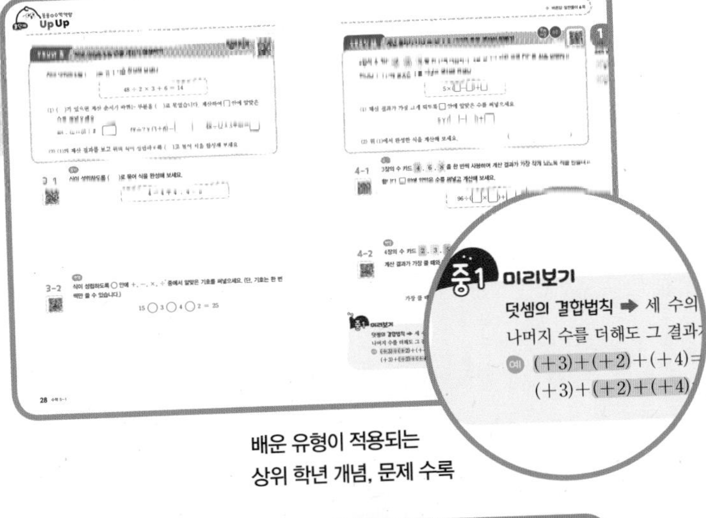

- 교과 학습 수준을 뛰어 넘어 수학적 역량을 기를 수 있는 문제로 응용력을 키울 수 있어요.
- 유사, 변형 문제로 학습 개념을 보다 깊이 이해하고, 실력을 완성할 수 있어요.

배운 유형이 적용되는 상위 학년 개념, 문제 수록

## 4 시험도 척척

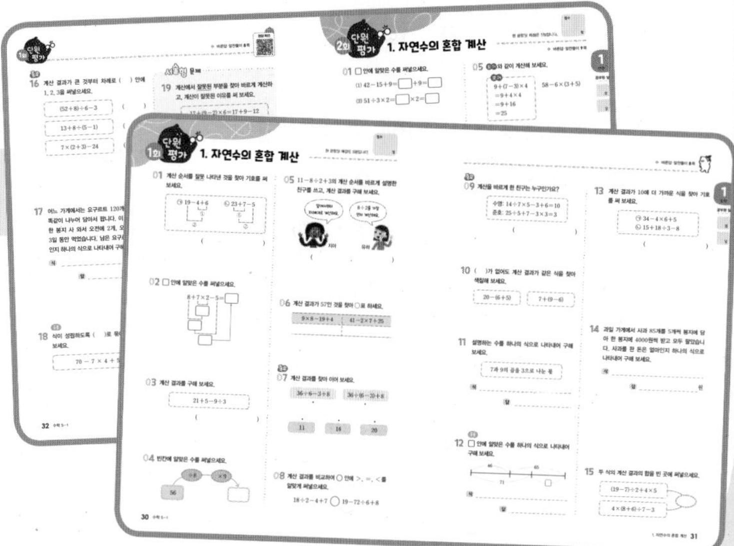

- 단원 평가 1회, 2회를 통해 단원 학습을 완벽하게 마무리하고, 학교 시험에 대비할 수 있어요.
- 자주 출제되는 중요 서술형 문제로 서술형 평가에 대비할 수 있어요.

### 선생님의 친절한 풀이 강의

응용+수학 역량 Up Up 문제의 친절한 풀이 동영상 강의로 완벽하게 학습을 할 수 있어요.

### 궁금한 교과서 정답

미래엔 교과서 수학의 모범 답안을 단원별로 확인할 수 있어요.

# 차례

## 1 자연수의 혼합 계산



## 2 약수와 배수



## 3 규칙과 대응

# 4 약분과 통분



# 5 분수의 덧셈과 뺄셈



# 6 다각형의 둘레와 넓이

# 1 자연수의 혼합 계산

무엇을 배울까요?

## 배운 내용

3-1 1. 덧셈과 뺄셈
- 세 자리 수의 덧셈과 뺄셈

3-2 1. 곱셈
- 세 자리 수와 한 자리 수, 두 자리 수의 곱셈

3-2 3. 나눗셈
- 두 자리 수를 한 자리 수로 나누기
- 세 자리 수를 한 자리 수로 나누기

4-1 3. 곱셈과 나눗셈
- 세 자리 수와 두 자리 수의 곱셈
- 세 자리 수를 두 자리 수로 나누기

## 이 단원 내용

- 덧셈과 뺄셈이 섞여 있는 식 계산하기
- 곱셈과 나눗셈이 섞여 있는 식 계산하기
- 덧셈, 뺄셈, 곱셈이 섞여 있는 식 계산하기
- 덧셈, 뺄셈, 나눗셈이 섞여 있는 식 계산하기
- (　)가 있는 식 계산하기
- 덧셈, 뺄셈, 곱셈, 나눗셈이 섞여 있는 식 계산하기

## 배울 내용

중학교
- 정수와 유리수의 덧셈과 뺄셈
- 정수와 유리수의 곱셈과 나눗셈
- 정수와 유리수의 혼합 계산

단원의 공부 계획을 세우고,
공부한 내용을 얼마나 이해했는지 스스로 평가해 보세요.

| | 공부할 내용 | 쪽수 | 스스로 평가 |
|---|---|---|---|
| 개념 | 1 덧셈과 뺄셈이 섞여 있는 식을 계산해요 | 8~9쪽 | ☆☆☆ |
| | 2 곱셈과 나눗셈이 섞여 있는 식을 계산해요 | 10~11쪽 | ☆☆☆ |
| | 3 덧셈, 뺄셈, 곱셈이 섞여 있는 식을 계산해요 | 12~13쪽 | ☆☆☆ |
| | 4 덧셈, 뺄셈, 나눗셈이 섞여 있는 식을 계산해요 | 14~15쪽 | ☆☆☆ |
| 유형 | 1 덧셈과 뺄셈, 곱셈과 나눗셈이 섞여 있는 식의 계산 | 16쪽 | ☆☆☆ |
| | 2 덧셈, 뺄셈, 곱셈이 섞여 있는 식의 계산 | 17쪽 | ☆☆☆ |
| | 3 덧셈, 뺄셈, 나눗셈이 섞여 있는 식의 계산 | 18쪽 | ☆☆☆ |
| | 4 자연수의 혼합 계산의 활용 | 19쪽 | ☆☆☆ |
| 개념 | 5 (　)가 있는 식을 계산해요 | 20~21쪽 | ☆☆☆ |
| | 6 덧셈, 뺄셈, 곱셈, 나눗셈이 섞여 있는 식을 계산해요 | 22~23쪽 | ☆☆☆ |
| 유형 | 1 (　)가 있는 식의 계산 | 24쪽 | ☆☆☆ |
| | 2 덧셈, 뺄셈, 곱셈, 나눗셈이 섞여 있는 식의 계산 | 25쪽 | ☆☆☆ |
| 응용 | 1 □ 안에 들어갈 수 있는 수 구하기 | 26쪽 | ☆☆☆ |
| | 2 약속에 따라 계산하기 | 27쪽 | ☆☆☆ |
| | 3 식이 성립하도록 혼합 계산식 완성하기 | 28쪽 | ☆☆☆ |
| | 4 계산 결과가 가장 크게(작게) 되도록 혼합 계산식 만들기 | 29쪽 | ☆☆☆ |

☆☆☆ 자신있게 설명할 수 있어요.　☆☆ 설명하기 조금 힘들어요.　☆ 어려워서 설명할 수 없어요.

# 1 덧셈과 뺄셈이 섞여 있는 식을 계산해요

빵 가게에서는 오늘 아침에 단팥빵 25개를 만들었어요.
오전에 단팥빵 16개를 팔았고, 낮 12시에 9개를 더 만들었어요.
오후에 팔 수 있는 단팥빵은 몇 개인지 알아볼까요?

## 탐구 단팥빵 수를 구하는 식을 만들어 볼까요?

개념 동영상

| | 식 만들기 |
|---|---|
| 아침에 만든 단팥빵 25개 중에서 16개를 팔면 남아 있는 단팥빵은 9개입니다. | 25－16 |
| 9개를 더 만들면 오후에 팔 수 있는 단팥빵은 18개입니다. | 25－16 ＋9 |

오후에 팔 수 있는 단팥빵이 몇 개인지 구하기 위해 하나의 식으로 나타내면 25－16＋9입니다.

### 단팥빵 수를 구하는 식 계산하기

앞에서부터 차례대로 계산했어요.

25－16＋9＝18 (① 25－16, ② ＋9)

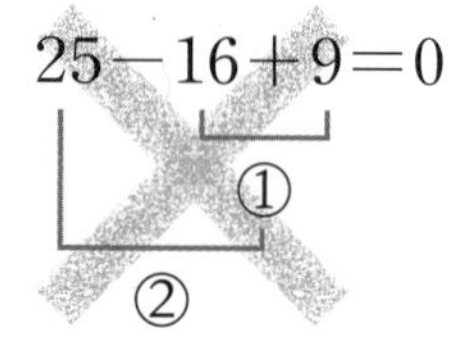

뒤에서부터 차례대로 계산했어요.

25－16＋9＝0 (① 16＋9, ② 25－)

오후에 팔 수 있는 단팥빵은 18개이므로 단팥빵 수를 구하는 식은 앞에서부터 차례대로 계산해야 합니다.

덧셈과 뺄셈이 섞여 있는 식은 **앞에서부터 차례대로** 계산합니다.

**이미지로 개념 콕**

앞에서부터 차례대로 계산 →

42－27＋19＝34

① 42－27＝15

② 15＋19＝34

앞에서부터 차례대로 계산 →

14＋39－24＝29

① 14＋39＝53

② 53－24＝29

연산 학습

바른답·알찬풀이 2쪽

1단원

공부한 날 월 일

**1** 가장 먼저 계산해야 하는 부분에 ○표 하세요.

(1) $25+34-12$

(2) $40-13+17$

**2** □ 안에 알맞은 수를 써넣으세요.

(1) $36+7-15=$□

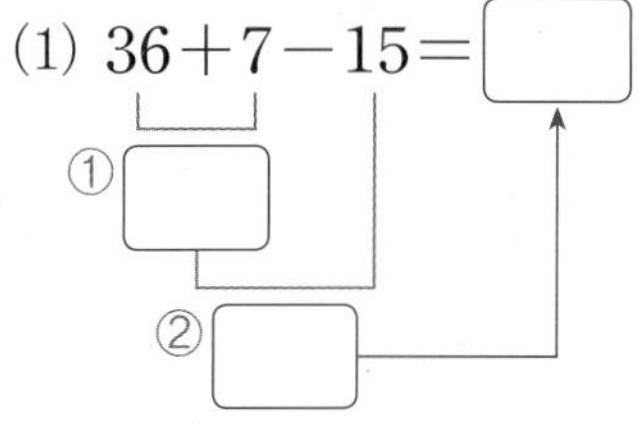

(2) $45-18+24=$□

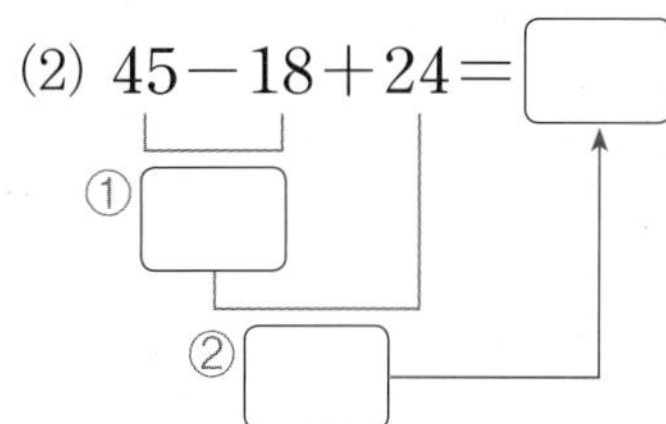

**3** 바르게 계산한 것에 ○표 하세요.

| $19-7+8$<br>$=12+8$<br>$=20$ | $19-7+8$<br>$=19-15$<br>$=4$ |
|---|---|
| (    ) | (    ) |

**4** 보기와 같이 계산 순서를 나타내고 계산해 보세요.

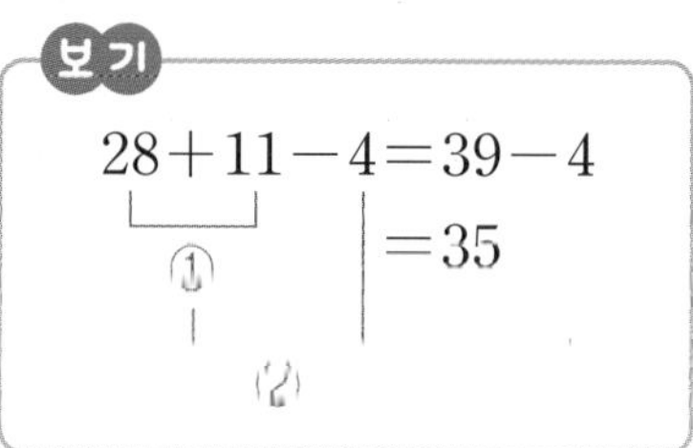

$32+9-16$

**5** 순서에 맞게 계산해 보세요.

(1) $16+17-20$

(2) $52-40+9$

**6** 계산 결과가 31인 식을 찾아 기호를 써 보세요.

㉠ $30+24-15$
㉡ $69-45+7$

(    )

# 2 곱셈과 나눗셈이 섞여 있는 식을 계산해요

학생 24명이 4명씩 모둠을 만들어서 비누를 만들려고 해요. 한 모둠에 2 L씩 폐식용유를 나누어 주려면 필요한 폐식용유는 모두 몇 L인지 알아볼까요?

## 탐구 폐식용유량을 구하는 식을 만들어 볼까요?

개념 동영상

| | 식 만들기 |
|---|---|
| 학생 24명이 4명씩 모둠을 만들면 6모둠이 됩니다. | $24 \div 4$ |
| 한 모둠에 2 L씩 6모둠에게 폐식용유를 나누어 주려면 필요한 폐식용유는 모두 12 L입니다. | $24 \div 4 \times 2$ |

필요한 폐식용유는 모두 몇 L인지 구하기 위해 하나의 식으로 나타내면 $24 \div 4 \times 2$입니다.

### 폐식용유량을 구하는 식 계산하기

지호

앞에서부터 차례대로 계산했어요.

$24 \div 4 \times 2 = 12$ (① $24 \div 4$, ② $\times 2$)

뒤에서부터 차례대로 계산했어요.

$24 \div 4 \times 2 = 3$ (① $4 \times 2$, ② $24 \div$)

유나

필요한 폐식용유는 모두 12 L이므로 폐식용유량을 구하는 식은 앞에서부터 차례대로 계산해야 합니다.

> 곱셈과 나눗셈이 섞여 있는 식은 **앞에서부터 차례대로** 계산합니다.

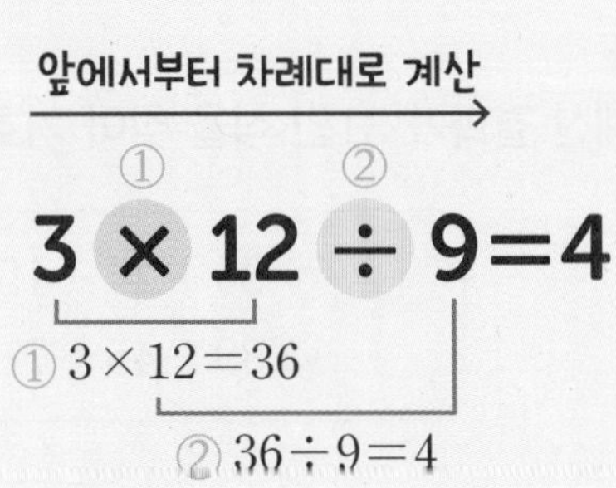


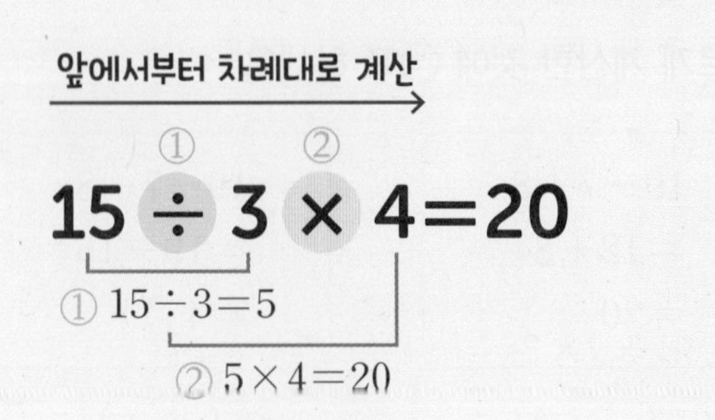

연산 학습

바른답·알찬풀이 2쪽



공부한 날 일 일

**1** 가장 먼저 계산해야 하는 부분을 찾아 기호를 써 보세요.

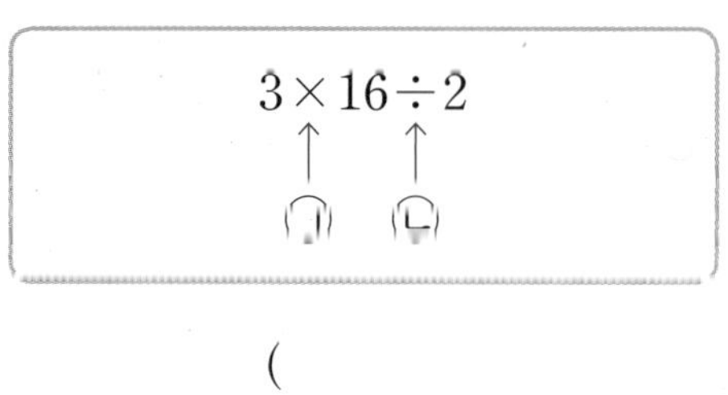


(　　　　　　　　)

**2** 계산 순서를 잘못 나타낸 것에 ×표 하세요.

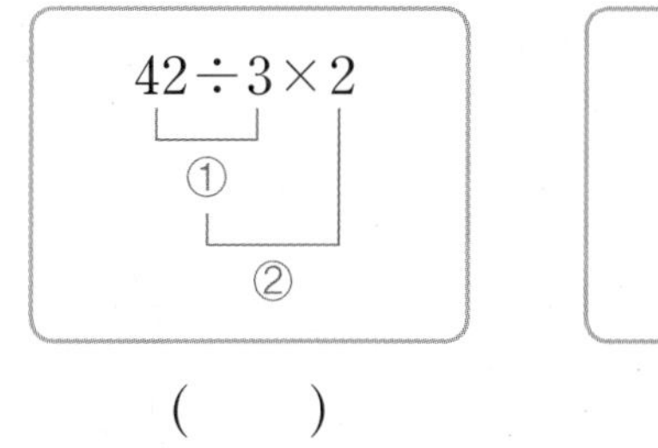


(　　)

42÷3×2 (① 3×2, ② 42÷)

(　　)

**3** □ 안에 알맞은 수를 써넣으세요.

(1) $15\times6\div5=\square\div\square=\square$

(2) $63\div9\times3=\square\times\square=\square$

**4** 보기와 같이 계산 순서를 나타내고 계산해 보세요.

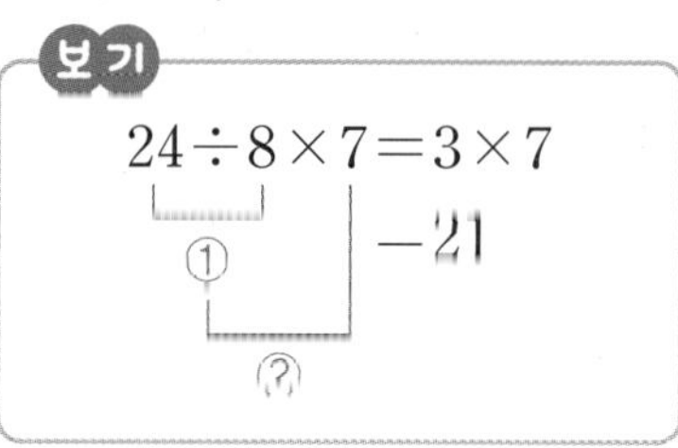


$36\div2\times6$

**5** 순서에 맞게 계산해 보세요.

(1) $12\times5\div4$

(2) $56\div7\times2$

**6** 계산 결과가 더 큰 식에 색칠해 보세요.

$27\div9\times5$

$9\times6\div3$

# 3 덧셈, 뺄셈, 곱셈이 섞여 있는 식을 계산해요

연주에게 색종이 19장이 있어요. 색종이를 친구 3명에게 6장씩 나누어 준 후 선생님께 4장을 받으면 연주가 가지게 될 색종이는 몇 장인지 알아볼까요?

## 탐구 색종이 수를 구하는 식을 만들어 볼까요?

개념 동영상

| | 식 만들기 |
|---|---|
| 색종이를 친구 3명에게 6장씩 나누어 주면 친구들에게 나누어 준 색종이는 18장입니다. | $3\times6$ |
| 가지고 있던 색종이 19장에서 친구들에게 나누어 주고 남은 색종이는 1장입니다. | $19-3\times6$ |
| 선생님께 4장을 받으면 연주가 가지게 될 색종이는 5장입니다. | $19-3\times6+4$ |

하나의 식으로 나타내면 $19-3\times6+4$예요.

### 색종이 수를 구하는 식 계산하기

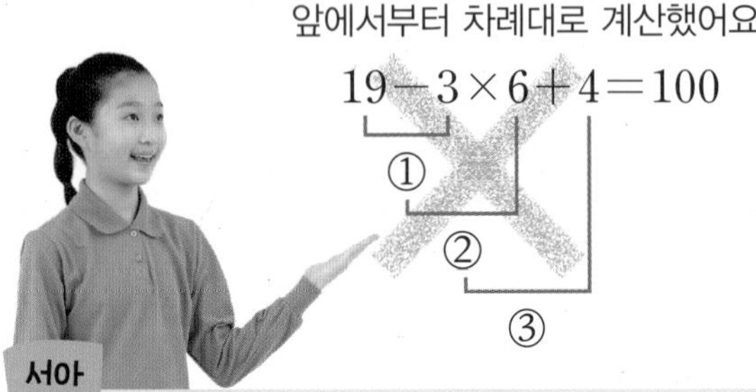

앞에서부터 차례대로 계산했어요.
19−3×6+4=100
①
②
③
서아


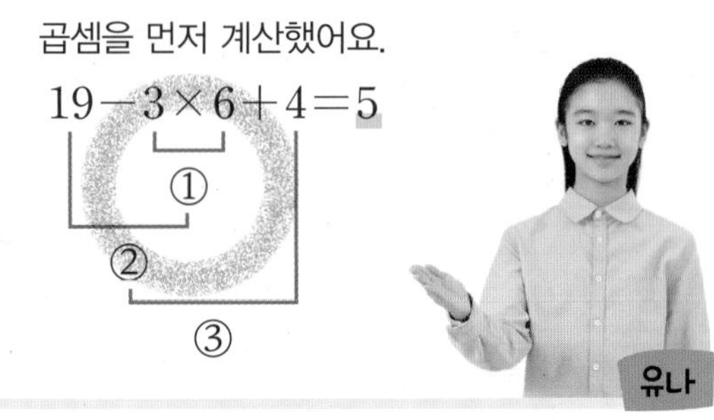


연주가 가지게 될 색종이는 5장이므로 색종이 수를 구하는 식은 곱셈을 먼저 계산해야 합니다.

덧셈, 뺄셈, 곱셈이 섞여 있는 식은 **곱셈을 먼저** 계산합니다.

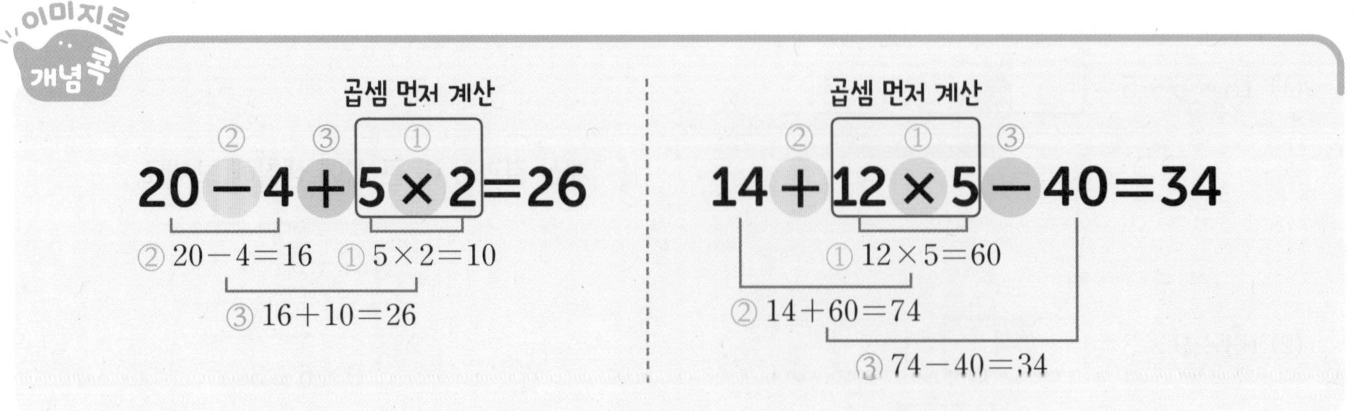

교과서+ 익힘책

1단계 개념탄탄

→ 바른답·알찬풀이 2쪽

연산 학습

1 단원

공부한 날 월 일

**1** 계산 순서에 맞게 □ 안에 기호를 써넣으세요.

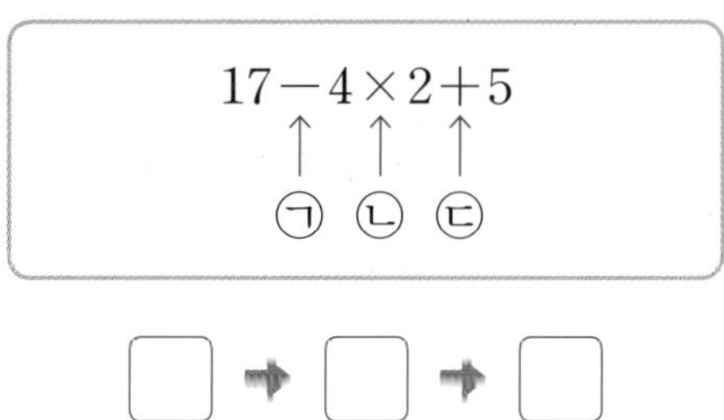

17－4×2＋5

↑ ↑ ↑

㉠ ㉡ ㉢

□ → □ → □

**2** □ 안에 알맞은 수를 써넣으세요.

15－9＋3×9＝□

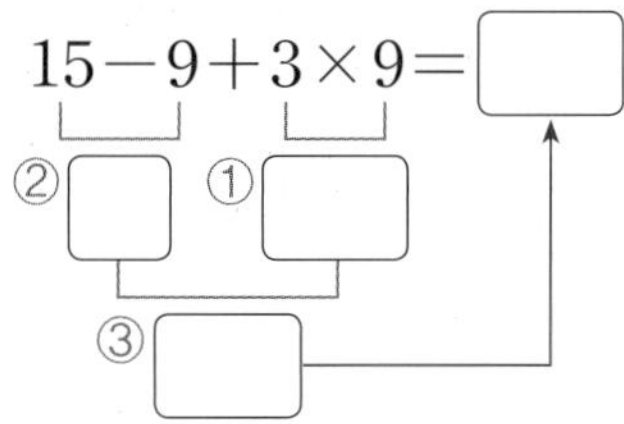



**3** □ 안에 알맞은 수를 써넣으세요.

8×3＋15－11＝□＋15－11

＝□－11

＝□

①

②

③

**4** 20－5×2＋3의 계산 순서에 대해 바르게 설명한 것을 찾아 기호를 써 보세요.

㉠ 앞에서부터 차례대로 계산합니다.

㉡ 5×2를 가장 먼저 계산합니다.

㉢ 2＋3을 가장 먼저 계산합니다.

(　　　　　　　　)

**5** 계산 순서를 나타내고 계산해 보세요.

13＋29－5×6

**6** 두 식의 계산 결과가 같으면 ○표, 다르면 ×표 하세요.

16×3－15＋7

36＋18－4×3

(　　　　　　　　)

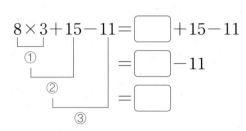

# 덧셈, 뺄셈, 나눗셈이 섞여 있는 식을 계산해요

파란 구슬 1개의 무게는 6 g이고, 빨간 구슬 3개의 무게는 24 g이에요. 파란 구슬 1개와 빨간 구슬 1개의 무게 합은 10 g짜리 추보다 얼마나 더 무거운지 알아볼까요?

## 얼마나 더 무거운지 구하는 식을 만들어 볼까요?

개념 동영상

| | 식 만들기 |
|---|---|
| 3개의 무게가 24 g인 빨간 구슬 1개의 무게는 8 g입니다. | $24 \div 3$ |
| 파란 구슬 1개와 빨간 구슬 1개의 무게 합은 14 g입니다. | $6 + 24 \div 3$ |
| 파란 구슬 1개와 빨간 구슬 1개의 무게 합은 10 g짜리 추보다 4 g 더 무겁습니다. | $6 + 24 \div 3 - 10$ |

하나의 식으로 나타내면 $6+24\div3-10$이에요.

### 얼마나 더 무거운지 구하는 식 계산하기

앞에서부터 차례대로 계산했어요.

나눗셈을 먼저 계산했어요.

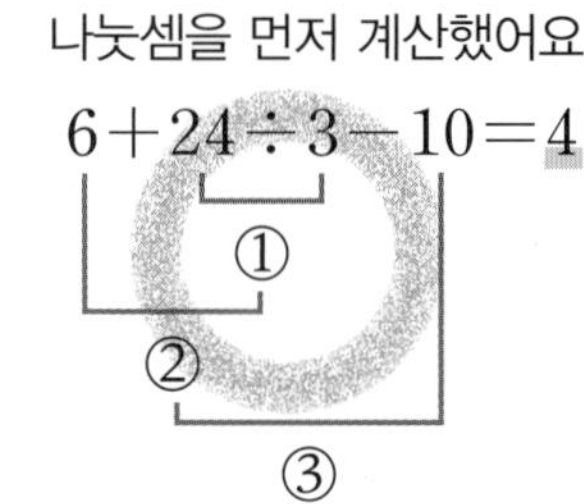

파란 구슬 1개와 빨간 구슬 1개의 무게 합은 10 g짜리 추보다 4 g 더 무거우므로 얼마나 더 무거운지 구하는 식은 나눗셈을 먼저 계산해야 합니다.

덧셈, 뺄셈, 나눗셈이 섞여 있는 식은 **나눗셈을 먼저** 계산합니다.

이미지로 개념 콕

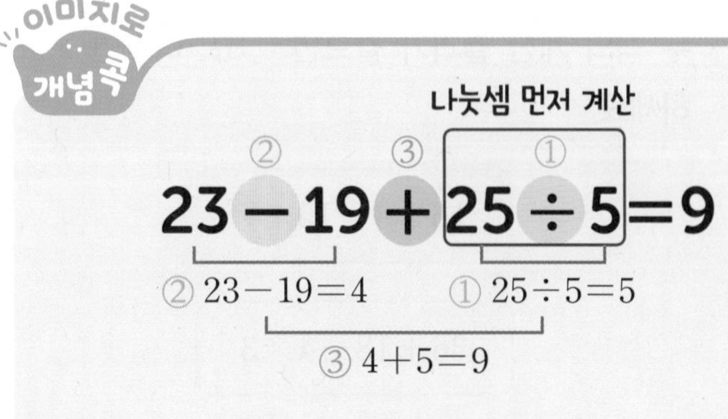


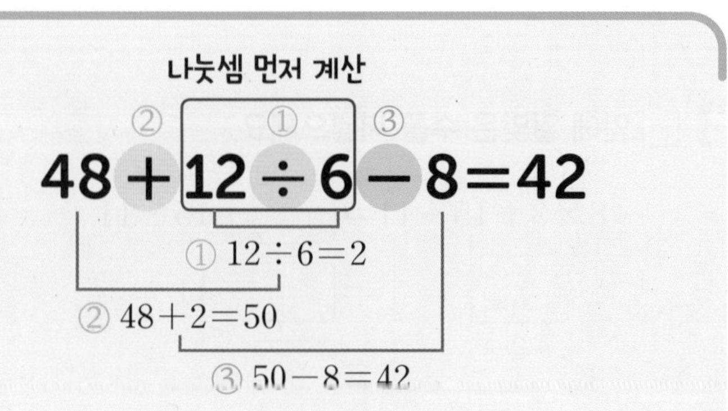

연산 학습

바른답·알찬풀이 3쪽



공부한 날 월 일

**1** 다음 식에서 가장 먼저 계산해야 하는 부분을 찾아 색칠해 보세요.

$14+20-15\div3$

| $14+20$ | $20-15$ | $15\div3$ |
|---|---|---|

**2** □ 안에 알맞은 수를 써넣으세요.

$$\underbrace{\underbrace{72-35}_{\text{②}}+\underbrace{81\div9}_{\text{①}}}_{\text{③}}=72-35+\square$$
$$=\square+\square$$
$$=\square$$

**3** 계산이 처음으로 잘못된 곳을 찾아 기호를 써 보세요.

$54-33\div3+15$
$=54-11+15$ ㉠
$=54-26$ ㉡
$=28$ ㉢

( )

**4** 보기와 같이 계산 순서를 나타내고 계산해 보세요.

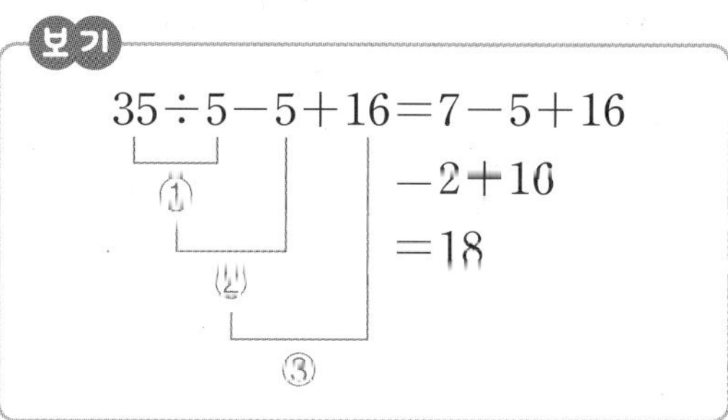

보기

$$\underbrace{\underbrace{\underbrace{35\div5}_{\text{①}}-5}_{\text{②}}+16}_{\text{③}}=7-5+16$$
$$=2+16$$
$$=18$$

$19+16\div4-13$

**5** 계산 결과를 구해 보세요.

$49-31+68\div4$

( )

**6** ○ 안에 >, =, <를 알맞게 써넣으세요.

$24-21\div3+12$ ○ $30$

## 유형 1 덧셈과 뺄셈, 곱셈과 나눗셈이 섞여 있는 식의 계산

계산 결과를 찾아 이어 보세요.

$33-4+7$ $16\times7\div4$

28 32 36

$20-6+9$
$=14+9$
$=23$
앞에서부터 차례대로 계산

$8\div2\times5$
$=4\times5$
$=20$
앞에서부터 차례대로 계산

**01** 바르게 계산한 것에 ○표 하세요.

$55+27-16=76$ ( )

$72-53+11=30$ ( )

**02** 계산 결과가 더 작은 식을 쓴 친구는 누구인가요?

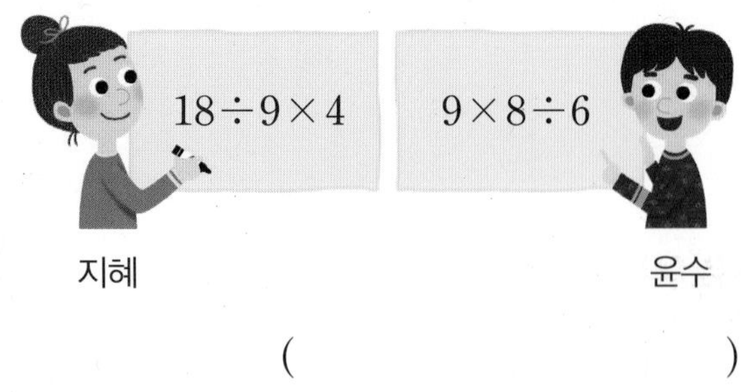


( )

**03** 계산 결과가 큰 것부터 차례로 ◯ 안에 1, 2, 3을 써넣으세요.

◯ $6\div3\times5$ ◯ $21\times2\div6$ ◯ $22-13+6$

**04** □ 안에 알맞은 수를 하나의 식으로 나타내어 구해 보세요.

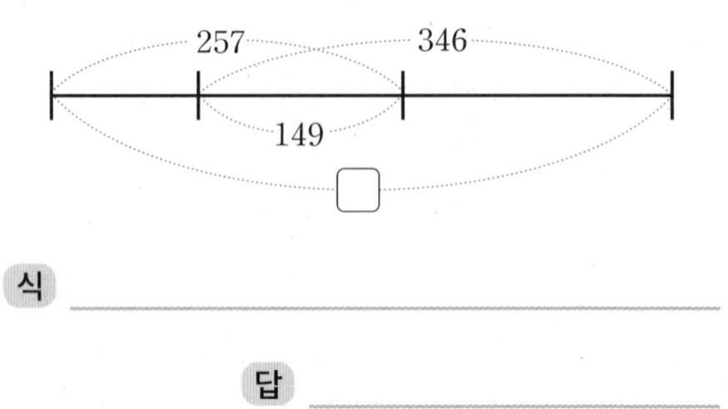


식 ______

답 ______

공부한 날 월 일

## 유형 2 덧셈, 뺄셈, 곱셈이 섞여 있는 식의 계산

계산에서 잘못된 부분을 찾아 ○표 하고, 바르게 계산해 보세요.

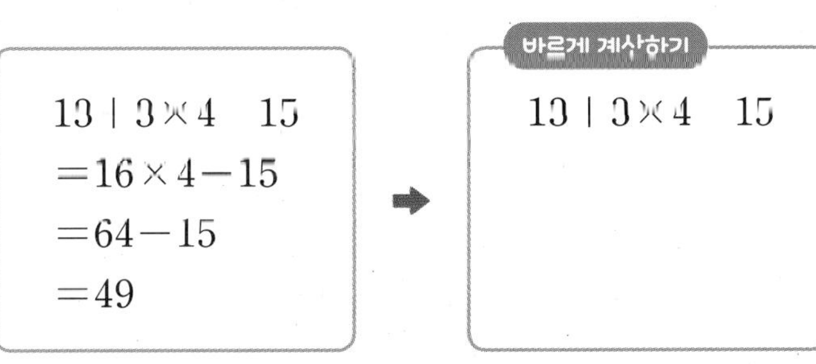


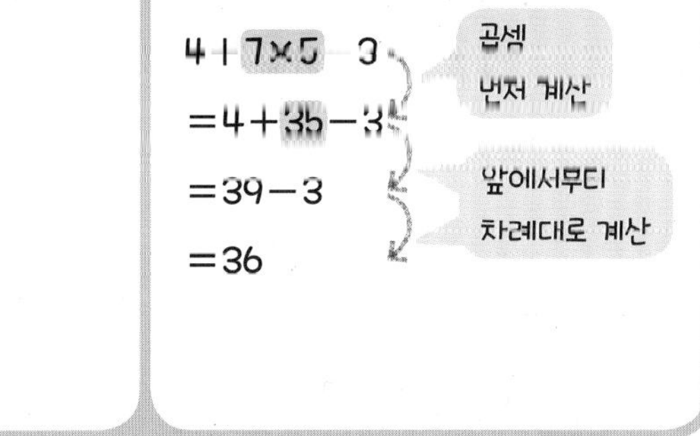


**05** ㉠과 ㉡의 합을 구해 보세요.

㉠ $20-8\times2+5$ ㉡ 12

( )

서술형

**06** 계산 결과가 다른 식을 말한 친구는 누구인지 풀이 과정을 쓰고, 답을 구해 보세요.

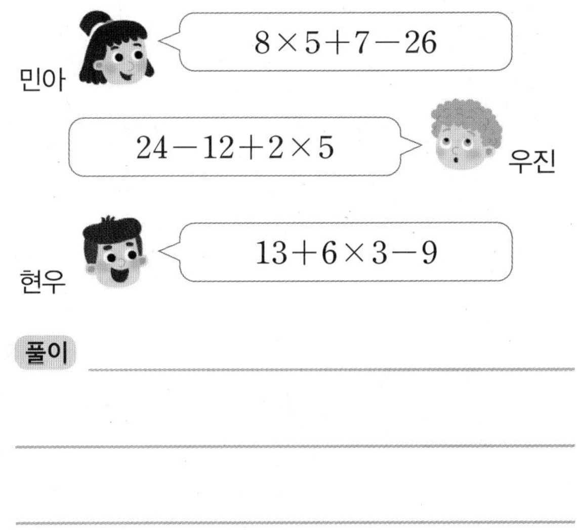


풀이

답

**07** 계산 결과를 비교하여 ○ 안에 >, =, <를 알맞게 써넣으세요.

$52-7\times4+8$ ○ $19-5+9\times3$

**08** 설명하는 수를 하나의 식으로 나타내어 구해 보세요.

31에 2와 6의 곱을 더한 후 7을 뺀 수

식

답

## 유형 3 덧셈, 뺄셈, 나눗셈이 섞여 있는 식의 계산

두 식의 계산 결과의 차를 구해 보세요.

$17+45\div9-4$　　　$72\div8-3+15$

(　　　　　　)

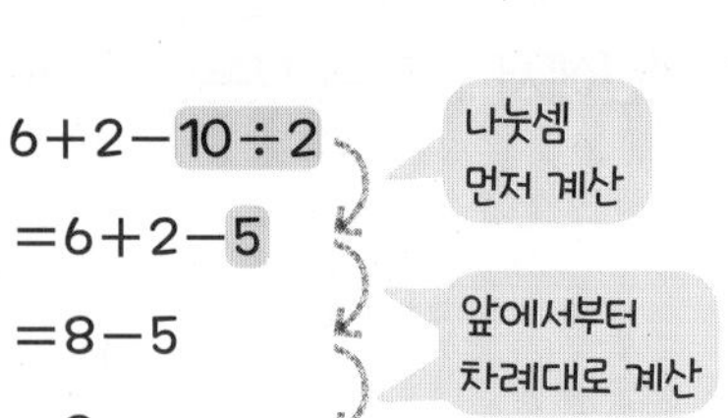


**09** 보기와 같이 계산해 보세요.

보기
$53-48\div3+5$
$=53-16+5$
$=37+5$
$=42$

$29+7-26\div2$

**10** 계산 결과가 같은 것끼리 이어 보세요.

$34\div2-6+11$　　$33-17+20\div4$

$29-63\div7+1$　　$40+21\div3-25$

서술형

**11** 설명하는 수와 15의 합은 얼마인지 풀이 과정을 쓰고, 답을 구해 보세요.

39를 3으로 나눈 몫에
2를 더한 후 7을 뺀 수

풀이 ______________________

______________________

______________________

답 ______________

**12** 계산 결과가 20에 더 가까운 식을 말한 친구는 누구인가요?

$27-13+72\div6$　　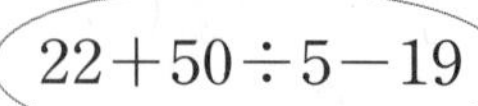

(　　　　　　)

## 유형 4 자연수의 혼합 계산의 활용

흰색 점토 63 g을 똑같이 세 덩이로 나누고 그중 한 덩이에 빨간색 점토 7 g을 섞어 분홍색 점토를 만들었습니다. 분홍색 점토 13 g을 사용해 바구니를 만들었다면 남은 분홍색 점토는 몇 g인지 하나의 식으로 나타내어 구해 보세요.

식 ______________________

답 ______________________ g

- 모두, 합 — 덧셈
- 차, 남은 양 — 뺄셈
- ■배, ▲씩 ●묶음 — 곱셈
- 똑같이 나누어 — 나눗셈

**13** 한 봉지에 10개씩 들어 있는 사탕 2봉지를 사서 4개의 통에 똑같이 나누어 담으려고 합니다. 통 한 개에 사탕을 몇 개씩 담으면 되는지 알아보는 식은 어느 것인가요? (　　　)

① $10 \div 2 \times 4$　　② $10 \times 2 \div 4$

③ $10 \times 2 \times 4$　　④ $10 \times 2 + 4$

⑤ $10 \div 2 \div 4$

**14** 운동장에 남학생 19명과 여학생 23명이 있습니다. 그중 8명이 교실로 들어갔다면 지금 운동장에 있는 학생은 몇 명인지 하나의 식으로 나타내어 구해 보세요.

식 ______________________

답 ______________________ 명

**15** 서훈이는 구슬 28개를 가지고 있습니다. 친구 4명에게 구슬을 5개씩 나누어 주고 형에게 7개를 받았습니다. 서훈이가 가지고 있는 구슬은 몇 개가 되는지 하나의 식으로 나타내어 구해 보세요.

식 ______________________

답 ______________________ 개

**16** 장난감 1개는 3000원, 풍선 5개는 2500원, 색연필 1타는 1600원입니다. 장난감 1개와 풍선 1개 값의 합은 색연필 1타의 값보다 얼마나 더 비싼지 하나의 식으로 나타내어 구해 보세요.

식 ______________________

답 ______________________ 원

# (　　)가 있는 식을 계산해요

방울토마토 모종이 27개 있어요. 남학생 3명과 여학생 6명이 모종을 똑같이 나누어 심는다면 한 명이 심을 모종은 몇 개인지 알아볼까요?

## 모종 수를 구하는 식을 만들어 볼까요?

개념 동영상

| | 식 만들기 |
|---|---|
| 한 명이 심을 모종 수를 구하려면 '모종 수'를 '학생 수'로 나누면 됩니다. | 모종 수 ÷ 학생 수 |
| 모종을 심을 학생은 남학생 3명, 여학생 6명으로 9명입니다. | $3+6$ |
| 모종 27개를 9명이 똑같이 나누어 심으면 한 명이 심을 모종은 3개입니다.<br>참고 하나의 식으로 나타낼 때, '학생 수'는 독립적으로 계산해야 하는 부분이므로 (　)로 묶어서 나타내야 합니다. | $27\div(3+6)$ |

하나의 식으로 나타내면 $27\div(3+6)$이에요.

### 모종 수를 구하는 식 계산하기

(　)를 생각하지 않고 나눗셈을 먼저 계산했어요.

$27\div(3+6)=15$ (① → ②)

(　) 안을 먼저 계산했어요.

$27\div(3+6)=3$ (① → ②)

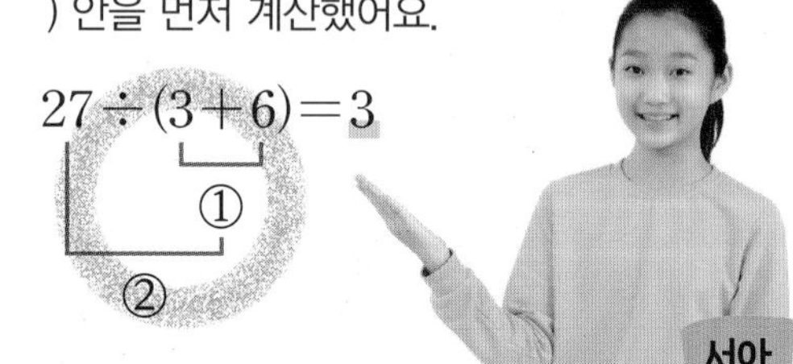


한 명이 심을 모종은 3개이므로 모종 수를 구하는 식은 (　) 안을 먼저 계산해야 합니다.

**(　)가 있는 식은 (　) 안을 먼저 계산합니다.**

이미지로 개념 콕

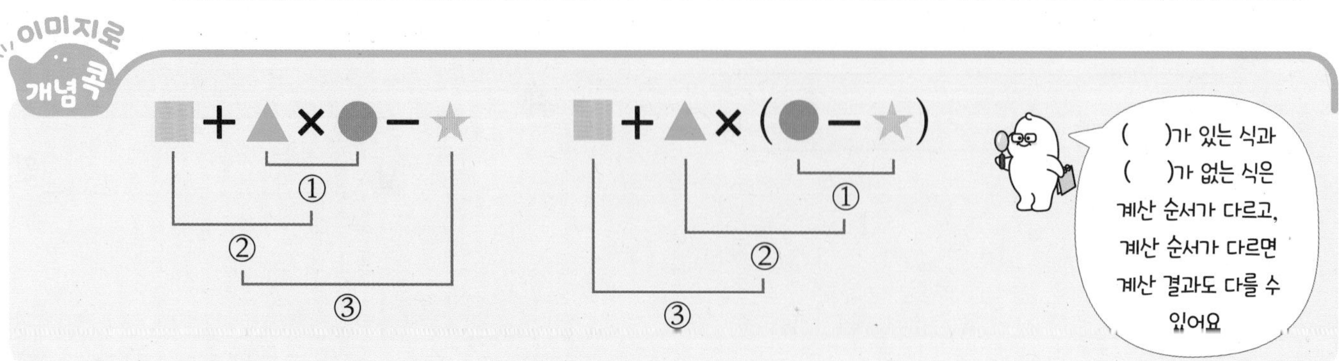

■+▲×●−★
①
②
③
■+▲×(●−★)
①
②
③
(　)가 있는 식과
(　)가 없는 식은
계산 순서가 다르고,
계산 순서가 다르면
계산 결과도 다를 수
있어요

연산 학습

➡ 바른답·알찬풀이 5쪽



**1** 가장 먼저 계산해야 하는 부분에 ○표 하세요.

$25+15\div(5-2)$

**2** □ 안에 알맞은 수를 써넣으세요.

$98\div(7\times7)=98\div\square$

①

②

$=\square$

**3** $40-(2+9)\times3$의 계산 순서를 바르게 말한 친구는 누구인가요?

앞에서부터 차례대로 40에서 2를 뺀 수에 9를 더한 다음 3을 곱하면 돼요.
(　) 안에 있는 2와 9의 합을 먼저 구한 다음 3을 곱한 수를 40에서 빼면 돼요.
희수
규진


(　　　　　　　)

**4** 다음 식의 계산 결과를 찾아 기호를 써 보세요.

$9+32\div(16-8)$

㉠ 3　　㉡ 9　　㉢ 13

(　　　　　　　)

Tip (　)가 있는 식과 (　)가 없는 식은 계산 순서가 다릅니다.

**5** □ 안에 알맞은 수를 써넣고, 알맞은 말에 ○표 하세요.

$24+(7-3)\times4=\square$

$24+7-3\times4=\square$

➡ 두 식의 계산 결과는 ( 같습니다 , 다릅니다 ).

**6** 계산 결과를 찾아 이어 보세요.

$(8-6)\times2+3$ •　　　• 9

$10\div(5-3)+4$ •　　　• 7

　　　　　　　　　　　• 5

# 6 덧셈, 뺄셈, 곱셈, 나눗셈이 섞여 있는 식을 계산해요

어느 부분을 가장 먼저 계산해야 할까요?

**탐구** $4\times3+34\div2-5$를 계산해 볼까요?

개념 동영상

| 덧셈, 뺄셈, 곱셈, 나눗셈이 섞여 있는 식의 계산 순서 | 곱셈, 나눗셈을 앞에서부터 차례대로 계산 | → | 덧셈, 뺄셈을 앞에서부터 차례대로 계산 |
|---|---|---|---|

$$4\times3+34\div2-5=12+34\div2-5$$
$$=12+17-5$$
$$=29-5$$
$$=24$$

① $4\times3$ ② $34\div2$ ③ ①+② ④ ③$-5$

덧셈, 뺄셈, 곱셈, 나눗셈이 섞여 있는 식은 **곱셈과 나눗셈을 먼저** 계산합니다.

**Q $20-(8+4)\times2\div3$ 계산하기**

| 덧셈, 뺄셈, 곱셈, 나눗셈이 섞여 있고 ( )가 있는 식의 계산 순서 | ( ) 안을 계산 | → | 곱셈, 나눗셈을 앞에서부터 차례대로 계산 | → | 덧셈, 뺄셈을 앞에서부터 차례대로 계산 |
|---|---|---|---|---|---|

$$20-(8+4)\times2\div3=20-12\times2\div3$$
$$=20-24\div3$$
$$=20-8$$
$$=12$$

① $(8+4)$ ② ①$\times2$ ③ ②$\div3$ ④ $20-$③

이미지로 개념 콕

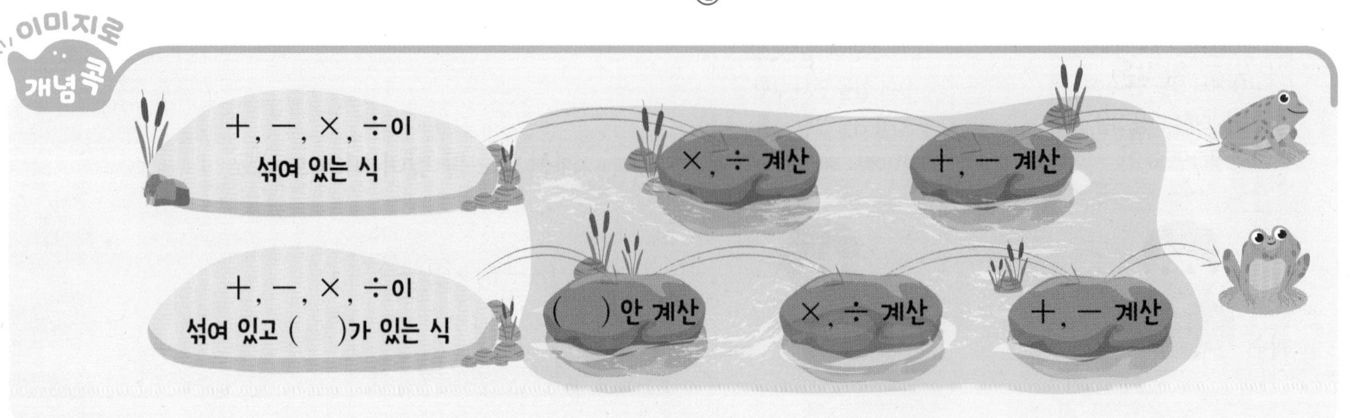

→ 바른답·알찬풀이 5쪽

연산 학습



**1** 계산 순서에 맞게 차례로 기호를 써 보세요.

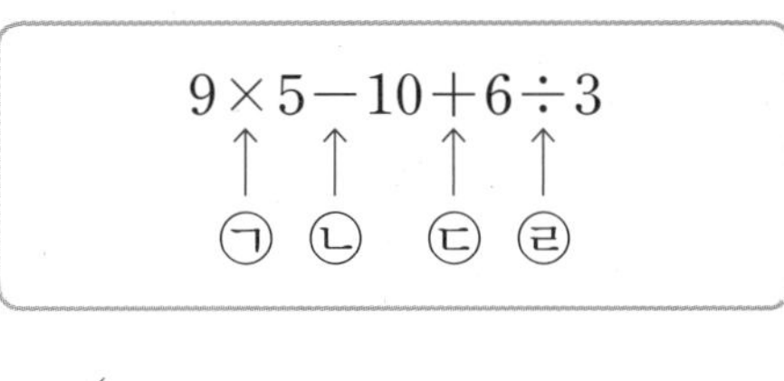


(                )

**2** □ 안에 알맞은 수를 써넣으세요.

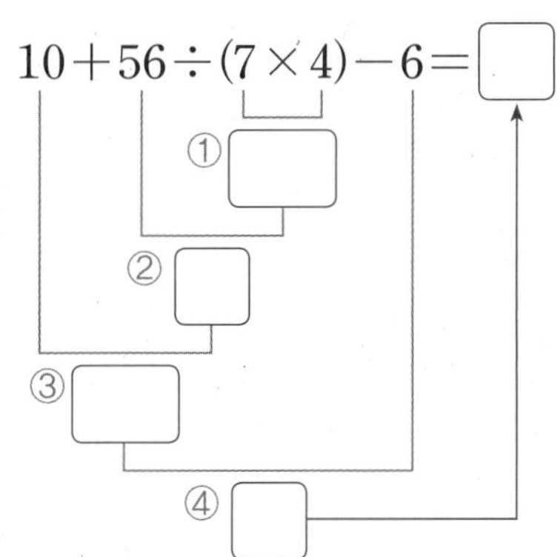


**3** □ 안에 알맞은 수를 써넣으세요.

$43+81\div9\times2-35$

$=43+\square\times2-35$

$=43+\square-35$

$=\square-35$

$=\square$

**4** 보기 와 같이 계산 순서를 나타내고 계산해 보세요.

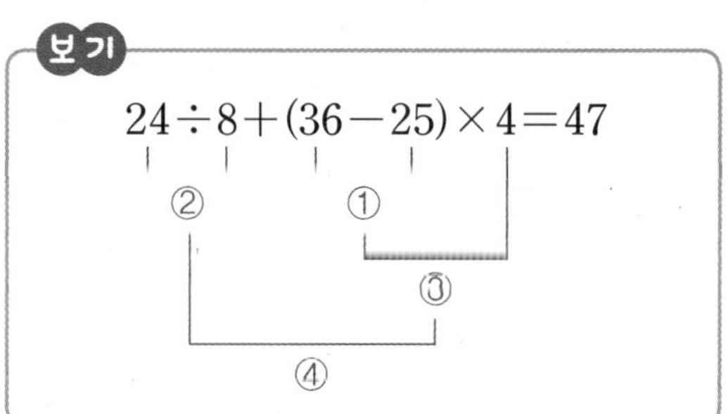


$40-(5+3)\times9\div12$

**5** 계산 결과를 구해 보세요.

$17+6\times5-48\div3$

(                )

**6** 계산 결과가 17인 것을 찾아 ○표 하세요.

| | |
|---|---|
| $2\times7-72\div9+11$ | |
| $21-4\times(8+2)\div5$ | |

## 유형 1 (   )가 있는 식의 계산

계산 결과를 비교하여 ○ 안에 >, =, <를 알맞게 써넣으세요.

$24\div(3\times4)$ ○ $24\div3\times4$

$5\times(6+5)-9$ ○ $5\times6+5-9$

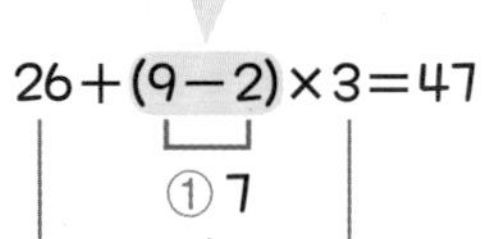


$26+(9-2)\times3=47$

① 7
② 21
③ 47

**01** 계산에서 잘못된 부분을 찾아 바르게 계산해 보세요.

$74-(14+18)\div2=74-32\div2$
$=42\div2$
$=21$

↓

바르게 계산하기

$74-(14+18)\div2$

**02** 두 식의 계산 결과의 합을 구해 보세요.

$5\times(17-3)+10$  $5\times17-(3+10)$

(   )

**03** (   )가 없어도 계산 결과가 같은 식을 모두 찾아 기호를 써 보세요.

㉠ $(30+17)-12$  ㉡ $25-(6+9)$
㉢ $84\div(7\times2)$  ㉣ $(3\times15)\div5$

(   )

**04** 선호는 우유 500 mL 중에서 140 mL를 마신 후 남은 우유를 병 3개에 똑같이 나누어 담았습니다. 그중 한 병에 바나나 과즙 20 mL를 넣어 만든 바나나 맛 우유는 몇 mL인지 하나의 식으로 나타내어 구해 보세요.

식 ______________

답 ______________ mL

➔ 바른답·알찬풀이 5쪽



## 유형 2 덧셈, 뺄셈, 곱셈, 나눗셈이 섞여 있는 식의 계산

두 식의 계산 결과가 같으면 ◯표, 다르면 ╳표 하세요.

| $39\div3+8\times2-15$ | $20-(9+1)\div5\times3$ |
|---|---|

( )

( ) ➡ ×, ÷ ➡ +, −

$12\div6+(7-3)\times4-18$

② 2 ① 4 ③ 16 ④ 18

**05** $2\times4+(42-7)\div5$의 계산 결과를 바르게 말한 친구는 누구인가요?

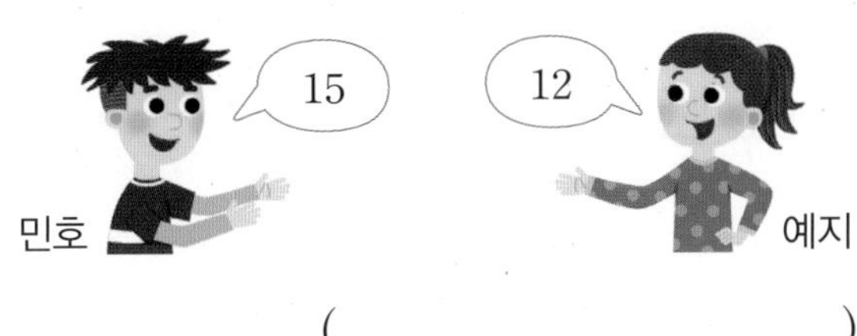


( )

**06** 계산 결과를 ⬭ 안의 조건에 맞게 선택하여 □ 안에 알맞은 수를 써넣으세요.

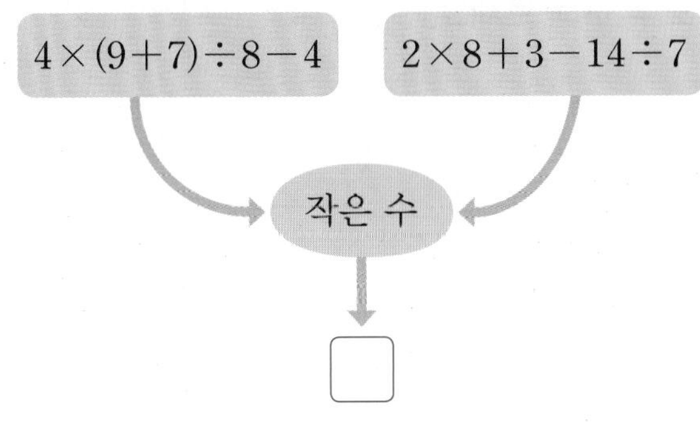


서술형

**07** ㉮와 ㉯의 계산 결과를 비교하여 어느 것이 얼마나 더 큰지 풀이 과정을 쓰고, 답을 구해 보세요.

㉮ $18\div9+7\times2-11$
㉯ $21-(6+9)\times2\div3$

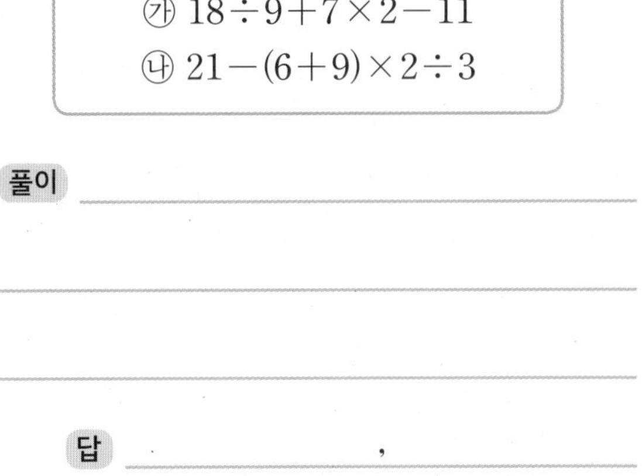

풀이

답 ,

**08** 지우는 한 봉지에 7개씩 들어 있는 사탕 6봉지를 사서 똑같이 3묶음으로 나누어 한 묶음을 가졌습니다. 이 중에서 사탕 2개를 동생에게 주고, 4개를 언니에게 받았다면 지우가 가지고 있는 사탕은 몇 개인지 하나의 식으로 나타내어 구해 보세요.

식

답 개

3단계 응용+수학역량 Up Up

## 응용유형 1 □ 안에 들어갈 수 있는 수 구하기

□ 안에 들어갈 수 있는 가장 작은 자연수를 구해 보세요.

$$4\times(11+38)\div7-11<\square$$

(1) $4\times(11+38)\div7-11$을 계산해 보세요.

( )

(2) □ 안에 들어갈 수 있는 가장 작은 자연수를 구해 보세요.

( )

유사

**1-1** □ 안에 들어갈 수 있는 가장 큰 자연수를 구해 보세요.

$$9\times8-36\div6+13>\square$$

( )

변형

**1-2** □ 안에 공통으로 들어갈 수 있는 자연수를 모두 구해 보세요.

$$7\times8+11-45\div3<\square$$
$$36\div2+4\times(18-8)>\square$$

( )

➔ 바른답·알찬풀이 6쪽

1 단원

공부한 날 월 일

## 응용유형 2 약속에 따라 계산하기

다음과 같이 약속할 때, 7◎6을 계산해 보세요.

가◎나=가+2×나−5

(1) 7◎6의 식을 만들어 보세요.

7◎6=□+2×□−5

(2) 7◎6을 계산해 보세요.

(　　　　　　　　)

유사

**2-1** 다음과 같이 약속할 때, 15◈3을 계산해 보세요.

가◈나=(가−나)÷2+가×나

(　　　　　　　　)

변형

**2-2** 가★나=가−(가+나)÷3이라고 약속할 때, 두 식의 계산 결과의 합을 구해 보세요.

8★4　　10★5

(　　　　　　　　)

## 응용유형 3 식이 성립하도록 혼합 계산식 완성하기

식이 성립하도록 (　)로 묶어 식을 완성해 보세요.

$$48 \div 2 \times 3 + 6 = 14$$

(1) (　)가 있으면 계산 순서가 바뀌는 부분을 (　)로 묶었습니다. 계산하여 □ 안에 알맞은 수를 써넣으세요.

$48 \div (2 \times 3) + 6 = \square$　　$48 \div 2 \times (3 + 6) = \square$　　$48 \div (2 \times 3 + 6) = \square$

(2) (1)의 계산 결과를 보고 위의 식이 성립하도록 (　)로 묶어 식을 완성해 보세요.

유사

**3-1** 식이 성립하도록 (　)로 묶어 식을 완성해 보세요.

$$4 - 4 + 4 \div 4 = 2$$

변형

**3-2** 식이 성립하도록 ◯ 안에 $+$, $-$, $\times$, $\div$ 중에서 알맞은 기호를 써넣으세요. (단, 기호는 한 번씩만 쓸 수 있습니다.)

$$15 \bigcirc 3 \bigcirc 4 \bigcirc 2 = 25$$

## 응용유형 4 계산 결과가 가장 크게(작게) 되도록 혼합 계산식 만들기

문제 해결 추론

3장의 수 카드 3, 7, 9 를 한 번씩 사용하여 계산 결과가 가장 크게 되도록 식을 만들려고 합니다. □ 안에 알맞은 수를 써넣고 계산해 보세요.

5×(□−□)+□

(1) 계산 결과가 가장 크게 되도록 □ 안에 알맞은 수를 써넣으세요.

5×(□−□)+□

(2) 위 (1)에서 완성한 식을 계산해 보세요. (　　　　　　)

유사

**4-1** 3장의 수 카드 4, 6, 8 을 한 번씩 사용하여 계산 결과가 가장 작게 되도록 식을 만들려고 합니다. □ 안에 알맞은 수를 써넣고 계산해 보세요.

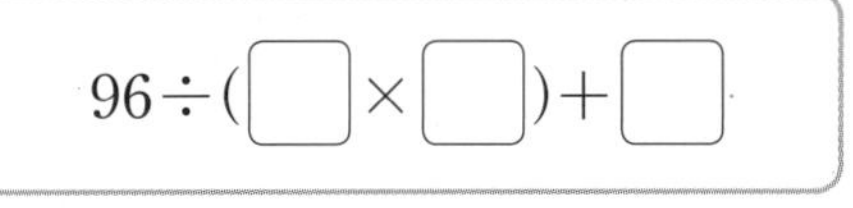

96÷(□×□)+□

(　　　　　　)

변형

**4-2** 4장의 수 카드 2, 3, 5, 9 를 한 번씩 사용하여 아래와 같이 식을 만들려고 합니다. 계산 결과가 가장 클 때와 가장 작을 때는 얼마인지 각각 구해 보세요.

90÷□×□−□+□

가장 클 때 (　　　　　　), 가장 작을 때 (　　　　　　)

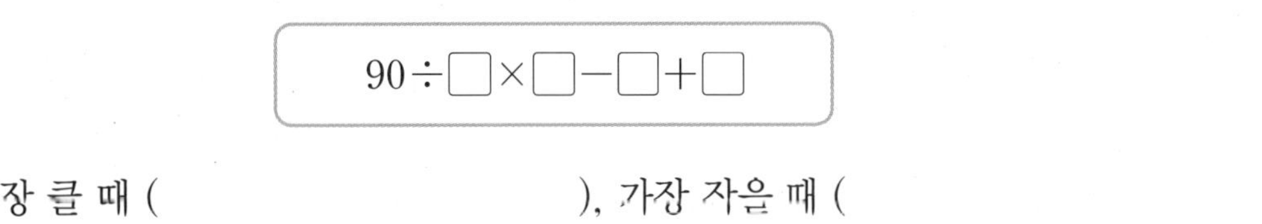

**중1 미리보기**

**덧셈의 결합법칙** ➡ 세 수의 덧셈에서 앞 또는 뒤의 두 수를 먼저 더한 후 나머지 수를 더해도 그 결과가 같습니다.

예 (+3)+(+2)+(+4)=(+5)+(+4)=(+9)
(+3)+(+2)+(+4)=(+3)+(+6)=(+□)　답 9

0보다 큰 수를 양수라 하고 '+'를 붙여서 나타내기도 해요.

# 1. 자연수의 혼합 계산

한 문항당 배점은 5점입니다.

점수 점

**01** 계산 순서를 잘못 나타낸 것을 찾아 기호를 써 보세요.

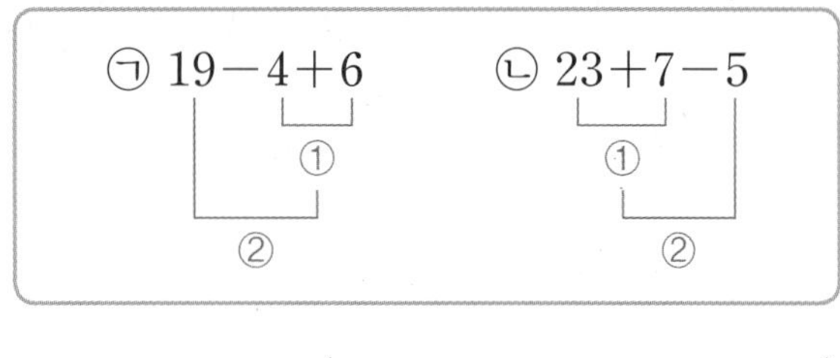


( )

**02** □ 안에 알맞은 수를 써넣으세요.

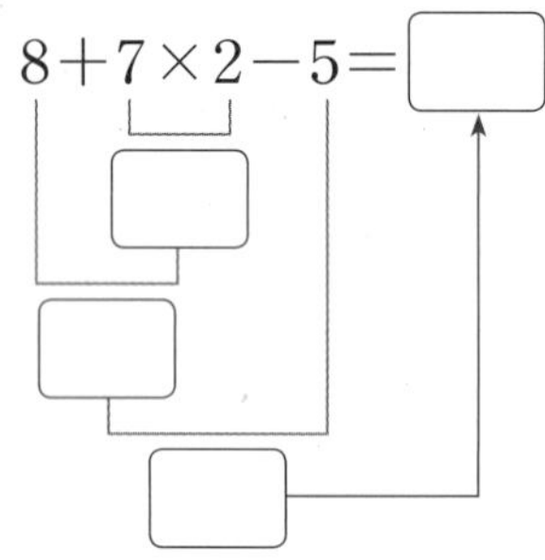


**03** 계산 결과를 구해 보세요.

$21+5-9\div3$

( )

**04** 빈칸에 알맞은 수를 써넣으세요.

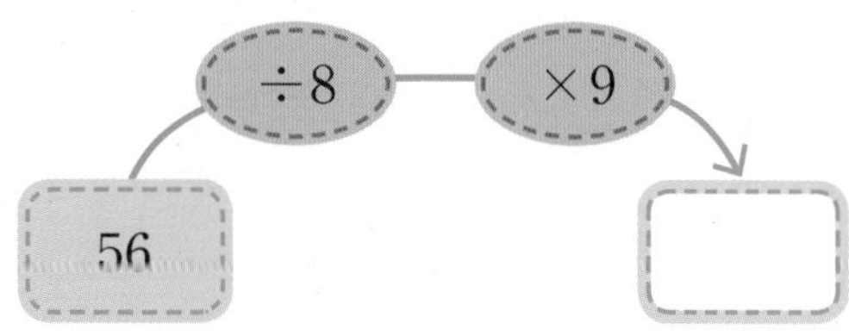


**05** $11-8\div2+3$의 계산 순서를 바르게 설명한 친구를 쓰고, 계산 결과를 구해 보세요.

앞에서부터 차례대로 계산해요.
8÷2를 가장 먼저 계산해요.
지아
유하


( , )

**06** 계산 결과가 57인 것을 찾아 ○표 하세요.

| $9\times8-19+4$ | $41-2\times7+25$ |
|---|---|
| | |

중요

**07** 계산 결과를 찾아 이어 보세요.

$36\div6-3+8$ $36\div(6-3)+8$

11 16 20

**08** 계산 결과를 비교하여 ○ 안에 >, =, <를 알맞게 써넣으세요.

$18\div2-4+7$ ○ $19-72\div6+8$

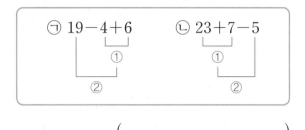

공부한 날

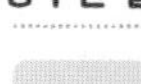

중요

**09** 계산을 바르게 한 친구는 누구인가요?

수영: $14 \div 7 \times 5 - 3 + 6 = 10$

준호: $25 \div 5 + 7 - 3 \times 3 = 3$

(　　　　　　　　　　)

**10** (　　)가 없어도 계산 결과가 같은 식을 찾아 색칠해 보세요.

| $20-(6+5)$ | $7+(9-6)$ |
|---|---|

**11** 설명하는 수를 하나의 식으로 나타내어 구해 보세요.

7과 9의 곱을 3으로 나눈 몫

식 ____________________

답 ____________________

응용

**12** □ 안에 알맞은 수를 하나의 식으로 나타내어 구해 보세요.

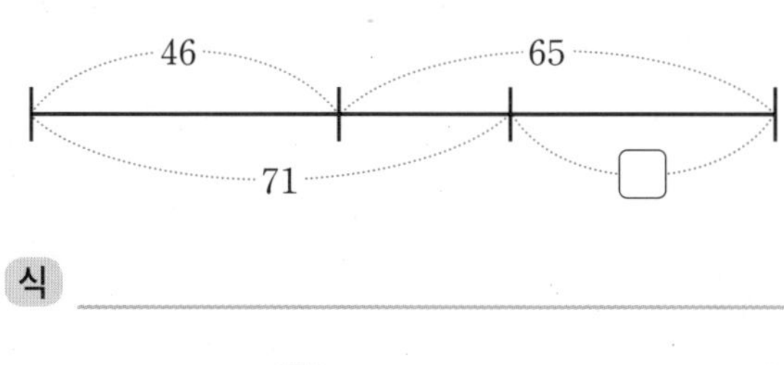


식 ____________________

답 ____________________

**13** 계산 결과가 10에 더 가까운 식을 찾아 기호를 써 보세요.

㉠ $34 - 4 \times 6 + 5$

㉡ $15 + 18 \div 3 - 8$

(　　　　　　　　　　)

**14** 과일 가게에서 사과 85개를 5개씩 봉지에 담아 한 봉지에 4000원씩 받고 모두 팔았습니다. 사과를 판 돈은 얼마인지 하나의 식으로 나타내어 구해 보세요.

식 ____________________

답 ____________________ 원

**15** 두 식의 계산 결과의 합을 빈 곳에 써넣으세요.

$(19-7) \div 2 + 4 \times 5$

$4 \times (8+6) \div 7 - 3$

중요

**16** 계산 결과가 큰 것부터 차례로 (  ) 안에 1, 2, 3을 써넣으세요.

| | |
|---|---|
| $(52+8)\div6-3$ | (  ) |
| $13+8\div(5-1)$ | (  ) |
| $7\times(2+3)-24$ | (  ) |

**17** 어느 가게에서는 요구르트 120개를 5봉지에 똑같이 나누어 담아서 팝니다. 이 요구르트를 한 봉지 사 와서 오전에 2개, 오후에 1개씩 3일 동안 먹었습니다. 남은 요구르트는 몇 개인지 하나의 식으로 나타내어 구해 보세요.

식 ______

답 ______ 개

응용

**18** 식이 성립하도록 (  )로 묶어 식을 완성해 보세요.

$70 - 7 \times 4 + 5 = 7$

## 서술형 문제

**19** 계산에서 잘못된 부분을 찾아 바르게 계산하고, 계산이 잘못된 이유를 써 보세요.

$$\begin{aligned}17+(9-2)\times6&=17+9-12\\&=26-12\\&=14\end{aligned}$$

↓

바르게 계산하기

$17+(9-2)\times6$

이유 ______

**20** □ 안에 들어갈 수 있는 가장 작은 자연수는 얼마인지 풀이 과정을 쓰고, 답을 구해 보세요.

$54-(7+5)\times3\div6<\square$

풀이 ______

답 ______

# 1. 자연수의 혼합 계산

점수 점

한 문항당 배점은 5점입니다.

➔ 바른답·알찬풀이 9쪽



공부한 날 월 일

**01** □ 안에 알맞은 수를 써넣으세요.

(1) $42-15+9=\square+9=\square$

(2) $51\div3\times2=\square\times2=\square$

**02** 가장 먼저 계산해야 하는 부분은 어느 곳인가요? (　　　)

$94+80\div(8-3)\times2$

① $94+80$　② $80\div8$
③ $8-3$　④ $3\times2$
⑤ $80\times2$

중요

**03** 계산 순서를 나타내고 계산해 보세요.

$52\div13+9-5$

**04** $42-5\times8+13$의 계산 결과를 찾아 기호를 써 보세요.

㉠ 11　㉡ 15　㉢ 17

(　　　)

**05** 보기와 같이 계산해 보세요.

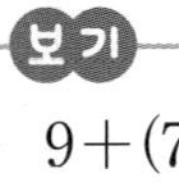


$9+(7-3)\times4$
$=9+4\times4$
$=9+16$
$=25$

$58-6\times(3+5)$

**06** ○ 안에 >, =, <를 알맞게 써넣으세요.

$15-5\times2+16\div4$ ○ $11$

**07** 계산이 처음으로 잘못된 곳을 찾아 기호를 쓰고, 바르게 계산한 값을 구해 보세요.

$60\div(10-5)+8$ ㉠
$=6-5+8$ ㉡
$=1+8$ ㉢
$=9$

(　　　　,　　　　)

**08** 두 식의 계산 결과의 합을 구해 보세요.

$64\div(8\times4)$　　$64\div8\times4$

(　　　)

09 지금 주아가 가지고 있는 색종이는 몇 장인지 하나의 식으로 바르게 나타낸 것에 ○표 하세요.

> 주아는 색종이 25장 중에서 14장을 종이접기를 하는 데 사용하고 친구에게 색종이 8장을 받았습니다. 지금 주아가 가지고 있는 색종이는 몇 장일까요?

( $25+14-8$ , $25-14+8$ )

10 계산 결과가 더 큰 식을 찾아 기호를 써 보세요.

> ㉠ $29-34\div2+5$
> ㉡ $15-4\times3+7$

( )

11 두 식의 계산 결과가 같으면 ○표, 다르면 ×표 하세요.

$8\times(3+2)\div4-7$

$64\div8+3\times(7-4)$

( )

12 ㉮와 ㉯의 계산 결과를 비교하여 어느 것이 얼마나 더 큰지 구해 보세요.

> ㉮ $51-33+36\div4$
> ㉯ $61+21\div7-9$

( , )

중요

13 설명하는 수는 얼마인지 하나의 식으로 나타내어 구해 보세요.

81을 3과 6의 합으로 나눈 몫을 7배 한 수에서 14를 뺀 수

식 ____________________

답 ____________________

응용

14 식이 성립하도록 ○ 안에 $+$, $-$, $\times$, $\div$ 중에서 알맞은 기호를 써넣으세요.

$6\bigcirc2+24-3=33$

15 공책이 80권 있었습니다. 남학생 14명과 여학생 12명에게 2권씩 나누어 주면 남은 공책은 몇 권인지 하나의 식으로 나타내어 구해 보세요.

식 ____________________

답 ____________________ 권

중요

**16** 계산 결과를 ◯ 안의 조건에 맞게 선택하여 □ 안에 알맞은 수를 써넣으세요.

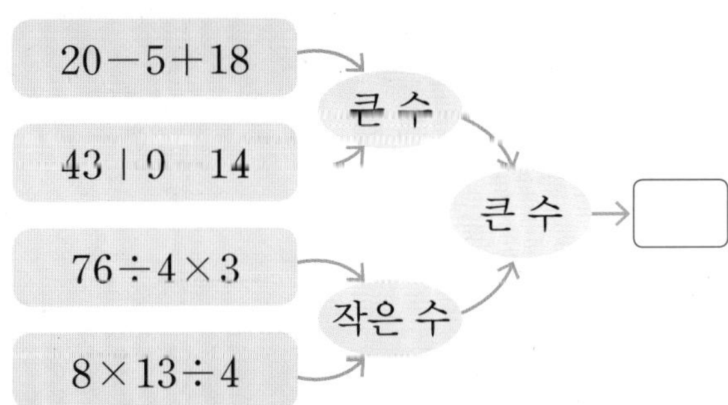


**17** 서은이의 용돈 기록장을 보고 8일에 형광펜을 사고 남은 돈은 얼마인지 하나의 식으로 나타내어 구해 보세요.

| 날짜 | 내용 | 들어온 돈 | 나간 돈 | 남은 돈 |
|---|---|---|---|---|
| 1일 | 용돈 | 4000원 | | 4000원 |
| 8일 | 용돈 | 3000원 | | |
| 8일 | 200원짜리 형광펜 3자루 | | | ? |

식 ______________________

답 ______________ 원

응용

**18** 3장의 수 카드 [2], [5], [9]를 한 번씩 사용하여 계산 결과가 가장 크게 되도록 식을 만들려고 합니다. □ 안에 알맞은 수를 써넣고, 계산해 보세요.

(□−□)×6+□

(　　　　　　　　)

## 서술형 문제

**19** 한 상자에 12개씩 들어 있는 호두과자 4상자를 사서 6개의 봉지에 똑같이 나누어 담으려고 합니다. 봉지 한 개에 호두과자를 몇 개씩 담으면 되는지 하나의 식으로 나타내어 구하려고 합니다. 풀이 과정을 쓰고, 답을 구해 보세요.

풀이 ______________________

답 ______________ 개

**20** 다음과 같이 약속할 때, 63♥7은 얼마인지 풀이 과정을 쓰고, 답을 구해 보세요.

가♥나=가+나−가÷나×2

풀이 ______________________

답 ______________

# 2 약수와 배수

무엇을 배울까요?

**배운 내용**

4-1 3. 곱셈과 나눗셈
- (세 자리 수)×(두 자리 수) 계산하기
- (두 자리 수)÷(두 자리 수), (세 자리 수)÷(두 자리 수) 계산하기

**이 단원 내용**

- 약수와 배수 알아보기
- 약수와 배수의 관계 알아보기
- 공약수와 최대공약수 알아보기
- 공배수와 최소공배수 알아보기

**배울 내용**

5-1 4. 약분과 통분
- 분수를 약분과 통분하기

5-1 5. 분수의 덧셈과 뺄셈
- 분모가 다른 (진분수)+(진분수), (대분수)+(대분수) 계산하기
- 분모가 다른 (진분수)−(진분수), (대분수)−(대분수) 계산하기

교과서
정답 확인

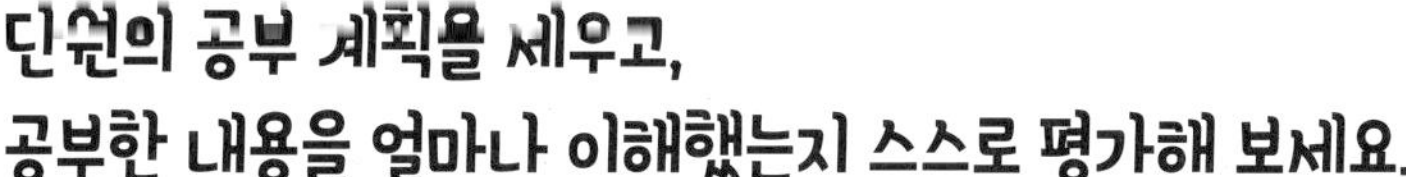
단원의 공부 계획을 세우고,
공부한 내용을 얼마나 이해했는지 스스로 평가해 보세요.

| | 공부할 내용 | 쪽수 | 스스로 평가 |
|---|---|---|---|
| 개념 | 1 약수를 알아봐요 / 배수를 알아봐요 | 38~39쪽 | ☆☆☆ |
| | 2 약수와 배수의 관계를 알아봐요 | 40~41쪽 | ☆☆☆ |
| 유형 | 1 약수 구하기 | 42쪽 | ☆☆☆ |
| | 2 배수 구하기 | 43쪽 | ☆☆☆ |
| | 3 약수와 배수의 관계 | 44쪽 | ☆☆☆ |
| | 4 약수와 배수의 관계 활용 | 45쪽 | ☆☆☆ |
| 개념 | 3 공약수와 최대공약수를 알아봐요 | 46~47쪽 | ☆☆☆ |
| | 4 공배수와 최소공배수를 알아봐요 | 48~49쪽 | ☆☆☆ |
| 유형 | 1 공약수와 최대공약수 구하기 | 50쪽 | ☆☆☆ |
| | 2 공배수와 최소공배수 구하기 | 51쪽 | ☆☆☆ |
| | 3 최대공약수의 활용 | 52쪽 | ☆☆☆ |
| | 4 최소공배수의 활용 | 53쪽 | ☆☆☆ |
| 응용 | 1 주어진 범위에서 배수 구하기 | 54쪽 | ☆☆☆ |
| | 2 조건을 만족하는 수 구하기 | 55쪽 | ☆☆☆ |
| | 3 최대공약수와 최소공배수를 활용하여 어떤 수 구하기 | 56쪽 | ☆☆☆ |
| | 4 필요한 말뚝의 수 구하기 | 57쪽 | ☆☆☆ |

☆☆☆ 자신있게 설명할 수 있어요. ☆☆ 설명하기 조금 힘들어요. ☆ 어려워서 설명할 수 없어요.

# 1 약수를 알아봐요 / 배수를 알아봐요

딸기 6개를 접시에 남김없이 똑같이 나누어 담으려고 해요.
접시 몇 개에 나누어 담을 수 있는지 알아볼까요?

## 6의 약수를 알아볼까요?

개념 동영상

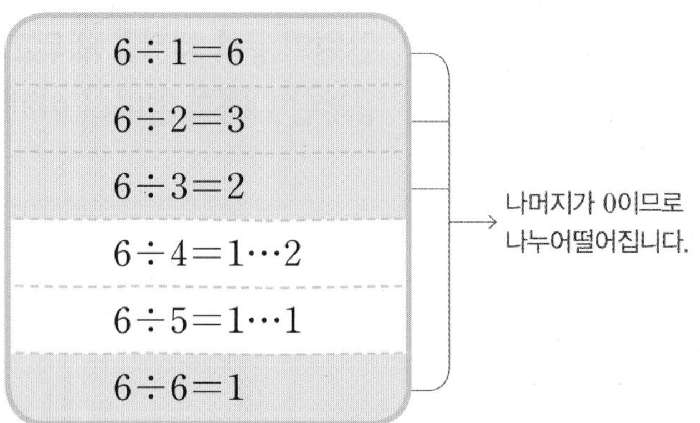


어떤 수를 나누어떨어지게 하는 수를 그 수의 약수라고 합니다.
6을 나누어떨어지게 하는 수는 1, 2, 3, 6입니다.
6의 약수는 1, 2, 3, 6입니다.

### 3의 배수 알아보기

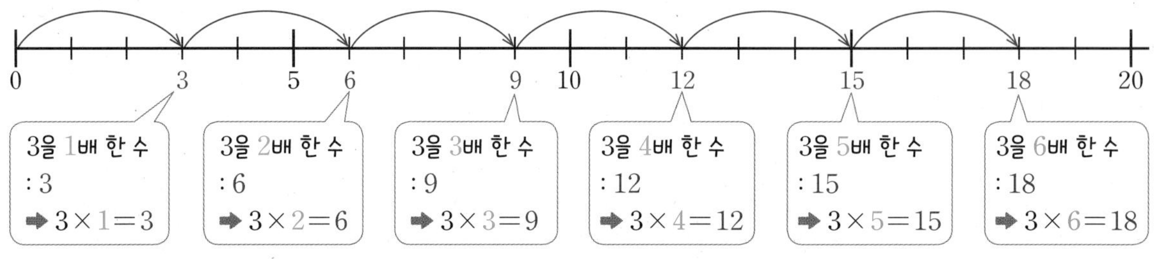


어떤 수를 1배, 2배, 3배, ... 한 수를 그 수의 배수라고 합니다.
3을 1배, 2배, 3배, ... 한 수는 3, 6, 9, ...입니다.
3의 배수는 3, 6, 9, ...입니다.

2, 4, 6, 8, 10, ...은
2의 배수이고, 짝수예요!

÷ 4를 나누어떨어지게 하는 수

4의 약수 : 1, 2, 4

4의 배수 : 4, 8, 12, ...

× 4를 몇 배 한 수

➔ 바른답·알찬풀이 10쪽

**1** 나눗셈식을 보고 12의 약수를 모두 써 보세요.

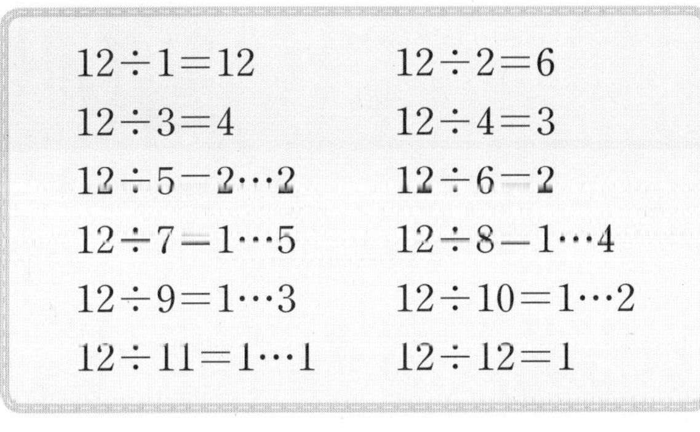

| | |
|---|---|
| $12 \div 1 = 12$ | $12 \div 2 = 6$ |
| $12 \div 3 = 4$ | $12 \div 4 = 3$ |
| $12 \div 5 = 2 \cdots 2$ | $12 \div 6 = 2$ |
| $12 \div 7 = 1 \cdots 5$ | $12 \div 8 = 1 \cdots 4$ |
| $12 \div 9 = 1 \cdots 3$ | $12 \div 10 = 1 \cdots 2$ |
| $12 \div 11 = 1 \cdots 1$ | $12 \div 12 = 1$ |

(　　　　　　　　　　)

**2** 5의 배수를 그림에 모두 나타내고, 가장 작은 수부터 4개 써 보세요.

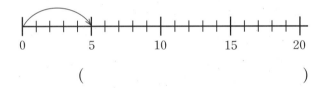

0　5　10　15　20

(　　　　　　　　　　)

**3** □ 안에 알맞은 수를 써넣으세요.

$14 \div \square = 14$　　$14 \div \square = 7$

$14 \div \square = 2$　　$14 \div \square = 1$

14의 약수는 □, □, □, □입니다.

**4** □ 안에 알맞은 수를 써넣으세요.

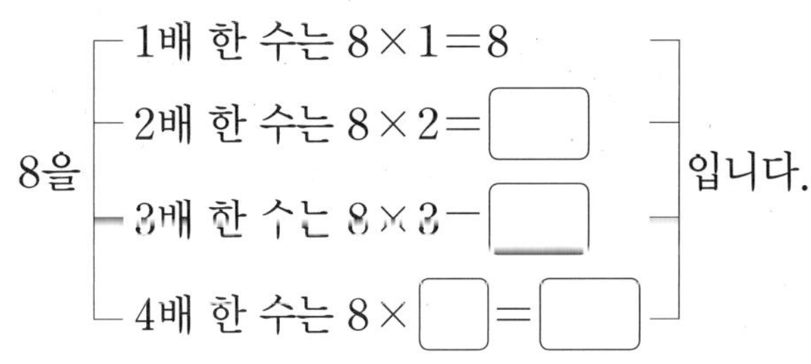

8을
1배 한 수는 $8 \times 1 = 8$
2배 한 수는 $8 \times 2 = \square$
3배 한 수는 $8 \times 3 = \square$
4배 한 수는 $8 \times \square = \square$
입니다.

**5** 약수를 모두 구한 것입니다. □ 안에 알맞은 수를 써넣으세요.

(1) 10의 약수 ➔ 1, 2, □, □

(2) 27의 약수 ➔ 1, 3, □, □

**6** 7의 배수를 가장 작은 수부터 5개 구하려고 합니다. □ 안에 알맞은 수를 써넣으세요.

7의 배수

➔ 7, 14, □, □, □

2 단원

공부한 날 월 일

# 2 약수와 배수의 관계를 알아봐요

공 8개를 친구에게 남김없이 똑같이 나누어 주려고 해요.
몇 명에게 나누어 줄 수 있는지 알아볼까요?

## 탐구 약수와 배수의 관계를 알아볼까요?

개념 동영상

| | |
|---|---|
| 8의 약수 | 1, 2, 4, 8 |
| 나눗셈식으로 나타내기 | $8 \div 1 = 8$, $8 \div 2 = 4$,<br>$8 \div 8 = 1$, $8 \div 4 = 2$ |
| 곱셈식으로 나타내기 | $8 = 8 \times 1$, $8 = 4 \times 2$,<br>$8 = 1 \times 8$, $8 = 2 \times 4$ |

8은 1, 2, 4, 8의 배수입니다.

1, 2, 4, 8은 8의 약수입니다.
8은 1, 2, 4, 8의 배수입니다.

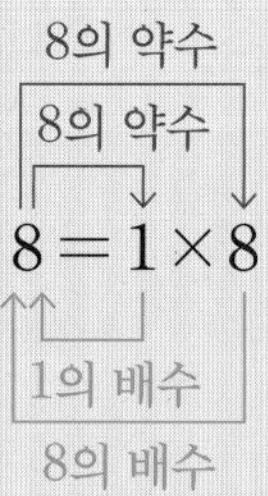


8의 약수, 8의 약수
$8 = 2 \times 4$
2의 배수, 4의 배수

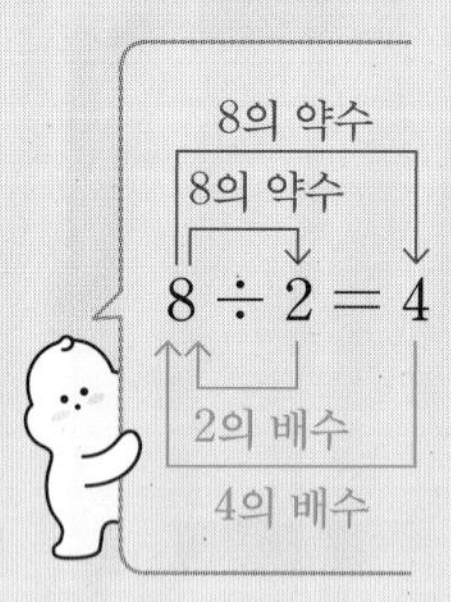

이미지로 개념 콕

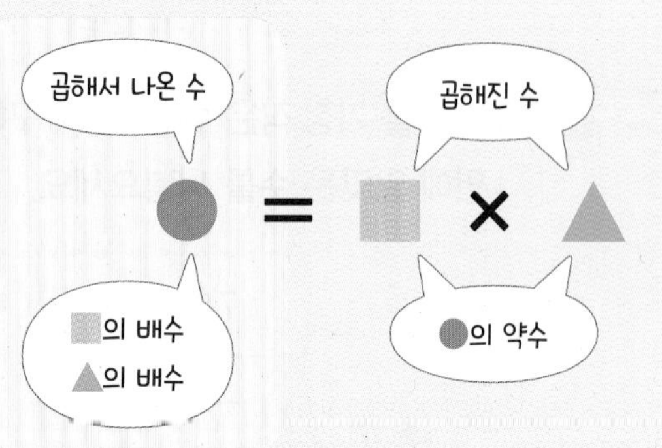


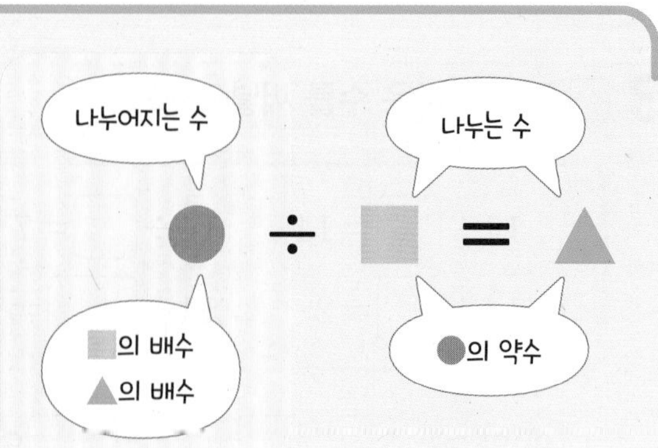

바른답·알찬풀이 10쪽



**1** 곱셈식을 보고 알맞은 말에 ○표 하세요.

$42=6\times7$

42는 6과 7의 ( 약수 , 배수 )이고,
6과 7은 42의 ( 약수 , 배수 )입니다.

**2** 곱셈식을 보고 □ 안에 알맞은 수를 써넣으세요.

$18=1\times18$　$18=2\times9$　$18=3\times6$

(1) 18은 1, 2, 3, □, □, □의 배수입니다.

(2) 1, 2, 3, □, □, □은/는 18의 약수입니다.

**3** 나눗셈식을 보고 □ 안에 '약수'와 '배수'를 알맞게 써넣으세요.

$32\div4=8$

32는 4와 8의 □이고,
4와 8은 32의 □입니다.

**4** 25의 약수를 생각하여 곱셈식으로 나타내고, 약수와 배수의 관계를 알아보세요.

$25=\square\times\square$　$25=\square\times\square$

25는 ________의 배수이고,
________은/는 25의 약수입니다.

**5** 두 수가 약수와 배수의 관계인 것을 찾아 ○표 하세요.

| 7, 9 | 15, 1 | 12, 8 |
|---|---|---|
| (　) | (　) | (　) |

**6** 곱셈식 $45=9\times5$를 보고 바르게 말한 친구는 누구인가요?

45는 9와 5의 배수야.
9와 5는 45의 배수야.
수정
도현


(　　　　)

2단계 유형별 실력쑥쑥

## 유형 1 약수 구하기

약수를 모두 구해 보세요.

(1) 18의 약수 ______________________

(2) 22의 약수 ______________________

곱해서 6이 되는 두 수를 1부터 모두 찾으면 다음과 같아요.

6의 약수

1 2 3 6

1은 모든 수의 약수입니다.

자기 자신(6)은 항상 약수입니다.

**01** 40의 약수가 아닌 것을 모두 찾아 써 보세요.

| 1 | 3 | 5 | 20 |
|---|---|---|---|
| 8 | 12 | 40 | 16 |

( )

**02** 주열이가 설명하는 수는 모두 몇 개인가요?

( )개

**03** 42의 약수 중에서 가장 작은 수와 가장 큰 수를 각각 구해 보세요.

가장 작은 수 ( )

가장 큰 수 ( )

**04** 두 수 중에서 약수의 개수가 더 많은 수를 찾아 써 보세요.

15 49

( )

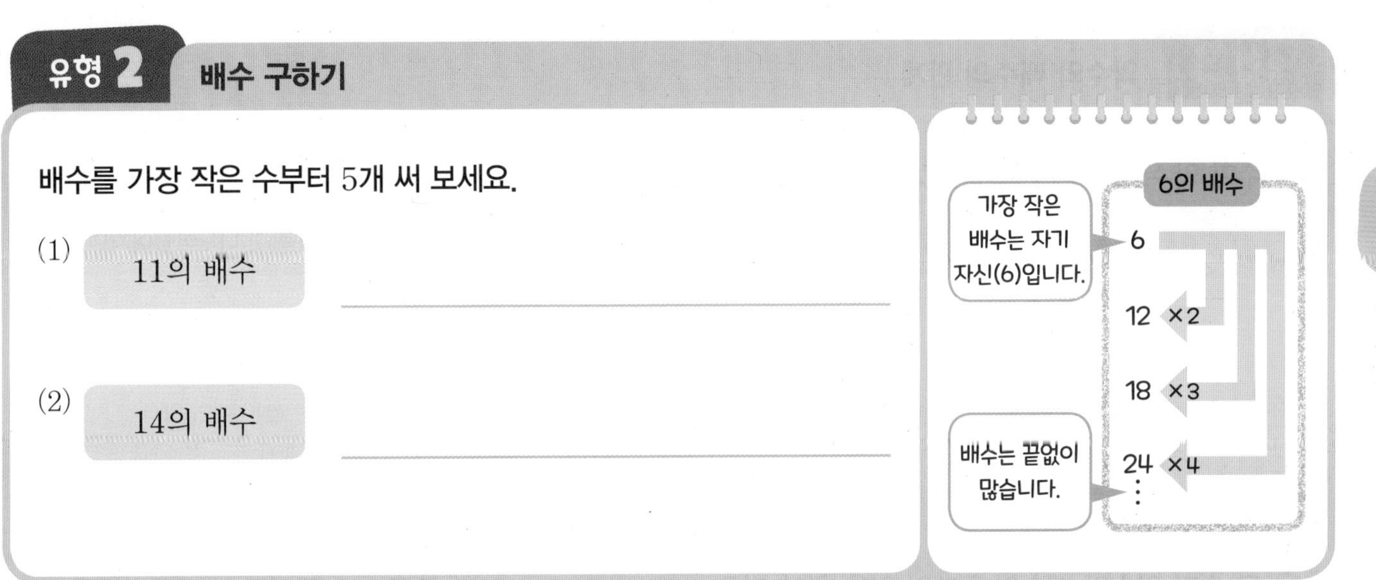




공부한 날 월 일

**05** 4의 배수를 모두 찾아 써 보세요.

| 24 | 27 | 33 | 36 |
|---|---|---|---|
| 48 | 50 | 55 | 62 |

( )

**06** 어느 해의 9월 달력입니다. 달력에서 날짜가 8의 배수인 수를 모두 찾아 써 보세요.

9월

| 일 | 월 | 화 | 수 | 목 | 금 | 토 |
|---|---|---|---|---|---|---|
| | | | | | 1 | 2 |
| 3 | 4 | 5 | 6 | 7 | 8 | 9 |
| 10 | 11 | 12 | 13 | 14 | 15 | 16 |
| 17 | 18 | 19 | 20 | 21 | 22 | 23 |
| 24 | 25 | 26 | 27 | 28 | 29 | 30 |

( )

**07** 어떤 수의 배수를 가장 작은 수부터 차례로 쓴 것입니다. □ 안에 알맞은 수를 써넣으세요.

7, 14, 21, □, 35, □, □, …

서술형

**08** 108은 9의 배수인지 아닌지 쓰고, 그 이유를 설명해 보세요.

답 

이유 

## 유형 3 약수와 배수의 관계

두 수가 약수와 배수의 관계인 것을 모두 찾아 ○표 하세요.

| 4 | 7 |
|---|---|

(      )

| 19 | 1 |
|---|---|

(      )

| 6 | 48 |
|---|---|

(      )

■>●일 때
■÷●가 나누어떨어지면
■는 ●의 배수
●는 ■의 약수

**09** 두 수가 약수와 배수의 관계인 것을 찾아 기호를 써 보세요.

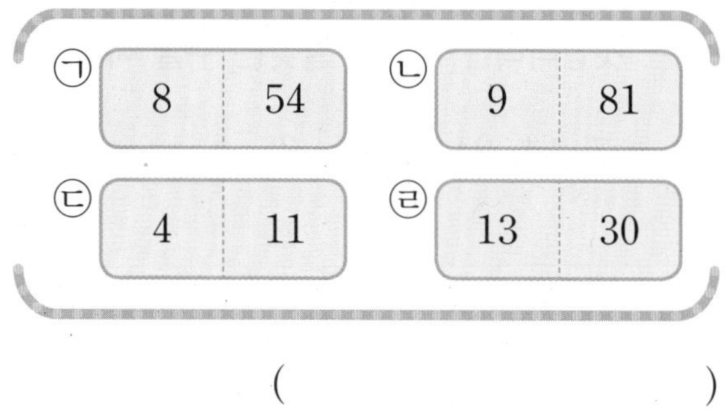


(                    )

**10** 약수와 배수의 관계인 두 수를 찾아 써 보세요.

48 4 26

(                    )

**11** □ 안에 공통으로 들어갈 수 있는 수를 모두 찾아 ○표 하세요.

- □은/는 3과 7의 배수입니다.
- 3과 7은 □의 약수입니다.

15 21 36 42 54

서술형

**12** 14가 ■의 배수일 때 ■ 안에 들어갈 수 있는 수를 모두 구하려고 합니다. 풀이 과정을 쓰고, 답을 구해 보세요.

14 ■

풀이

답

## 유형 4 약수와 배수의 관계 활용

주어진 수 중에서 20과 약수 또는 배수의 관계인 수를 모두 찾아 ○표 하세요.

1　5　9　15　40

■÷●=▲일 때

●와 ▲는 ■의 약수
■는 ●와 ▲의 배수



공부한 날 월 일

**13** 왼쪽 수와 약수 또는 배수의 관계인 수를 모두 찾아 이어 보세요.

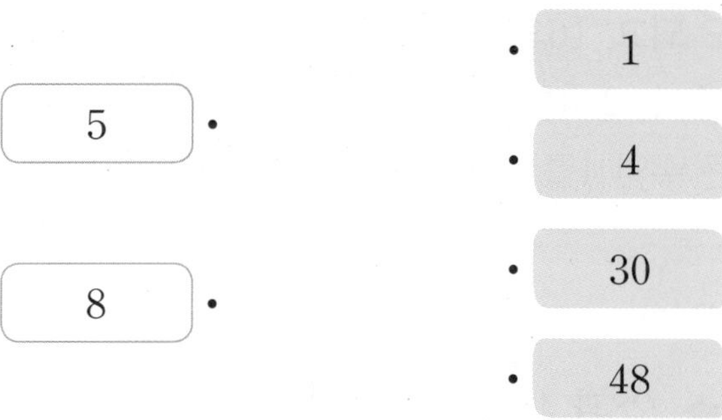


**14** 주어진 수와 약수 또는 배수의 관계가 되도록 빈칸에 1 이외의 알맞은 수를 써넣으세요.

(1) | 　 | 9 |

(2) | 　 | 10 |

**15** 주어진 수 중에서 12와 약수 또는 배수의 관계인 수는 모두 몇 개인가요?

1　4　5　8　12　44　60

(　　　　　　　　)개

**16** 두 사람이 주사위를 굴려 나온 눈의 수가 약수와 배수의 관계일 때 유재의 주사위 눈의 수가 될 수 있는 수를 모두 써 보세요.

(　　　　　　　　)

# 3 공약수와 최대공약수를 알아봐요

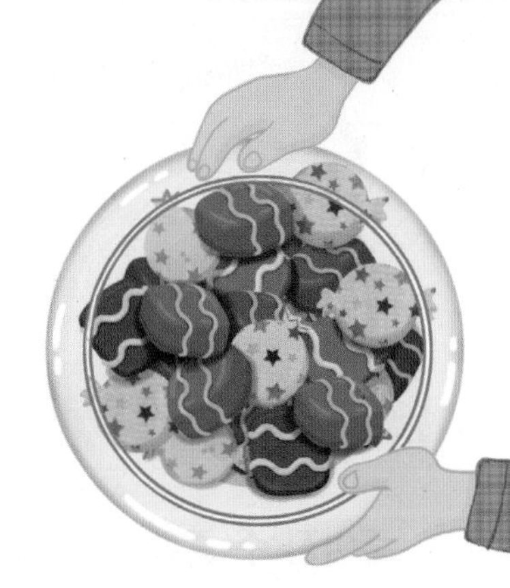

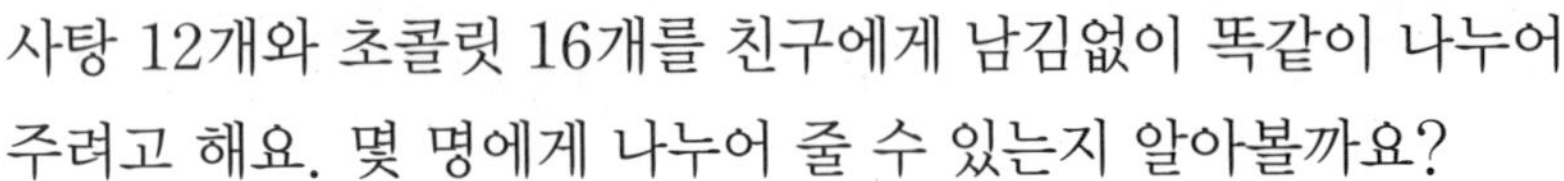

사탕 12개와 초콜릿 16개를 친구에게 남김없이 똑같이 나누어 주려고 해요. 몇 명에게 나누어 줄 수 있는지 알아볼까요?

## 탐구 12와 16의 공약수와 최대공약수 알아볼까요?

개념 동영상

12의 약수에 ○표, 16의 약수에 △표 하면 오른쪽과 같아요.

| ①△ | ②△ | ③ | ④△ | 5 | ⑥ | 7 | 8△ |
|---|---|---|---|---|---|---|---|
| 9 | 10 | 11 | ⑫ | 13 | 14 | 15 | 16△ |

➡ 12와 16의 공통인 약수: 1, 2, 4 — ○표와 △표가 모두 되어 있는 수

12와 16의 공통인 약수 중에서 가장 큰 수: 4

1, 2, 4는 12의 약수도 되고, 16의 약수도 됩니다.
12와 16의 공통인 약수 1, 2, 4를 12와 16의 공약수라고 합니다.
공약수 중에서 가장 큰 수인 4를 12와 16의 최대공약수라고 합니다.

### 28과 42의 공약수와 최대공약수의 관계 알아보기

| 28의 약수 | 1, 2, 4, 7, 14, 28 |
|---|---|
| 42의 약수 | 1, 2, 3, 6, 7, 14, 21, 42 |

➡ 28과 42의 공약수: 1, 2, 7, 14

28과 42의 최대공약수: 14

28과 42의 최대공약수의 약수: 1, 2, 7, 14 (14의 약수)

같음.

두 수의 최대공약수의 약수는 두 수의 공약수와 같습니다.

### 18과 24의 최대공약수 구하기

두 수를 공통으로 나눌 수 있는 수는 두 수의 공약수예요.

18과 24의 공약수 → 2 ) 18 24
9와 12의 공약수 → 3 ) 9 12
3 4

➡ 최대공약수: 2×3=6

18과 24의 공약수 → 3 ) 18 24
6과 8의 공약수 → 2 ) 6 8
3 4

➡ 최대공약수: 3×2=6

18과 24의 공약수 → 6 ) 18 24
3 4

➡ 최대공약수: 6

두 수의 공약수로 더 이상 나눌 수 없을 때까지 나누고, 나눈 공약수들을 모두 곱하면 두 수의 최대공약수가 됩니다.

➔ 바른답·알찬풀이 12쪽



[1~2] 18과 45의 공약수와 최대공약수를 구하려고 합니다. 물음에 답하세요.

- 18의 약수: 1, 2, 3, 6, 9, 18
- 45의 약수: 1, 3, 5, 9, 15, 45

**1** 18과 45의 공약수를 모두 구해 보세요.

(　　　　　　　　　　)

**2** 18과 45의 최대공약수를 구해 보세요.

(　　　　　　　　　　)

[3~4] 24와 30의 공약수와 최대공약수의 관계를 알아보려고 합니다. 물음에 답하세요.

**3** 24와 30의 약수를 모두 써 보세요.

24의 약수 (　　　　　　　　　　)
30의 약수 (　　　　　　　　　　)

**4** 표를 완성하고, 알맞은 말에 ○표 하세요.

| | |
|---|---|
| 24와 30의 공약수 | |
| 24와 30의 최대공약수 | |
| 24와 30의 최대공약수의 약수 | |

➔ 24와 30의 공약수는 24와 30의 최대공약수의 약수와 ( 같습니다 , 다릅니다 ).

**5** 70과 50의 최대공약수를 구하려고 합니다. □ 안에 알맞은 수를 써넣으세요.

```
2 ) 70  50
5 ) 35  25
     7   5
```

70과 50의 최대공약수: □×□=□

**6** 32와 36의 최대공약수를 구해 보세요.

```
2 ) 32  36
□ ) □   □
    □   □
```

➔ 최대공약수: □×□=□

**7** 두 수의 최대공약수를 구해 보세요.

(1) ) 27　18

최대공약수: □

(2) ) 56　48

최대공약수: □

# 공배수와 최소공배수를 알아봐요

민지

지호

민지는 빨간색 1장, 파란색 1장을 번갈아 붙였고, 지호는 초록색 2장, 파란색 1장을 번갈아 붙였어요. 파란색을 나란히 붙인 곳은 몇 번째인지 알아볼까요?

## 2와 3의 공배수와 최소공배수를 알아볼까요?

개념 동영상

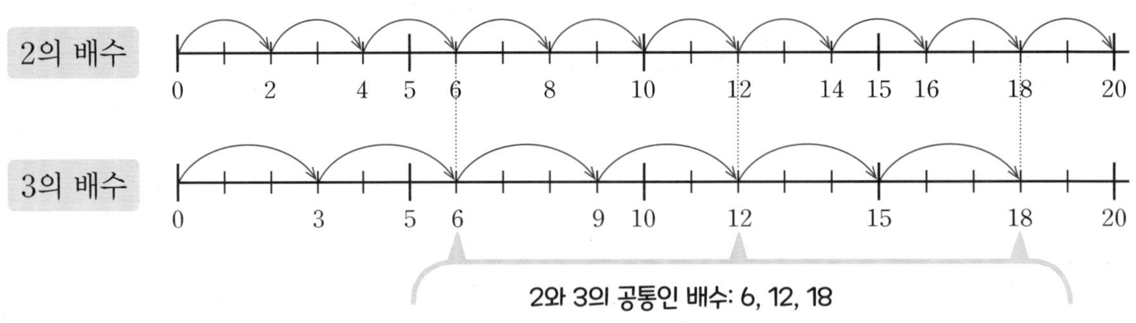


2와 3의 공통인 배수: 6, 12, 18

2와 3의 공통인 배수 중에서 가장 작은 수: 6

> 6, 12, 18, ...은 2의 배수도 되고, 3의 배수도 됩니다.
> 2와 3의 공통인 배수 6, 12, 18, ...을 2와 3의 공배수라고 합니다.
> 공배수 중에서 가장 작은 수인 6을 2와 3의 최소공배수라고 합니다.

### 6과 8의 공배수와 최소공배수의 관계 알아보기

| 6의 배수 | 6 | 12 | 18 | 24 | 30 | 36 | 42 | 48 | 54 | 60 | 66 | 72 |
|---|---|---|---|---|---|---|---|---|---|---|---|---|
| 8의 배수 | 8 | 16 | 24 | 32 | 40 | 48 | 56 | 64 | 72 | 80 | 88 | 96 |

➡ 6과 8의 공배수: 24, 48, 72, ...

6과 8의 최소공배수: 24 — 같음.

6과 8의 최소공배수의 배수: 24, 48, 72, ...

└ 24의 배수

> 두 수의 최소공배수의 배수는 두 수의 공배수와 같습니다.

### 12와 20의 최소공배수 구하기

12와 20의 최대공약수 → 4 ) 12  20
                              3   5

최소공배수: $4\times3\times5=60$

12와 20의 공약수 → 2 ) 12  20
6과 10의 공약수 → 2 ) 6  10
                        3   5

최소공배수: $2\times2\times3\times5=60$

두 수의 공약수로 더 이상 나눌 수 없을 때까지 나누고, 나눈 공약수들과 몫을 모두 곱하면 두 수의 최소공배수가 됩니다.

➜ 바른답·알찬풀이 12쪽

[1~2] 6과 9의 공배수와 최소공배수를 구하려고 합니다. 물음에 답하세요.

- 6의 배수: 6, 12, 18, 24, 30, 36, 42, …
- 9의 배수: 9, 18, 27, 36, 45, 54, 63, …

**1** 6과 9의 공배수를 구해 보세요.

(　　　　　　　　　　)

**2** 6과 9의 최소공배수를 구해 보세요.

(　　　　　　　　　　)

[3~4] 10과 15의 공배수와 최소공배수의 관계를 알아보려고 합니다. 물음에 답하세요.

**3** 10과 15의 배수를 가장 작은 수부터 차례로 써 보세요.

| 10의 배수 | 10 | | | | | |
|---|---|---|---|---|---|---|
| 15의 배수 | 15 | | | | | |

**4** 표를 완성하고, 알맞은 말에 ○표 하세요.

| 10과 15의 공배수 | |
|---|---|
| 10과 15의 최소공배수 | |
| 10과 15의 최소공배수의 배수 | |

➜ 10과 15의 공배수는 10과 15의 최소공배수의 배수와 ( 같습니다 , 다릅니다 ).

**5** 21과 35의 최소공배수를 구하려고 합니다. □ 안에 알맞은 수를 써넣으세요.

$$7 \overline{) 21 \quad 35}$$
$$3 \quad 5$$

21과 35의 최소공배수: □×□×□=□

**6** 30과 36의 최소공배수를 구해 보세요.

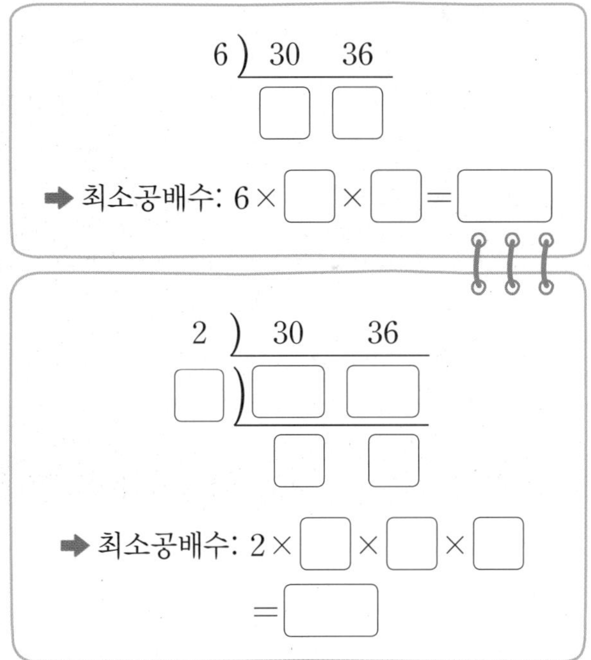

$$6 \overline{) 30 \quad 36}$$
□ □

➜ 최소공배수: 6×□×□=□

$$2 \overline{) 30 \quad 36}$$
□ ) □ □
□ □

➜ 최소공배수: 2×□×□×□
=□

**7** 두 수의 최소공배수를 구해 보세요.

(1) $\overline{) 20 \quad 45}$　　(2) $\overline{) 28 \quad 24}$

최소공배수: □　　최소공배수: □

2 단원

공부한 날 월 일

## 유형 1 공약수와 최대공약수 구하기

50과 75의 최대공약수를 구하고, 공약수를 모두 써 보세요.

$\overline{)\,50 \quad 75}$

최대공약수 ______

공약수 ______

8의 약수 | 12의 약수

8 | 1 2 4 | 3 6 12

8과 12의 공약수: 1, 2, 4

8과 12의 최대공약수: 4

두 수의 최대공약수의 약수는 두 수의 공약수와 같아요.

**01** 48과 56의 약수를 모두 쓰고, 최대공약수를 구해 보세요.

| 48의 약수 | |
|---|---|
| 56의 약수 | |

( )

**02** 20과 80의 최대공약수가 20일 때 20과 80의 공약수를 모두 구해 보세요.

( )

**03** 12와 30의 공약수에 대해 바르게 말한 친구는 누구인가요?

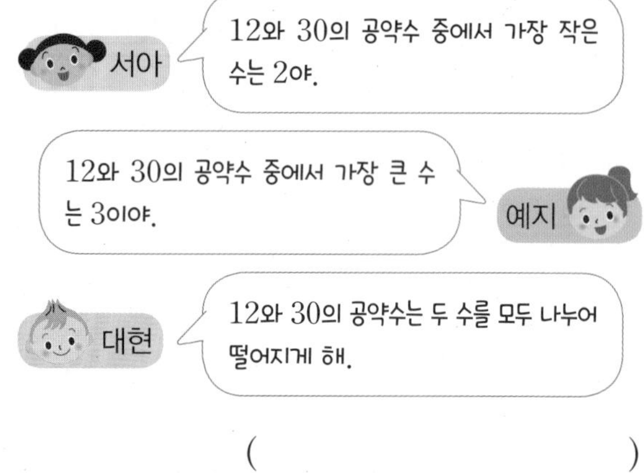

서아
12와 30의 공약수 중에서 가장 작은 수는 2야.
12와 30의 공약수 중에서 가장 큰 수는 3이야.
예지
대현
12와 30의 공약수는 두 수를 모두 나누어 떨어지게 해.


( )

**04** 두 수의 공약수의 개수가 더 많은 것의 기호를 써 보세요.

㉠ 36, 52 ㉡ 24, 42

( )

➔ 바른답·알찬풀이 13쪽

## 유형 2 공배수와 최소공배수 구하기

24와 18의 최소공배수를 구하고, 공배수를 가장 작은 수부터 3개 써 보세요.

) 24　18

최소공배수 ______

공배수 ______

| 2의 배수 | 2, 4, 6, 8, 10, 12, 14, 16, 18, ... |
|---|---|
| 3의 배수 | 3, 6, 9, 12, 15, 18, ... |

2와 3의 공배수: 6, 12, 18, ...

2와 3의 최소공배수: 6

두 수의 최소공배수의 배수는 두 수의 공배수와 같아요.

2 단원

공부한 날 월 일

**05** 35보다 작은 4와 6의 배수를 가장 작은 수부터 쓰고, 공배수와 최소공배수를 구해 보세요.

4의 배수 ______

6의 배수 ______

4와 6의 공배수 ______

4와 6의 최소공배수 ______

**06** 어떤 두 수의 최소공배수가 21일 때 이 두 수의 공배수를 가장 작은 수부터 3개 써 보세요.

(　　　　　　　　)

**07** 두 수의 최소공배수가 더 작은 것을 찾아 색칠해 보세요.

| 24, 40 | 33, 44 |
|---|---|

서술형

**08** 공배수와 최소공배수에 대해 잘못 설명한 것을 찾아 기호를 쓰고, 바르게 고쳐 보세요.

㉠ 두 수의 곱은 두 수의 공배수입니다.
㉡ 두 수의 최소공배수는 셀 수 없이 많습니다.
㉢ 두 수의 공배수는 두 수의 최소공배수의 배수입니다.

기호 ______

바르게 고친 문장 ______

## 유형 3 최대공약수의 활용

사탕 16개와 초콜릿 24개를 각각 최대한 많은 친구에게 남김없이 똑같이 나누어 주려고 합니다. 사탕과 초콜릿을 몇 명에게 나누어 줄 수 있는지 구해 보세요.

( )명

최대한 많은(큰)
가장 많은(큰)

최대공약수를 이용

**09** 체리 40개와 딸기 50개를 각각 최대한 많은 봉지에 남김없이 똑같이 나누어 담으려고 합니다. 체리와 딸기를 몇 봉지에 나누어 담을 수 있나요?

( )봉지

**10** 꿀떡 56개와 무지개떡 64개를 각각 최대한 많은 접시에 남김없이 똑같이 나누어 담으려고 합니다. 꿀떡과 무지개떡을 접시 몇 개에 나누어 담을 수 있나요?

( )개

**11** 직사각형 모양의 포장지를 크기가 같은 정사각형 모양으로 남김없이 자르려고 합니다. 자를 수 있는 가장 큰 정사각형의 한 변은 몇 cm인가요?

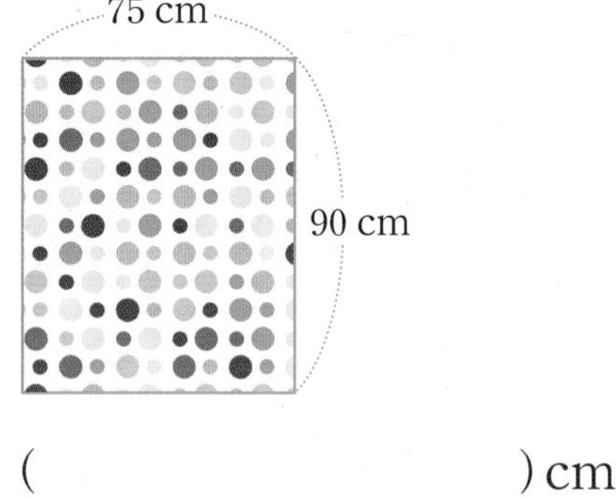


( ) cm

**12** 튤립 24송이와 장미 42송이를 각각 최대한 많은 꽃병에 남김없이 똑같이 나누어 꽂으려고 합니다. 꽃병 한 개에 꽃을 몇 송이씩 꽂을 수 있나요?

( )송이

바른답·알찬풀이 13쪽

## 유형 4 최소공배수의 활용

동희는 4일마다 수영장에 가고, 윤주는 6일마다 수영장에 갑니다. 오늘 두 친구가 수영장에 함께 갔다면 앞으로 두 친구는 며칠마다 수영장에 함께 가게 되는지 구해 보세요.

( )일

다음에 ~ 동시에(함께)
가장 작은(적은)

최소공배수를 이용

2 단원

공부한 날 월 일

**13** 어느 버스 차고지에서 1번 버스는 15분마다, 2번 버스는 9분마다 출발합니다. 오전 9시에 두 버스가 동시에 출발했다면 다음에 두 버스가 동시에 출발하는 시간은 몇 분 후일까요?

( )분

**14** 행성이 태양의 주위를 한 바퀴 도는 데 걸리는 시간을 공전 주기라고 합니다. 오늘 태양, 목성, 천왕성이 차례로 일직선을 이루었다면 다음에 같은 위치에서 태양, 목성, 천왕성이 일직선을 이루는 해는 몇 년 후일까요?

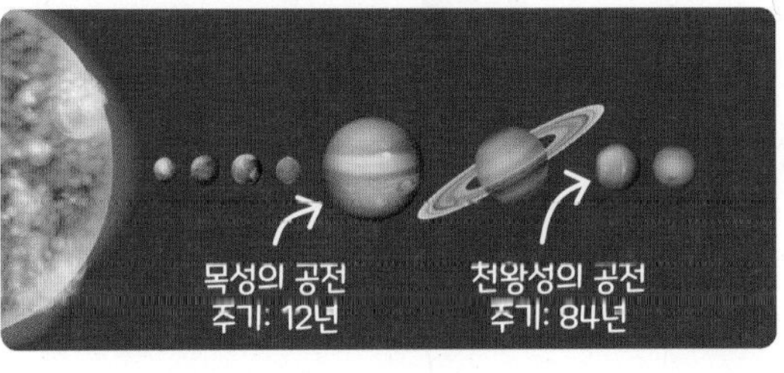


( )년

**15** 가로가 16 cm, 세로가 20 cm인 직사각형 모양의 타일을 겹치지 않게 늘어놓아 정사각형 모양을 만들려고 합니다. 만들 수 있는 가장 작은 정사각형의 한 변은 몇 cm인가요?

( ) cm

서술형

**16** 빨간색 전구는 6초마다, 파란색 전구는 8초마다 한 번씩 깜빡입니다. 두 전구가 동시에 깜빡였다면 지금 이후 1분 동안 동시에 몇 번 깜빡이는지 풀이 과정을 쓰고, 답을 구해 보세요.

풀이

답 번

## 응용유형 1 주어진 범위에서 배수 구하기

**6의 배수 중에서 100에 가장 가까운 수를 구해 보세요.**

(1) □ 안에 알맞은 수를 써넣으세요.

$6\times15=\square$　$6\times16=\square$　$6\times17=\square$　$6\times18=\square$

(2) (1)에서 구한 6의 배수 중에서 100에 가장 가까운 수를 구해 보세요.

(　　　　　　)

유사

**1-1** **15의 배수 중에서 200에 가장 가까운 수를 구해 보세요.**

(　　　　　　)

변형

**1-2** **두 친구가 설명하는 수는 모두 몇 개인지 구해 보세요.**

(　　　　　　)개

## 응용유형 2 조건을 만족하는 수 구하기

2 단원

공부한 날 월 일

오른쪽 조건을 모두 만족하는 수를 구해 보세요.

조건
- 이 수는 5의 배수 중 하나입니다.
- 이 수의 약수를 모두 더하면 18입니다.

(1) 표를 완성해 보세요.

| 5의 배수 | 5 | 10 | 15 |
|---|---|---|---|
| 약수 | 1, 5 | | |
| 약수의 합 | 6 | | |

(2) 조건을 모두 만족하는 수를 구해 보세요.

( )

### 2-1

유사

조건을 모두 만족하는 수를 구해 보세요.

조건
- 이 수는 7의 배수 중 하나입니다.
- 이 수의 약수를 모두 더하면 32입니다.

( )

### 2-2

변형

조건을 모두 만족하는 자물쇠의 비밀번호를 구해 보세요.

1. 비밀번호는 48의 약수입니다.
2. 비밀번호는 6의 배수가 아닙니다.
3. 비밀번호는 두 자리 수입니다.

( )

## 응용유형 3 최대공약수와 최소공배수를 활용하여 어떤 수 구하기

문제해결 추론

27과 어떤 수 □의 최대공약수는 9이고, 최소공배수는 108입니다. 어떤 수를 구해 보세요.

$$9 \overline{) 27 \quad \square}$$
㉠ ㉡

(1) ㉠에 알맞은 수를 구해 보세요.

( )

(2) ㉡에 알맞은 수를 구해 보세요.

( )

(3) 어떤 수를 구해 보세요.

( )

유사

**3-1** 18과 어떤 수의 최대공약수는 6이고, 최소공배수는 90입니다. 어떤 수를 구해 보세요.

( )

변형

**3-2** 어떤 두 수의 최대공약수는 21이고, 최소공배수는 126입니다. 두 수가 모두 두 자리 수일 때 두 수를 구해 보세요.

( )

### 중1 미리보기

24와 60을 각각 소인수분해하면 다음과 같습니다.

$24 = 2 \times 2 \times 2 \times 3$

$60 = 2 \times 2 \qquad \times 3 \times 5$

➡ 24와 60의 최대공약수: $2 \times 2 \times 3 = \square$

24와 60의 최소공배수: $2 \times 2 \times 3 \times 2 \times 5 = \square$

답 12, 120

1보다 큰 자연수를 그 수의 소인수들만의 곱으로 나타낸 것을 소인수분해한다고 해요.

➜ 바른답·알찬풀이 14쪽

## 응용유형 4 필요한 말뚝의 수 구하기

길을 따라 일정한 간격으로 말뚝을 가장 적게 설치하려고 합니다. 필요한 말뚝의 수를 구해 보세요.

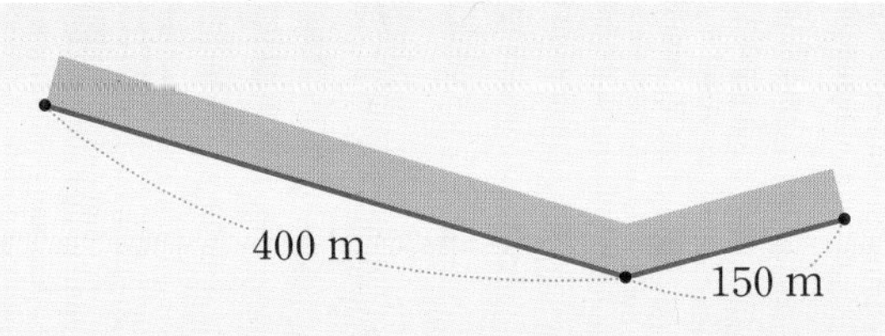


**말뚝을 설치할 때 주의점**

1. 말뚝의 폭은 생각하지 않기
2. 빨간색 선으로 표시한 쪽에만 설치하기
3. 점(•)으로 표시한 곳에는 반드시 설치하기

(1) □ 안에 알맞은 말이나 수를 써넣으세요.

> 말뚝을 가장 적게 설치하려면 400과 150의 □을/를 구해야 하고, 그 값은 □입니다.

(2) 필요한 말뚝은 몇 개인지 구해 보세요.

( )개

유사

**4-1** 길을 따라 일정한 간격으로 가로등을 가장 적게 설치하려고 합니다. 필요한 가로등은 몇 개인가요?

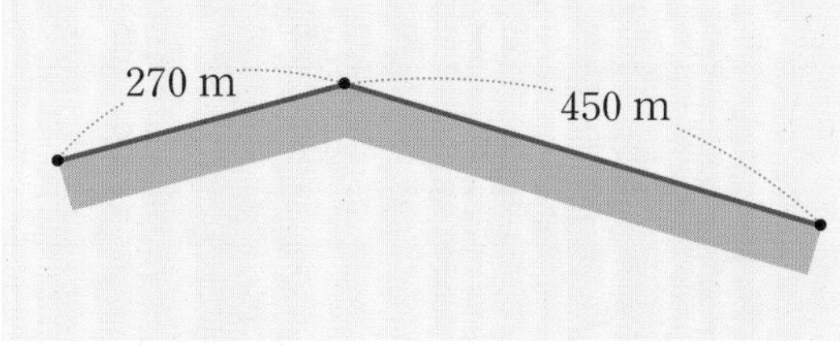


**가로등을 설치할 때 주의점**

1. 가로등의 폭은 생각하지 않기
2. 파란색 선으로 표시한 쪽에만 설치하기
3. 점(•)으로 표시한 곳에는 반드시 설치하기

( )개

**4-2** 가로 36 m, 세로 40 m인 직사각형 모양의 목장의 가장자리를 따라 일정한 간격으로 말뚝을 설치하려고 합니다. 네 모퉁이에는 반드시 말뚝을 설치해야 하고, 말뚝을 가장 적게 사용하려고 합니다. 필요한 말뚝은 몇 개인가요? (단, 말뚝의 폭은 생각하지 않습니다.)

( )개

# 2. 약수와 배수

점수 　　점

한 문항당 배점은 5점입니다.

**01** 곱셈식을 보고 □ 안에 알맞은 수를 써넣으세요.

45=5×9

45는 5와 □의 배수입니다.

5와 □은/는 □의 약수입니다.

**02** □ 안에 알맞은 수를 써넣으세요.

6을
- 1배 한 수: 6×1=6
- 2배 한 수: 6×2=□
- □배 한 수: 6×3=□
- 4배 한 수: 6×□=□

중요

**03** 나눗셈식을 보고 8의 약수를 모두 써 보세요.

| | |
|---|---|
| 8÷1=8 | 8÷2=4 |
| 8÷3=2⋯2 | 8÷4=2 |
| 8÷5=1⋯3 | 8÷6=1⋯2 |
| 8÷7=1⋯1 | 8÷8=1 |

(　　　　　　　　)

**04** 14와 32의 공약수를 모두 쓰고, 최대공약수를 구해 보세요.

- 14의 약수: 1, 2, 7, 14
- 32의 약수: 1, 2, 4, 8, 16, 32

공약수 (　　　　　　　　)

최대공약수 (　　　　　　　　)

**05** 36과 42의 최소공배수를 구해 보세요.

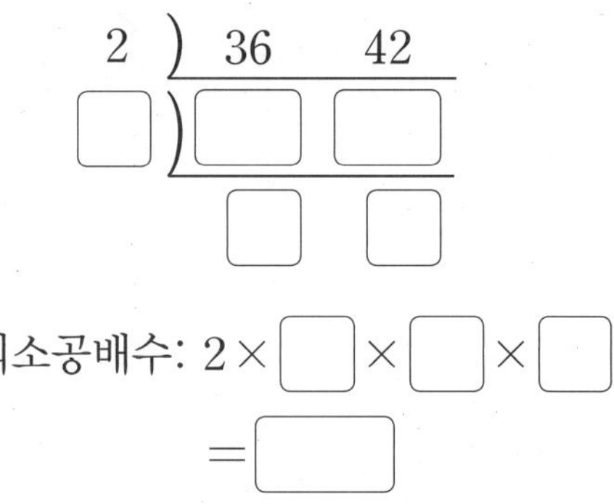

**06** 4의 배수를 모두 색칠해 보세요.

| 1 | 2 | 3 | 4 | 5 |
|---|---|---|---|---|
| 6 | 7 | 8 | 9 | 10 |
| 11 | 12 | 13 | 14 | 15 |
| 16 | 17 | 18 | 19 | 20 |

**07** 두 수가 약수와 배수의 관계인 것을 찾아 기호를 써 보세요.

㉠ 8, 44　　㉡ 9, 54　　㉢ 4, 18

(　　　　　　　　)

**08** 어떤 두 수의 최소공배수가 28일 때 이 두 수의 공배수를 가장 작은 수부터 3개 써 보세요.

( )

**09** 어느 해의 8월 달력입니다. 달력에서 날짜가 7의 배수인 수를 모두 찾아 써 보세요.

| 일요일 | 월요일 | 화요일 | 수요일 | 목요일 | 금요일 | 토요일 |
|---|---|---|---|---|---|---|
| | | | | 1 | 2 | 3 |
| 4 | 5 | 6 | 7 | 8 | 9 | 10 |
| 11 | 12 | 13 | 14 | 15 | 16 | 17 |
| 18 | 19 | 20 | 21 | 22 | 23 | 24 |
| 25 | 26 | 27 | 28 | 29 | 30 | 31 |

( )

중요

**10** 두 수의 최대공약수와 최소공배수를 구해 보세요.

40 30

최대공약수 ( )

최소공배수 ( )

**11** 36과 54의 최대공약수가 18일 때 36과 54의 공약수는 모두 몇 개인가요?

( )개

**12** 주어진 수 중에서 24와 약수 또는 배수의 관계인 수는 모두 몇 개인가요?

2 3 5 9 24 30 48

( )개

**13** 약수와 배수에 대해 잘못 설명한 것을 찾아 기호를 써 보세요.

㉠ 1은 모든 자연수의 약수입니다.
㉡ 자연수의 배수는 무수히 많습니다.
㉢ 수가 클수록 약수의 개수가 많습니다.

( )

응용

**14** 두 수 중에서 약수의 개수가 더 적은 수를 찾아 써 보세요.

27 25

( )

**15** 빵 30개와 쿠키 42개를 각각 최대한 많은 봉지에 남김없이 똑같이 나누어 담으려고 합니다. 빵과 쿠키를 몇 봉지에 나누어 담을 수 있나요?

( )봉지

2 단원

공부한 날 월 일

응용

**16** 두 수의 최대공약수가 가장 큰 것의 기호를 써 보세요.

㉠ 21, 35　㉡ 48, 64　㉢ 22, 33

(　　　　　　　　)

**17** 13의 배수 중에서 100에 가장 가까운 수를 구해 보세요.

(　　　　　　　　)

**18** 은지는 4일마다 도서관에 가고, 윤호는 10일마다 도서관에 갑니다. 3월 10일에 두 친구가 도서관에 함께 갔다면 두 친구가 다음에 도서관에 함께 가는 날은 몇 월 며칠일까요?

(　　　　　)월 (　　　　　)일

## 서술형 문제

**19** 45와 60의 공약수와 최대공약수에 대해 잘못 설명한 친구의 이름을 쓰고, 바르게 고쳐 보세요.

- 은영: 45와 60의 공약수는 두 수를 모두 나누어떨어지게 하는 수야.
- 진호: 45와 60의 최대공약수의 약수는 5의 약수야.

이름 ______________

바르게 고친 문장 ______________

______________

중요

**20** 조건을 모두 만족하는 수를 구하려고 합니다. 풀이 과정을 쓰고, 답을 구해 보세요.

조건
- 이 수는 28의 약수입니다.
- 이 수는 40의 약수는 아닙니다.
- 이 수는 한 자리 수입니다.

풀이 ______________

______________

______________

______________

답 ______________

# 2. 약수와 배수

점수 점

한 문항당 배점은 5점입니다.

➔ 바른답·알찬풀이 16쪽



공부한 날 월 일

**01** 4의 배수를 그림에 모두 나타내고, 가장 작은 수부터 3개 써 보세요.

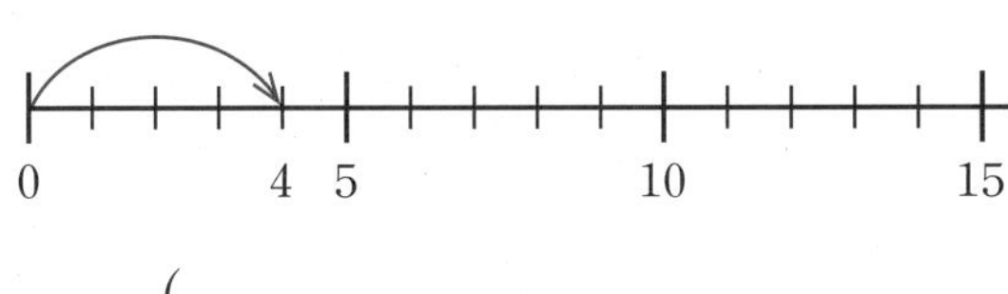


(　　　　　　　　　　)

**02** 곱셈식을 보고 알맞은 말에 ○표 하세요.

$20=4\times5$

20은 4와 5의 ( 약수 , 배수 )입니다.

4와 5는 20의 ( 약수 , 배수 )입니다.

**03** 28과 42의 최대공약수를 구하려고 합니다. □ 안에 알맞은 수를 써넣으세요.

$$\begin{array}{r|rr} 2 & 28 & 42 \\ \hline 7 & 14 & 21 \\ \hline & 2 & 3 \end{array}$$

28과 42의 최대공약수: □×□=□

중요

**04** 3과 6의 공배수와 최소공배수를 구해 보세요.

- 3의 배수: 3, 6, 9, 12, 15, 18, ...
- 6의 배수: 6, 12, 18, 24, 30, 36, ...

공배수 (　　　　　　　　　　)

최소공배수 (　　　　　　　　　　)

**05** 약수를 모두 구해 보세요.

30의 약수

(　　　　　　　　　　)

**06** 8의 배수는 모두 몇 개인지 구해 보세요.

| 4 | 8 | 10 | 28 |
|---|---|---|---|
| 32 | 48 | 52 | 64 |

(　　　　　　　　　　)개

**07** 바르게 설명한 친구의 이름을 써 보세요.

두 수의 공약수는 두 수의 최대공약수의 배수야.
1은 모든 자연수의 약수야.
유찬
은정


(　　　　　　　　　　)

중요

**08** 두 수가 약수와 배수의 관계인 것을 모두 찾아 ○표 하세요.

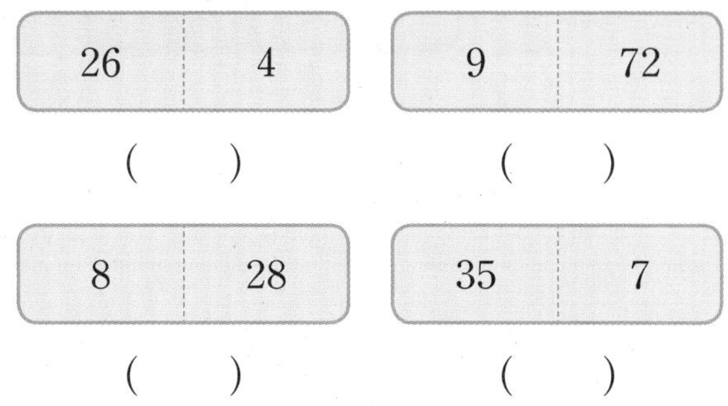


( ) ( )

( ) ( )

**09** 두 수의 최대공약수와 최소공배수를 구해 보세요.

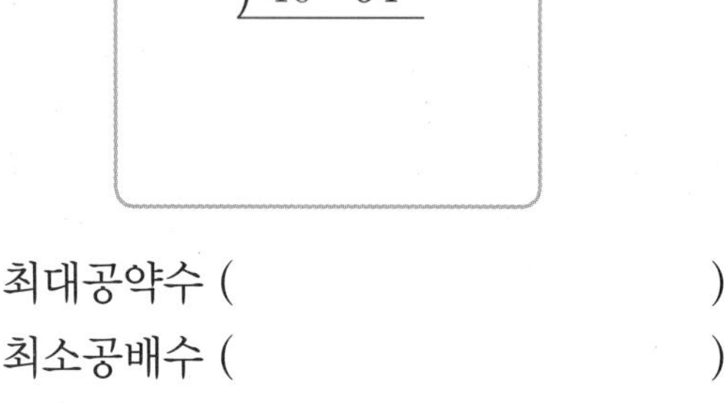


최대공약수 ( )

최소공배수 ( )

**10** □ 안에 공통으로 들어갈 수 있는 수를 찾아 기호를 써 보세요.

- 5와 7은 □의 약수입니다.
- □은/는 5와 7의 배수입니다.

㉠ 12 ㉡ 20 ㉢ 35

( )

**11** 24와 16의 공약수는 모두 몇 개인지 구해 보세요.

( )개

**12** 6과 9의 최소공배수를 구하고, 공배수를 가장 작은 수부터 3개 써 보세요.

최소공배수 ( )

공배수 ( )

응용

**13** 두 수의 최소공배수가 더 큰 것에 색칠해 보세요.

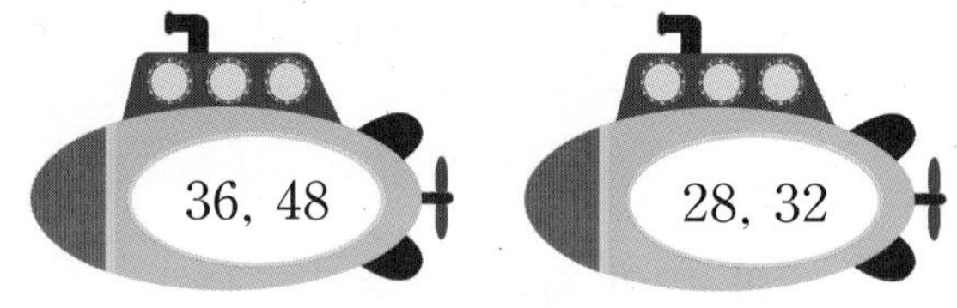


**14** 귤 54개와 사과 36개를 각각 최대한 많은 친구에게 남김없이 똑같이 나누어 주려고 합니다. 귤과 사과를 몇 명에게 나누어 줄 수 있나요?

( )명

**15** 100보다 작은 수 중에서 25의 배수는 모두 몇 개인가요?

( )개

중요

**16** 가로가 20 cm, 세로가 32 cm인 직사각형 모양의 타일을 겹치지 않게 늘어놓아 정사각형 모양을 만들려고 합니다. 만들 수 있는 가장 작은 정사각형의 한 변은 몇 cm인가요?

( ) cm

**17** 조건을 모두 만족하는 수를 구해 보세요.

조건
- 이 수는 5의 배수 중 하나입니다.
- 이 수의 약수를 모두 더하면 24입니다.

( )

**18** 21과 어떤 수의 최대공약수는 7이고, 최소공배수는 168입니다. 어떤 수를 구해 보세요.

( )

## 서술형 문제

**19** 19는 133의 약수인지 아닌지 쓰고, 그 이유를 설명해 보세요.

답

이유

응용

**20** 100부터 150까지의 수 중에서 2와 7의 공배수는 모두 몇 개인지 풀이 과정을 쓰고, 답을 구해 보세요.

풀이

답 개

# 3 규칙과 대응

무엇을 배울까요?

**배운 내용**

4-1 6. 규칙 찾기
- 수의 배열이나 일상생활에서 변화하는 수의 규칙 찾기
- 모양의 배열에서 변화하는 수의 규칙 찾기
- 찾은 규칙을 수나 식으로 나타내기
- 계산식의 배열에서 규칙 찾기

**이 단원 내용**

- 대응 관계의 의미를 알고, 주변 현상에서 대응 관계인 두 양 찾기
- 대응 관계를 □, △ 등을 사용하여 식으로 나타내기
- 생활 속에서 대응 관계를 찾아 식으로 나타내기

**배울 내용**

중학교
- 정비례, 반비례 관계 이해하기
- 함수의 개념 이해하기
- 일차함수의 의미 이해하기

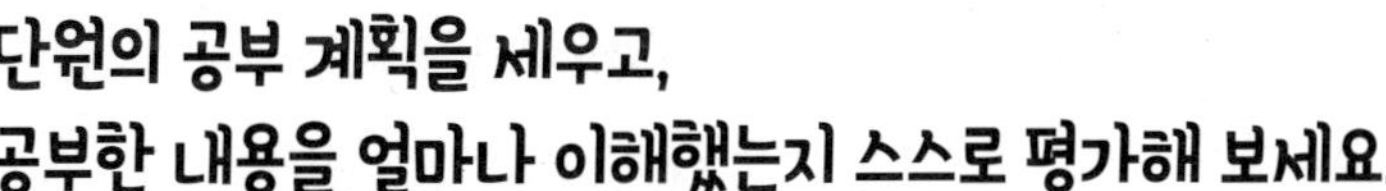

단원의 공부 계획을 세우고,
공부한 내용을 얼마나 이해했는지 스스로 평가해 보세요.

| | 공부할 내용 | 쪽수 | 스스로 평가 |
|---|---|---|---|
| 개념 | 1 두 양 사이의 관계를 알아봐요 | 66~67쪽 | ☆☆☆ |
| | 2 대응 관계를 식으로 나타내요 | 68~69쪽 | ☆☆☆ |
| 유형 | 1 두 양 사이의 관계 | 70쪽 | ☆☆☆ |
| | 2 대응 관계를 식으로 나타내기 | 71쪽 | ☆☆☆ |
| | 3 대응 관계의 활용 | 72쪽 | ☆☆☆ |
| 응용 | 1 도형의 배열에서 대응 관계 찾기 | 73쪽 | ☆☆☆ |
| | 2 대응 관계를 이용하여 필요한 개수 구하기 | 74쪽 | ☆☆☆ |
| | 3 대응 관계를 이용하여 최대 개수 구하기 | 75쪽 | ☆☆☆ |

☆☆☆ 자신있게 설명할 수 있어요. ☆☆ 설명하기 조금 힘들어요. ☆ 어려워서 설명할 수 없어요.

# 1 두 양 사이의 관계를 알아봐요

교실에서 관계있는 것에는 어떤 것들이 있을까요?

## 탐구 관계있는 것을 알아볼까요?

개념 동영상

책상 수에 따라 책상의 다리 수도 변합니다.


**책상 수와 책상의 다리 수**

**책상**이 1개, 2개, 3개일 때 **책상의 다리**는 각각 4개, 8개, 12개입니다.

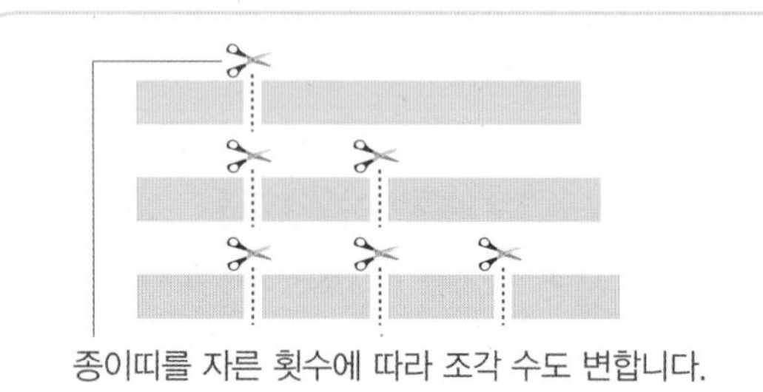

종이띠를 자른 횟수에 따라 조각 수도 변합니다.


**종이띠를 자른 횟수와 조각 수**

**종이띠를** 한 번, 두 번, 세 번 **잘랐을 때 조각은** 각각 2개, 3개, 4개입니다.

책상 수와 책상의 다리 수, 종이띠를 자른 횟수와 조각 수가 서로 대응해요.

### 윤재 나이와 동생 나이 사이의 대응 관계 알아보기

윤재가 12살일 때 동생은 8살입니다.

| 윤재 나이(살) | 12 | 13 | 14 | 15 | 16 |
|---|---|---|---|---|---|
| 동생 나이(살) | 8 | 9 | 10 | 11 | 12 |

윤재 나이는 동생 나이보다 4살 많습니다.
동생 나이는 윤재 나이보다 4살 적습니다.

## 이미지로 개념 콕 자전거 수와 바퀴 수 사이의 대응 관계 찾기

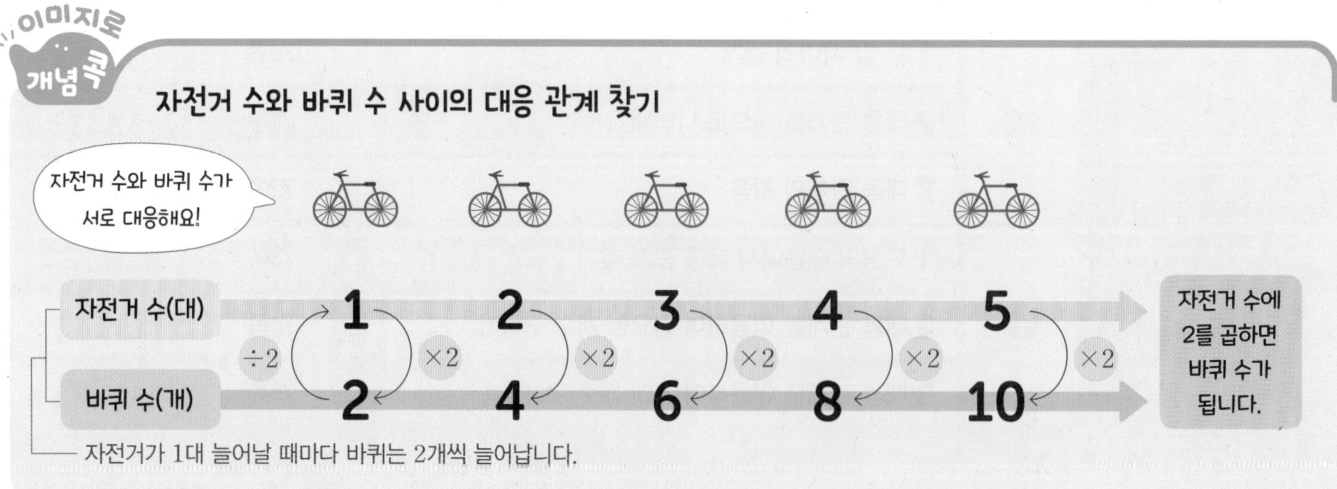

바른답·알찬풀이 17쪽

[1~3] 킥보드 수와 바퀴 수 사이의 대응 관계를 알아보려고 합니다. 물음에 답하세요.

| 킥보드 수(대) | 1 | 2 | 3 | 4 | 5 |
|---|---|---|---|---|---|
| 바퀴 수(개) | 3 | 6 | | | |

**1** 그림을 보고 위의 표를 완성해 보세요.

**2** 완성한 표에서 찾을 수 있는 규칙을 쓴 것입니다. □ 안에 알맞은 수를 써넣으세요.

킥보드가 1대 늘어날 때마다 바퀴는 □개씩 늘어납니다.

**3** 보기에서 알맞게 골라 킥보드 수와 바퀴 수 사이의 대응 관계를 완성해 보세요.

보기
킥보드 수　바퀴 수　3　2

□에 □을/를 곱하면 □가 됩니다.

**4** 그림을 보고 쇠말뚝 수와 대응 관계인 것을 찾아 □ 안에 알맞은 말을 써넣으세요.

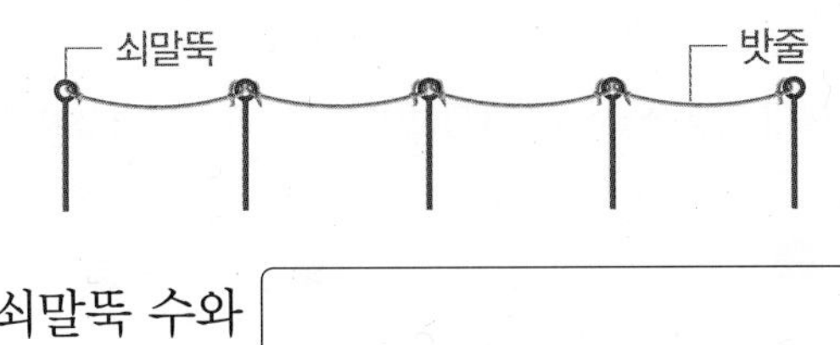
쇠말뚝
밧줄

쇠말뚝 수와 □

[5~6] 영우 나이와 형 나이 사이의 대응 관계를 알아보려고 합니다. 물음에 답하세요.

| 영우 나이(살) | 12 | 13 | 14 | 15 | 16 |
|---|---|---|---|---|---|
| 형 나이(살) | 14 | 15 | 16 | | |

**5** 영우 나이와 형 나이 사이의 대응 관계를 생각하며 위의 표를 완성해 보세요.

**6** 영우 나이와 형 나이 사이의 대응 관계를 알아보려고 합니다. □ 안에 알맞은 수를 써넣고, 알맞은 말에 ○표 하세요.

(1) 영우 나이는 형 나이보다 □살 ( 많습니다 , 적습니다 ).

(2) 형 나이는 영우 나이보다 □살 ( 많습니다 , 적습니다 ).

(3) 영우 나이에 □을/를 더하면 형 나이가 됩니다.

**7** 육각형 수와 꼭짓점 수 사이의 대응 관계를 찾아 □ 안에 알맞은 수를 써넣으세요.

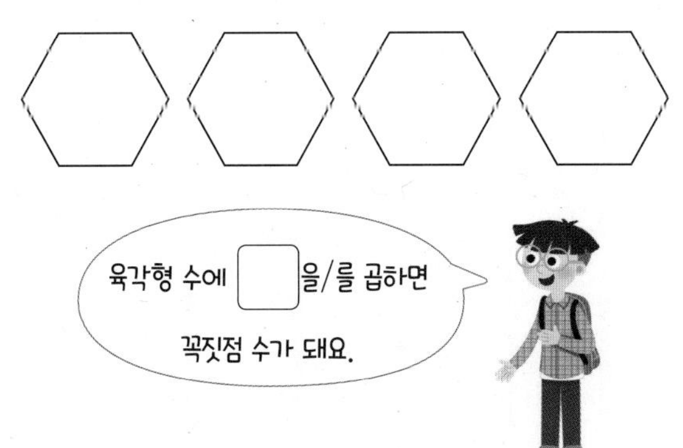
육각형 수에 □을/를 곱하면
꼭짓점 수가 돼요.

3 단원
공부한 날 월 일

# 대응 관계를 식으로 나타내요

▶ 생활 속에서 대응 관계를 찾아 식으로 나타내요

여러 개의 밧줄을 매듭으로 묶어 길게 연결해요. 밧줄 수와 매듭 수 사이의 대응 관계를 식으로 나타내 볼까요?

## 밧줄 수와 매듭 수 사이의 대응 관계를 식으로 나타내 볼까요?

개념 동영상

매듭 수는 밧줄 수보다 1개 적습니다. / 밧줄 수는 매듭 수보다 1개 많습니다.

| 밧줄 수(개) | 2 | 3 | 4 | 5 | 6 |
|---|---|---|---|---|---|
| 매듭 수(개) | 1 | 2 | 3 | 4 | 5 |

밧줄 수와 매듭 수 사이의 대응 관계를 식으로 나타내면
(밧줄 수)$-1=$(매듭 수) 또는 (매듭 수)$+1=$(밧줄 수)입니다.

밧줄 수를 ○, 매듭 수를 □라고 합니다.

○와 □를 사용하여 밧줄 수와 매듭 수 사이의 대응 관계를 식으로 나타내면 ○$-1=$□ 또는 □$+1=$○입니다.

두 양 사이의 대응 관계를 식으로 간단하게 나타낼 때는 각 양을 ○, □, △, ☆ 등과 같은 기호로 나타낼 수 있습니다.

### 대응 관계를 찾아 식으로 나타내기

색종이 2장을 사용하여 꽃을 만들어요.
한 사람에게 색종이를 4장씩 나누어 줄게요.


서로 대응하는 두 양

| 사람 수 | ◇ | 필요한 색종이 수 | △ |
|---|---|---|---|

식 ◇$\times 4=$△(또는 △$\div 4=$◇)

| 색종이 수 | ◎ | 만들 수 있는 꽃 수 | ◆ |
|---|---|---|---|

식 ◆$\times 2=$◎(또는 ◎$\div 2=$◆)

이미지로 개념 콕

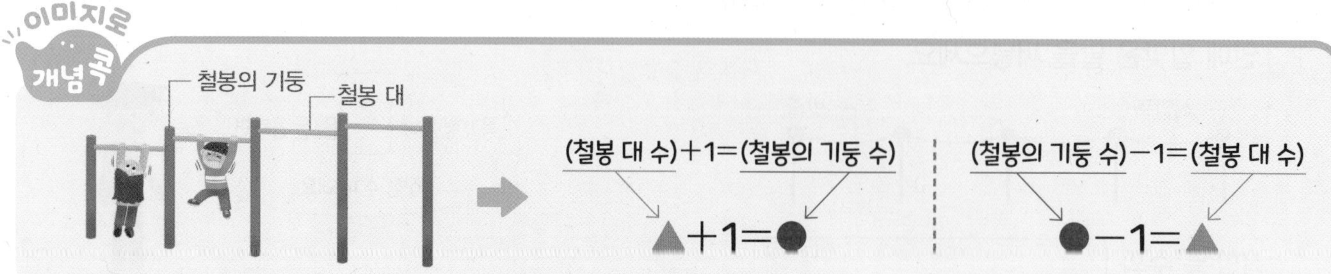

교과서+ 익힘책

➔ 바른답·알찬풀이 17쪽

# 1단계 개념탄탄

[1~3] 극장에 있는 의자 수와 팔걸이 수 사이의 대응 관계를 알아보려고 합니다. 물음에 답하세요.

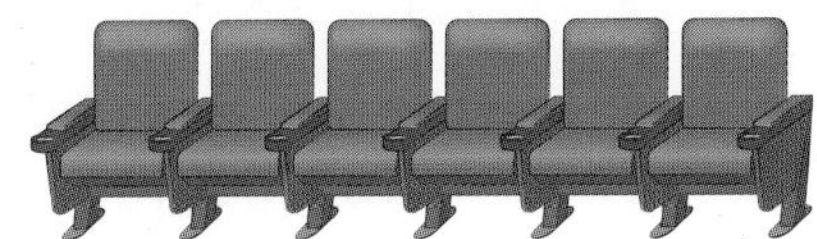

**1** 의자 수와 팔걸이 수를 표에 나타내 보세요.

| 의자 수(개) | 1 | 2 | 3 | 4 | 5 | 6 |
|---|---|---|---|---|---|---|
| 팔걸이 수(개) | 2 | 3 | | | | |

**2** 의자 수와 팔걸이 수 사이의 대응 관계를 식으로 나타내 보세요.

식 (의자 수)+□=(팔걸이 수)

**3** 의자 수를 □, 팔걸이 수를 ○라고 할 때, □와 ○를 사용하여 의자 수와 팔걸이 수 사이의 대응 관계를 식으로 나타내 보세요.

식 ____________________

**4** 초콜릿 가격은 사탕 가격보다 300원 비쌉니다. 초콜릿 가격과 사탕 가격 사이의 대응 관계를 식으로 바르게 나타낸 것에 색칠해 보세요.

(초콜릿 가격)+300=(사탕 가격)

(사탕 가격)+300=(초콜릿 가격)

**5** 표를 보고 공책 수와 공책값 사이의 대응 관계를 기호를 사용하여 식으로 나타내 보세요.

| 공책 수(권) | 1 | 3 | 4 | 6 | … |
|---|---|---|---|---|---|
| 공책값(원) | 600 | 1800 | 2400 | 3600 | … |

| '공책 수'를 나타내는 기호 | |
|---|---|
| '공책값'을 나타내는 기호 | |

식 ____________________

[6~7] 그림을 보고 물음에 답하세요.

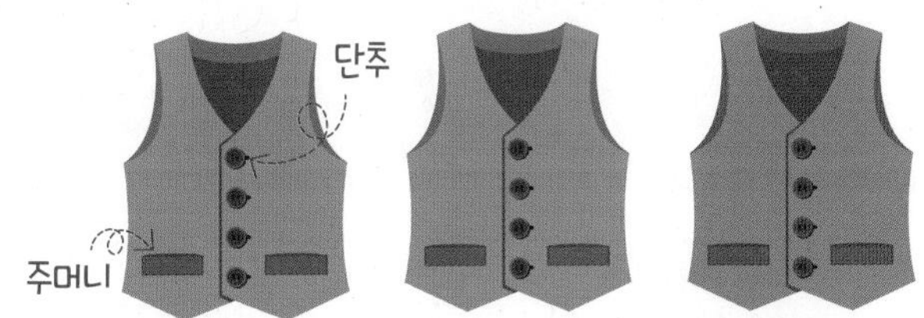


**6** 그림에서 서로 대응하는 두 양을 모두 찾아 ○표 하세요.

조끼 수와 단추 수 (　　)

조끼 수와 조끼의 색깔 수 (　　)

조끼 수와 주머니 수 (　　)

**7** 조끼 수와 대응 관계인 양을 찾아 쓰고, 기호를 사용하여 대응 관계를 식으로 나타내 보세요.

| '조끼 수'를 나타내는 기호 | |
|---|---|
| '□'을/를 나타내는 기호 | |

식 ____________________

3 단원

공부한 날 　월 　일

2단계 유형별 실력쑥쑥

## 유형 1 두 양 사이의 관계

탁자 수와 의자 수 사이의 대응 관계를 찾아 써 보세요.

➡ ______________________

두 양이 어떤 규칙으로 변하는지 표 등을 이용하여 찾아보기

대응 관계 알아보기

→ 한 양이 변할 때 다른 양이 그에 따라 변하는 관계

**01** 봉지 수와 사탕 수를 표에 나타내고, 봉지 수와 사탕 수 사이의 대응 관계를 찾아 써 보세요.

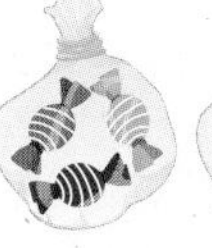

| 봉지 수 (개) | 1 | 2 | 3 | 4 | 5 |
|---|---|---|---|---|---|
| 사탕 수 (개) | 3 | 6 | 9 | 12 | |

➡ ______________________

**02** 표를 보고 잠자리 수와 잠자리 날개 수 사이의 대응 관계를 바르게 말한 것에 ○표 하세요.

| 잠자리 수 (마리) | 1 | 2 | 3 | 4 | 5 |
|---|---|---|---|---|---|
| 날개 수 (장) | 4 | 8 | 12 | 16 | 20 |

| | |
|---|---|
| 잠자리 수에 3을 더하면 날개 수가 됩니다. | |
| 잠자리 수에 4를 곱하면 날개 수가 됩니다. | |

**03** 고속버스의 출발 시각과 도착 시각을 나타낸 표입니다. 출발 시각과 도착 시각 사이의 대응 관계를 찾아 써 보세요.

| 출발 시각 (시) | 6 | 7 | 8 | 9 | 10 |
|---|---|---|---|---|---|
| 도착 시각 (시) | 8 | 9 | 10 | 11 | 12 |

➡ ______________________

**04** 과자 한 봉지의 무게는 60 g입니다. 과자 수와 과자 무게 사이의 대응 관계를 찾아 쓰고, 과자 무게가 600 g일 때 과자는 몇 봉지인지 구해 보세요.

| 과자 수 (봉지) | 2 | 3 | 5 | 8 | 9 |
|---|---|---|---|---|---|
| 과자 무게 (g) | 120 | 180 | 300 | 480 | 540 |

➡ ______________________

( )봉지

## 유형 2 대응 관계를 식으로 나타내기

오리 수를 □, 오리의 다리 수를 ◇라고 할 때, □와 ◇를 사용하여 오리 수와 오리의 다리 수 사이의 대응 관계를 식으로 나타내 보세요.

| 오리 수(마리) | 2 | 3 | 5 | 7 | 8 |
|---|---|---|---|---|---|
| 오리의 다리 수(개) | 4 | 6 | 10 | 14 | 16 |

식 ______

돼지 수에 4를 곱하면 돼지의 다리 수가 됩니다.

(돼지 수)×4=(다리 수)

●×4=▲



**[05~06]** 친구들이 만든 미술 작품을 자석을 이용하여 게시판에 붙이려고 합니다. 표를 보고 물음에 답하세요.

| 미술 작품 수(개) | 1 | 2 | 3 | 4 | 5 |
|---|---|---|---|---|---|
| 자석 수(개) | 4 | 8 | 12 | 16 | 20 |

**05** 알맞은 카드를 골라 미술 작품 수와 자석 수 사이의 대응 관계를 식으로 나타내 보세요.

미술 작품 수　　자석 수

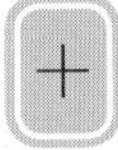

식 ______

**06** 기호를 사용하여 식으로 나타내 보세요.

미술 작품 수를 ______, 자석 수를 ______ 라고 할 때, 미술 작품 수와 자석 수 사이의 대응 관계를 식으로 나타내면 ______ 입니다.

**07** 은지 나이를 ○, 연도를 ◇라고 할 때, ○와 ◇를 사용하여 은지 나이와 연도 사이의 대응 관계를 식으로 나타내 보세요.

| 은지 나이(살) | … | 10 | 11 | 12 | … |
|---|---|---|---|---|---|
| 연도(년) | … | 2021 | 2022 | 2023 | … |

식 ______

서술형

**08** 오각형 수와 변의 수 사이의 대응 관계에 대해 잘못 말한 것의 기호를 쓰고, 그 이유를 설명해 보세요.

㉠ 오각형 수를 △, 변의 수를 □라고 할 때, 두 양 사이의 대응 관계를 식으로 나타내면 △×5=□입니다.

㉡ 오각형 수와 변의 수 사이의 대응 관계는 곱셈식으로만 나타낼 수 있습니다.

기호 ______

이유 ______

## 유형 3 대응 관계의 활용

두발자전거 수와 대응 관계인 것을 보기에서 찾아 쓰고, 기호를 사용하여 대응 관계를 식으로 나타내 보세요.

보기
바퀴 수　　세발자전거 수　　자전거의 색깔

| '두발자전거 수'를 나타내는 기호 | |
|---|---|
| '　　　'을/를 나타내는 기호 | |

식 ______

서로 대응하는 두 양 찾기
↓
한 양이 변할 때 그에 따라 다른 양이 일정하게 변하는 두 양을 찾기

예 …

딸기 수 — 접시 수 (○)
접시 수 — 접시의 모양 (×)

**09** 주변에서 서로 대응하는 두 양을 찾아 각각 기호로 나타내고, 기호를 사용하여 대응 관계를 식으로 나타내 보세요.

| 서로 대응하는 두 양 | | 대응 관계를 나타낸 식 |
|---|---|---|
| 메뚜기 수 | 기호 | |
| | | |
| | 기호 | |
| | | |

**10** 책꽂이 수와 대응 관계인 양을 찾아 쓰고, 기호를 사용하여 대응 관계를 식으로 나타내 보세요.

| '책꽂이 수'를 나타내는 기호 | |
|---|---|
| '　　　'을/를 나타내는 기호 | |

식 ______

**11** 다음 식으로 나타낼 수 있는 대응 관계를 주변에서 찾아 써 보세요.

$$\square \times 8 = \triangle$$

➡ ______

서술형

**12** 주변에서 대응 관계인 상황을 찾아 쓰고, ◎와 ☆를 사용하여 대응 관계를 식으로 나타내 보세요.

상황 ______

식 ______

바른답·알찬풀이 19쪽

## 응용유형 1 도형의 배열에서 대응 관계 찾기

표를 이용하여 사각형 수와 삼각형 수 사이의 대응 관계를 찾아 써 보세요.

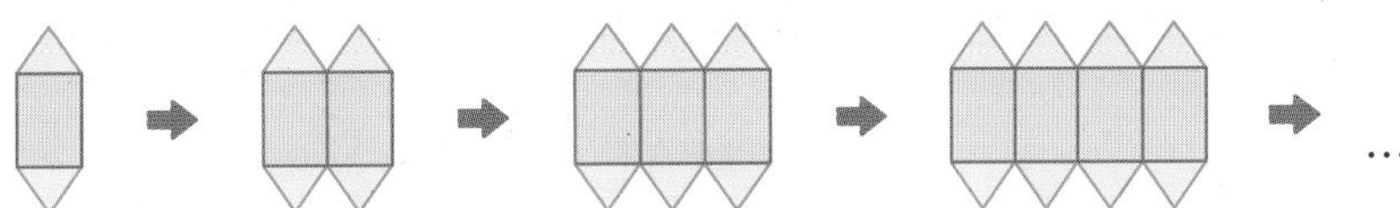

(1) 사각형 수와 삼각형 수 사이의 대응 관계를 생각하며 표를 완성해 보세요.

| 사각형 수(개) | 1 | 2 | 3 | 4 | … |
|---|---|---|---|---|---|
| 삼각형 수(개) | 2 | 4 | | | … |

(2) 사각형 수와 삼각형 수 사이의 대응 관계를 찾아 써 보세요.

➡ ______________________

유사

**1-1** 원의 수와 삼각형 수 사이가 어떻게 변하는지 표를 완성하고, 원의 수와 삼각형 수 사이의 대응 관계를 찾아 써 보세요.

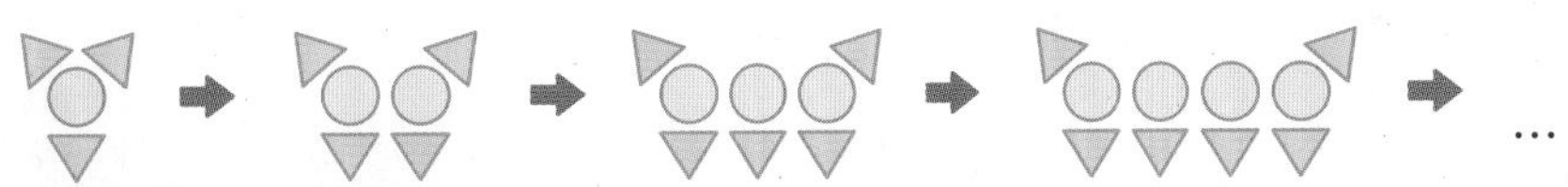

| 원의 수(개) | 1 | 2 | 3 | 4 | … |
|---|---|---|---|---|---|
| 삼각형 수(개) | | | | | … |

➡ ______________________

변형

**1-2** 한 꼭짓점과 이웃하지 않는 꼭짓점 수를 모두 찾아 표를 완성하고, 다각형의 변의 수와 다각형의 한 꼭짓점과 이웃하지 않는 꼭짓점 수 사이의 대응 관계를 찾아 써 보세요.

| 변의 수(개) | 3 | 4 | 5 | 6 | 7 |
|---|---|---|---|---|---|
| 한 꼭짓점과 이웃하지 않는 꼭짓점 수(개) | 0 | | | | |

➡ ______________________

## 응용유형 2 대응 관계를 이용하여 필요한 개수 구하기

다음과 같은 방법으로 나무 막대를 사용하여 탑을 쌓고 있습니다. 한 층을 쌓는 데 필요한 나무 막대는 3개입니다. 9층까지 쌓을 때 필요한 나무 막대는 모두 몇 개인지 구해 보세요.

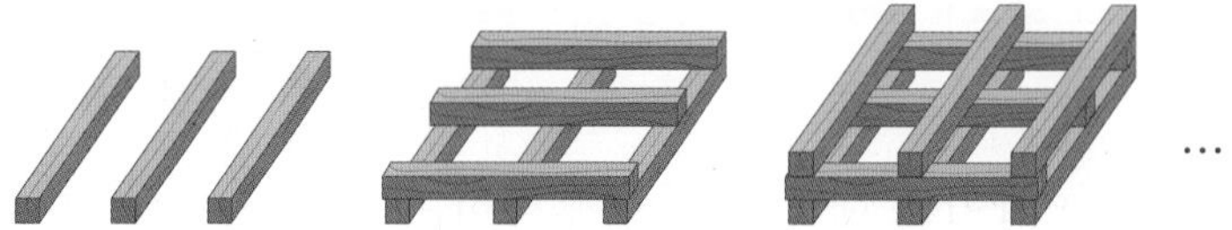

(1) 층수를 □, 나무 막대 수를 ◇라고 할 때, 두 양 사이의 대응 관계를 식으로 나타내 보세요.

식 ________________

(2) 9층까지 쌓을 때 필요한 나무 막대는 모두 몇 개인지 구해 보세요.

(　　　　　　　　)개

유사

**2-1** 다음과 같은 방법으로 나무 막대를 사용하여 탑을 쌓고 있습니다. 한 층을 쌓는 데 필요한 나무 막대는 4개입니다. 12층까지 쌓을 때 필요한 나무 막대는 모두 몇 개인지 구해 보세요.

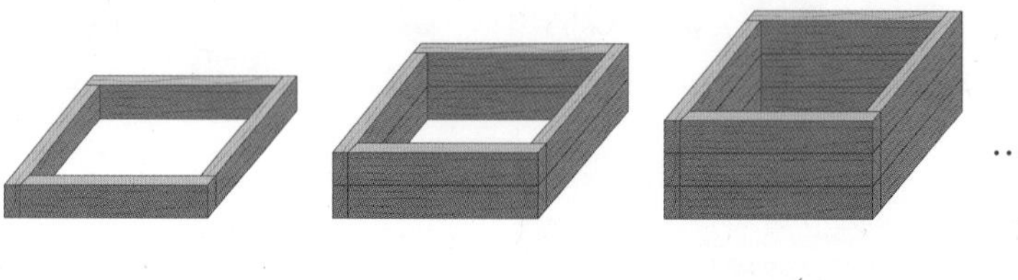

(　　　　　　　　)개

변형

**2-2** 한 대에 5명까지 탈 수 있는 자동차가 있습니다. 자동차 수를 ◎, 탈 수 있는 사람 수를 ☆라고 할 때, 두 양 사이의 대응 관계를 식으로 나타내고 35명이 타려면 자동차가 최소 몇 대 필요한지 구해 보세요.

식 ________________

(　　　　　　　　)대

➔ 바른답·알찬풀이 19쪽

## 응용유형 3 대응 관계를 이용하여 최대 개수 구하기

인형 1개를 만드는 데 솜 90 g이 필요하다고 합니다. 솜 500 g으로 인형을 최대 몇 개까지 만들 수 있는지 구해 보세요.

(1) 인형 수와 솜의 양 사이의 대응 관계를 생각하며 표를 완성해 보세요.

| 인형 수(개) | 1 | 2 | 3 | 4 | 5 | 6 |
|---|---|---|---|---|---|---|
| 솜의 양(g) | 90 | | | | | |

(2) 솜 500 g으로 인형을 최대 몇 개까지 만들 수 있는지 구해 보세요.

( )개

3 단원

공부한 날 월 일

유사

**3-1**

1개에 800원인 젤리가 있습니다. 표를 완성하고, 6000원으로 젤리를 최대 몇 개까지 살 수 있는지 구해 보세요.

| 젤리 수(개) | 3 | 4 | 5 | 6 | 7 | 8 |
|---|---|---|---|---|---|---|
| 젤리 가격(원) | 2400 | | | | | |

( )개

변형

**3-2**

식빵 1개를 만드는 데 밀가루 300 g이 필요하다고 합니다. 밀가루 2 kg으로 식빵을 최대 몇 개까지 만들 수 있는지 구해 보세요.

( )개

### 중1 미리보기

**문자의 사용과 식의 계산**

예 한 개에 100원인 사탕 $x$개의 값은 500원입니다.

한 개에 100원인 사탕 $x$개의 값: $(100\times x)$원

$100\times x=500$, $x=500\div 100=\square$ 답 5

문자를 사용하여 구체적인 값이 주어지지 않는 어떤 수량 사이의 관계를 식으로 간단히 나타낼 수 있어요.

# 3. 규칙과 대응

한 문항당 배점은 5점입니다.

점수 점

01 그림을 보고 꽃병의 수와 대응 관계인 것을 찾아 □ 안에 알맞은 말을 써넣으세요.

꽃병의 수와 □

02 기차의 출발 시각과 도착 시각을 나타낸 표입니다. 출발 시각과 도착 시각 사이의 대응 관계를 찾아 알맞은 말에 ○표 하세요.

| 출발 시각(시) | 6 | 7 | 8 | 9 | 10 |
|---|---|---|---|---|---|
| 도착 시각(시) | 8 | 9 | 10 | 11 | 12 |

( 출발 , 도착 ) 시각에서 2를 빼면 ( 출발 , 도착 ) 시각이 됩니다.

[03~04] 지후 나이와 할머니 나이 사이의 대응 관계를 알아보려고 합니다. 물음에 답하세요.

| 지후 나이(살) | 11 | 12 | 13 | 14 | 15 |
|---|---|---|---|---|---|
| 할머니 나이(살) | 63 | 64 | 65 | | |

03 위의 표를 완성해 보세요.

04 지후 나이를 △, 할머니 나이를 ☆라고 할 때, 두 양 사이의 대응 관계를 식으로 바르게 나타낸 것에 색칠해 보세요.

△+52=☆     ☆+52=△

05 물을 받은 시간과 받은 물의 양을 나타낸 표입니다. 물을 받은 시간과 받은 물의 양 사이의 대응 관계를 찾아 써 보세요.

| 받은 시간(분) | 1 | 2 | 3 | 4 | 5 |
|---|---|---|---|---|---|
| 물의 양(L) | 3 | 6 | 9 | 12 | 15 |

➡

[06~07] 바구니 수와 귤 수를 나타낸 표입니다. 물음에 답하세요.

| 바구니 수(개) | 1 | 2 | 3 | 4 | 5 |
|---|---|---|---|---|---|
| 귤 수(개) | 5 | 10 | 15 | 20 | 25 |

06 알맞은 카드를 골라 바구니 수와 귤 수 사이의 대응 관계를 식으로 나타내 보세요.

바구니 수    귤 수

＋   ×   5   －

식

중요

07 바구니 수를 ◎, 귤 수를 ◇라고 할 때, 바구니 수와 귤 수 사이의 대응 관계를 식으로 나타내 보세요.

식

[08~09] 팔각형은 꼭짓점이 8개입니다. 물음에 답하세요.

**08** 팔각형 수와 꼭짓점 수 사이의 대응 관계를 생각하며 표를 완성해 보세요.

| 팔각형 수(개) | 1 | 3 | 4 | 6 | 9 |
|---|---|---|---|---|---|
| 꼭짓점 수(개) | 8 | 24 | | | |

**09** 팔각형 수를 △, 꼭짓점 수를 □라고 할 때, 두 양 사이의 대응 관계를 식으로 나타내 보세요.

식 ____________________

[10~11] 그림을 보고 물음에 답하세요.

**10** 그림에서 서로 대응하는 두 양을 찾아 써 보세요.

(          )와 (          )

중요

**11** 10에서 찾은 대응 관계를 기호를 사용하여 식으로 나타내 보세요.

| '가방 수'를 나타내는 기호 | |
|---|---|
| '          '을/를 나타내는 기호 | |

식 ____________________

응용

**12** 실을 자른 횟수와 실의 도막 수 사이의 대응 관계에 대해 바르게 말한 것의 기호를 써 보세요.

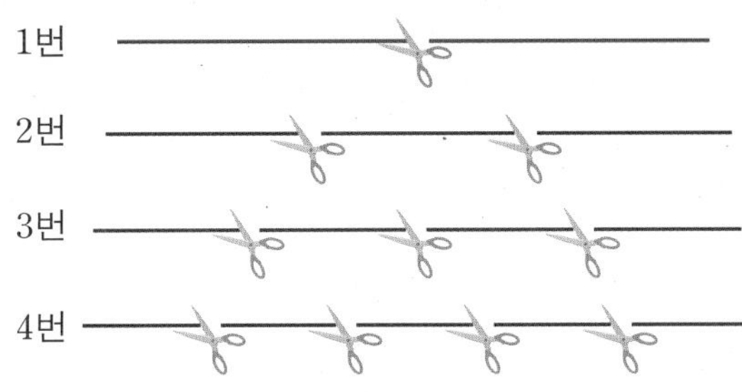


㉠ 실을 자른 횟수와 도막 수 사이의 대응 관계는 덧셈식으로만 나타낼 수 있습니다.

㉡ 실을 자른 횟수에 1을 더하면 실의 도막 수와 같습니다.

(          )

[13~15] 케이크 한 개를 만드는 데 설탕 40 g이 필요합니다. 물음에 답하세요.

| 케이크 수(개) | 2 | 5 | 7 | 9 | 11 |
|---|---|---|---|---|---|
| 설탕 무게(g) | 80 | 200 | 280 | 360 | 440 |

**13** 케이크 수와 설탕 무게 사이의 대응 관계를 찾아 써 보세요.

➡ ____________________

**14** 케이크 수를 ☆, 설탕 무게를 □라고 할 때, 두 양 사이의 대응 관계를 두 가지 식으로 나타내 보세요.

식 1 ____________________

식 2 ____________________

**15** 설탕이 520 g일 때 케이크는 몇 개 만들 수 있는지 구해 보세요.

(          )개

3 단원

공부한 날 월 일

바른답·알찬풀이 19쪽

[16~17] 도형의 배열을 보고 물음에 답하세요.

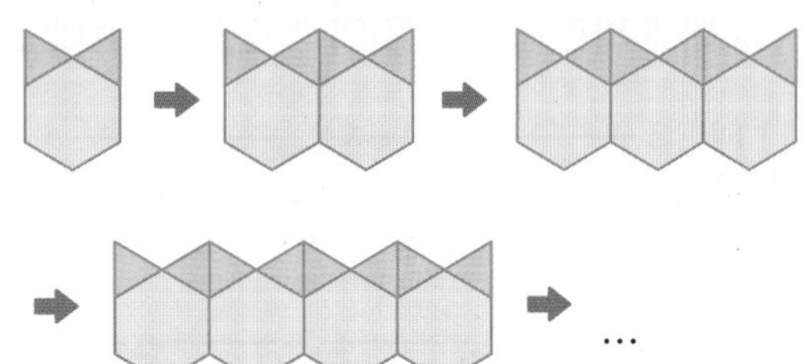

**16** 표를 완성하고, 육각형 수와 삼각형 수 사이의 대응 관계를 찾아 써 보세요.

| 육각형 수(개) | 1 | 2 | 3 | 4 | … |
|---|---|---|---|---|---|
| 삼각형 수(개) | | | | | … |

➡ ____________________

**17** 육각형이 7개일 때 삼각형은 몇 개인지 구해 보세요.

( )개

응용

**18** 쿠폰 10장을 모으면 피자 한 판을 받을 수 있습니다. 표를 완성하고, 쿠폰 43장으로 피자를 최대 몇 판까지 받을 수 있는지 구해 보세요.

| 받을 수 있는 피자 수(판) | 1 | 2 | 3 | 4 | 5 |
|---|---|---|---|---|---|
| 필요한 쿠폰 수(장) | 10 | 20 | | | |

( )판

문제

**19** 개미의 다리는 6개입니다. 개미의 수를 ◇, 다리 수를 □라고 할 때, 개미의 수와 다리 수 사이의 대응 관계를 식으로 나타냈습니다. 바르게 나타낸 친구를 찾아 이름을 쓰고, 이유를 써 보세요.

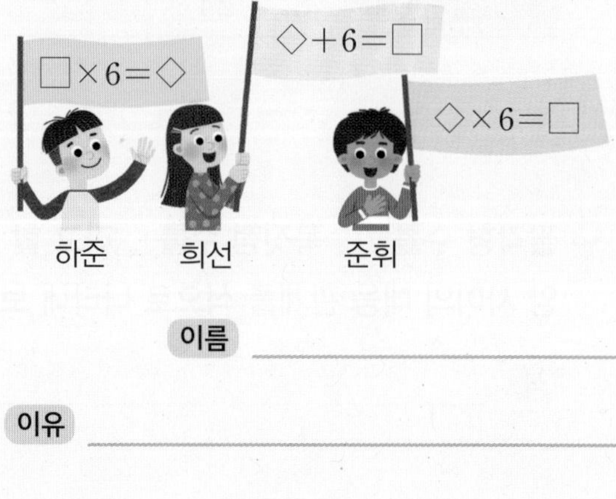


이름 ____________________

이유 ____________________

중요

**20** 지우개 한 개의 값은 700원입니다. 지우갯값이 6300원일 때 지우개는 몇 개인지 풀이 과정을 쓰고, 답을 구해 보세요.

| 지우개 수(개) | 2 | 3 | 5 | 6 |
|---|---|---|---|---|
| 지우갯값(원) | 1400 | 2100 | 3500 | 4200 |

풀이 ____________________

답 ____________________ 개

# 3. 규칙과 대응

한 문항당 배점은 5점입니다.

점수 점

➔ 바른답·알찬풀이 20쪽

[01~02] 그림을 보고 물음에 답하세요.

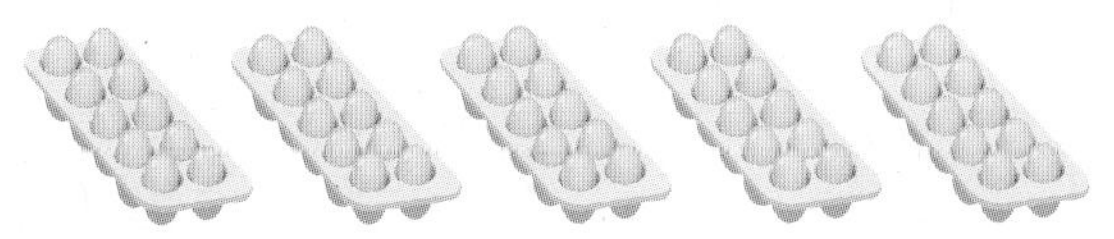

**01** 표를 완성해 보세요.

| 달걀 판의 수(판) | 1 | 2 | 3 | 4 | 5 |
|---|---|---|---|---|---|
| 달걀 수(개) | 10 | | | | |

**02** 달걀 판의 수와 달걀 수 사이의 대응 관계를 찾아 □ 안에 알맞은 수나 말을 써넣으세요.

달걀 판의 수에 □을/를 곱하면 □이/가 됩니다.

[03~04] 네잎클로버 수와 잎 수를 나타낸 표입니다. 물음에 답하세요.

| 네잎클로버 수(개) | 1 | 2 | 3 | 4 | 5 |
|---|---|---|---|---|---|
| 잎 수(장) | 4 | 8 | 12 | 16 | 20 |

**03** 네잎클로버 수와 잎 수 사이의 대응 관계를 바르게 설명한 친구의 이름을 써 보세요.

네잎클로버 수에 4를 더하면 잎 수가 돼.
네잎클로버 수에 4를 곱하면 잎 수가 돼.
규리
도윤


(　　　　　　　　)

**04** 네잎클로버 수를 ○, 잎 수를 ◇라고 할 때, 네잎클로버 수와 잎 수 사이의 대응 관계를 식으로 나타내 보세요.

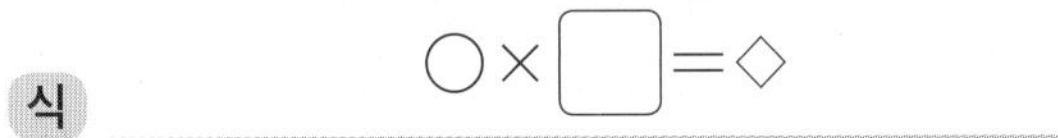


[05~07] 그림을 보고 물음에 답하세요.

**05** 표를 완성해 보세요.

| 사진 수(장) | 1 | 2 | 3 | 4 | 5 |
|---|---|---|---|---|---|
| 누름 못 수(개) | 2 | 3 | | | |

**06** 사진 수와 누름 못 수 사이의 대응 관계를 찾아 써 보세요.

➔

중요

**07** 사진 수를 △, 누름 못 수를 ◇라고 할 때, 두 양 사이의 대응 관계를 식으로 나타내 보세요.

식

**08** □와 ○를 사용하여 두 양 사이의 대응 관계를 나타낸 식입니다. 대응 관계에 알맞은 상황을 만든 것의 기호를 써 보세요.

□×2=○

㉠ 동생이 가진 구슬 수(○)는 내가 가진 구슬 수(□)보다 2개 적습니다.

㉡ 비둘기의 날개 수(○)는 비둘기 수(□)의 2배입니다.

(　　　　　　　　)

3 단원

공부한 날 월 일

[09~10] 그림을 보고 물음에 답하세요.

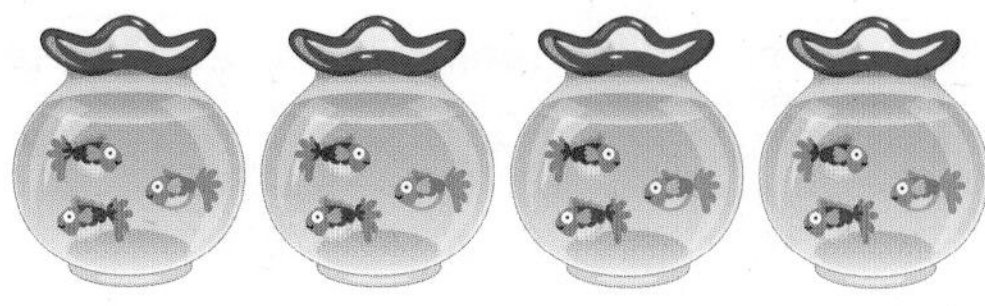

**09** 서로 대응하는 두 양을 찾아 쓰고, 기호로 나타내 보세요.

| 서로 대응하는 두 양 | | | |
|---|---|---|---|
| | 기호 | | 기호 |
| | | | |

**10** 09에서 찾은 대응 관계를 기호를 사용하여 식으로 나타내 보세요.

식 ____________________

**11** 초콜릿이 한 상자에 8개씩 들어 있습니다. 상자 수를 ▲, 초콜릿 수를 □라고 할 때, 상자 수와 초콜릿 수 사이의 대응 관계를 잘못 말한 친구를 찾아 이름을 써 보세요.

호영: 두 양 사이의 대응 관계를 식으로 나타내면 ▲×8=□예요.
지은: 대응 관계는 ▲÷8=□와 같은 식으로도 나타낼 수 있어요.
태호: □는 ▲의 8배예요.

( )

[12~13] 민하 나이와 연도 사이의 대응 관계를 나타낸 표입니다. 물음에 답하세요.

| 민하 나이(살) | … | 12 | 13 | 14 | … |
|---|---|---|---|---|---|
| 연도(년) | … | 2020 | 2021 | 2022 | … |

**12** 민하 나이를 ☆, 연도를 △라고 할 때, 두 양 사이의 대응 관계를 식으로 나타내 보세요.

식 ____________________

중요

**13** 2030년이 되면 민하는 몇 살이 되는지 구해 보세요.

( )살

[14~15] 어느 가게에서 주스를 한 병에 900원씩 팔고 있습니다. 물음에 답하세요.

**14** 기호를 사용하여 주스 수와 판매 금액 사이의 대응 관계를 식으로 나타내 보세요.

| '주스 수'를 나타내는 기호 | |
|---|---|
| '판매 금액'을 나타내는 기호 | |

식 ____________________

응용

**15** 하루 동안 주스 5병을 팔았다면 판매 금액은 얼마가 되는지 구해 보세요.

( )원

➜ 바른답·알찬풀이 20쪽



응용

16 도형의 배열을 보고 원의 수와 사각형 수 사이의 대응 관계를 찾아 □ 안에 알맞은 수를 써넣으세요.

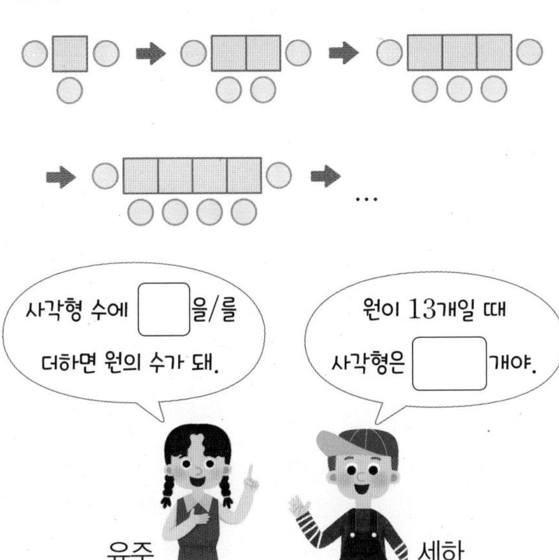

사각형 수에 □을/를 더하면 원의 수가 돼.
원이 13개일 때 사각형은 □개야.
유주
세하


[17~18] 다음과 같이 면봉을 사용하여 탑을 쌓고 있습니다. 한 층을 쌓는 데 필요한 면봉은 2개입니다. 물음에 답하세요.

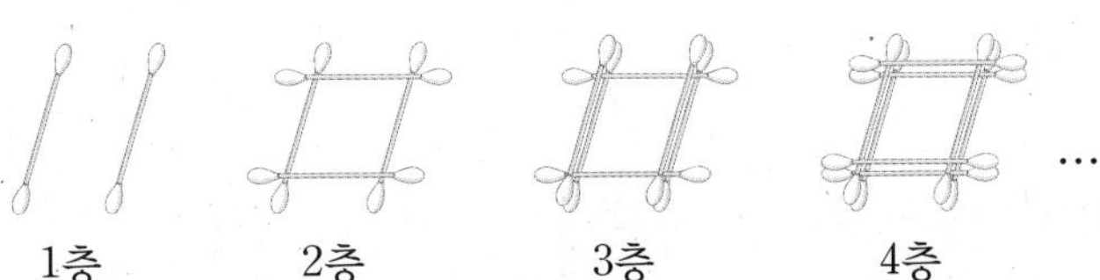


17 층수를 □, 면봉 수를 ◇라고 할 때, 층수와 면봉 수 사이의 대응 관계를 식으로 나타내 보세요.

식 ______

중요

18 10층까지 쌓을 때 필요한 면봉은 모두 몇 개인지 구해 보세요.

(　　　　　　)개

## 서술형 문제

19 세발자전거 수와 바퀴 수 사이에는 어떤 대응 관계가 있는지 찾아 설명하고, ☆와 □를 사용하여 대응 관계를 식으로 나타내 보세요.

설명 ______

식 ______

20 한 시간에 70 km씩 일정하게 이동하는 자동차가 있습니다. 걸린 시간과 이동한 거리 사이의 대응 관계를 찾아 이동한 거리가 490 km일 때 걸린 시간은 몇 시간인지 풀이 과정을 쓰고, 답을 구해 보세요.

풀이 ______

답 ______ 시간

# 4 약분과 통분

무엇을 배울까요?

| 배운 내용 | 이 단원 내용 | 배울 내용 |
| --- | --- | --- |
| 3-1 6. 분수와 소수<br>• 분모가 같은 분수의 크기 비교하기<br>• 단위분수의 크기 비교하기<br>• 소수의 크기 비교하기<br>5-1 2. 약수와 배수<br>• 최대공약수와 최소공배수 구하기 | • 크기가 같은 분수 알아보기<br>• 분수를 약분하고 기약분수로 나타내기<br>• 두 분수를 통분하기<br>• 분모가 다른 분수의 크기 비교하기<br>• 분수와 소수의 관계를 알아보고 크기 비교하기 | 5-1 5. 분수의 덧셈과 뺄셈<br>• 분모가 다른 진분수와 대분수의 덧셈<br>• 분모가 다른 진분수와 대분수의 뺄셈<br>5-2 2. 분수의 곱셈<br>• (분수)×(자연수), (자연수)×(분수), (분수)×(분수) 계산하기<br>• 세 분수의 곱셈하기 |

단원의 공부 계획을 세우고,
공부한 내용을 얼마나 이해했는지 스스로 평가해 보세요.

| | 공부할 내용 | 쪽수 | 스스로 평가 |
|---|---|---|---|
| 개념 | 1 크기가 같은 분수를 알아봐요 | 84~85쪽 | ☆☆☆ |
| | 2 약분을 알아봐요 | 86~87쪽 | ☆☆☆ |
| | 3 통분을 알아봐요 | 88~89쪽 | ☆☆☆ |
| 유형 | 1 크기가 같은 분수 만들기 | 90쪽 | ☆☆☆ |
| | 2 약분하기 | 91쪽 | ☆☆☆ |
| | 3 기약분수 | 92쪽 | ☆☆☆ |
| | 4 통분하기 | 93쪽 | ☆☆☆ |
| 개념 | 4 분수의 크기를 비교해요 | 94~95쪽 | ☆☆☆ |
| | 5 분수와 소수의 크기를 비교해요 | 96~97쪽 | ☆☆☆ |
| 유형 | 1 두 분수의 크기 비교하기 | 98쪽 | ☆☆☆ |
| | 2 분수와 소수의 크기 비교하기 | 99쪽 | ☆☆☆ |
| | 3 세 분수의 크기 비교하기 | 100쪽 | ☆☆☆ |
| | 4 분수의 크기 비교의 활용 | 101쪽 | ☆☆☆ |
| 응용 | 1 약분하기 전의 분수 구하기 | 102쪽 | ☆☆☆ |
| | 2 통분하기 전의 분수 구하기 | 103쪽 | ☆☆☆ |
| | 3 □ 안에 들어갈 수 있는 수 구하기 | 104쪽 | ☆☆☆ |
| | 4 수 카드를 이용하여 분수 만들기 | 105쪽 | ☆☆☆ |

☆☆☆ 자신있게 설명할 수 있어요. ☆☆ 설명하기 조금 힘들어요. ☆ 어려워서 설명할 수 없어요.

# 1 크기가 같은 분수를 알아봐요

분수만큼 색칠한 부분이 완전히 포개어지면
분수의 크기가 같아요.

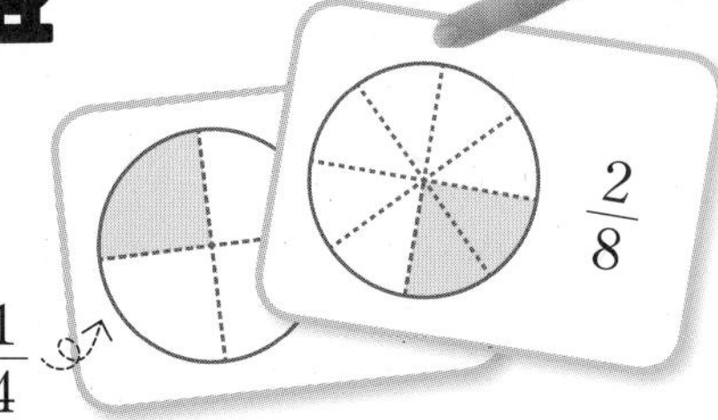

## 크기가 같은 분수를 만들어 볼까요?

개념 동영상

• $\frac{1}{3}$과 크기가 같은 분수 만들기

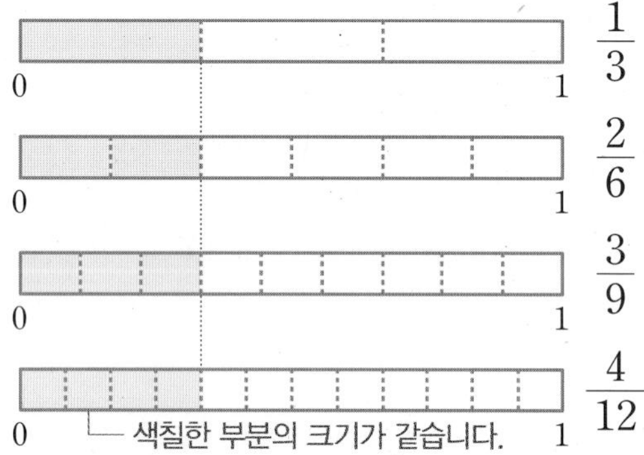


$\frac{1}{3}$, $\frac{2}{6}$, $\frac{3}{9}$, $\frac{4}{12}$는 크기가 같은 분수입니다.

$\frac{1}{3}$의 분모가 2배, 3배, 4배가 될 때 분자도 각각 2배, 3배, 4배가 됩니다.

• $\frac{6}{12}$과 크기가 같은 분수 만들기

$\frac{6}{12}$, $\frac{3}{6}$, $\frac{2}{4}$, $\frac{1}{2}$은 크기가 같은 분수입니다.

$\frac{6}{12}$의 분모를 2, 3, 6으로 나눌 때 분자도 각각 2, 3, 6으로 나누었습니다.

분모와 분자에 각각 0이 아닌 같은 수를 곱하면 크기가 같은 분수가 됩니다.

$$\frac{1}{4} = \frac{1\times2}{4\times2} = \frac{1\times3}{4\times3} = \frac{1\times4}{4\times4} = \cdots$$

$$\frac{1}{4} = \frac{2}{8} = \frac{3}{12} = \frac{4}{16} = \cdots$$

분모와 분자를 각각 0이 아닌 같은 수로 나누면 크기가 같은 분수가 됩니다.

$$\frac{8}{32} = \frac{8\div2}{32\div2} = \frac{8\div4}{32\div4} = \frac{8\div8}{32\div8}$$

$$\frac{8}{32} = \frac{4}{16} = \frac{2}{8} = \frac{1}{4}$$

$$\frac{1}{3} = \frac{2}{6} = \frac{3}{9} = \frac{4}{12}$$

(×2, ×3, ×4)

$$\frac{6}{12} = \frac{3}{6} = \frac{2}{4} = \frac{1}{2}$$

(÷2, ÷3, ÷6)

바른답·알찬풀이 21쪽

**1** 분수만큼 각각 색칠하고, 알맞은 말에 ○표 하세요.

$\frac{3}{4}$ 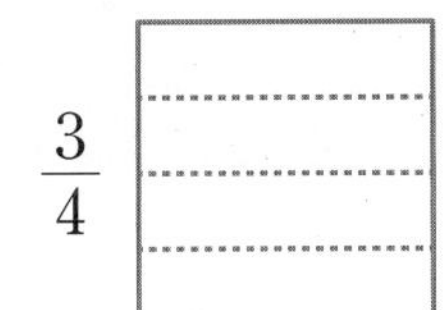 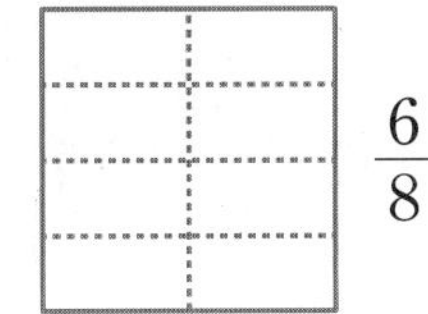 $\frac{6}{8}$

$\frac{3}{4}$과 $\frac{6}{8}$은 크기가 ( 같은 , 다른 ) 분수입니다.

**2** $\frac{3}{5}$과 크기가 같도록 색칠하고, 분수로 나타내 보세요.

0 ― 1 $\frac{3}{5}$

0 ― 1 $\frac{\square}{10}$

**3** 분수만큼 각각 그림에 나타내고, □ 안에 알맞은 분수를 써넣으세요.

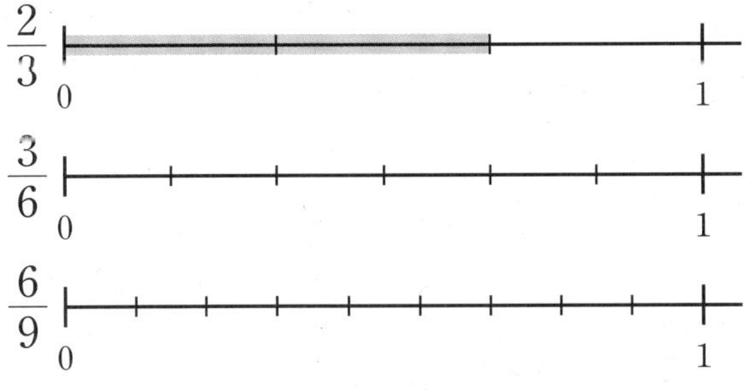


크기가 같은 분수는 □과/와 □입니다.

**4** $\frac{5}{8}$와 크기가 같은 분수를 만들려고 합니다. □ 안에 알맞은 수를 써넣으세요.

(1) $\frac{5}{8}=\frac{5\times\square}{8\times2}=\frac{\square}{16}$

(2) $\frac{5}{8}=\frac{5\times3}{8\times\square}=\frac{\square}{\square}$

**5** □ 안에 알맞은 수를 써넣어 크기가 같은 분수를 만들어 보세요.

$24\div\square$ $24\div\square$ $24\div\square$

$\frac{24}{30}=\frac{\square}{15}=\frac{\square}{10}=\frac{\square}{5}$

$30\div\square$ $30\div\square$ $30\div\square$

**6** □ 안에 알맞은 수를 써넣어 크기가 같은 분수를 만들어 보세요.

(1) $\frac{6}{7}=\frac{\square}{14}=\frac{18}{\square}$

(2) $\frac{32}{40}=\frac{16}{\square}=\frac{\square}{10}$

4 단원

공부한 날 월 일

# 2 약분을 알아봐요

분모와 분자를 작게 하여 크기가 같은 분수를 만들려면 어떻게 해야 할까요?

## 약분을 알아볼까요?

개념 동영상

분모와 분자를 각각 0이 아닌 같은 수로 나누면 분모와 분자를 작게 하여 크기가 같은 분수를 만들 수 있습니다.

$\frac{20}{30}$의 분모와 분자를 공통으로 나눌 수 있는 수 찾기 (분모와 분자의 공약수)

20의 약수: 1, 2, 4, 5, 10, 20

30의 약수: 1, 2, 3, 5, 6, 10, 15, 30

➡ 20과 30의 공약수: 1, 2, 5, 10 (어떤 수를 1로 나누면 처음 수와 같습니다.)

$\frac{20}{30}$의 분모와 분자를 2, 5, 10으로 나누어 크기가 같은 분수 만들기

$\frac{20 \div 2}{30 \div 2} = \frac{10}{15}$　$\frac{20 \div 5}{30 \div 5} = \frac{4}{6}$　$\frac{20 \div 10}{30 \div 10} = \frac{2}{3}$

분모와 분자를 1이 아닌 공약수로 나누는 것을 약분한다고 합니다.

$\frac{8}{12} = \frac{8 \div 2}{12 \div 2} = \frac{4}{6}$　$\frac{8}{12} = \frac{8 \div 4}{12 \div 4} = \frac{2}{3}$

약분은 이렇게 나타낼 수도 있어요. $\frac{\cancel{8}^{4}}{\cancel{12}_{6}} = \frac{4}{6}$

참고 분모와 분자를 1로 나누면 처음 분수와 같으므로 약분할 때는 1이 아닌 공약수로 나눕니다.

### 기약분수 알아보기

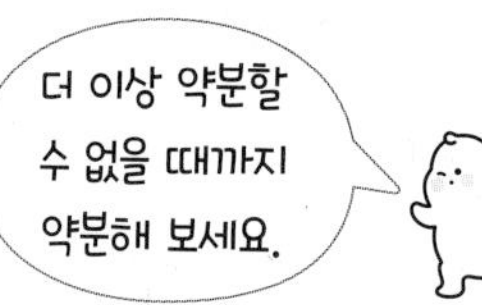


약분할 수 없는 분수: $\frac{9}{10}$　$\frac{7}{13}$

약분할 수 있는 분수: $\frac{6}{8} = \frac{3}{4}$　$\frac{18}{27} = \frac{6}{9} = \frac{2}{3}$

더 이상 약분할 수 없는 분수를 기약분수라고 합니다.
기약분수는 분모와 분자의 공약수가 1뿐입니다.

$\frac{9}{10}$, $\frac{7}{13}$, $\frac{3}{4}$, $\frac{2}{3}$는 기약분수예요.

이미지로 개념 콕

16÷2의 몫 8 (분자에 쓰기), 40÷2의 몫 20 (분모에 쓰기): $\frac{16}{40} = \frac{8}{20}$

16÷4의 몫 4, 40÷4의 몫 10: $\frac{16}{40} = \frac{4}{10}$

16÷8의 몫 2, 40÷8의 몫 5: $\frac{16}{40} = \frac{2}{5}$

바른답·알찬풀이 22쪽

**1** $\frac{16}{28}$을 약분하려고 합니다. □ 안에 알맞은 수를 써넣으세요.

16과 28의 공약수: 1, □, □

$\Rightarrow \frac{16}{28}=\frac{16\div\square}{28\div\square}=\frac{\square}{14}$

$\frac{16}{28}=\frac{16\div\square}{28\div\square}=\frac{\square}{\square}$

**2** $\frac{36}{45}$을 기약분수로 나타내려고 합니다. □ 안에 알맞은 수를 써넣으세요.

36과 45의 공약수는 1, □, □입니다.

$\frac{36\div\square}{45\div\square}=\frac{\square}{15}$, $\frac{36\div\square}{45\div\square}=\frac{\square}{5}$

$\frac{36}{45}$을 기약분수로 나타내면 $\frac{\square}{\square}$입니다.

**3** $\frac{18}{30}$을 약분하려고 합니다. 분모와 분자를 공통으로 나눌 수 있는 수를 모두 찾아 ○표 하세요.

2 4 6 8

**4** 보기와 같이 약분하여 기약분수로 나타내 보세요.

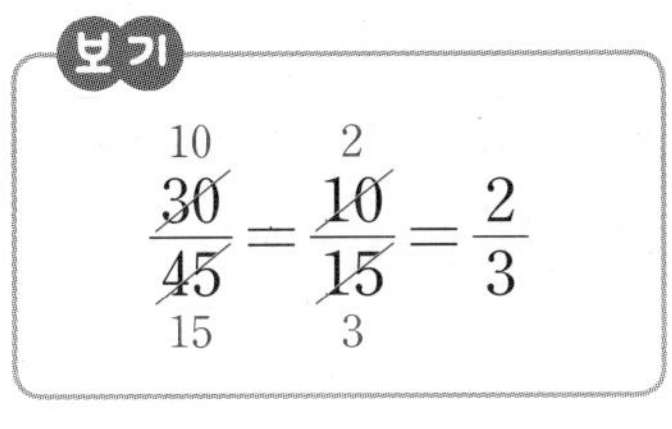

보기
$\frac{\overset{10}{\cancel{30}}}{\underset{15}{\cancel{45}}}=\frac{\overset{2}{\cancel{10}}}{\underset{3}{\cancel{15}}}=\frac{2}{3}$


$\frac{12}{20}$

**5** 분수를 약분해 보세요.

$\frac{32}{40} \Rightarrow \frac{\square}{20}, \frac{\square}{10}, \frac{4}{\square}$

Tip 분모와 분자를 그들의 최대공약수로 나누면 한 번에 기약분수로 나타낼 수 있습니다.

**6** 분수를 기약분수로 나타내 보세요.

(1) $\frac{30}{54}=\frac{\square}{\square}$ (2) $\frac{27}{81}=\frac{\square}{\square}$

4 단원

공부한 날 월 일

# 통분을 알아봐요

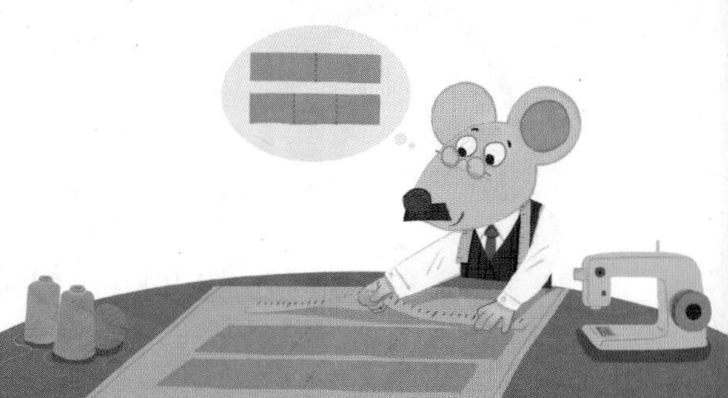

$\frac{1}{2}$과 $\frac{2}{3}$의 분모를 같게 할 수 있는지 알아볼까요?

## 탐구 통분을 알아볼까요?

개념 동영상

$\frac{1}{2}$, $\frac{2}{3}$와 크기가 같은 분수를 각각 찾기

$$\frac{1}{2}=\frac{2}{4}=\frac{3}{6}=\frac{4}{8}=\frac{5}{10}=\frac{6}{12}=\frac{7}{14}=\cdots$$

$$\frac{2}{3}=\frac{4}{6}=\frac{6}{9}=\frac{8}{12}=\frac{10}{15}=\frac{12}{18}=\frac{14}{21}=\cdots$$

분모가 같은 분수끼리 짝 짓기

$$\left(\frac{3}{6}, \frac{4}{6}\right), \left(\frac{6}{12}, \frac{8}{12}\right), \cdots$$

짝 지은 분수의 분모인 6, 12, ...는 처음 두 분모 2와 3의 공배수예요.

분모가 서로 다른 분수의 분모를 같게 하는 것을 통분한다고 합니다.
통분한 분모를 공통분모라 하고, 두 분수의 공통분모는 두 분모의 공배수입니다.

### Q $\frac{5}{6}$와 $\frac{7}{9}$의 공통분모를 찾아 통분하기

• 두 분모의 곱을 공통분모로 하여 통분하기

$$\left(\frac{5}{6}, \frac{7}{9}\right) \Rightarrow \left(\frac{5\times9}{6\times9}, \frac{7\times6}{9\times6}\right) \Rightarrow \left(\frac{45}{54}, \frac{42}{54}\right)$$

6과 9의 곱은 54입니다.

• 두 분모의 최소공배수를 공통분모로 하여 통분하기

$$\left(\frac{5}{6}, \frac{7}{9}\right) \Rightarrow \left(\frac{5\times3}{6\times3}, \frac{7\times2}{9\times2}\right) \Rightarrow \left(\frac{15}{18}, \frac{14}{18}\right)$$

6과 9의 최소공배수는 18입니다.

• 두 분모의 공배수인 36, 72, 90, ...을 공통분모로 하여 통분할 수도 있습니다.

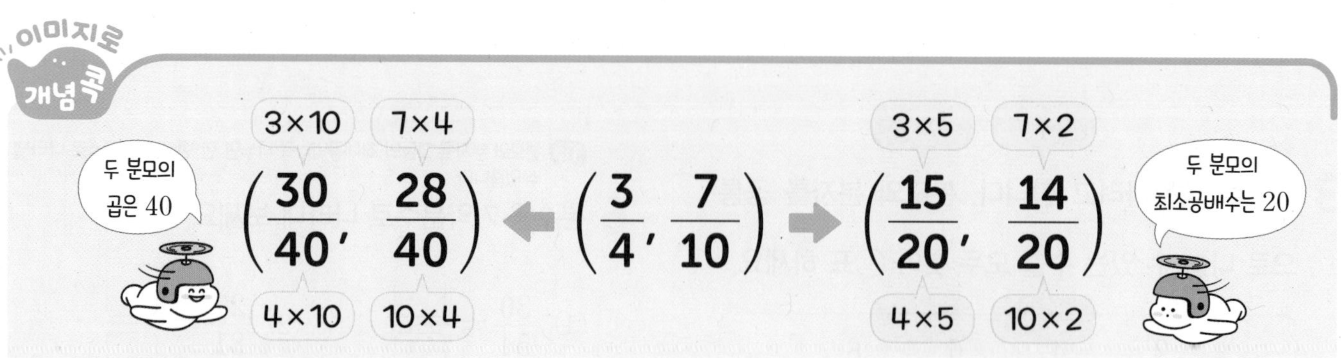

# 1단계 개념탄탄

➔ 바른답·알찬풀이 22쪽

**1** $\frac{1}{6}$과 $\frac{2}{9}$를 통분하려고 합니다. □ 안에 알맞은 수나 말을 써넣으세요.

$$\frac{1}{6}=\frac{2}{12}=\frac{3}{18}=\frac{4}{24}=\frac{5}{30}=\frac{6}{36}=\cdots$$
$$\frac{2}{9}=\frac{4}{18}=\frac{6}{27}=\frac{8}{36}=\frac{10}{45}=\frac{12}{54}=\cdots$$

분모가 같은 분수끼리 짝 지으면

$\left(\frac{\square}{18}, \frac{\square}{18}\right), \left(\frac{\square}{36}, \frac{\square}{36}\right)$, ... 입니다.

이때 공통분모는 6과 9의 □ 입니다.

**2** 두 분모의 곱을 공통분모로 하여 $\frac{4}{5}$와 $\frac{2}{3}$를 통분하려고 합니다. □ 안에 알맞은 수를 써넣으세요.

$$\frac{4}{5}=\frac{4\times\square}{5\times\square}=\frac{\square}{\square}$$

$$\frac{2}{3}=\frac{2\times\square}{3\times\square}=\frac{\square}{\square}$$

**3** 두 분모의 최소공배수를 공통분모로 하여 $\frac{1}{4}$과 $\frac{5}{6}$를 통분하려고 합니다. □ 안에 알맞은 수를 써넣으세요.

$$\frac{1}{4}=\frac{1\times\square}{4\times\square}=\frac{\square}{\square}$$

$$\frac{5}{6}=\frac{5\times\square}{6\times\square}=\frac{\square}{\square}$$

**4** $\frac{1}{2}$과 $\frac{3}{7}$을 통분하려고 합니다. 공통분모가 될 수 있는 수를 찾아 써 보세요.

| 10 | 28 | 35 |
|---|---|---|

(　　　　　　　　)

**5** 두 분모의 곱을 공통분모로 하여 $\frac{5}{9}$와 $\frac{6}{7}$을 통분해 보세요.

$$\left(\frac{5}{9}, \frac{6}{7}\right) \Rightarrow \left(\frac{\square}{\square}, \frac{\square}{\square}\right)$$

**6** 두 분모의 최소공배수를 공통분모로 하여 $\frac{7}{8}$과 $\frac{9}{10}$를 통분해 보세요.

$$\left(\frac{7}{8}, \frac{9}{10}\right) \Rightarrow \left(\frac{\square}{\square}, \frac{\square}{\square}\right)$$

4 단원

공부한 날 　월 　일

## 유형 1 크기가 같은 분수 만들기

$\frac{10}{16}$과 크기가 같은 분수를 모두 찾아 ○표 하세요.

$\frac{4}{6}$ $\frac{5}{8}$ $\frac{13}{24}$ $\frac{30}{48}$

▲/■ = ▲×★/■×★
▲/■ = ▲÷♥/■÷♥
★과 ♥는 0이 아닌 수예요.


**01** □ 안에 알맞은 수를 써넣어 크기가 같은 분수를 만들어 보세요.

$$\frac{7}{9}=\frac{14}{\square}=\frac{\square}{27}=\frac{42}{\square}$$

**02** 크기가 같은 분수끼리 짝 지어진 것에 ○표 하세요.

$\frac{30}{45}$, $\frac{6}{15}$ ( )

$\frac{1}{6}$, $\frac{12}{72}$ ( )

**03** $\frac{9}{15}$와 크기가 같은 분수를 만들려고 합니다. 잘못된 곳을 찾아 ○표 하고, 바르게 만들어 보세요.

$$\frac{9}{15}=\frac{9+3}{15+3}=\frac{12}{18}$$

➡ ____________

**04** 태민이는 $\frac{12}{14}$와 크기가 같은 분수를 만들었습니다. 태민이가 만든 분수를 구해 보세요.

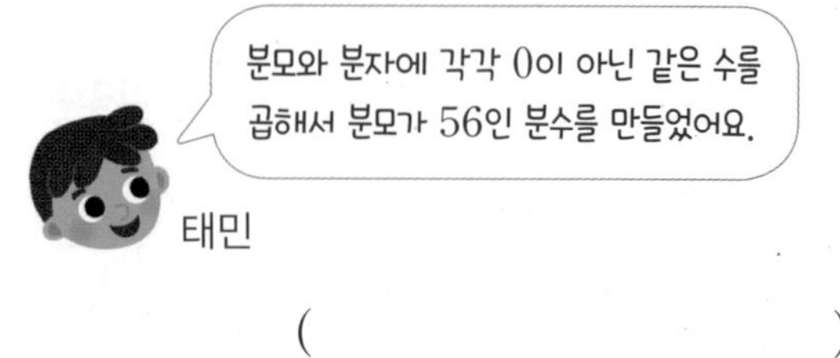

분모와 분자에 각각 0이 아닌 같은 수를 곱해서 분모가 56인 분수를 만들었어요.
태민


( )

바른답·알찬풀이 22쪽

## 유형 2 약분하기

약분한 분수를 찾아 이어 보세요.

$\frac{18}{20}$ • $\frac{20}{25}$ • $\frac{24}{36}$

$\frac{2}{3}$ • $\frac{9}{10}$ • $\frac{4}{5}$

8과 12의 공약수 ➡ 1, 2, 4

$$\frac{8}{12}=\frac{8\div2}{12\div2}=\frac{4}{6}$$

$$\frac{8}{12}=\frac{8\div4}{12\div4}=\frac{2}{3}$$

4 단원

공부한 날 월 일

**05** $\frac{12}{18}$를 약분하려고 합니다. 분모와 분자를 공통으로 나눌 수 있는 수를 모두 써 보세요.

( )

**06** 약분한 분수를 모두 써 보세요.

$\frac{48}{54}$

( )

**07** $\frac{32}{72}$를 약분한 분수 중에서 분모가 18인 분수를 써 보세요.

( )

서술형

**08** $\frac{42}{63}$를 약분한 분수 중에서 분자가 한 자리 수인 분수는 모두 몇 개인지 풀이 과정을 쓰고, 답을 구해 보세요.

풀이

답 개

## 유형 3 기약분수

기약분수를 모두 찾아 써 보세요.

$\frac{7}{8}$ $\frac{4}{6}$ $\frac{6}{15}$ $\frac{11}{13}$

( )

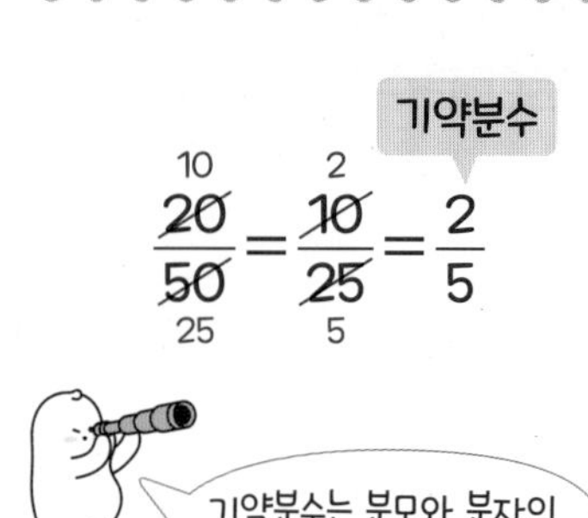

기약분수
$\frac{\overset{10}{\cancel{20}}}{\underset{25}{\cancel{50}}}=\frac{\overset{2}{\cancel{10}}}{\underset{5}{\cancel{25}}}=\frac{2}{5}$
기약분수는 분모와 분자의
공약수가 1뿐이에요.


**09** $\frac{40}{60}$을 기약분수로 나타내려고 합니다. □ 안에 알맞은 수를 써넣으세요.

$$\frac{40}{60}=\frac{40\div\square}{60\div\square}=\frac{\square}{\square}$$

**10** 기약분수로 나타낸 수가 다른 것을 찾아 기호를 써 보세요.

㉠ $\frac{6}{16}$ ㉡ $\frac{12}{32}$ ㉢ $\frac{16}{48}$

( )

**11** $\frac{36}{76}$을 기약분수로 나타냈을 때 분모와 분자의 합을 구해 보세요.

( )

**12** 진분수 $\frac{\square}{9}$가 기약분수라고 할 때 □ 안에 들어갈 수 있는 수를 모두 써 보세요.

( )

## 유형 4 통분하기

$\frac{9}{10}$와 $\frac{3}{4}$을 바르게 통분한 친구는 누구인가요?

$\left(\frac{18}{20}, \frac{12}{20}\right)$ 다영

$\left(\frac{36}{40}, \frac{30}{40}\right)$ 우주

(　　　　　　　　)

$\left(\frac{7}{8}, \frac{3}{10}\right) \Rightarrow \left(\frac{35}{40}, \frac{12}{40}\right)$ 8과 10의 최소공배수

$\left(\frac{7}{8}, \frac{3}{10}\right) \Rightarrow \left(\frac{70}{80}, \frac{24}{80}\right)$ 8과 10의 곱

두 분모의 공배수를 공통분모로 하여 통분할 수 있어요.

**13** $\frac{5}{18}$와 $\frac{2}{9}$를 통분하려고 합니다. 공통분모가 될 수 있는 수를 가장 작은 수부터 차례로 3개 써 보세요.

(　　　　　　　　)

**14** 서로 다른 수를 공통분모로 하여 두 분수를 통분해 보세요.

$\left(\frac{5}{8}, \frac{1}{3}\right)$

↓

$\left(\frac{\square}{\square}, \frac{\square}{\square}\right), \left(\frac{\square}{\square}, \frac{\square}{\square}\right)$

서술형

**15** 가장 작은 수를 공통분모로 하여 $\frac{1}{4}$과 $\frac{1}{6}$을 통분하려고 합니다. 풀이 과정을 쓰고, 답을 구해 보세요.

풀이 ______________________

______________________

______________________

답 (　　　,　　　)

**16** 두 분수를 통분한 것입니다. ㉠과 ㉡에 알맞은 수를 각각 구해 보세요.

$\left(\frac{9}{14}, \frac{4}{21}\right) \Rightarrow \left(\frac{27}{㉠}, \frac{㉡}{42}\right)$

㉠ (　　　　　　　　)

㉡ (　　　　　　　　)

4 단원

공부한 날 　월 　일

# 분수의 크기를 비교해요

윤주는 $\frac{2}{3}$ km를 달렸고, 민하는 $\frac{3}{5}$ km를 달렸어요.
누가 더 많이 달렸는지 알아볼까요?

개념 동영상

❶ $\frac{2}{3}$와 $\frac{3}{5}$의 크기를 비교해 볼까요?

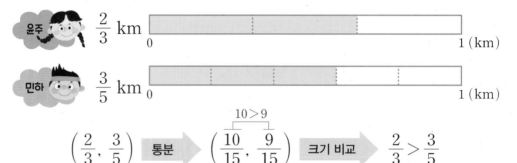

윤주 $\frac{2}{3}$ km (0 ~ 1 (km))

민하 $\frac{3}{5}$ km (0 ~ 1 (km))

$$\left(\frac{2}{3}, \frac{3}{5}\right) \xrightarrow{\text{통분}} \left(\frac{10}{15}, \frac{9}{15}\right) \xrightarrow{\text{크기 비교}} \frac{2}{3} > \frac{3}{5}$$

(10>9)

분모가 다른 분수의 크기 비교는 두 분수를 통분하여 분모를 같게 한 후 분자의 크기를 비교합니다.

❷ $2\frac{2}{3}$와 $2\frac{3}{4}$의 크기를 비교해 볼까요?

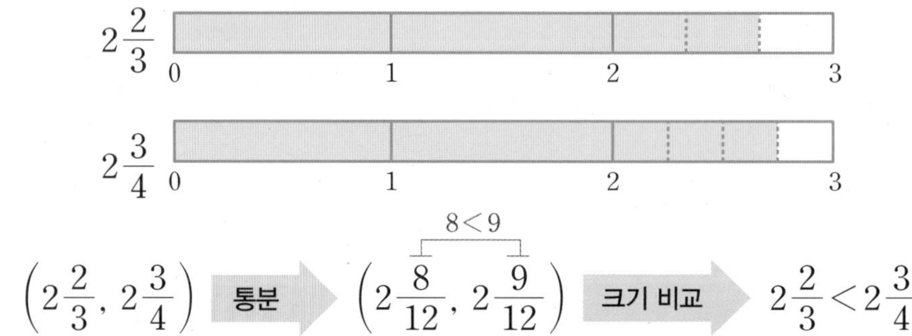


$$\left(2\frac{2}{3}, 2\frac{3}{4}\right) \xrightarrow{\text{통분}} \left(2\frac{8}{12}, 2\frac{9}{12}\right) \xrightarrow{\text{크기 비교}} 2\frac{2}{3} < 2\frac{3}{4}$$

(8<9)

대분수의 크기 비교는 대분수에서 자연수의 크기를 먼저 비교하고, 자연수의 크기가 같으면 분수를 통분하여 크기를 비교합니다.

**진분수의 크기 비교**

$\frac{1}{3} \bigcirc \frac{2}{5} \rightarrow \frac{5}{15} < \frac{6}{15}$ (5<6)

통분하여 크기를 비교해요.

**대분수의 크기 비교**

$2\frac{1}{3} > 1\frac{2}{5}$ (2>1)

자연수의 크기를 비교해요.

$1\frac{1}{3} \bigcirc 1\frac{2}{5} \rightarrow 1\frac{5}{15} < 1\frac{6}{15}$ (5<6)

자연수의 크기가 같으면 분수를 통분하여 크기를 비교해요.

➔ 바른답·알찬풀이 24쪽

**1** $\frac{2}{3}$와 $\frac{3}{4}$의 크기를 비교하려고 합니다. □ 안에 알맞은 수를 써넣고, ○ 안에 >, =, <를 알맞게 써넣으세요.

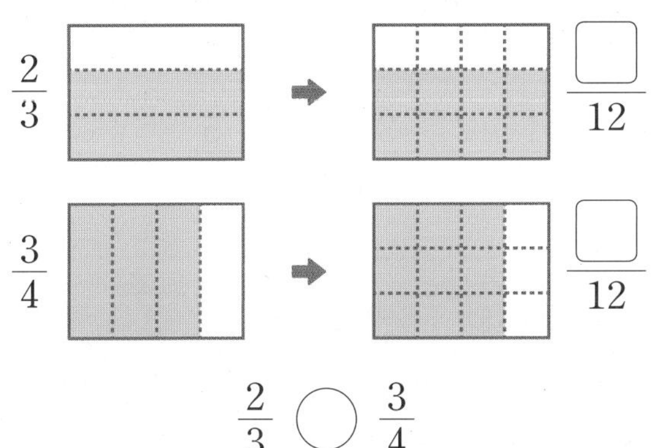

$\frac{2}{3}$ ○ $\frac{3}{4}$

**2** 분수만큼 각각 색칠하고, ○ 안에 >, =, <를 알맞게 써넣으세요.

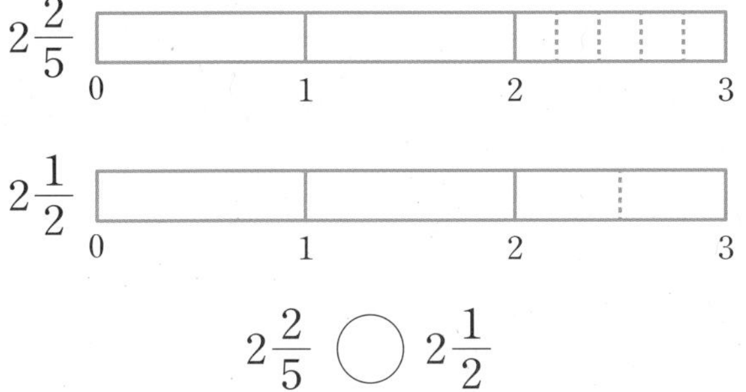

$2\frac{2}{5}$ ○ $2\frac{1}{2}$

**3** $\frac{3}{7}$과 $\frac{5}{8}$를 통분하여 크기를 비교하려고 합니다. □ 안에 알맞은 수를 써넣고, ○ 안에 >, =, <를 알맞게 써넣으세요.

$\frac{3}{7}=\frac{3\times\square}{7\times 8}=\frac{\square}{\square}$

$\frac{5}{8}=\frac{5\times\square}{8\times\square}=\frac{\square}{\square}$

➔ $\frac{3}{7}$ ○ $\frac{5}{8}$

**4** $1\frac{4}{5}$와 $1\frac{7}{9}$을 통분하여 크기를 비교하려고 합니다. □ 안에 알맞은 수를 써넣고, ○ 안에 >, =, <를 알맞게 써넣으세요.

$\left(1\frac{4}{5}, 1\frac{7}{9}\right)$ ➔ $\left(1\frac{\square}{\square}, 1\frac{\square}{\square}\right)$

$1\frac{4}{5}$ ○ $1\frac{7}{9}$

**5** 분수의 크기를 비교하여 ○ 안에 >, =, <를 알맞게 써넣으세요.

(1) $\frac{7}{11}$ ○ $\frac{3}{5}$ (2) $2\frac{3}{8}$ ○ $2\frac{1}{2}$

**6** 더 작은 수에 색칠해 보세요.

$\frac{4}{9}$ $\frac{5}{12}$

4 단원

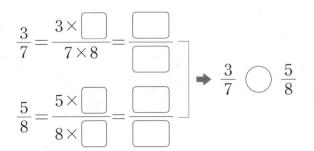

공부한 날 월 일

# 분수와 소수의 크기를 비교해요

분수와 소수의 크기를 비교하려면
어떻게 해야 하는지 알아볼까요?

개념 동영상

## ❶ 소수를 분수로 나타내 볼까요?

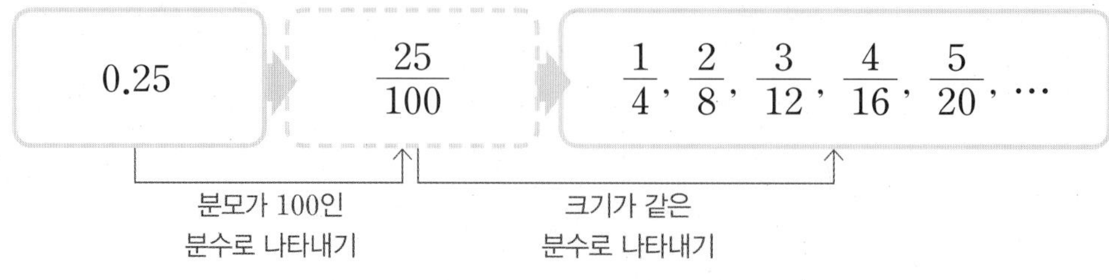


➔ 소수를 크기가 같은 분수로 나타낼 때는 소수를 분모가 10, 100, 1000, ...인 분수로 나타낸 후 크기가 같은 분수로 나타냅니다.

## ❷ 분수를 소수로 나타내 볼까요?

$\frac{1}{5}$ ➔ $\frac{2}{10}$ ➔ 0.2
(분모가 10인 분수로 나타내기, 소수로 나타내기)

$\frac{3}{4}$ ➔ $\frac{75}{100}$ ➔ 0.75
(분모가 100인 분수로 나타내기, 소수로 나타내기)

➔ 분수를 크기가 같은 소수로 나타낼 때는 분수를 분모가 10, 100, 1000, ...인 분수로 나타낸 후 소수로 나타냅니다.

### Q $\frac{4}{5}$와 0.9의 크기 비교하기

**방법 1** $\frac{4}{5}$를 소수로 나타내어 크기 비교하기

$\frac{4}{5}=\frac{8}{10}=0.8$

$\frac{4}{5}<0.9$ (0.8<0.9)

**방법 2** 0.9를 분수로 나타내어 크기 비교하기

$0.9=\frac{9}{10}$

$\frac{4}{5}<0.9$ ($\frac{4}{5}=\frac{8}{10}$)

이미지로 개념 콕

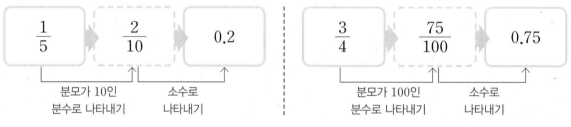

# 1단계 개념탄탄

바른답·알찬풀이 24쪽

**1** 소수를 분수로 나타내 보세요.

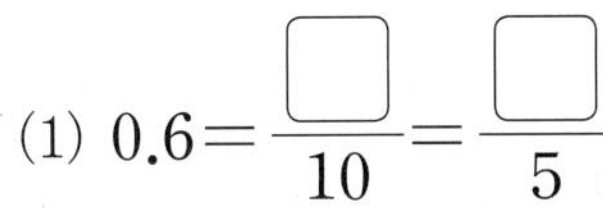

(1) $0.6=\frac{\square}{10}=\frac{\square}{5}$

(2) $0.24=\frac{\square}{100}=\frac{\square}{25}$

**2** 분수를 소수로 나타내려고 합니다. □ 안에 알맞은 수를 써넣으세요.

(1) $\frac{1}{2}=\frac{1\times\square}{2\times\square}=\frac{\square}{10}=\square$

(2) $\frac{1}{4}=\frac{1\times\square}{4\times\square}=\frac{\square}{100}=\square$

**3** 소수는 기약분수로, 분수는 소수로 나타내 보세요.

(1) $0.14=\square$ (2) $\frac{9}{20}=\square$

**4** 소수를 분수로 나타내어 $0.4$와 $\frac{7}{20}$의 크기를 비교해 보세요.

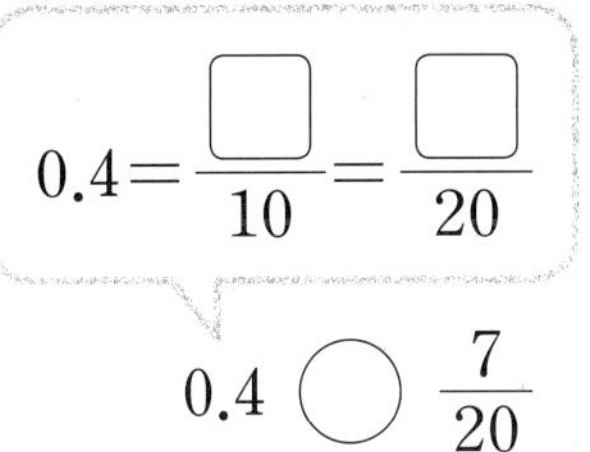

$0.4=\frac{\square}{10}=\frac{\square}{20}$

$0.4 \bigcirc \frac{7}{20}$

**5** 분수를 소수로 나타내어 $0.84$와 $\frac{3}{4}$의 크기를 비교해 보세요.

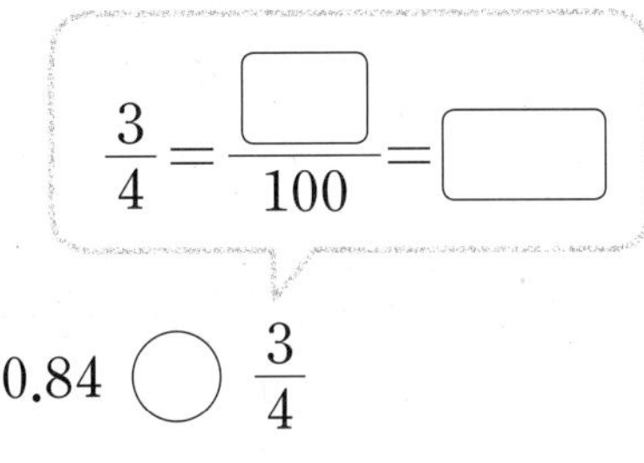

$\frac{3}{4}=\frac{\square}{100}=\square$

$0.84 \bigcirc \frac{3}{4}$

**6** 두 수의 크기를 비교하여 ○ 안에 >, =, <를 알맞게 써넣으세요.

(1) $\frac{9}{50} \bigcirc 0.21$ (2) $0.3 \bigcirc \frac{1}{5}$

4 단원

공부한 날

월

일

2단계 유형별 실력쑥쑥

## 유형 1 두 분수의 크기 비교하기

더 큰 분수를 찾아 기호를 써 보세요.

㉠ $3\frac{7}{10}$ ㉡ $3\frac{4}{5}$

( )

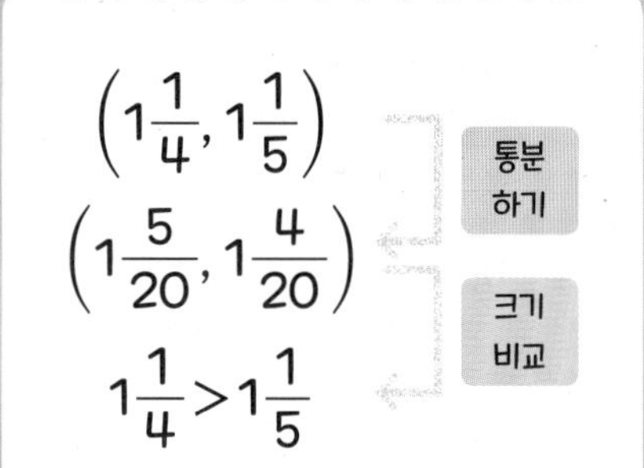

$\left(1\frac{1}{4}, 1\frac{1}{5}\right)$
$\left(1\frac{5}{20}, 1\frac{4}{20}\right)$
$1\frac{1}{4} > 1\frac{1}{5}$
통분하기
크기 비교


**01** 분수의 크기를 바르게 비교한 것에 ○표 하세요.

$\frac{5}{9} < \frac{4}{7}$ ( )

$\frac{3}{8} > \frac{2}{5}$ ( )

**02** $\frac{3}{4}$보다 큰 분수를 모두 찾아 써 보세요.

$1\frac{1}{2}$ $\frac{5}{6}$ $\frac{3}{7}$

( )

**03** 분수의 크기 비교에 대해 잘못 설명한 친구의 이름을 써 보세요.

영찬: 분모가 같은 진분수는 분자가 큰 분수가 더 큽니다.

윤수: $\frac{7}{16}$과 $\frac{7}{12}$ 중에서 분모가 큰 $\frac{7}{16}$이 더 큽니다.

( )

**04** 분수의 크기를 비교하여 더 큰 분수를 위의 빈칸에 써넣으세요.

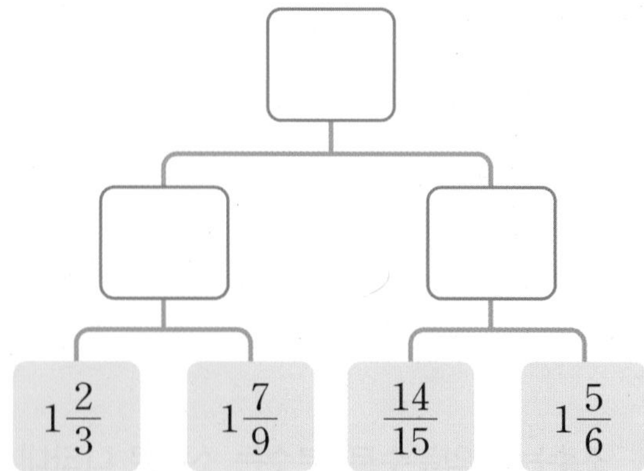

## 유형 2 분수와 소수의 크기 비교하기

두 수의 크기를 비교하여 더 큰 수에 ○표 하세요.

| 0.6 | $\frac{13}{20}$ |
|---|---|

$\frac{2}{5}=\frac{4}{10}=0.4$

$\frac{2}{5}<0.5$

$0.5=\frac{5}{10}$

4 단원

공부한 날 월 일

**05** 분수를 소수로 나타낸 것을 찾아 이어 보세요.

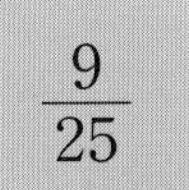

| | |
|---|---|
| $\frac{9}{25}$ • | • 0.14 |
| $\frac{7}{50}$ • | • 0.36 |

**06** ㉠과 ㉡에 알맞은 수를 각각 구해 보세요.

$0.2=\frac{1}{㉠}$  $0.55=\frac{㉡}{20}$

㉠ (  )

㉡ (  )

서술형

**07** 더 큰 수를 써넣은 친구는 누구인지 풀이 과정을 쓰고, 답을 구해 보세요.

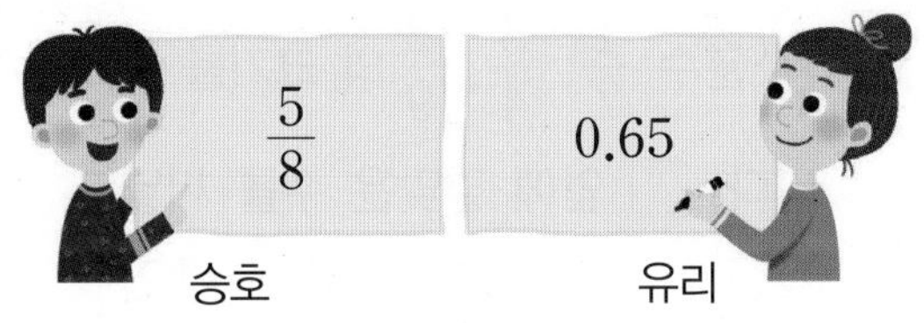


풀이

답

Tip 분수를 소수로 나타내어 크기를 비교합니다.

**08** 분수와 소수의 크기를 비교하여 가장 큰 수와 가장 작은 수를 찾아 써 보세요.

0.68  $\frac{18}{25}$  0.54

가장 큰 수 (  )

가장 작은 수 (  )

## 유형 3 세 분수의 크기 비교하기

세 분수의 크기를 비교하여 □ 안에 알맞은 수를 써넣으세요.

➡ □ > □ > □

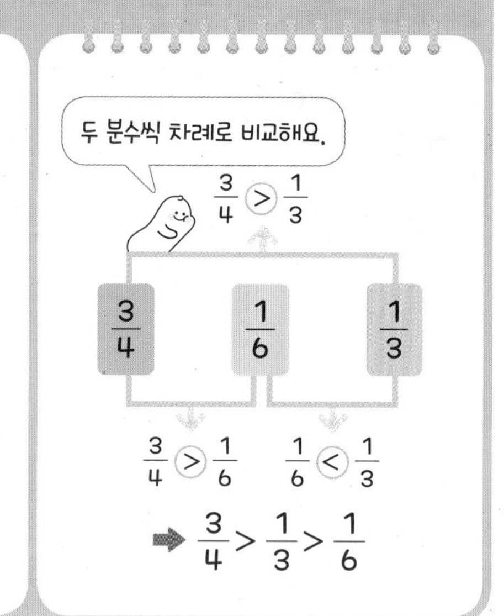

두 분수씩 차례로 비교해요.
$\frac{3}{4} > \frac{1}{3}$
$\frac{3}{4}$
$\frac{1}{6}$
$\frac{1}{3}$
$\frac{3}{4} > \frac{1}{6}$
$\frac{1}{6} < \frac{1}{3}$
➡ $\frac{3}{4} > \frac{1}{3} > \frac{1}{6}$


**09** 세 분수 $\frac{1}{2}$, $\frac{3}{4}$, $\frac{2}{9}$의 크기를 비교하려고 합니다. □ 안에 알맞은 수를 써넣고, ◯ 안에 >, =, <를 알맞게 써넣으세요.

$\left(\frac{1}{2}, \frac{3}{4}\right)$ ➡ $\left(\frac{\square}{4}, \frac{3}{4}\right)$ $\frac{1}{2}$ ◯ $\frac{3}{4}$

$\left(\frac{3}{4}, \frac{2}{9}\right)$ ➡ $\left(\frac{27}{36}, \frac{\square}{36}\right)$ $\frac{3}{4}$ ◯ $\frac{2}{9}$

$\left(\frac{1}{2}, \frac{2}{9}\right)$ ➡ $\left(\frac{\square}{18}, \frac{4}{18}\right)$ $\frac{1}{2}$ ◯ $\frac{2}{9}$

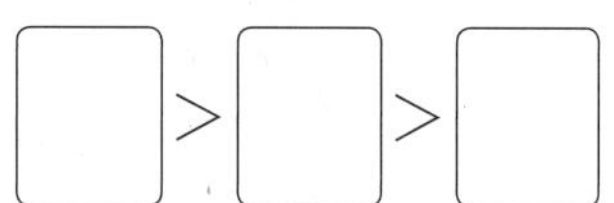


**10** 가장 큰 분수를 찾아 써 보세요.

$\frac{5}{8}$ $\frac{4}{7}$ $\frac{5}{6}$

(　　　　　　　　)

**11** 가장 작은 분수를 말한 친구의 이름을 써 보세요.

(　　　　　　　　)

**12** 작은 분수부터 차례로 빈칸에 1, 2, 3을 써넣으세요.

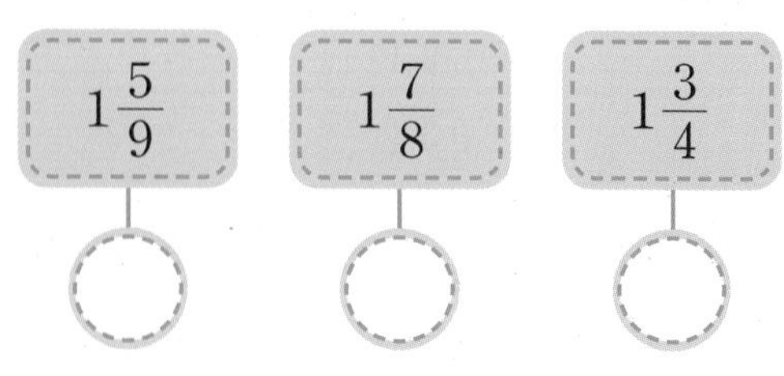

## 유형 4 분수의 크기 비교의 활용

오렌지주스가 $0.7$ L, 키위주스가 $\frac{11}{20}$ L 있습니다. 오렌지주스와 키위주스 중에서 더 많은 것은 어느 것인가요?

( )

▲ < ●

| ▲ | ● |
|---|---|
| 더 적다 | 더 많다 |
| 더 가깝다 | 더 멀다 |
| 더 짧다 | 더 길다 |

4 단원

공부한 날 월 일

**13** 혜지네 집에서 학교, 은행까지의 거리를 각각 나타낸 것입니다. 혜지네 집에서 더 가까운 곳은 어디인가요?

| 학교 | 은행 |
|---|---|
| $\frac{5}{7}$ km | $\frac{7}{9}$ km |

( )

**14** 똑같은 컵으로 밀가루는 $1\frac{2}{3}$ 컵, 설탕은 $1\frac{1}{4}$ 컵을 사용하여 빵을 만들었습니다. 밀가루와 설탕 중에서 더 많이 사용한 것은 어느 것인가요?

( )

서술형

**15** 원호와 지수가 집에서 동시에 출발하여 공원에 도착하는 데 원호는 $9.25$분, 지수는 $9\frac{7}{50}$분이 걸렸습니다. 공원에 더 빨리 도착한 친구는 누구인지 풀이 과정을 쓰고, 답을 구해 보세요.

풀이

답

Tip 길이의 단위가 다르면 단위를 같게 하여 비교합니다.

**16** 길이가 가장 긴 실과 가장 짧은 실을 사용하여 뜨개질을 하려고 합니다. 가장 긴 실과 가장 짧은 실을 찾아 기호를 써 보세요.

㉠ 137 cm ㉡ 1.5 m

㉢ $1\frac{2}{5}$ m ㉣ 1.82 m

가장 긴 실 ( )

가장 짧은 실 ( )

## 응용유형 1 약분하기 전의 분수 구하기

서아와 현우가 설명하는 분수를 구해 보세요.

분수를 약분했더니 $\frac{2}{3}$가 됐어요.
서아

분수의 분모와 분자의 합은 20이에요.
현우


(1) $\frac{2}{3}$와 크기가 같은 분수를 분모가 작은 수부터 차례로 5개 써 보세요.

(　　　　　　　　　　)

(2) (1)에서 찾은 분수 중에서 분모와 분자의 합이 20인 분수를 구해 보세요.

(　　　　　　　　　　)

유사

**1-1** 약분하여 $\frac{5}{7}$가 되는 분수 중에서 분모와 분자의 차가 12인 분수를 구해 보세요.

(　　　　　　　　　　)

변형

**1-2** 기약분수로 나타내면 $\frac{2}{5}$인 분수 중에서 분모와 분자의 합이 30보다 크고 50보다 작은 분수를 모두 구해 보세요.

(　　　　　　　　　　)

➔ 바른답·알찬풀이 26쪽

## 응용유형 2 통분하기 전의 분수 구하기

두 기약분수를 통분한 것입니다. ㉠과 ㉡에 알맞은 수를 각각 구해 보세요.

$$\left(\frac{13}{㉠}, \frac{㉡}{16}\right) \Rightarrow \left(\frac{26}{48}, \frac{45}{48}\right)$$

(1) ㉠에 알맞은 수를 구해 보세요.

(　　　　　　　　)

(2) ㉡에 알맞은 수를 구해 보세요.

(　　　　　　　　)

### 2-1

분모의 곱을 공통분모로 하여 통분한 것입니다. ★에 알맞은 분수를 구해 보세요.

$$\left(\frac{3}{4}, ★\right) \Rightarrow \left(\frac{27}{36}, \frac{16}{36}\right)$$

(　　　　　　　　)

변형

### 2-2

두 분수를 통분한 것입니다. ㉠, ㉡, ㉢에 알맞은 수의 합을 구해 보세요.

$$\left(\frac{7}{㉠}, \frac{㉡}{10}\right) \Rightarrow \left(\frac{35}{60}, \frac{18}{㉢}\right)$$

(　　　　　　　　)

**미리보기**

분수의 등식을 간단한 곱셈식으로 나타낼 수 있습니다.

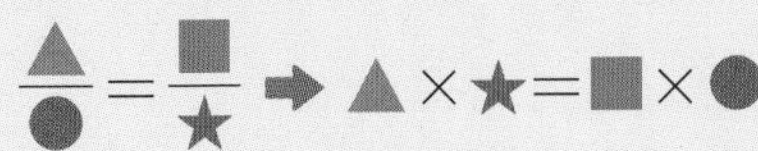

예 $\frac{㉠}{12}=\frac{1}{4}$ ➔ ㉠$\times 4 = 1 \times 12$, ㉠$=$□

답 3

## 응용유형 3 □ 안에 들어갈 수 있는 수 구하기

1부터 9까지의 수 중에서 ●에 알맞은 수는 모두 몇 개인지 구해 보세요.

$$\frac{3}{5} > \frac{●}{4}$$

(1) $\frac{3}{5}$과 $\frac{●}{4}$를 통분하려고 합니다. □ 안에 알맞은 수를 써넣으세요.

$$\left(\frac{3}{5}, \frac{●}{4}\right) \Rightarrow \left(\frac{\square}{20}, \frac{● \times \square}{20}\right)$$

(2) ●에 알맞은 수는 모두 몇 개인지 구해 보세요.

(　　　　　　　　)개

유사

**3-1** 1부터 9까지의 수 중에서 □ 안에 들어갈 수 있는 수는 모두 몇 개인지 구해 보세요.

$$\frac{11}{18} > \frac{\square}{12}$$

(　　　　　　　　)개

**3-2** 1부터 9까지의 수 중에서 □ 안에 들어갈 수 있는 수는 모두 몇 개인지 구해 보세요.

$$\frac{3}{8} < \frac{\square}{10} < \frac{31}{40}$$

(　　　　　　　　)개

바른답·알찬풀이 26쪽

## 응용유형 4 수 카드를 이용하여 분수 만들기

3장의 수 카드 중에서 2장을 골라 한 번씩만 이용하여 진분수를 만들려고 합니다. 만들 수 있는 진분수 중에서 가장 큰 분수를 구해 보세요.

1 5 8

(1) 수 카드를 이용하여 만들 수 있는 진분수를 모두 써 보세요.

( )

(2) 만들 수 있는 진분수 중에서 가장 큰 분수를 구해 보세요.

( )

4 단원

공부한 날 월 일

**4-1** 3장의 수 카드 중에서 2장을 골라 한 번씩만 이용하여 진분수를 만들려고 합니다. 만들 수 있는 진분수 중에서 가장 작은 분수를 구해 보세요.

( )

변형

**4-2** 3장의 수 카드 중에서 2장을 골라 한 번씩만 이용하여 진분수를 만들려고 합니다. 만들 수 있는 진분수 중에서 0.7보다 큰 분수를 모두 구해 보세요.

( )

# 1회 단원 평가 4. 약분과 통분

점수 점

한 문항당 배점은 5점입니다.

**01** □ 안에 알맞은 수를 써넣어 크기가 같은 분수를 만들어 보세요.

$$\frac{7}{9}=\frac{\square}{18}=\frac{\square}{36}$$

**02** 두 분수를 통분하려고 합니다. □ 안에 알맞은 수를 써넣으세요.

$$\left(\frac{1}{2}, \frac{4}{7}\right) \Rightarrow \left(\frac{\square}{14}, \frac{\square}{14}\right)$$

**03** 분수를 약분하려고 합니다. □ 안에 알맞은 수를 써넣으세요.

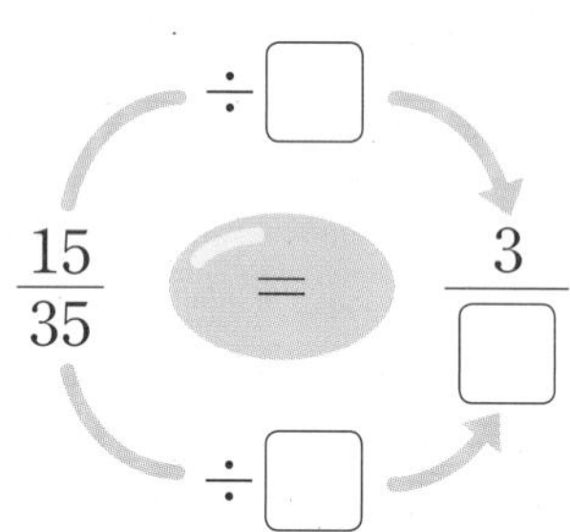

$$\frac{15}{35} = \frac{3}{\square}$$

(위: $\div\square$, 아래: $\div\square$)

**04** $\frac{2}{5}$와 $\frac{3}{4}$을 통분하여 크기를 비교하려고 합니다. □ 안에 알맞은 수를 써넣고, ○ 안에 $>$, $=$, $<$를 알맞게 써넣으세요.

$$\frac{2}{5}=\frac{2\times\square}{5\times4}=\frac{\square}{\square}$$

$$\frac{3}{4}=\frac{3\times\square}{4\times\square}=\frac{\square}{\square}$$

$$\Rightarrow \frac{2}{5} \bigcirc \frac{3}{4}$$

**05** 분수를 분모가 100인 분수로 나타낸 후 소수로 나타낸 것입니다. ㉠과 ㉡에 알맞은 수를 각각 구해 보세요.

$$\frac{39}{50}=\frac{㉠}{100}=㉡$$

㉠ (　　　　)

㉡ (　　　　)

중요

**06** 기약분수를 모두 찾아 ○표 하세요.

$\frac{2}{8}$　$\frac{7}{9}$　$\frac{4}{6}$　$\frac{9}{12}$　$\frac{3}{7}$

**07** 소수를 기약분수로 나타내 보세요.

(1) 0.8 (　　　　)

(2) 0.64 (　　　　)

**08** 두 분모의 곱을 공통분모로 하여 통분해 보세요.

$$\left(\frac{1}{9}, \frac{5}{6}\right) \Rightarrow \left(\frac{\square}{\square}, \frac{\square}{\square}\right)$$

중요
09 더 큰 수에 ○표 하세요.

$\frac{24}{25}$ 0.92

( ) ( )

10 다음 분수 중에서 $\frac{10}{24}$과 크기가 같은 분수는 모두 몇 개인가요?

$\frac{20}{48}$ $\frac{40}{72}$ $\frac{5}{12}$ $\frac{5}{6}$

( )개

11 기약분수로 나타낸 수가 다른 것을 찾아 기호를 써 보세요.

㉠ $\frac{14}{35}$ ㉡ $\frac{25}{50}$ ㉢ $\frac{18}{45}$

( )

12 냉장고에 물이 $\frac{5}{8}$ L, 우유가 $\frac{3}{4}$ L 있습니다. 물과 우유 중에서 더 많은 것은 어느 것인가요?

( )

13 가장 큰 분수에 ○표, 가장 작은 분수에 △표 하세요.

$\frac{2}{9}$ $\frac{1}{5}$ $\frac{3}{8}$

14 $\frac{4}{14}$와 크기가 같은 분수를 만드는 방법을 바르게 설명한 친구의 이름을 써 보세요.

분모에 2를, 분자에 3을 곱해서 $\frac{12}{28}$를 만들었어요.

분모와 분자를 각각 2로 나누어서 $\frac{2}{7}$를 만들었어요.

하니 재희

( )

응용
15 공통분모가 될 수 있는 수 중에서 50에 가장 가까운 수를 공통분모로 하여 통분해 보세요.

$\left(\frac{3}{8}, \frac{1}{3}\right) \Rightarrow \left(\frac{\square}{\square}, \frac{\square}{\square}\right)$

4 단원

공부한 날 월 일

**16** 1부터 9까지의 수 중에서 □ 안에 들어갈 수 있는 수를 모두 써 보세요.

> 진분수 $\frac{3}{\square}$은 기약분수입니다.

(　　　　　　　　　　　)

중요

**17** 철사를 연수는 $2\frac{2}{5}$ m, 주아는 2.35 m, 동희는 2.6 m 가지고 있습니다. 가지고 있는 철사의 길이가 긴 친구부터 차례로 이름을 써 보세요.

(　　　　　　　　　　　)

응용

**18** 1부터 9까지의 수 중에서 □ 안에 들어갈 수 있는 수는 모두 몇 개인지 구해 보세요.

> $\frac{3}{10} > \frac{\square}{14}$

(　　　　　　　　　　　)개

## 서술형 문제

**19** $\frac{13}{15}$과 $\frac{2}{9}$를 통분하려고 합니다. 잘못 설명한 것을 찾아 기호를 쓰고, 이유를 써 보세요.

> ㉠ 60을 공통분모로 하여 통분할 수 있습니다.
> ㉡ 공통분모가 될 수 있는 가장 작은 수는 45입니다.

답 ______________

이유 ______________

**20** 약분하여 $\frac{3}{4}$이 되는 분수 중에서 분모와 분자의 합이 49인 분수는 얼마인지 풀이 과정을 쓰고, 답을 구해 보세요.

풀이 ______________

답 ______________

# 4. 약분과 통분

한 문항당 배점은 5점입니다.

점수 점

바른답·알찬풀이 28쪽

**01** $\frac{4}{5}$와 크기가 같은 분수가 되도록 □ 안에 알맞은 수를 써넣으세요.

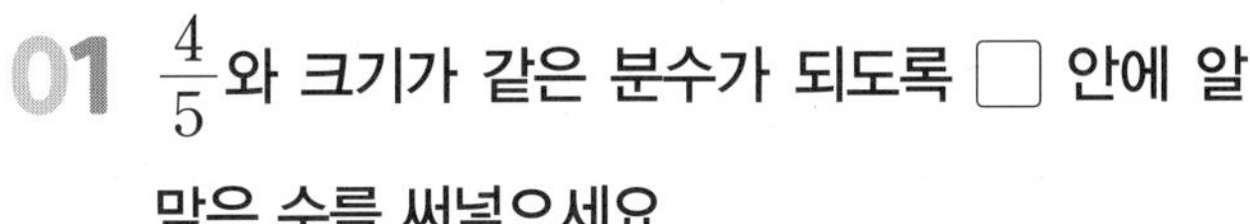

$$\frac{4}{5}=\frac{4\times\square}{5\times2}=\frac{4\times3}{5\times\square}$$

**02** $\frac{16}{20}$을 기약분수로 나타내려고 합니다. □ 안에 알맞은 수를 써넣으세요.

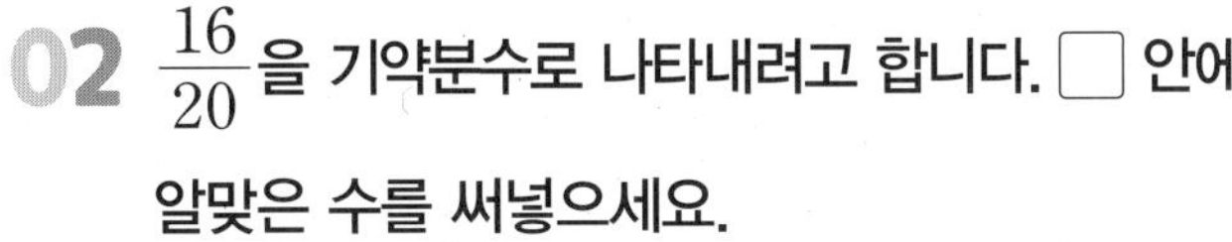

$$\frac{16}{20}=\frac{16\div\square}{20\div\square}=\frac{\square}{\square}$$

**03** 두 분모의 최소공배수를 공통분모로 하여 통분해 보세요.

$$\left(\frac{5}{32}, \frac{7}{8}\right) \Rightarrow \left(\frac{\square}{\square}, \frac{\square}{\square}\right)$$

**04** 두 분수를 통분한 후 크기를 비교하여 ○ 안에 >, =, <를 알맞게 써넣으세요.

$$\left(5\frac{3}{4}, 5\frac{5}{6}\right) \Rightarrow \left(5\frac{\square}{12}, 5\frac{\square}{12}\right)$$

$$5\frac{3}{4} \bigcirc 5\frac{5}{6}$$

**05** 세 분수의 크기가 같도록 색칠하고, □ 안에 알맞은 분수를 써넣으세요.

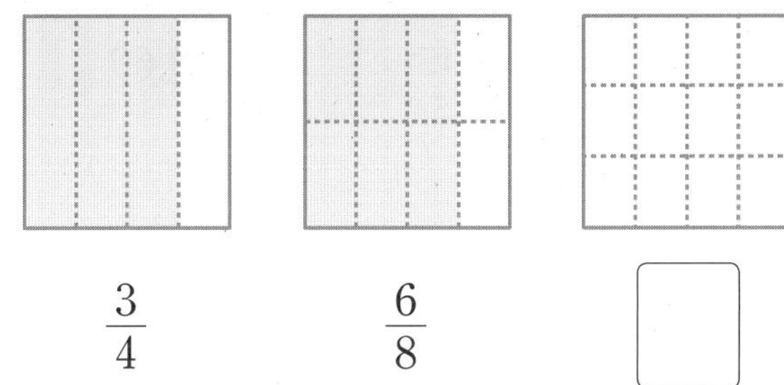

$\frac{3}{4}$ $\frac{6}{8}$ □

중요

**06** 분모와 분자를 각각 0이 아닌 같은 수로 나누어 크기가 같은 분수를 2개 만들어 보세요.

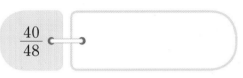


**07** $\frac{16}{24}$을 약분하려고 합니다. 분모와 분자를 공통으로 나눌 수 있는 수를 모두 써 보세요.

(                                        )

**08** 두 분수를 통분할 때 공통분모로 알맞은 수를 찾아 이어 보세요.

| | |
|---|---|
| $\left(\frac{3}{4}, \frac{5}{6}\right)$ • | • 40 |
| $\left(\frac{3}{5}, \frac{3}{8}\right)$ • | • 48 |

4 단원

공부한 날 월 일

**09** 소수를 기약분수로 나타낼 때 분모가 50이 되는 것에 ○표 하세요.

| 0.45 | 0.66 |
|---|---|
| (　　) | (　　) |

중요

**10** 더 큰 수를 빈칸에 써넣으세요.

| $\frac{5}{8}$ | |
|---|---|
| $\frac{6}{7}$ | |

**11** $\frac{18}{24}$을 약분하여 나타낼 수 있는 분수를 모두 써 보세요.

(　　　　　　　　　　)

**12** 두 분수의 크기를 잘못 비교한 친구의 이름을 써 보세요.

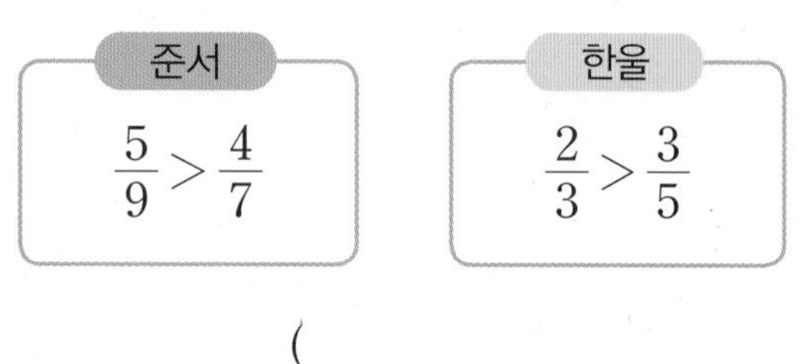


(　　　　　　　　　　)

**13** 성주가 설명하는 분수를 구해 보세요.

3으로 약분했더니 $\frac{4}{5}$가 되었어요.
성주


(　　　　　　　　　　)

**14** $\frac{1}{2}$보다 작은 분수를 모두 찾아 ○표 하세요.

$\frac{1}{4}$　　$\frac{5}{7}$　　$\frac{8}{9}$　　$\frac{10}{21}$

응용

**15** 공통분모가 될 수 있는 수 중에서 3번째로 작은 수를 공통분모로 하여 통분해 보세요.

$\left(\frac{1}{2}, \frac{6}{7}\right) \Rightarrow \left(\frac{\square}{\square}, \frac{\square}{\square}\right)$

바른답·알찬풀이 28쪽

정답 확인

중요

**16** 두 수의 크기를 비교하여 더 작은 수를 아래의 빈칸에 써넣으세요.

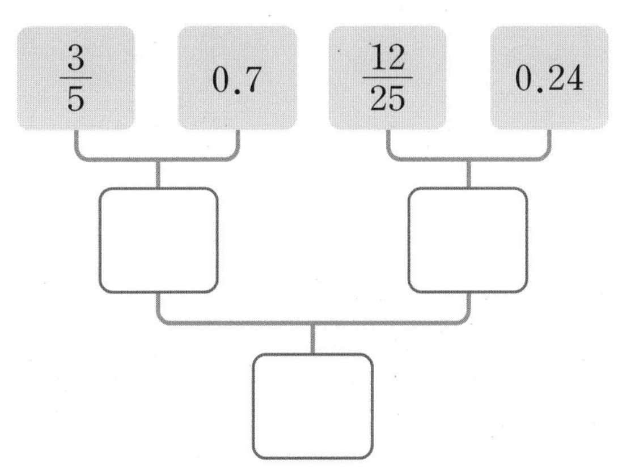


**17** 두 분수를 통분한 것입니다. ㉠, ㉡, ㉢에 알맞은 수의 합을 구해 보세요.

$$\left(\frac{㉠}{7}, \frac{㉡}{8}\right) \Rightarrow \left(\frac{24}{56}, \frac{49}{㉢}\right)$$

(　　　　　　　)

응용

**18** 3장의 수 카드 중에서 2장을 골라 한 번씩만 이용하여 진분수를 만들려고 합니다. 만들 수 있는 진분수 중에서 가장 큰 분수를 소수로 나타내 보세요.

1　4　5

(　　　　　　　)

## 서술형 문제

**19** 성우는 케이크를 똑같이 3조각으로 나누어 2조각을 먹었습니다. 지아는 크기가 같은 케이크를 똑같이 6조각으로 나누어 성우와 같은 양을 먹으려고 합니다. 지아는 몇 조각을 먹어야 하는지 풀이 과정을 쓰고, 답을 구해 보세요.

풀이

답 　　　　　　 조각

**20** 땅콩이 1.3 kg, 호두가 $1\frac{1}{4}$ kg 있습니다. 땅콩과 호두 중에서 더 적은 것은 어느 것인지 풀이 과정을 쓰고, 답을 구해 보세요.

풀이

답

4 단원

공부한 날 월 일

# 분수의 덧셈과 뺄셈

무엇을 배울까요?

**배운 내용**

4-2 1. 분수의 덧셈과 뺄셈
- 분모가 같은 진분수의 덧셈과 뺄셈하기
- 분모가 같은 대분수의 덧셈과 뺄셈하기

5-1 4. 약분과 통분
- 분수를 약분과 통분하기
- 분모가 다른 분수의 크기 비교하기

**이 단원 내용**

- 분모가 다른 진분수의 덧셈하기
- 분모가 다른 대분수의 덧셈하기
- 분모가 다른 진분수의 뺄셈하기
- 분모가 다른 대분수의 뺄셈하기

**배울 내용**

5-2 2. 분수의 곱셈
- (분수)×(자연수), (자연수)×(분수), (분수)×(분수) 계산하기
- 세 분수의 곱셈하기

6-1 1. 분수의 나눗셈
- (자연수)÷(자연수), (분수)÷(자연수) 계산하기

단원의 공부 계획을 세우고,
공부한 내용을 얼마나 이해했는지 스스로 평가해 보세요.

| | 공부할 내용 | 쪽수 | 스스로 평가 |
|---|---|---|---|
| 개념 | 1 분수의 덧셈을 해요(1) | 114~115쪽 | ☆☆☆ |
| | 2 분수의 덧셈을 해요(2) | 116~117쪽 | ☆☆☆ |
| | 3 분수의 덧셈을 해요(3) | 118~119쪽 | ☆☆☆ |
| 유형 | 1 (진분수)+(진분수) | 120쪽 | ☆☆☆ |
| | 2 계산 결과를 어림하여 비교하기 | 121쪽 | ☆☆☆ |
| | 3 (대분수)+(대분수) | 122쪽 | ☆☆☆ |
| | 4 분수의 덧셈의 활용 | 123쪽 | ☆☆☆ |
| 개념 | 4 분수의 뺄셈을 해요(1) | 124~125쪽 | ☆☆☆ |
| | 5 분수의 뺄셈을 해요(2) | 126~127쪽 | ☆☆☆ |
| | 6 분수의 뺄셈을 해요(3) | 128~129쪽 | ☆☆☆ |
| 유형 | 1 (진분수)−(진분수) | 130쪽 | ☆☆☆ |
| | 2 (대분수)−(대분수) | 131쪽 | ☆☆☆ |
| | 3 어떤 수 구하기 | 132쪽 | ☆☆☆ |
| | 4 분수의 뺄셈의 활용 | 133쪽 | ☆☆☆ |
| 응용 | 1 □ 안에 들어갈 수 있는 수 구하기 | 134쪽 | ☆☆☆ |
| | 2 이어 붙인 색 테이프의 길이 구하기 | 135쪽 | ☆☆☆ |
| | 3 길의 거리 비교하기 | 136쪽 | ☆☆☆ |
| | 4 수 카드로 만든 분수의 합과 차 구하기 | 137쪽 | ☆☆☆ |

☆☆☆ 자신있게 설명할 수 있어요. ☆☆ 설명하기 조금 힘들어요. ☆ 어려워서 설명할 수 없어요.

1

# 분수의 덧셈을 해요(1)

▶ 받아올림이 없는 (진분수)+(진분수)

똑같은 컵에 담겨 있는 물 $\frac{1}{2}$컵에 레몬즙 $\frac{1}{4}$컵을 넣어 레몬주스를 만들었어요. 레몬주스는 몇 컵인가요?

탐구

개념 동영상

$\frac{1}{2}+\frac{1}{4}$을 계산해 볼까요?

분모가 다른 분수끼리 더하려면 분모를 같게 하여 분자끼리 더해요.

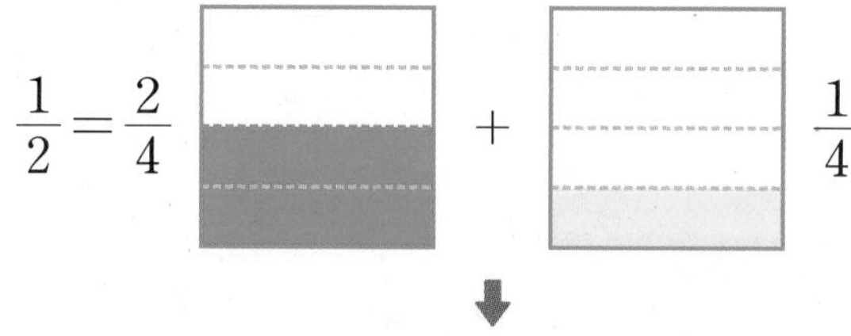

$\frac{1}{2}=\frac{2}{4}$
+
$\frac{1}{4}$

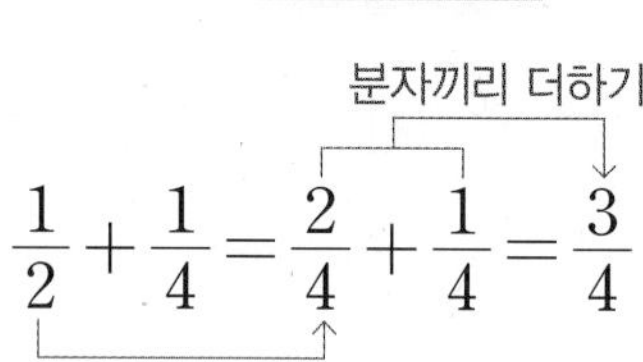

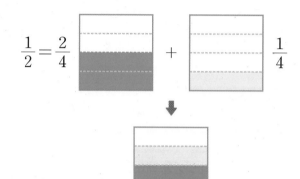

분자끼리 더하기

$$\frac{1}{2}+\frac{1}{4}=\frac{2}{4}+\frac{1}{4}=\frac{3}{4}$$

분모를 4로 같게 하기

**$\frac{1}{6}+\frac{2}{9}$ 계산하기**

**방법 1** 두 분모 6과 9의 곱인 54를 공통분모로 하여 통분한 후 계산하기

$$\frac{1}{6}+\frac{2}{9}=\frac{1\times9}{6\times9}+\frac{2\times6}{9\times6}=\frac{9}{54}+\frac{12}{54}=\frac{\overset{7}{\cancel{21}}}{\underset{18}{\cancel{54}}}=\frac{7}{18}$$

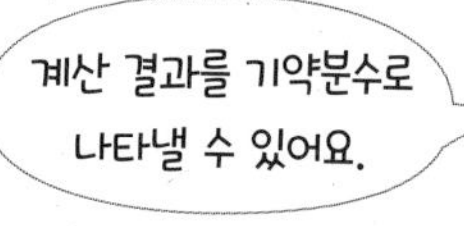

계산 결과를 기약분수로 나타낼 수 있어요.

**방법 2** 두 분모 6과 9의 최소공배수인 18을 공통분모로 하여 통분한 후 계산하기

$$\frac{1}{6}+\frac{2}{9}=\frac{1\times3}{6\times3}+\frac{2\times2}{9\times2}=\frac{3}{18}+\frac{4}{18}=\frac{7}{18}$$

이미지로 개념 콕

$$\frac{1}{4}+\frac{2}{3}=\frac{3}{12}+\frac{8}{12}=\frac{11}{12}$$

(3 = 1×3, 12 = 4×3, 8 = 2×4, 12 = 3×4)

➔ 바른답·알찬풀이 30쪽

**1** 그림을 보고 □ 안에 알맞은 수를 써넣으세요.

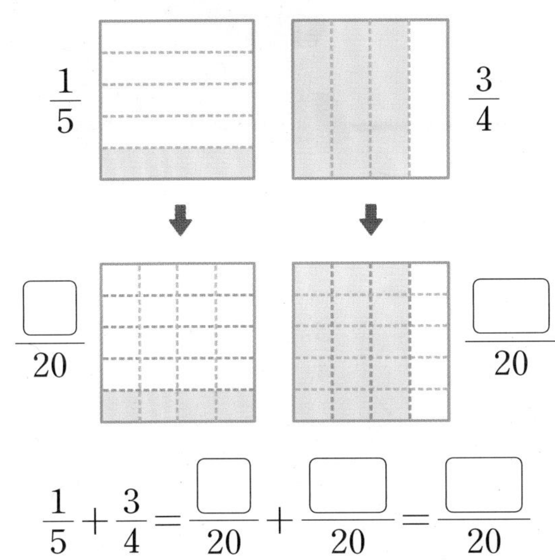


$\frac{1}{5}+\frac{3}{4}=\frac{\square}{20}+\frac{\square}{20}=\frac{\square}{20}$

**2** 분수만큼 색칠하고, □ 안에 알맞은 수를 써넣으세요.

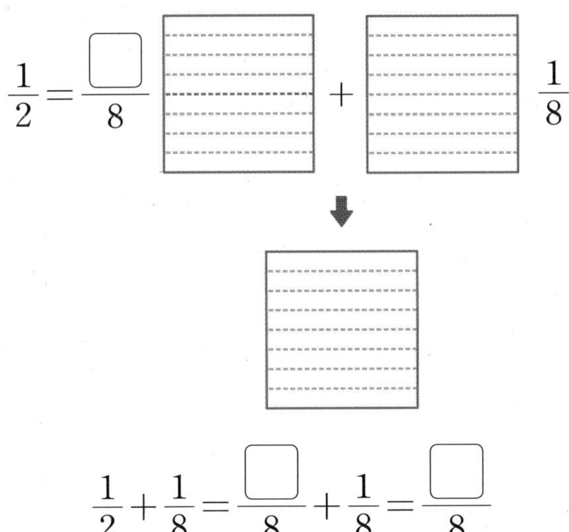


$\frac{1}{2}+\frac{1}{8}=\frac{\square}{8}+\frac{1}{8}=\frac{\square}{8}$

**3** 왼쪽 식의 계산 결과를 찾아 ○표 하세요.

$\frac{2}{9}+\frac{1}{2}$ ➔ ( $\frac{3}{11}$ , $\frac{13}{18}$ )

**4** $\frac{1}{6}+\frac{3}{8}$을 두 가지 방법으로 계산해 보세요.

**방법 1** 두 분모의 곱을 공통분모로 하여 통분한 후 계산하기

$$\frac{1}{6}+\frac{3}{8}=\frac{1\times 8}{6\times 8}+\frac{3\times 6}{8\times 6}=\frac{\square}{48}+\frac{\square}{48}$$
$$=\frac{\square}{48}=\frac{\square}{24}$$

**방법 2** 두 분모의 최소공배수를 공통분모로 하여 통분한 후 계산하기

$$\frac{1}{6}+\frac{3}{8}=\frac{1\times 4}{6\times 4}+\frac{3\times 3}{8\times 3}=\frac{\square}{24}+\frac{\square}{24}$$
$$=\frac{\square}{24}$$

**5** 계산해 보세요.

(1) $\frac{1}{10}+\frac{3}{5}$

(2) $\frac{1}{3}+\frac{2}{7}$

(3) $\frac{5}{12}+\frac{1}{9}$

**6** 다음이 나타내는 수를 구해 보세요.

$\frac{2}{15}$보다 $\frac{5}{6}$ 큰 수

( )

# 분수의 덧셈을 해요(2)

▶ 받아올림이 있는 (진분수)+(진분수)

크기가 같은 빵을 서율이는 $\frac{2}{3}$개, 서아는 $\frac{3}{4}$개 먹었어요.
두 사람이 먹은 빵은 모두 몇 개인가요?

## 탐구 $\frac{2}{3}+\frac{3}{4}$을 계산해 볼까요?

개념 동영상

$\frac{2}{3}=\frac{8}{12}$ + $\frac{3}{4}=\frac{9}{12}$

분자끼리 더하기

$$\frac{2}{3}+\frac{3}{4}=\frac{8}{12}+\frac{9}{12}=\frac{17}{12}=1\frac{5}{12}$$

분모를 12로 같게 하기

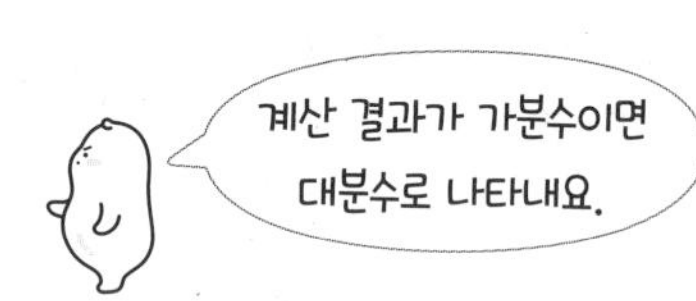


### $\frac{5}{6}+\frac{5}{8}$ 계산하기

**방법 1** 두 분모 6과 8의 곱인 48을 공통분모로 하여 통분한 후 계산하기

$$\frac{5}{6}+\frac{5}{8}=\frac{5\times8}{6\times8}+\frac{5\times6}{8\times6}=\frac{40}{48}+\frac{30}{48}=\frac{70}{48}=1\frac{\overset{11}{\cancel{22}}}{\underset{24}{\cancel{48}}}=1\frac{11}{24}$$

**방법 2** 두 분모 6과 8의 최소공배수인 24를 공통분모로 하여 통분한 후 계산하기

$$\frac{5}{6}+\frac{5}{8}=\frac{5\times4}{6\times4}+\frac{5\times3}{8\times3}=\frac{20}{24}+\frac{15}{24}=\frac{35}{24}=1\frac{11}{24}$$

4×3   1×5

$$\frac{4}{5}+\frac{1}{3}=\frac{12}{15}+\frac{5}{15}=\frac{17}{15}=1\frac{2}{15}$$

5×3   3×5

# 1단계 개념탄탄

연산 학습

➔ 바른답·알찬풀이 30쪽

**1** 그림을 보고 □ 안에 알맞은 수를 써넣으세요.

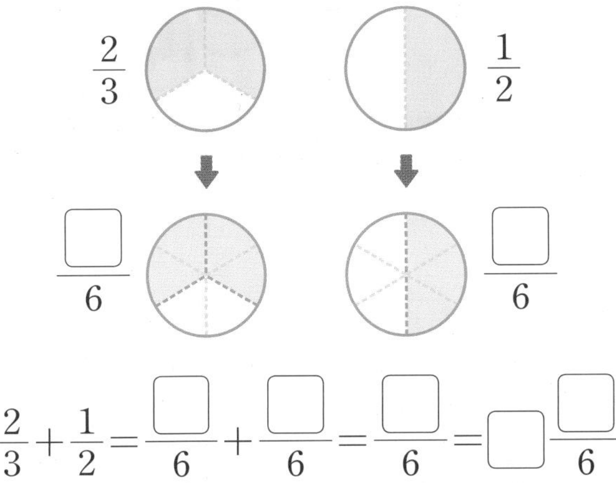

$\frac{2}{3}+\frac{1}{2}=\frac{\square}{6}+\frac{\square}{6}=\frac{\square}{6}=\square\frac{\square}{6}$

**2** 분수만큼 색칠하고, □ 안에 알맞은 수를 써넣으세요.

$\frac{1}{3}=\frac{\square}{12}$ , $\frac{3}{4}=\frac{\square}{12}$

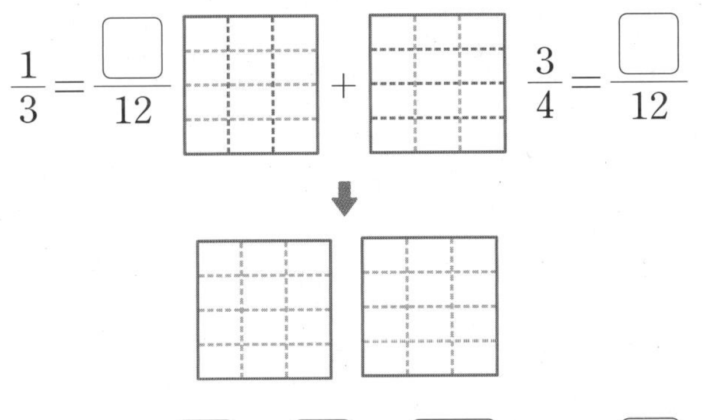

$\frac{1}{3}+\frac{3}{4}=\frac{\square}{12}+\frac{\square}{12}=\frac{\square}{12}=\square\frac{\square}{12}$

**3** 바르게 계산한 것에 색칠해 보세요.

$$\frac{5}{6}+\frac{3}{7}=\frac{5\times3}{6\times7}+\frac{3\times5}{7\times6}=\frac{15}{42}+\frac{15}{42}=\frac{\overset{5}{\cancel{30}}}{\underset{7}{\cancel{42}}}=\frac{5}{7}$$

$$\frac{5}{6}+\frac{3}{7}=\frac{5\times7}{6\times7}+\frac{3\times6}{7\times6}=\frac{35}{42}+\frac{18}{42}=\frac{53}{42}=1\frac{11}{42}$$

**[4~5]** $\frac{4}{9}+\frac{5}{6}$를 두 가지 방법으로 계산해 보세요.

**4** 두 분모의 곱을 공통분모로 하여 통분한 후 계산해 보세요.

$$\frac{4}{9}+\frac{5}{6}=\frac{4\times6}{9\times6}+\frac{5\times9}{6\times9}=\frac{\square}{54}+\frac{\square}{54}=\frac{\square}{54}=\square\frac{\square}{54}=\square\frac{\square}{18}$$

**5** 두 분모의 최소공배수를 공통분모로 하여 통분한 후 계산해 보세요.

$$\frac{4}{9}+\frac{5}{6}=\frac{4\times2}{9\times2}+\frac{5\times3}{6\times3}=\frac{\square}{18}+\frac{\square}{18}=\frac{\square}{18}=\square\frac{\square}{18}$$

**6** 계산해 보세요.

(1) $\frac{4}{7}+\frac{1}{2}$

(2) $\frac{9}{10}+\frac{7}{15}$

(3) $\frac{5}{8}+\frac{11}{16}$

**7** 빈칸에 알맞은 수를 써넣으세요.

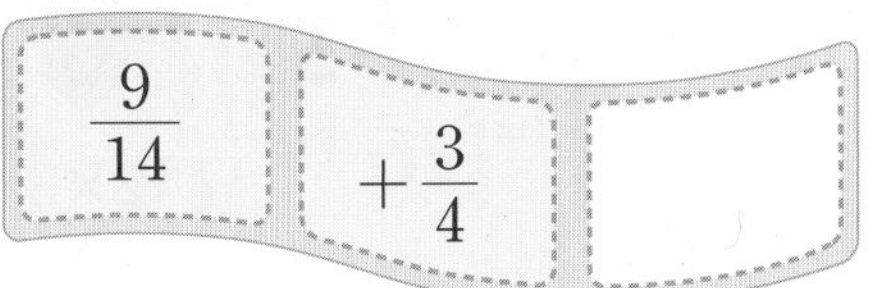


5 단원

공부한 날 월 일

# 3 분수의 덧셈을 해요(3)

▶ (대분수)+(대분수)

선물을 포장하는 데 노란색 종이 끈 $1\frac{1}{3}$ m와 연두색 종이 끈 $1\frac{1}{2}$ m를 사용했어요. 사용한 종이 끈은 모두 몇 m인가요?

## $1\frac{1}{3}+1\frac{1}{2}$을 계산해 볼까요?

개념 동영상

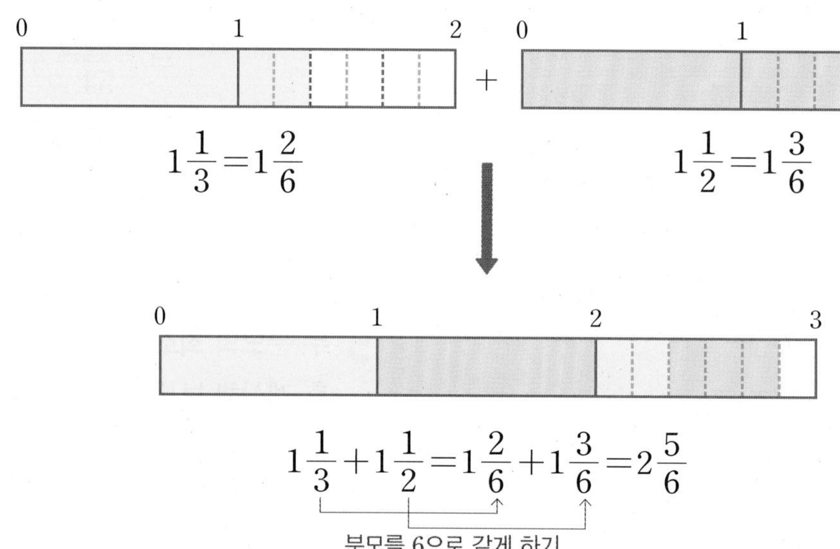


$1\frac{1}{3}=1\frac{2}{6}$ $\quad$ $1\frac{1}{2}=1\frac{3}{6}$

$$1\frac{1}{3}+1\frac{1}{2}=1\frac{2}{6}+1\frac{3}{6}=2\frac{5}{6}$$

분모를 6으로 같게 하기

### $3\frac{5}{6}+2\frac{1}{4}$ 계산하기

**방법 1** 자연수는 자연수끼리, 분수는 분수끼리 계산하기

분모가 다른 분수는 통분하여 더해요.

$$3\frac{5}{6}+2\frac{1}{4}=3\frac{10}{12}+2\frac{3}{12}=5+\frac{13}{12}=5+1\frac{1}{12}=6\frac{1}{12}$$

**방법 2** 대분수를 가분수로 나타내어 계산하기

$$3\frac{5}{6}+2\frac{1}{4}=\frac{23}{6}+\frac{9}{4}=\frac{46}{12}+\frac{27}{12}=\frac{73}{12}=6\frac{1}{12}$$

가분수로 나타내기 $\quad$ 대분수로 나타내기

$$2\frac{1}{2}+1\frac{2}{3}=2\frac{3}{6}+1\frac{4}{6}=(2+1)+\left(\frac{3}{6}+\frac{4}{6}\right)=3\frac{7}{6}=4\frac{1}{6}$$

($3 = 1\times3$, $6 = 2\times3$; $4 = 2\times2$, $6 = 3\times2$)

연산 학습

→ 바른답·알찬풀이 31쪽

**1** 그림을 보고 □ 안에 알맞은 수를 써넣으세요.

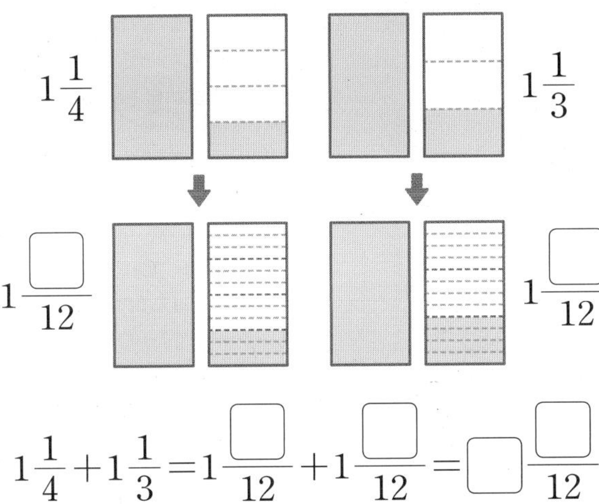


$1\frac{1}{4}+1\frac{1}{3}=1\frac{\square}{12}+1\frac{\square}{12}=\square\frac{\square}{12}$

**2** 분수만큼 색칠하고, □ 안에 알맞은 수를 써넣으세요.

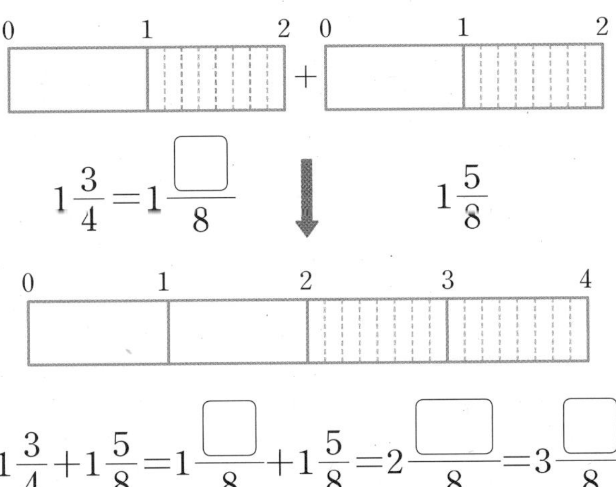


$1\frac{3}{4}+1\frac{5}{8}=1\frac{\square}{8}+1\frac{5}{8}=2\frac{\square}{8}=3\frac{\square}{8}$

**3** 계산 결과가 3보다 큰 것에 ○표 하세요.

$1\frac{1}{5}+1\frac{3}{7}$ ( )

$1\frac{5}{7}+1\frac{3}{5}$ ( )

**4** $1\frac{1}{5}+2\frac{1}{3}$을 두 가지 방법으로 계산해 보세요.

**방법 1** 자연수는 자연수끼리, 분수는 분수끼리 계산하기

$1\frac{1}{5}+2\frac{1}{3}=1\frac{\square}{15}+2\frac{\square}{15}$

$=\square+\frac{\square}{15}=\square\frac{\square}{15}$

**방법 2** 대분수를 가분수로 나타내어 계산하기

$1\frac{1}{5}+2\frac{1}{3}=\frac{6}{5}+\frac{7}{3}=\frac{\square}{15}+\frac{\square}{15}$

$=\frac{\square}{15}=\square\frac{\square}{15}$

**5** 계산해 보세요.

(1) $1\frac{2}{5}+1\frac{1}{2}$

(2) $2\frac{5}{12}+1\frac{1}{4}$

(3) $1\frac{7}{10}+3\frac{11}{15}$

**6** 빈칸에 알맞은 수를 써넣으세요.

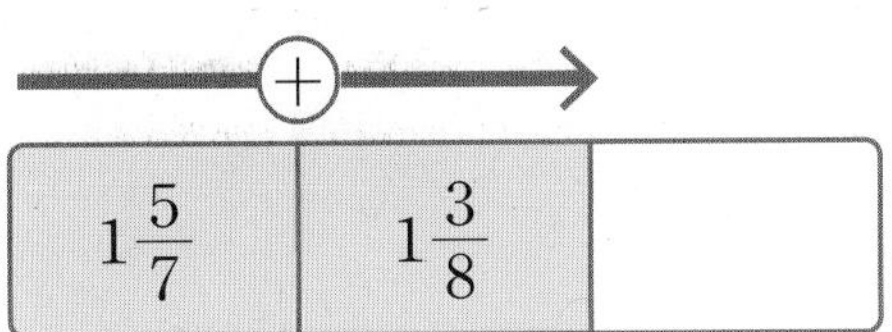


5 단원

공부한 날 월 일

## 유형 1 (진분수)+(진분수)

빈칸에 알맞은 수를 써넣으세요.

(1)

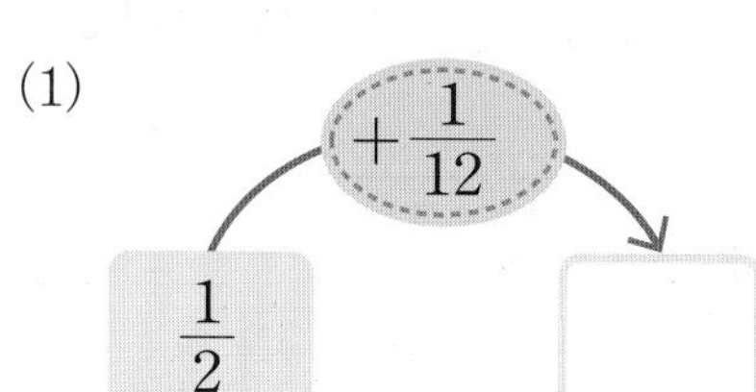


(2)

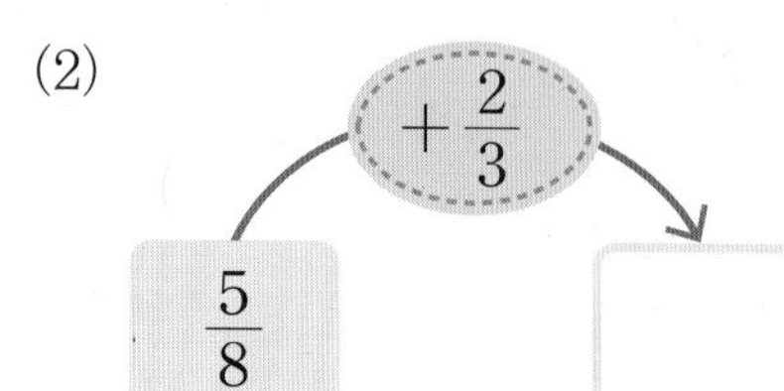


**분모가 다른 진분수의 덧셈**

두 분수 통분하기

↓

통분한 분모는 그대로 두고,
분자끼리 더하기

↓

계산 결과를 기약분수나 대분수로 나타내기

**01** 계산 결과를 찾아 이어 보세요.

$\frac{7}{9}+\frac{1}{6}$ •

$\frac{1}{2}+\frac{5}{9}$ •

• $1\frac{1}{18}$

• $\frac{15}{18}$

• $\frac{17}{18}$

**02** □ 안에 알맞은 수를 써넣으세요.

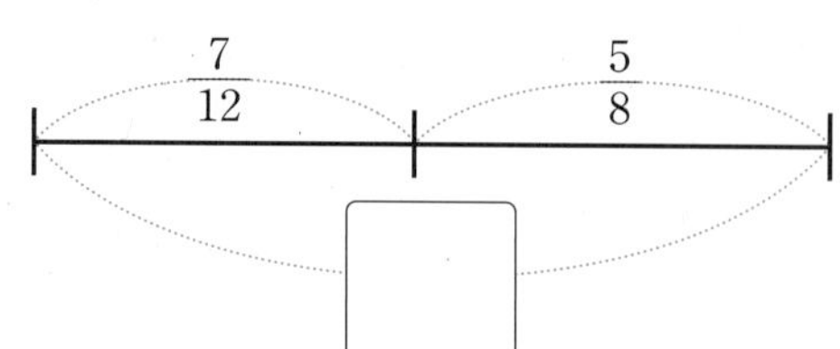


**03** 보기와 같이 $\frac{1}{6}+\frac{7}{10}$을 계산해 보세요.

보기

$$\frac{3}{4}+\frac{1}{6}=\frac{3\times3}{4\times3}+\frac{1\times2}{6\times2}$$
$$=\frac{9}{12}+\frac{2}{12}=\frac{11}{12}$$

$\frac{1}{6}+\frac{7}{10}$ ________________

**04** 계산 결과가 더 작은 것의 기호를 써 보세요.

㉠ $\frac{3}{4}+\frac{7}{16}$  ㉡ $\frac{11}{12}+\frac{3}{16}$

(　　　　　　　　)

## 유형 2 계산 결과를 어림하여 비교하기

계산 결과가 1보다 큰 것을 찾아 기호를 써 보세요.

㉠ $\frac{3}{10}+\frac{1}{8}$ ㉡ $\frac{1}{4}+\frac{2}{5}$ ㉢ $\frac{7}{12}+\frac{2}{3}$

( )

$\frac{4}{5}+\frac{3}{4}$이 1보다 클지, 작을지 어림

$\frac{4}{5}$, $\frac{3}{4}$을 $\frac{1}{2}$과 크기 비교

$\frac{4}{5}>\frac{1}{2}$ $\frac{3}{4}>\frac{1}{2}$

$\frac{4}{5}+\frac{3}{4}>1$

5 단원

공부한 날 월 일

**05** ◯ 안에 >, =, <를 알맞게 써넣으세요.

$\frac{5}{8}+\frac{5}{9}$ ◯ 1

**06** $\frac{2}{3}+\frac{4}{7}$의 결과를 예상해 보고 계산하려고 합니다. 알맞은 말에 ◯표 하고, 계산해 보세요.

$\frac{2}{3}$와 $\frac{4}{7}$는 모두 $\frac{1}{2}$보다 (큽, 작습)니다.

➜ $\frac{2}{3}+\frac{4}{7}$는 1보다 (큽, 작습)니다.

( )

**07** 계산 결과가 1보다 작은 식을 말한 친구는 누구인가요?

( )

서술형

**08** $\frac{3}{5}$, $\frac{2}{3}$, $\frac{1}{6}$에서 두 수를 골라 합이 1보다 큰 덧셈식을 만들어 계산 결과를 구하려고 합니다. 풀이 과정을 쓰고, 답을 구해 보세요.

풀이

답

## 유형 3 (대분수)+(대분수)

두 수의 합을 빈칸에 써넣으세요.

(1)

| $2\frac{3}{5}$ | $1\frac{1}{4}$ |
| --- | --- |
| | |

(2)

| $2\frac{5}{9}$ | $2\frac{8}{15}$ |
| --- | --- |
| | |

**방법 1** 분수를 통분하기 → 자연수는 자연수끼리, 분수는 분수끼리 더하기

**방법 2** 대분수를 가분수로 나타내기 → 분수를 통분하여 분자끼리 더하기

**09** 빈칸에 알맞은 수를 써넣으세요.

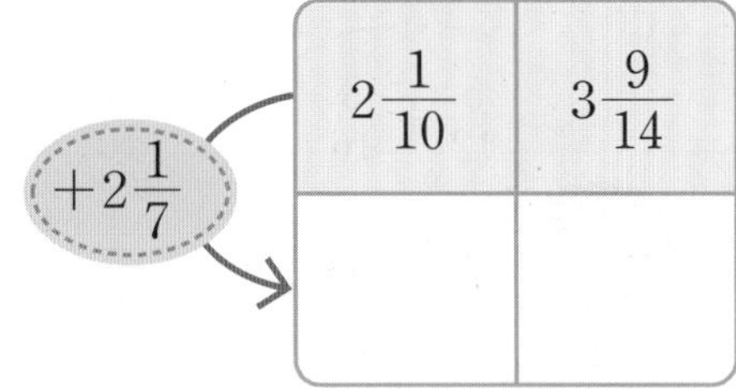


| $2\frac{1}{10}$ | $3\frac{9}{14}$ |
| --- | --- |
| | |

**10** 잘못 계산한 곳을 찾아 ○표 하고, 바르게 계산해 보세요.

$$2\frac{7}{12}+5\frac{5}{8}=\frac{31}{12}+\frac{45}{8}$$
$$=\frac{76}{20}=3\frac{\overset{4}{\cancel{16}}}{\underset{5}{\cancel{20}}}=3\frac{4}{5}$$

**바르게 계산하기**

$2\frac{7}{12}+5\frac{5}{8}$

**11** 빈칸에 알맞은 수를 써넣으세요.

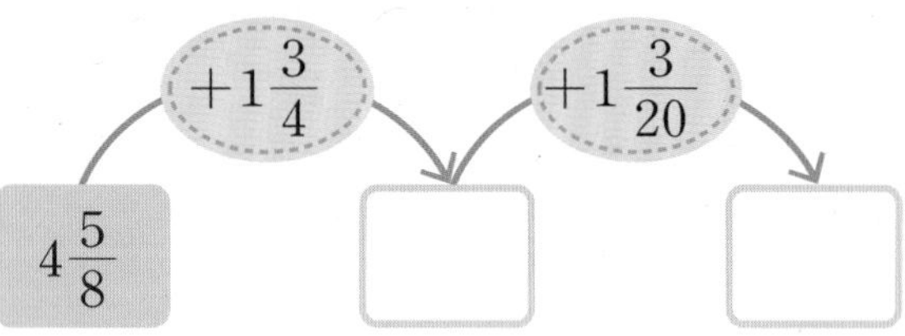


**12** 가장 큰 수와 가장 작은 수의 합을 구해 보세요.

$1\frac{1}{6}$ $3\frac{1}{4}$ $5\frac{3}{10}$

( )

## 유형 4 분수의 덧셈의 활용

현주는 빨간 리본 $\frac{8}{15}$ m와 노란 리본 $\frac{4}{9}$ m를 가지고 있습니다. 현주가 가지고 있는 리본은 모두 몇 m인가요?

식 ______________

답 ______________ m

모두 합 더 많이

분수의 덧셈을 이용

**13** 자루에 소금 $\frac{11}{12}$ kg이 있습니다. 이 자루에 소금 $\frac{5}{18}$ kg을 더 넣으면 소금은 모두 몇 kg이 되나요?

식 ______________

답 ______________ kg

**14** 경원이가 만든 직사각형 모양의 카드의 가로와 세로 길이의 합은 몇 cm인지 구해 보세요.

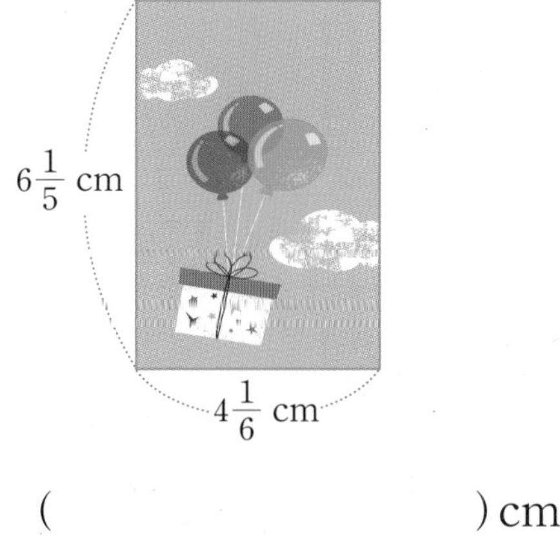


( ) cm

**15** 규상이네 집에서 학교를 지나 도서관까지 가는 거리는 몇 km인가요?

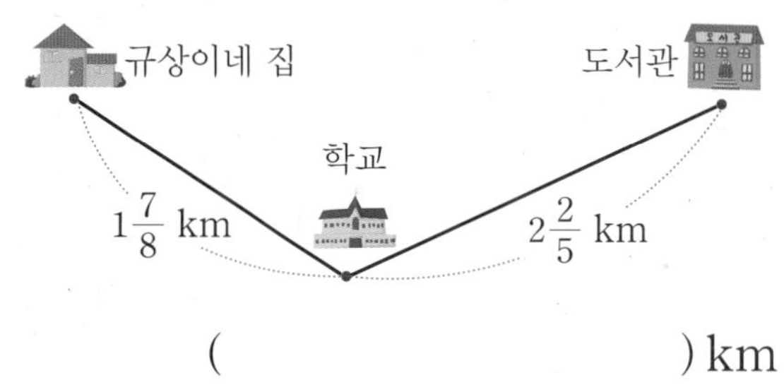


( ) km

서술형

**16** 진아네 가족이 우유를 어제는 $1\frac{5}{7}$ L, 오늘은 $1\frac{1}{4}$ L 마셨습니다. 준희네 가족이 우유를 이틀 동안 $2\frac{6}{7}$ L 마셨을 때 이틀 동안 누구네 가족이 우유를 더 많이 마셨는지 풀이 과정을 쓰고, 답을 구해 보세요.

풀이 ______________

답 ______________

5 단원

공부한 날 월 일

# 4 분수의 뺄셈을 해요(1)

▶ (진분수)−(진분수)

실험을 하기 위해 소금 $\frac{5}{6}$컵과 설탕 $\frac{2}{3}$컵을 사용했어요.

소금을 설탕보다 몇 컵 더 많이 사용했나요?

$\frac{5}{6}-\frac{2}{3}$를 계산해 볼까요?

개념 동영상

❶ $\frac{5}{6}$, $\frac{2}{3}$를 색칠하기

$\frac{5}{6}$ 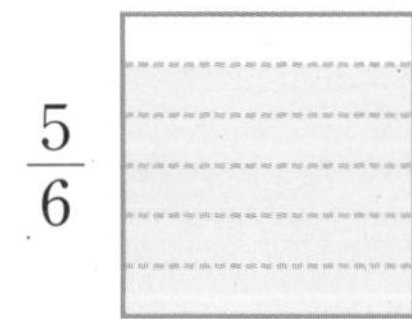 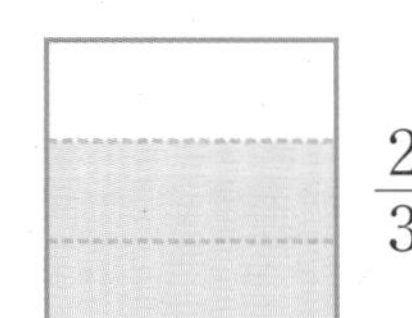 $\frac{2}{3}$

❷ $\frac{5}{6}$, $\frac{2}{3}$의 분모를 같게 만든 후 비교하기

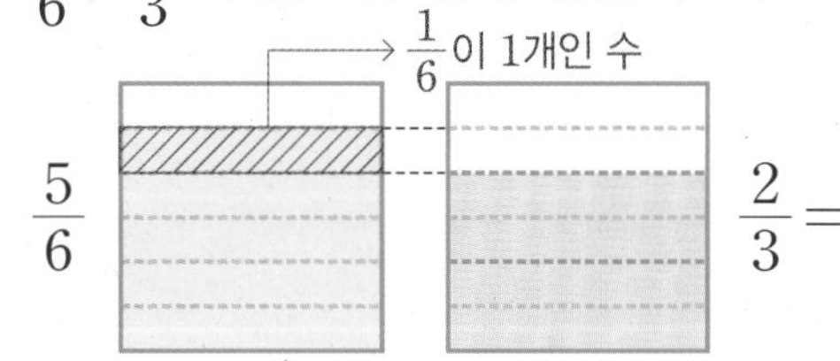


$\frac{5}{6}$ $\frac{2}{3}=\frac{4}{6}$

$$\Rightarrow \frac{5}{6}-\frac{2}{3}=\frac{5}{6}-\frac{4}{6}=\frac{1}{6}$$

분자끼리 빼기

분모를 6으로 같게 하기

## $\frac{3}{4}-\frac{1}{6}$ 계산하기

**방법 1** 두 분모 4와 6의 곱인 24를 공통분모로 하여 통분한 후 계산하기

$$\frac{3}{4}-\frac{1}{6}=\frac{3\times6}{4\times6}-\frac{1\times4}{6\times4}=\frac{18}{24}-\frac{4}{24}=\frac{\cancel{14}^{7}}{\cancel{24}_{12}}=\frac{7}{12}$$

**방법 2** 두 분모 4와 6의 최소공배수인 12를 공통분모로 하여 통분한 후 계산하기

$$\frac{3}{4}-\frac{1}{6}=\frac{3\times3}{4\times3}-\frac{1\times2}{6\times2}=\frac{9}{12}-\frac{2}{12}=\frac{7}{12}$$

이미지로 개념콕

$$\frac{2}{3}-\frac{1}{4}=\frac{8}{12}-\frac{3}{12}=\frac{5}{12}$$

2×4, 1×3

3×4, 4×3

연산 학습

→ 바른답·알찬풀이 33쪽

**1** 그림을 보고 □ 안에 알맞은 수를 써넣으세요.

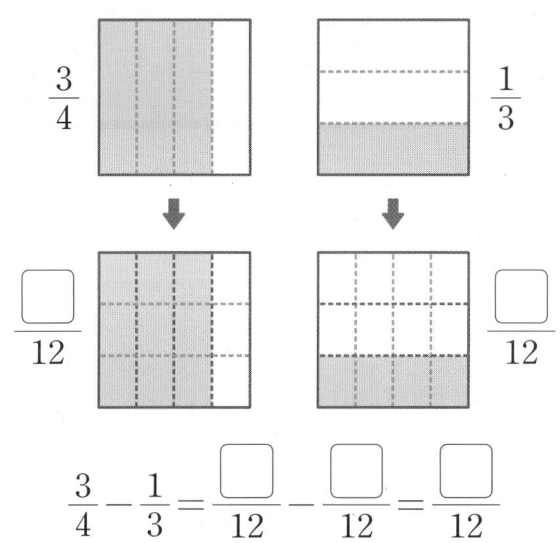

$\frac{3}{4}-\frac{1}{3}=\frac{\square}{12}-\frac{\square}{12}=\frac{\square}{12}$

**2** 분수만큼 색칠하고, □ 안에 알맞은 수를 써넣으세요.

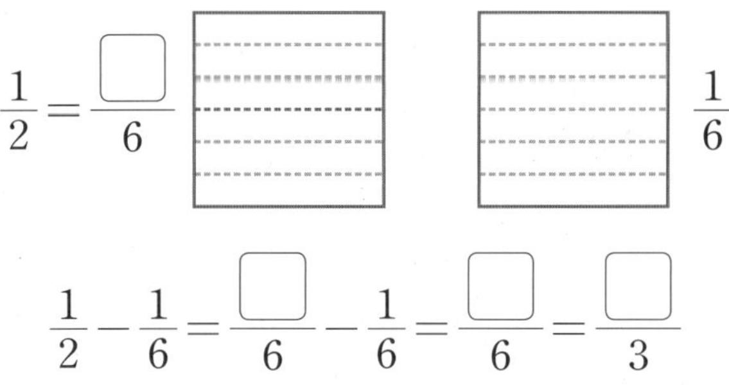

$\frac{1}{2}-\frac{1}{6}=\frac{\square}{6}-\frac{1}{6}=\frac{\square}{6}=\frac{\square}{3}$

**3** 계산 결과가 $\frac{11}{18}$인 것에 색칠해 보세요.

| $\frac{8}{9}-\frac{1}{2}$ | $\frac{5}{6}-\frac{2}{9}$ |
|---|---|

**4** $\frac{5}{8}-\frac{3}{10}$을 두 가지 방법으로 계산해 보세요.

**방법 1** 두 분모의 곱을 공통분모로 하여 통분한 후 계산하기

$\frac{5}{8}-\frac{3}{10}=\frac{5\times10}{8\times10}-\frac{3\times8}{10\times8}$

$=\frac{\square}{80}-\frac{\square}{80}$

$=\frac{\square}{80}=\frac{\square}{40}$

**방법 2** 두 분모의 최소공배수를 공통분모로 하여 통분한 후 계산하기

$\frac{5}{8}-\frac{3}{10}=\frac{5\times5}{8\times5}-\frac{3\times4}{10\times4}$

$=\frac{\square}{40}-\frac{\square}{40}=\frac{\square}{40}$

**5** 계산해 보세요.

(1) $\frac{7}{9}-\frac{2}{3}$

(2) $\frac{3}{8}-\frac{1}{6}$

(3) $\frac{5}{6}-\frac{7}{10}$

**6** 다음이 나타내는 수를 구해 보세요.

$\frac{7}{12}$보다 $\frac{2}{5}$ 작은 수

(　　　　　　)

5 단원

공부한 날 월 일

# 분수의 뺄셈을 해요 (2)

▶ 받아내림이 없는 (대분수)−(대분수)

색종이 $1\frac{3}{4}$장 중에서 $1\frac{1}{8}$장을 사용하여 카드를 만들었어요.

남은 색종이는 몇 장인가요?

## 탐구

$1\frac{3}{4}-1\frac{1}{8}$을 계산해 볼까요?

개념 동영상

❶ $1\frac{3}{4}$, $1\frac{1}{8}$의 분모를 같게 만들기

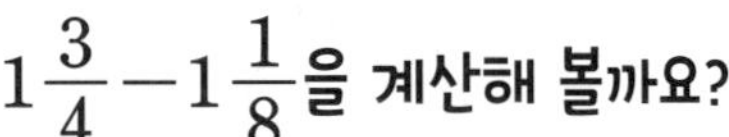

$1\frac{3}{4}=1\frac{6}{8}$

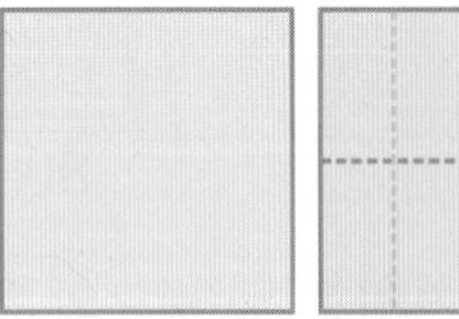

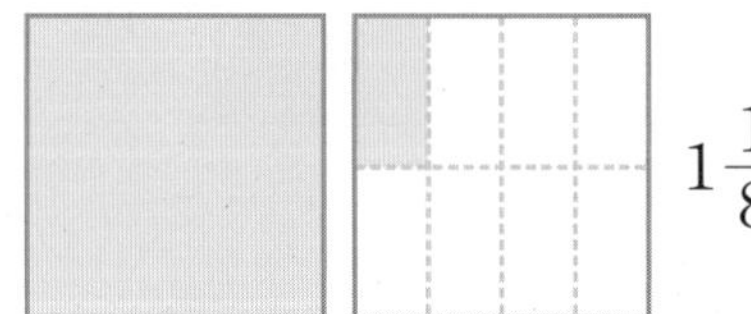

$1\frac{1}{8}$

❷ $1\frac{6}{8}$만큼 색칠한 후 $1\frac{1}{8}$만큼 ×표 하기

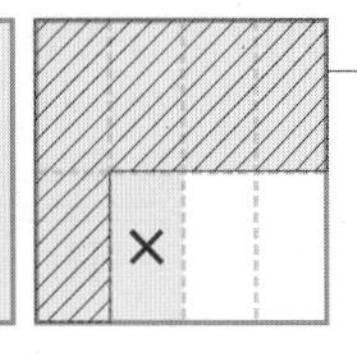



➡ $1\frac{3}{4}-1\frac{1}{8}=1\frac{6}{8}-1\frac{1}{8}=\frac{5}{8}$

분모를 8로 같게 하기

### $2\frac{4}{5}-1\frac{1}{6}$ 계산하기

**방법 1** 자연수는 자연수끼리, 분수는 분수끼리 계산하기

$$2\frac{4}{5}-1\frac{1}{6}=2\frac{24}{30}-1\frac{5}{30}=1+\frac{19}{30}=1\frac{19}{30}$$

**방법 2** 대분수를 가분수로 나타내어 계산하기

$$2\frac{4}{5}-1\frac{1}{6}=\frac{14}{5}-\frac{7}{6}=\frac{84}{30}-\frac{35}{30}=\frac{49}{30}=1\frac{19}{30}$$

가분수로 나타내기

## 이미지로 개념 콕

$$3\frac{5}{6}-2\frac{1}{4}=3\frac{10}{12}-2\frac{3}{12}=(3-2)+\left(\frac{10}{12}-\frac{3}{12}\right)=1\frac{7}{12}$$

5×2, 6×2, 1×3, 4×3

연산 학습

바른답·알찬풀이 33쪽

1 그림을 보고 □ 안에 알맞은 수를 써넣으세요.

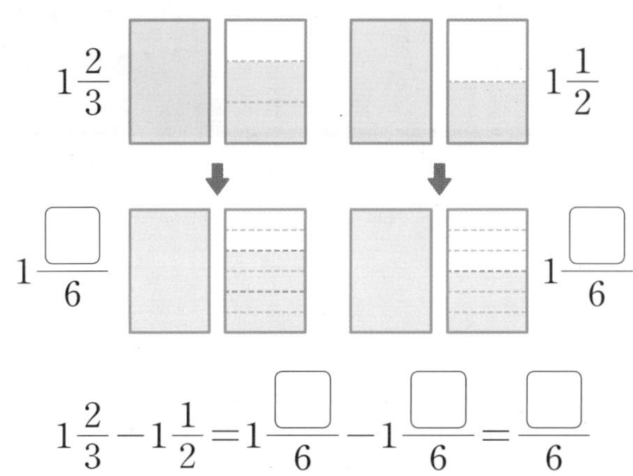

$1\frac{2}{3}-1\frac{1}{2}=1\frac{\square}{6}-1\frac{\square}{6}=\frac{\square}{6}$

2 $2\frac{1}{2}$만큼 색칠한 후 $1\frac{1}{6}$만큼 ×표 하고, □ 안에 알맞은 수를 써넣으세요.

$2\frac{1}{2}=2\frac{\square}{6}$

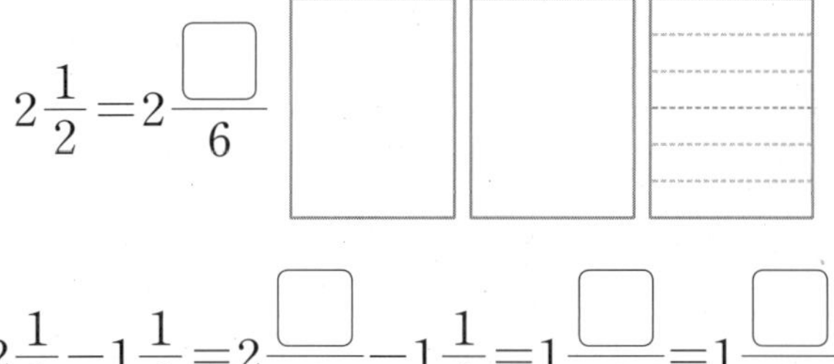

$2\frac{1}{2}-1\frac{1}{6}=2\frac{\square}{6}-1\frac{1}{6}=1\frac{\square}{6}=1\frac{\square}{3}$

3 $3\frac{5}{6}-1\frac{7}{10}$을 통분하여 계산할 때 공통분모가 될 수 있는 수를 모두 찾아 ○표 하세요.

| 15 | 30 | 50 | 60 |
|---|---|---|---|

[4~5] $2\frac{3}{5}-1\frac{1}{2}$을 두 가지 방법으로 계산해 보세요.

4 자연수는 자연수끼리, 분수는 분수끼리 계산해 보세요.

$2\frac{3}{5}-1\frac{1}{2}=2\frac{\square}{10}-1\frac{\square}{10}$

$=\square+\frac{\square}{10}=\square\frac{\square}{10}$

5 대분수를 가분수로 나타내어 계산해 보세요.

$2\frac{3}{5}-1\frac{1}{2}=\frac{\square}{5}-\frac{\square}{2}$

$=\frac{\square}{10}-\frac{\square}{10}$

$=\frac{\square}{10}=\square\frac{\square}{10}$

6 계산해 보세요.

(1) $2\frac{3}{8}-2\frac{1}{4}$

(2) $3\frac{4}{7}-1\frac{1}{3}$

(3) $4\frac{5}{9}-2\frac{1}{6}$

5 단원

공부한 날 월 일

# 6 분수의 뺄셈을 해요(3)

▶ 받아내림이 있는 (대분수)−(대분수)

오빠는 가래떡을 $2\frac{1}{2}$개 먹었고, 동생은 가래떡을 $1\frac{2}{3}$개 먹었어요.
오빠가 동생보다 가래떡을 몇 개 더 먹었나요?

탐구

**$2\frac{1}{2}-1\frac{2}{3}$를 계산해 볼까요?**

개념 동영상

❶ $2\frac{1}{2}$, $1\frac{2}{3}$의 분모를 같게 만들기

$2\frac{1}{2}=2\frac{3}{6}$

$1\frac{2}{3}=1\frac{4}{6}$

❷ $2\frac{3}{6}$, $1\frac{4}{6}$만큼 색칠한 후 비교하기

$2\frac{3}{6}=1\frac{9}{6}$

$1\frac{4}{6}$

→ $\frac{1}{6}$이 5개인 수

$$\Rightarrow 2\frac{1}{2}-1\frac{2}{3}=2\frac{3}{6}-1\frac{4}{6}=1\frac{9}{6}-1\frac{4}{6}=\frac{5}{6}$$

분모를 6으로 같게 하기

**$4\frac{3}{10}-1\frac{5}{6}$ 계산하기**

방법 1 자연수는 자연수끼리, 분수는 분수끼리 계산하기

$$4\frac{3}{10}-1\frac{5}{6}=4\frac{9}{30}-1\frac{25}{30}=3\frac{39}{30}-1\frac{25}{30}=2+\frac{14}{30}=2\frac{\overset{7}{\cancel{14}}}{\underset{15}{\cancel{30}}}=2\frac{7}{15}$$

방법 2 대분수를 가분수로 나타내어 계산하기

$$4\frac{3}{10}-1\frac{5}{6}=\frac{43}{10}-\frac{11}{6}=\frac{129}{30}-\frac{55}{30}=\frac{\overset{37}{\cancel{74}}}{\underset{15}{\cancel{30}}}=\frac{37}{15}=2\frac{7}{15}$$

가분수로 나타내기

이미지로 개념 콕

$$3\frac{1}{3}-2\frac{1}{2}=3\frac{2}{6}-2\frac{3}{6}=2\frac{8}{6}-2\frac{3}{6}=(2-2)+\left(\frac{8}{6}-\frac{3}{6}\right)=\frac{5}{6}$$

(1×2, 1×3 / 3×2, 2×3)

➔ 바른답·알찬풀이 33쪽

연산 학습

**1** 그림을 보고 □ 안에 알맞은 수를 써넣으세요.

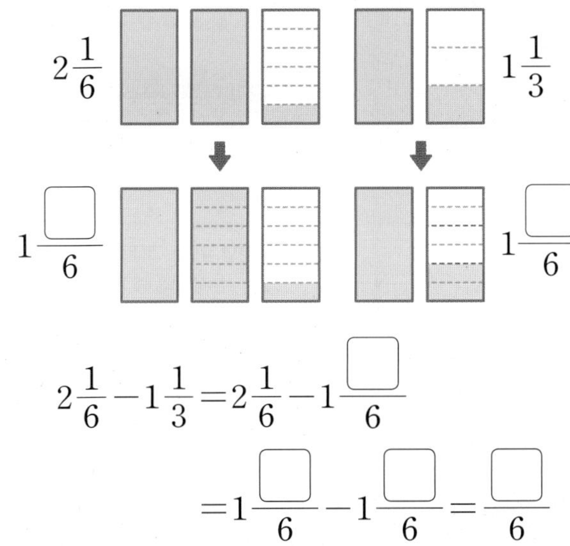

$2\frac{1}{6}$ $1\frac{1}{3}$

$1\frac{\square}{6}$ $1\frac{\square}{6}$

$2\frac{1}{6}-1\frac{1}{3}=2\frac{1}{6}-1\frac{\square}{6}$

$=1\frac{\square}{6}-1\frac{\square}{6}=\frac{\square}{6}$

**2** 분수만큼 색칠하고, □ 안에 알맞은 수를 써넣으세요.

$2\frac{1}{4}=1\frac{\square}{4}$

$1\frac{1}{2}=1\frac{\square}{4}$

$2\frac{1}{4}-1\frac{1}{2}=2\frac{1}{4}-1\frac{\square}{4}$

$=1\frac{\square}{4}-1\frac{\square}{4}=\frac{\square}{4}$

**3** □ 안에 알맞은 수를 써넣으세요.

$3\frac{1}{4}-1\frac{4}{5}=3\frac{5}{20}-1\frac{16}{20}$

$=2\frac{\square}{20}-1\frac{\square}{20}$

$=\square+\frac{\square}{20}=\square\frac{\square}{20}$

**4** 계산해 보세요.

(1) $3\frac{1}{5}-2\frac{1}{2}$

(2) $2\frac{2}{3}-1\frac{7}{9}$

(3) $5\frac{1}{8}-3\frac{5}{6}$

**5** 두 수의 차를 빈칸에 써넣으세요.

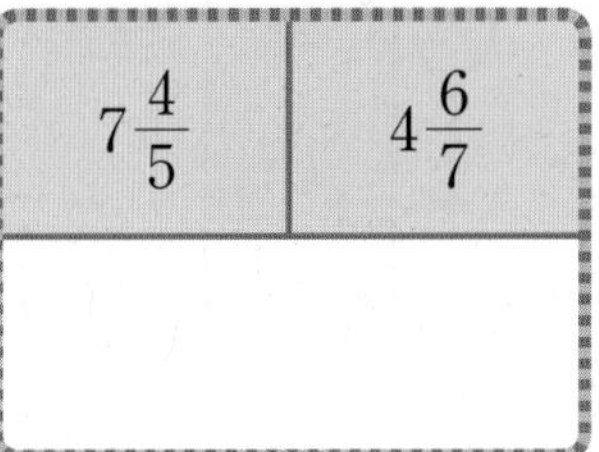

| $7\frac{4}{5}$ | $4\frac{6}{7}$ |
|---|---|
| | |

**6** 보기와 같이 $3\frac{1}{6}-1\frac{5}{9}$를 계산해 보세요.

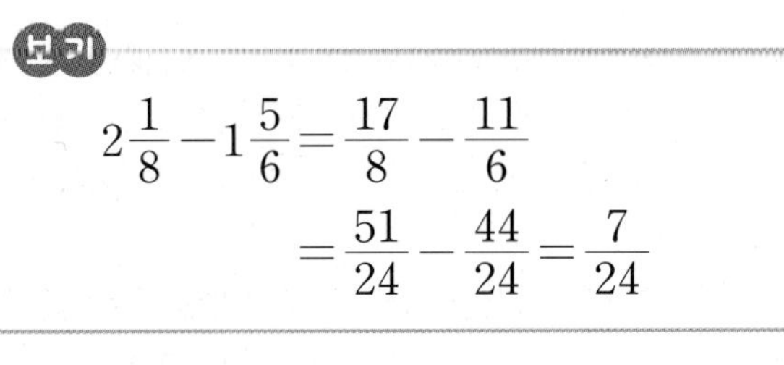

보기

$2\frac{1}{8}-1\frac{5}{6}=\frac{17}{8}-\frac{11}{6}$

$=\frac{51}{24}-\frac{44}{24}=\frac{7}{24}$

$3\frac{1}{6}-1\frac{5}{9}$ ______

5 단원

공부한 날 월 일

## 유형 1 (진분수)−(진분수)

빈칸에 알맞은 수를 써넣으세요.

⊖ →

| $\frac{17}{20}$ | $\frac{2}{5}$ | |
|---|---|---|
| $\frac{5}{8}$ | $\frac{1}{7}$ | |

**분모가 다른 진분수의 뺄셈**

두 분수 통분하기

통분한 분모는 그대로 두고, 분자끼리 빼기

계산 결과를 기약분수로 나타내기

**01** 빈칸에 알맞은 수를 써넣으세요.

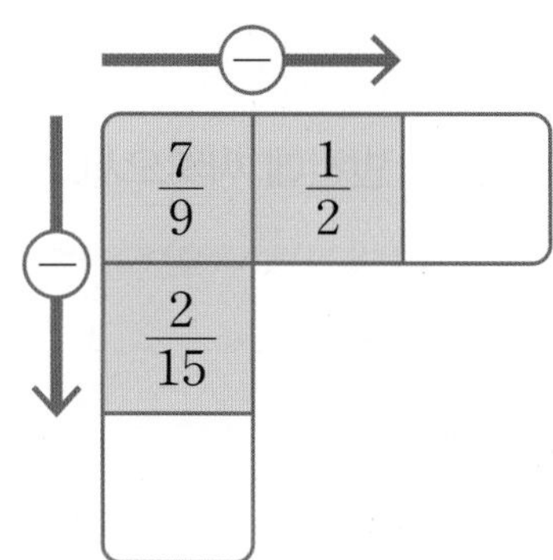

**02** 계산 결과를 찾아 이어 보세요.

$\frac{6}{7}-\frac{5}{14}$ •

$\frac{4}{5}-\frac{7}{10}$ •

• $\frac{1}{2}$

• $\frac{1}{5}$

• $\frac{1}{10}$

**03** ◯ 안에 >, =, <를 알맞게 써넣으세요.

$\frac{11}{15}-\frac{1}{3}$ ◯ $\frac{13}{45}$

**04** ㉠과 ㉡의 차를 구해 보세요.

㉠ $\frac{1}{8}$이 7개인 수　㉡ $\frac{1}{6}$이 5개인 수

(　　　　　　　)

## 유형 2 (대분수)−(대분수)

빈칸에 알맞은 수를 써넣으세요.

| | $4\frac{5}{9}$ | $2\frac{5}{6}$ |
|---|---|---|
| $-1\frac{1}{3}$ | | |

**방법 1** 분수를 통분하기 → 자연수는 자연수끼리, 분수는 분수끼리 빼기

**방법 2** 대분수를 가분수로 나타내기 → 분수를 통분하여 분자끼리 빼기

5 단원

공부한 날 월 일

**05** 바르게 계산한 친구는 누구인가요?

$2\frac{3}{4}-1\frac{1}{2}=1\frac{1}{4}$
$3\frac{1}{3}-1\frac{5}{7}=2\frac{13}{21}$
도현
정희


( )

**06** $3\frac{3}{5}-1\frac{5}{6}$를 서로 다른 방법으로 계산해 보세요.

방법 1

방법 2

**07** 계산 결과가 더 큰 것을 찾아 기호를 써 보세요.

㉠ $6\frac{5}{12}-1\frac{7}{8}$　　㉡ $7\frac{3}{4}-3\frac{2}{3}$

( )

서술형

**08** 두 수를 골라 차가 가장 작은 뺄셈식을 만들어 계산 결과를 구하려고 합니다. 풀이 과정을 쓰고, 답을 구해 보세요.

$5\frac{5}{8}$　　$1\frac{1}{4}$　　$2\frac{1}{2}$

풀이

답

## 유형 3 어떤 수 구하기

빈칸에 알맞은 수를 써넣으세요.

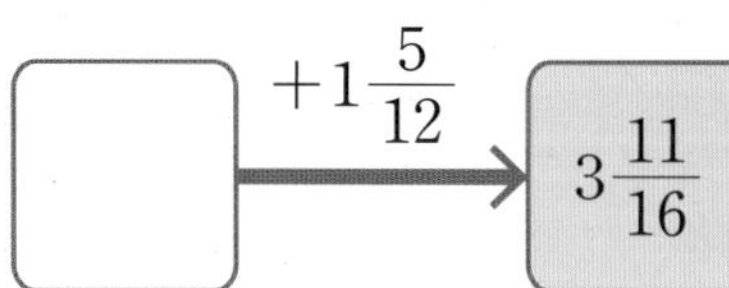


❶ 어떤 수를 □라 하여 식 세우기
❷ 덧셈과 뺄셈의 관계를 이용하여 어떤 수(□) 구하기

□+▲=● ➡ □=●−▲

**09** ㉠에 알맞은 수를 구해 보세요.

$$㉠+2\frac{3}{10}=4\frac{1}{8}$$

( )

**10** □ 안에 알맞은 수를 구해 보세요.

$1\frac{6}{7}$ ➡ −□ ➡ $\frac{3}{4}$

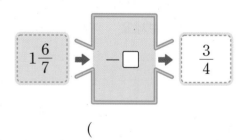

( )

**11** 종이가 찢어져서 수가 보이지 않습니다. 보이지 않는 수를 구해 보세요.

$2\frac{1}{3}+$ … $=5\frac{5}{6}$

( )

서술형

**12** $\frac{13}{15}$에서 어떤 수를 뺐더니 $\frac{1}{6}$이 되었습니다. 어떤 수는 얼마인지 풀이 과정을 쓰고, 답을 구해 보세요.

풀이

답

## 유형 4 분수의 뺄셈의 활용

오렌지주스가 $\frac{7}{9}$ L 있었는데 $\frac{5}{12}$ L를 마셨습니다. 남은 오렌지주스는 몇 L인가요?

식 ______________________

답 ______________ L

남은 차 더 적게

분수의 뺄셈을 이용

**13** 소금 $4\frac{3}{5}$ kg과 설탕 $2\frac{1}{4}$ kg이 있습니다. 설탕은 소금보다 몇 kg 더 적게 있나요?

식 ______________________

답 ______________ kg

**14** 두 막대의 길이의 차는 몇 m인가요?

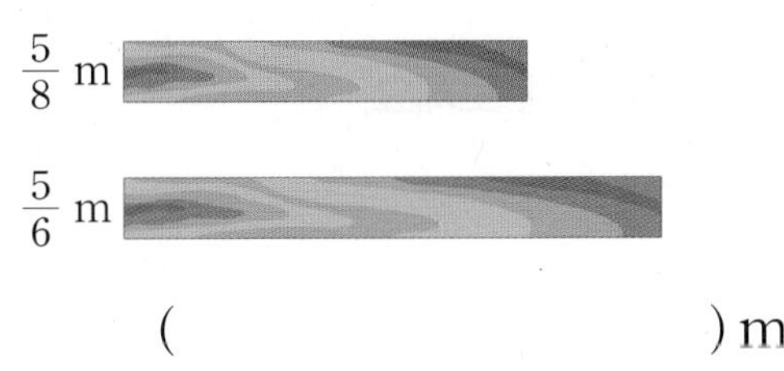


( ) m

**15** 민서는 약수터에서 물을 $3\frac{5}{9}$ L 받았습니다. 그중 $3\frac{2}{5}$ L는 냉장고에 넣고, 나머지는 민서가 마셨습니다. 민서가 마신 물은 몇 L인가요?

( ) L

**16** 가와 나 편의점이 있습니다. 어느 편의점이 집에서 몇 km 더 가까운가요?

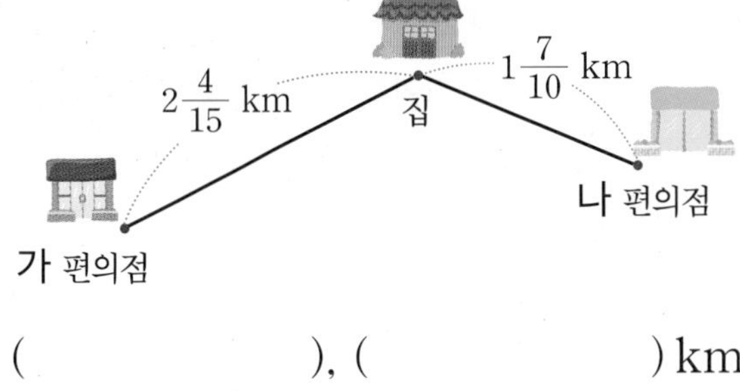


( ), ( ) km

5 단원

공부한 날 월 일

## 응용유형 1 □ 안에 들어갈 수 있는 수 구하기

□ 안에 들어갈 수 있는 자연수는 모두 몇 개인지 구해 보세요.

$$2\frac{1}{4}+1\frac{4}{9}>\square$$

(1) $2\frac{1}{4}+1\frac{4}{9}$는 얼마인지 구해 보세요.

( )

(2) □ 안에 들어갈 수 있는 자연수는 모두 몇 개인지 구해 보세요.

( )개

유사

**1-1** □ 안에 들어갈 수 있는 자연수를 모두 써 보세요.

$$5\frac{5}{8}-1\frac{7}{12}>\square$$

( )

변형

**1-2** □ 안에 들어갈 수 있는 자연수 중에서 가장 큰 수를 구해 보세요.

$$\frac{\square}{3}<3\frac{1}{6}-1\frac{7}{9}$$

( )

## 응용유형 2 이어 붙인 색 테이프의 길이 구하기

길이가 다른 색 테이프 2장을 $\frac{1}{5}$ m만큼 겹치게 이어 붙였습니다. 이어 붙인 색 테이프의 전체 길이는 몇 m인지 구해 보세요.

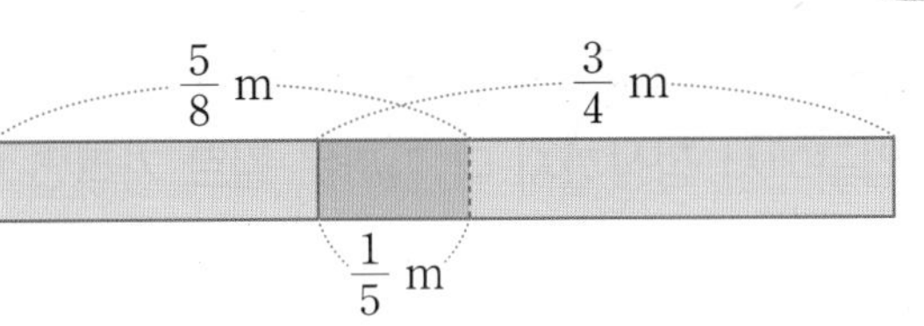


(1) 색 테이프 2장의 길이의 합은 몇 m인지 구해 보세요.

( ) m

(2) 이어 붙인 색 테이프의 전체 길이는 몇 m인지 구해 보세요.

( ) m



공부한 날 월 일

유사

**2-1** 길이가 다른 색 테이프 2장을 $1\frac{1}{6}$ m만큼 겹치게 이어 붙였습니다. 이어 붙인 색 테이프의 전체 길이는 몇 m인가요?

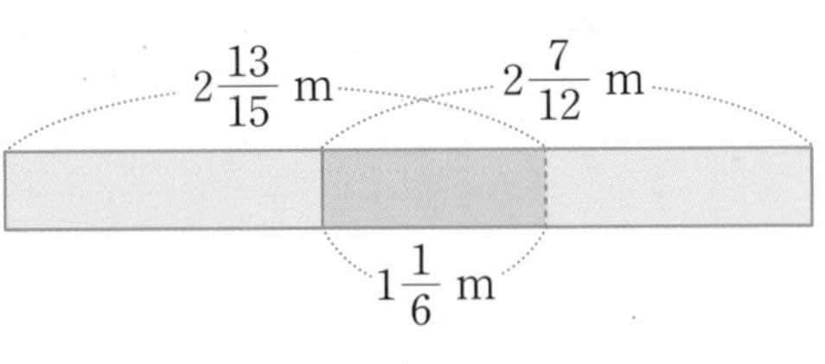


( ) m

변형

**2-2** 그림을 보고 이어 붙인 색 테이프의 전체 길이는 몇 m인지 구해 보세요.

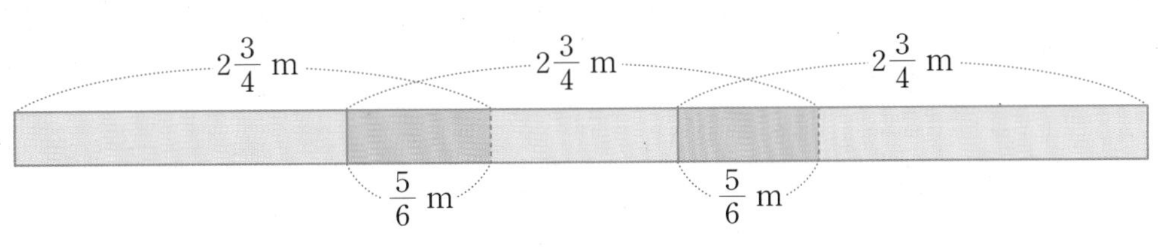


( ) m

**초5-2 미리보기**

분수의 곱셈은 분수에 더한 횟수를 곱하여 간단히 나타낼 수 있습니다.

예 $\underbrace{\frac{2}{5}+\frac{2}{5}+\frac{2}{5}}_{3번}=\frac{2}{5}\times\square$ 답 3

## 응용유형 3 길의 거리 비교하기

입구에서 정상까지 가려면 폭포나 쉼터를 지나야 합니다. 입구에서 정상까지 더 가까운 길로 가려면 어느 곳을 지나야 하는지 구해 보세요.

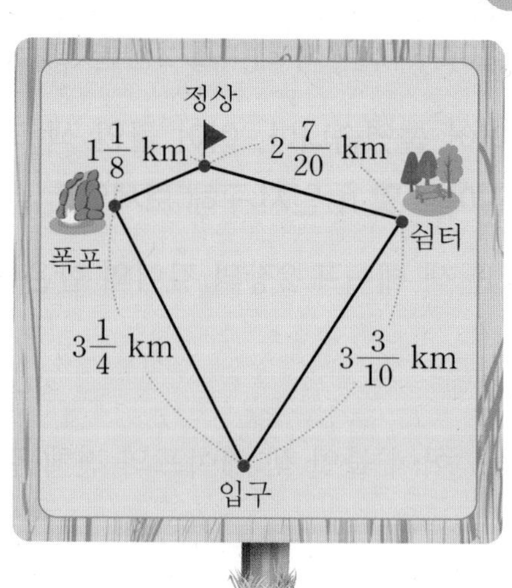


(1) 입구에서 폭포를 지나 정상까지의 거리는 몇 km인가요?

( ) km

(2) 입구에서 쉼터를 지나 정상까지의 거리는 몇 km인가요?

( ) km

(3) 입구에서 정상까지 더 가까운 길로 가려면 어느 곳을 지나야 하나요?

( )

유사

**3-1** 집에서 학교까지 가려면 놀이터나 문구점을 지나야 합니다. 집에서 학교까지 더 가까운 길로 가려면 어느 곳을 지나야 하나요?

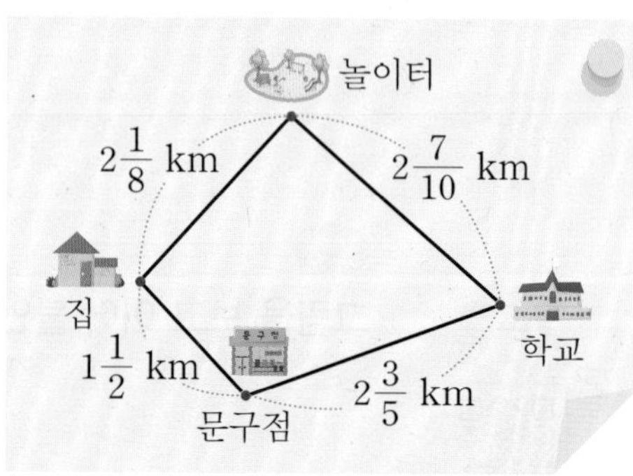


( )

변형

**3-2** 집에서 은행까지 가는 데 서점을 지나는 것이 도서관을 지나는 것보다 $1\frac{11}{18}$ km 더 가깝습니다. 서점에서 은행까지의 거리는 몇 km인지 구해 보세요.

서점
은행
$4\frac{7}{12}$ km
$4\frac{3}{4}$ km
집
$3\frac{2}{3}$ km
도서관

( ) km

➔ 바른답·알찬풀이 35쪽

## 응용유형 4 수 카드로 만든 분수의 합과 차 구하기

수 카드를 모두 한 번씩 이용하여 대분수를 만들 수 있습니다. 만들 수 있는 가장 큰 대분수와 가장 작은 대분수의 차를 구해 보세요.

8 3 7

(1) 만들 수 있는 가장 큰 대분수를 구해 보세요.

( )

(2) 만들 수 있는 가장 작은 대분수를 구해 보세요.

( )

(3) 만들 수 있는 가장 큰 대분수와 가장 작은 대분수의 차를 구해 보세요.

( )

5 단원

공부한 날 월 일

유사

**4-1** 수 카드를 모두 한 번씩 이용하여 대분수를 만들 수 있습니다. 만들 수 있는 가장 큰 대분수와 가장 작은 대분수의 합을 구해 보세요.

4 9 5

( )

변형

**4-2** 세진이와 하율이는 각자 가지고 있는 수 카드를 모두 한 번씩 이용하여 가장 큰 대분수를 만들 수 있습니다. 두 친구가 만들 수 있는 가장 큰 대분수의 합과 차를 구해 보세요.

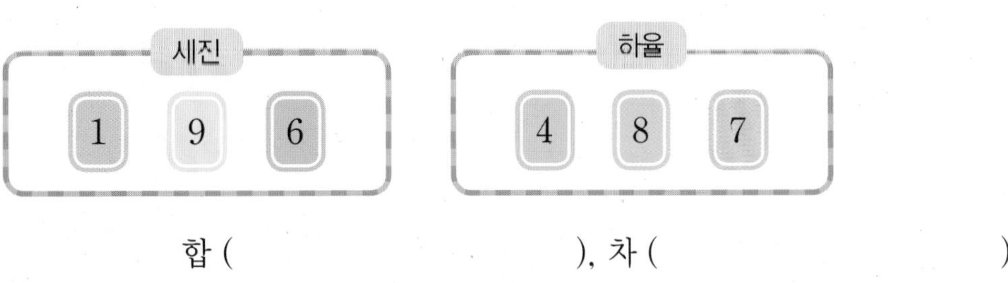


합 ( ), 차 ( )

점수 점

한 문항당 배점은 5점입니다.

# 1회 단원 평가 5. 분수의 덧셈과 뺄셈

**01** 그림을 보고 □ 안에 알맞은 수를 써넣으세요.

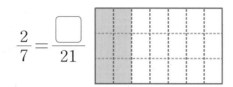

$\frac{1}{3}=\frac{\square}{21}$

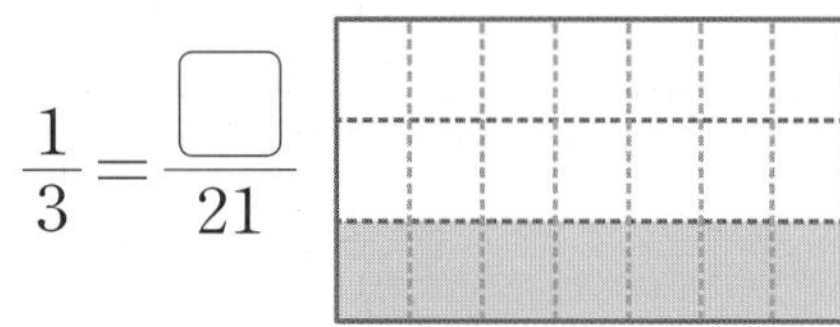

$\frac{2}{7}=\frac{\square}{21}$

➡ $\frac{1}{3}+\frac{2}{7}=\frac{\square}{21}+\frac{\square}{21}=\frac{\square}{21}$

**[02~03]** $2\frac{1}{6}+1\frac{1}{4}$을 두 가지 방법으로 계산해 보세요.

**02** 자연수는 자연수끼리, 분수는 분수끼리 계산해 보세요.

$2\frac{1}{6}+1\frac{1}{4}=2\frac{\square}{12}+1\frac{\square}{12}$

$=\square+\frac{\square}{12}=\square\frac{\square}{12}$

**03** 대분수를 가분수로 나타내어 계산해 보세요.

$2\frac{1}{6}+1\frac{1}{4}=\frac{\square}{6}+\frac{\square}{4}$

$=\frac{\square}{12}+\frac{\square}{12}$

$=\frac{\square}{12}=\square\frac{\square}{12}$

**04** 계산 결과가 $1\frac{1}{2}$인 것에 ○표 하세요.

| $\frac{2}{3}+\frac{5}{6}$ | $\frac{1}{2}+\frac{3}{4}$ |
|---|---|
| (　　) | (　　) |

**05** $\frac{5}{6}$보다 $\frac{4}{9}$ 작은 수를 구해 보세요.

(　　　　　　　　)

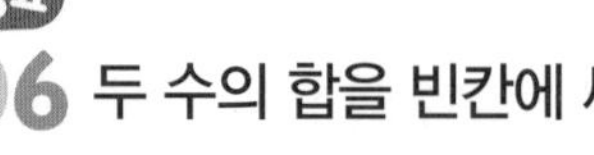

중요

**06** 두 수의 합을 빈칸에 써넣으세요.

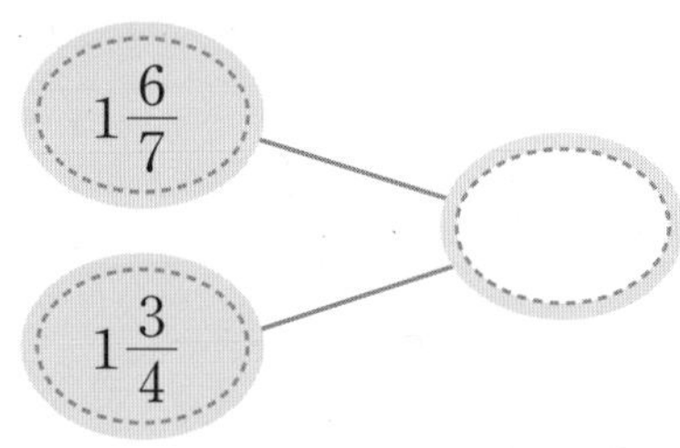

$1\frac{6}{7}$

$1\frac{3}{4}$

**07** 보기와 같이 $2\frac{3}{5}-2\frac{1}{2}$을 계산해 보세요.

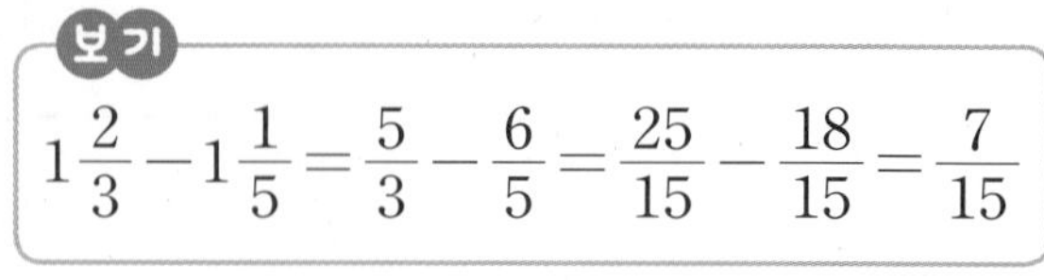

보기

$1\frac{2}{3}-1\frac{1}{5}=\frac{5}{3}-\frac{6}{5}=\frac{25}{15}-\frac{18}{15}=\frac{7}{15}$

$2\frac{3}{5}-2\frac{1}{2}$ ______________

중요

**08** □ 안에 알맞은 수를 써넣으세요.

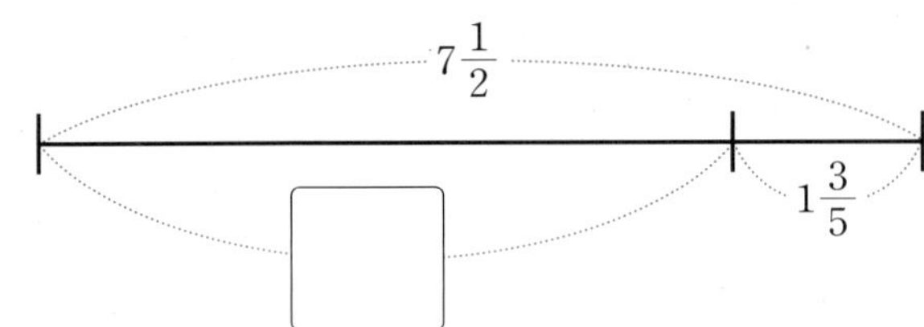


**09** 직사각형의 가로와 세로의 합은 몇 cm인가요?

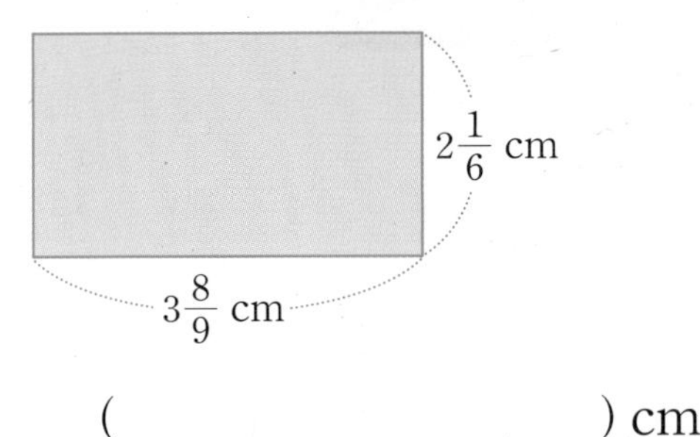


( ) cm

**10** 종이띠 $\frac{2}{3}$ m 중에서 $\frac{1}{5}$ m를 사용했습니다. 남은 종이띠는 몇 m인가요?

( ) m

**11** ○ 안에 >, =, <를 알맞게 써넣으세요.

$2\frac{2}{3}+1\frac{3}{4}$ ○ $4\frac{7}{12}$

**12** $1\frac{7}{12}$ L의 물이 들어 있는 수조에 $1\frac{5}{9}$ L의 물을 더 부었습니다. 수조에 들어 있는 물은 모두 몇 L인가요?

( ) L

**13** 가장 큰 분수와 가장 작은 분수의 차를 구해 보세요.

| $1\frac{8}{15}$ | $5\frac{3}{5}$ | $2\frac{3}{10}$ |
|---|---|---|

( )

**14** 계산 결과가 더 큰 것의 기호를 써 보세요.

㉠ $3\frac{1}{4}-2\frac{7}{8}$ ㉡ $2\frac{4}{7}-1\frac{1}{2}$

( )

응용

**15** □ 안에 알맞은 수를 써넣으세요.

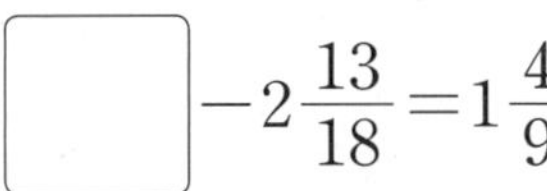
$\square-2\frac{13}{18}=1\frac{4}{9}$

5 단원

공부한 날 월 일

**16** 계산 결과가 1보다 큰 것을 모두 찾아 기호를 써 보세요.

㉠ $\frac{5}{9}+\frac{1}{6}$　　㉡ $4\frac{1}{15}-2\frac{5}{6}$

㉢ $\frac{2}{3}+\frac{5}{12}$　　㉣ $2\frac{1}{4}-1\frac{3}{8}$

(　　　　　　　　　　)

응용

**17** 집에서 공원을 지나 학교에 가는 것보다 집에서 학교로 바로 가는 것이 몇 km 더 가까운가요?

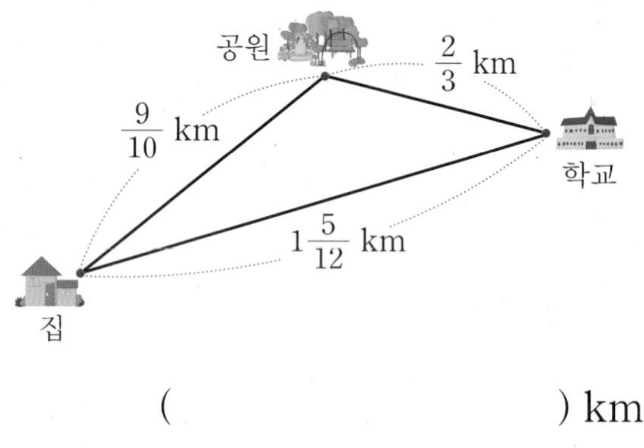


(　　　　　　　　　　) km

**18** 길이가 다른 색 테이프 2장을 $1\frac{4}{9}$ m만큼 겹치게 이어 붙였습니다. 이어 붙인 색 테이프의 전체 길이는 몇 m인가요?

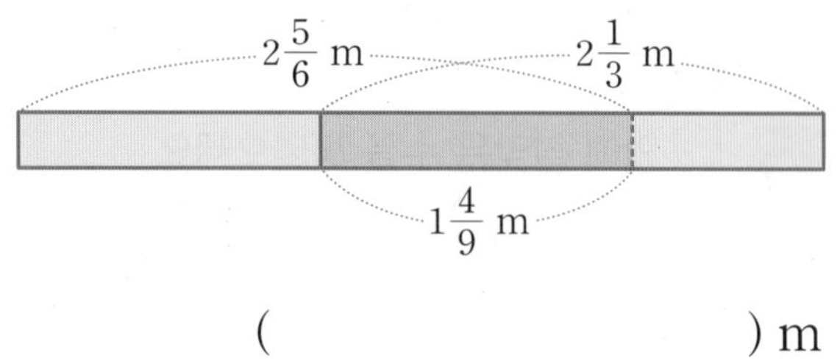


(　　　　　　　　　　) m

## 서술형 문제

**19** 잘못 계산한 이유를 쓰고, 바르게 계산해 보세요.

$$\frac{1}{6}+\frac{2}{9}=\frac{1\times 2}{6\times 9}+\frac{2\times 1}{9\times 6}$$
$$=\frac{2}{54}+\frac{2}{54}=\frac{\overset{1}{\cancel{4}}}{\underset{27}{\cancel{108}}}=\frac{1}{27}$$

이유 

바르게 계산하기

중요

**20** 두 수를 골라 차가 가장 큰 뺄셈식을 만들어 계산 결과를 구하려고 합니다. 풀이 과정을 쓰고, 답을 구해 보세요.

$3\frac{5}{7}$　　$7\frac{3}{5}$　　$4\frac{3}{4}$

풀이 

답 

2회 단원 평가

# 5. 분수의 덧셈과 뺄셈

한 문항당 배점은 5점입니다.

점수 점

바른답·알찬풀이 38쪽

**01** □ 안에 알맞은 수를 써넣으세요.

$$\frac{9}{10}-\frac{1}{4}=\frac{9\times4}{10\times4}-\frac{1\times10}{4\times10}$$
$$=\frac{\square}{40}-\frac{\square}{40}$$
$$=\frac{\square}{40}=\frac{\square}{20}$$

**02** $\frac{5}{8}+\frac{1}{6}$을 통분하여 계산할 때 공통분모가 될 수 있는 수를 모두 찾아 ○표 하세요.

24 36 48 56 60

**03** □ 안에 알맞은 수를 써넣으세요.

$$1\frac{1}{4}+1\frac{2}{7}=\frac{\square}{4}+\frac{\square}{7}$$
$$=\frac{\square}{28}+\frac{\square}{28}$$
$$=\frac{\square}{28}=\square\frac{\square}{28}$$

**04** 빈칸에 알맞은 수를 써넣으세요.

$\frac{1}{2}$ → $-\frac{1}{3}$ → □

**05** 두 수의 차를 구해 보세요.

$2\frac{1}{8}$ $1\frac{2}{3}$

(                )

**06** □ 안에 알맞은 수를 써넣으세요.

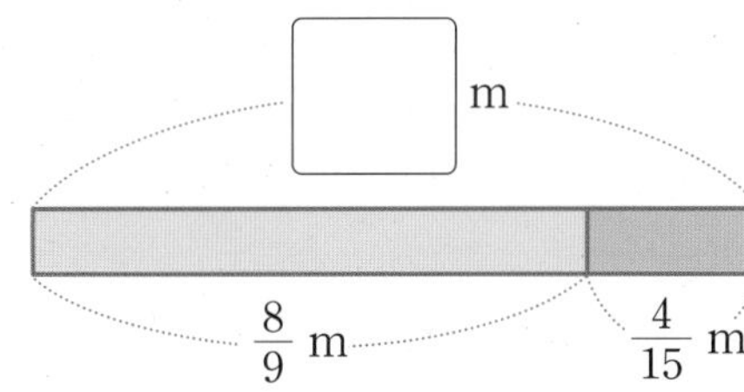


중요

**07** 계산 결과를 찾아 이어 보세요.

| | | |
|---|---|---|
| $2\frac{3}{8}+1\frac{1}{3}$ • | | • $3\frac{5}{24}$ |
| $4\frac{5}{6}-1\frac{3}{8}$ • | | • $3\frac{11}{24}$ |
| | | • $3\frac{17}{24}$ |

5 단원

공부한 날 월 일

08 ○ 안에 >, =, <를 알맞게 써넣으세요.

$\frac{2}{3}+\frac{7}{8}$ ○ 1

중요
09 바르게 계산한 것을 찾아 기호를 써 보세요.

㉠ $\frac{6}{7}-\frac{3}{5}=\frac{9}{35}$ ㉡ $\frac{5}{12}-\frac{3}{8}=\frac{5}{24}$

(　　　　　　)

10 두 털실 길이의 차는 몇 m인가요?

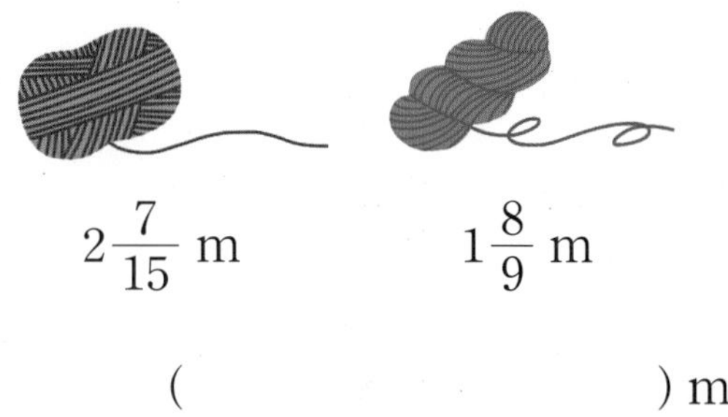

$2\frac{7}{15}$ m　　$1\frac{8}{9}$ m

(　　　　　　) m

11 쌀 $\frac{5}{8}$ kg과 귀리 $\frac{5}{6}$ kg이 있습니다. 쌀과 귀리는 모두 몇 kg인가요?

(　　　　　　) kg

12 빈칸에 알맞은 수를 써넣으세요.

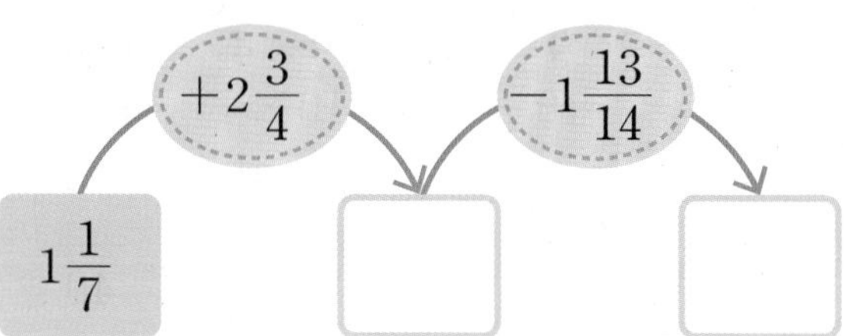


13 똑같은 빵을 선영이는 $3\frac{1}{2}$개 먹었고, 지효는 $3\frac{2}{9}$개 먹었습니다. 선영이는 지효보다 빵을 몇 개 더 많이 먹었나요?

(　　　　　　)개

응용
14 두 수를 골라 합이 가장 작은 덧셈식을 쓰고, 합을 구해 보세요.

$2\frac{1}{5}$　$1\frac{3}{10}$　$3\frac{1}{2}$

식 ______________________

답 ______________

15 어떤 수에서 $\frac{1}{2}$을 뺐더니 $\frac{1}{12}$이 되었습니다. 어떤 수를 구해 보세요.

(　　　　　　)

바른답·알찬풀이 38쪽

정답 확인

**16** 계산 결과가 큰 것부터 차례로 기호를 써 보세요.

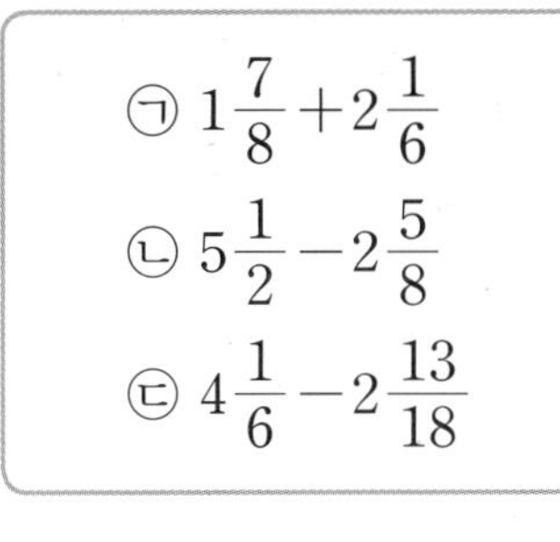

㉠ $1\frac{7}{8}+2\frac{1}{6}$

㉡ $5\frac{1}{2}-2\frac{5}{8}$

㉢ $4\frac{1}{6}-2\frac{13}{18}$

(　　　　　　　　　　)

응용

**17** □ 안에 들어갈 수 있는 자연수는 모두 몇 개인가요?

$$\frac{1}{8}+\frac{2}{5}>\frac{\square}{40}$$

(　　　　　　　　　　)개

**18** 수 카드를 모두 한 번씩 이용하여 대분수를 만들 수 있습니다. 만들 수 있는 가장 큰 대분수와 가장 작은 대분수의 차를 구해 보세요.

9　3　5

(　　　　　　　　　　)

## 서술형 문제

**19** 지호는 잘못 설명했습니다. 잘못 설명한 이유를 쓰고, $2\frac{7}{12}-1\frac{2}{5}$를 바르게 계산해 보세요.

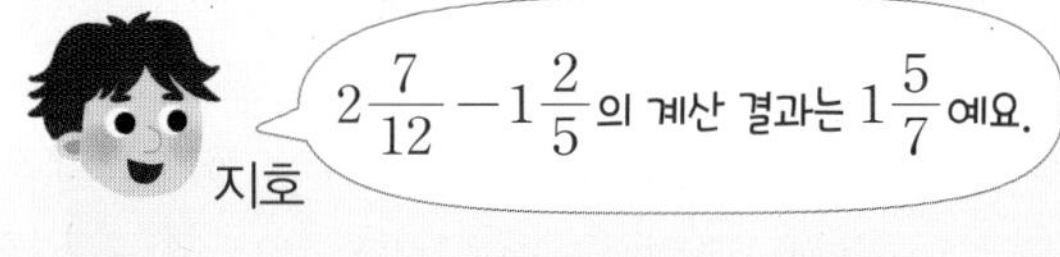

$2\frac{7}{12}-1\frac{2}{5}$의 계산 결과는 $1\frac{5}{7}$예요.
지호


이유 ______________________

바르게 계산한 값 ______________________

중요

**20** 영우가 물을 어제는 $1\frac{2}{3}$ L, 오늘은 $1\frac{1}{6}$ L 마셨습니다. 동생은 물을 이틀 동안 $2\frac{3}{4}$ L 마셨습니다. 이틀 동안 누가 물을 몇 L 더 많이 마셨는지 풀이 과정을 쓰고, 답을 구해 보세요.

풀이 ______________________

답 __________, __________ L

5 단원

공부한 날 월 일

# 6 다각형의 둘레와 넓이

무엇을 배울까요?

| 배운 내용 | | 이 단원 내용 | 배울 내용 |
|---|---|---|---|
| 2-2 3. 길이 재기<br>• cm, m 길이의 합과 차 구하기<br><br>4-2 2. 삼각형<br>• 여러 가지 삼각형 알아보기 | 3-1 5. 길이와 시간<br>• 1 m, 1 km 알아보기<br><br>4-2 4. 사각형<br>• 수직, 수선, 평행, 평행선 사이의 거리 알아보기<br>• 여러 가지 사각형 알아보기 | • 평면도형의 둘레를 이해하고, 둘레 구하기<br>• 1 $cm^2$, 1 $m^2$, 1 $km^2$ 단위를 알며, 그 관계 이해하기<br>• 직사각형과 정사각형의 넓이 구하기<br>• 평행사변형, 삼각형, 사다리꼴, 마름모의 넓이 구하기 | 6-1 6. 직육면체의 겉넓이와 부피<br>• 직육면체의 겉넓이와 부피 구하기<br><br>6-2 5. 원의 넓이<br>• 원주와 원의 넓이 구하기 |

단원의 공부 계획을 세우고,
공부한 내용을 얼마나 이해했는지 스스로 평가해 보세요.

| | 공부할 내용 | 쪽수 | 스스로 평가 |
|---|---|---|---|
| 개념 | 1 다각형의 둘레를 구해요(1) | 146~147쪽 | ☆☆☆ |
| | 2 다각형의 둘레를 구해요(2) | 148~149쪽 | ☆☆☆ |
| 유형 | 1 도형의 둘레 구하기 | 150쪽 | ☆☆☆ |
| | 2 한 변의 길이 구하기 | 151쪽 | ☆☆☆ |
| 개념 | 3 $cm^2$를 알아봐요 | 152~153쪽 | ☆☆☆ |
| | 4 직사각형의 넓이를 구해요 | 154~155쪽 | ☆☆☆ |
| | 5 평행사변형의 넓이를 구해요 | 156~157쪽 | ☆☆☆ |
| | 6 $m^2$, $km^2$를 알아봐요 | 158~159쪽 | ☆☆☆ |
| 유형 | 1 직사각형의 넓이 구하기 | 160쪽 | ☆☆☆ |
| | 2 평행사변형의 넓이 구하기 | 161쪽 | ☆☆☆ |
| | 3 넓이 단위 사이의 관계 알아보기 | 162쪽 | ☆☆☆ |
| | 4 넓이를 알 때 변의 길이 구하기 | 163쪽 | ☆☆☆ |
| 개념 | 7 삼각형의 넓이를 구해요 | 164~165쪽 | ☆☆☆ |
| | 8 사다리꼴의 넓이를 구해요 | 166~167쪽 | ☆☆☆ |
| | 9 마름모의 넓이를 구해요 | 168~169쪽 | ☆☆☆ |
| 유형 | 1 삼각형, 사다리꼴, 마름모의 넓이 구하기 | 170쪽 | ☆☆☆ |
| | 2 넓이가 다른 도형 찾기 | 171쪽 | ☆☆☆ |
| | 3 넓이가 같은 도형 그리기 | 172쪽 | ☆☆☆ |
| | 4 넓이를 알 때 □ 안에 알맞은 수 구하기 | 173쪽 | ☆☆☆ |
| 응용 | 1 단위를 같게 하여 도형의 넓이 비교하기 | 174쪽 | ☆☆☆ |
| | 2 도형의 둘레를 이용하여 넓이 구하기 | 175쪽 | ☆☆☆ |
| | 3 도형의 넓이가 같음을 이용하여 길이 구하기 | 176쪽 | ☆☆☆ |
| | 4 조건을 만족하는 도형 그리기 | 177쪽 | ☆☆☆ |
| | 5 여러 가지 다각형의 넓이 구하기 | 178쪽 | ☆☆☆ |

☆☆☆ 자신있게 설명할 수 있어요. ☆☆ 설명하기 조금 힘들어요. ☆ 어려워서 설명할 수 없어요.

# 1 다각형의 둘레를 구해요 (1)

▶ 직사각형, 평행사변형의 둘레

책의 둘레를 어떻게 구할 수 있을까요?
끈이나 자로 책의 둘레를 재어 볼까요?

둘레는 사물이나 도형의 가장자리 또는 그 길이를 말해요.

## 탐구 직사각형의 둘레 구하는 방법을 알아볼까요?

개념 동영상

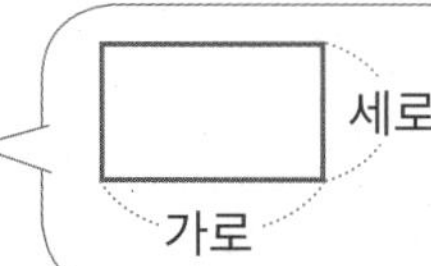


가로는 왼쪽에서 오른쪽으로 나 있는 방향 또는 그 길이, 세로는 위에서 아래로 나 있는 방향 또는 그 길이를 말해요.

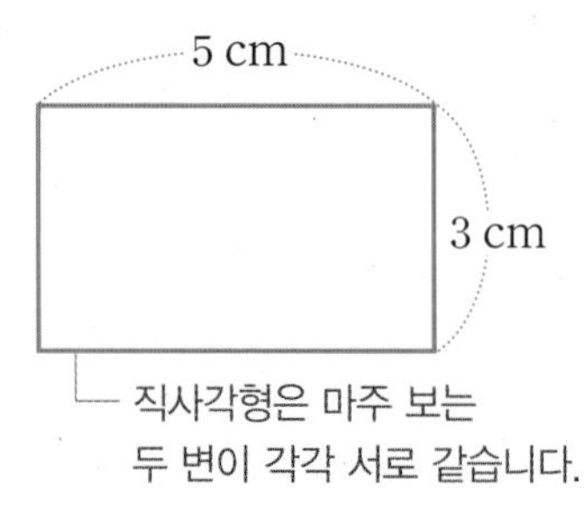


직사각형은 마주 보는 두 변이 각각 서로 같습니다.

**방법 1** 네 변을 모두 더하여 구하기

(직사각형의 둘레)$=5+3+5+3=16$ (cm)

참고 직사각형의 네 변은 5 cm, 3 cm, 5 cm, 3 cm입니다.

**방법 2** 직사각형은 가로와 세로가 각각 서로 같음을 이용하여 구하기

(직사각형의 둘레)$=5\times2+3\times2=16$ (cm)

└ 길이가 다른 변을 각각 2배 하여 더합니다.

(직사각형의 둘레)$=(5+3)\times2=16$ (cm)

└ 길이가 다른 두 변을 더한 다음 2배 합니다.

### 평행사변형의 둘레 구하는 방법 알아보기

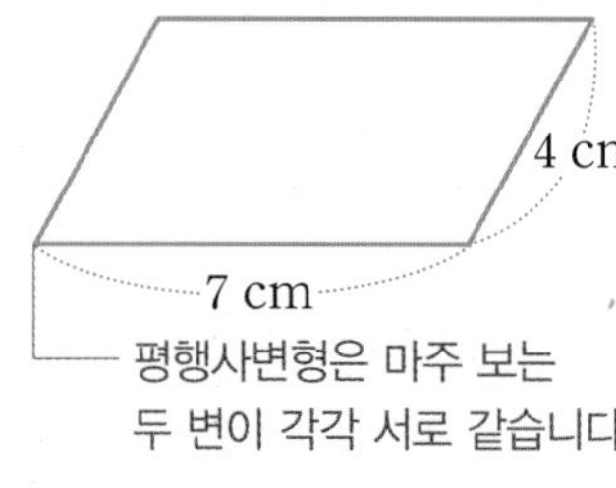


평행사변형은 마주 보는 두 변이 각각 서로 같습니다.

**방법 1** 네 변을 모두 더하여 구하기

(평행사변형의 둘레)$=7+4+7+4=22$ (cm)

**방법 2** 평행사변형은 마주 보는 두 변이 각각 서로 같음을 이용하여 구하기

(평행사변형의 둘레)$=7\times2+4\times2=22$ (cm)

└ 길이가 다른 변을 각각 2배 하여 더합니다.

(평행사변형의 둘레)$=(7+4)\times2=22$ (cm)

└ 길이가 다른 두 변을 더한 다음 2배 합니다.

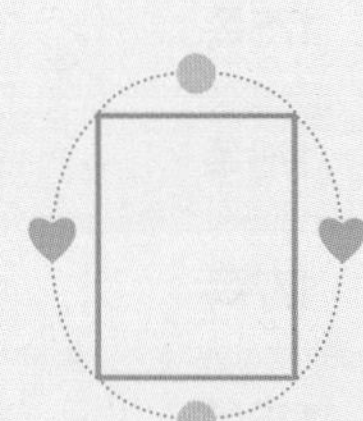

(직사각형의 둘레)
=●+♥+●+♥
=●×2+♥×2
=(●+♥)×2

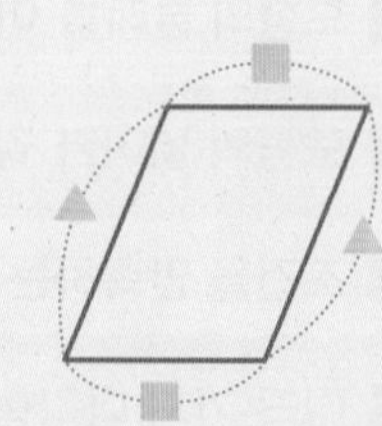

(평행사변형의 둘레)
=■+▲+■+▲
=■×2+▲×2
=(■+▲)×2

➔ 바른답·알찬풀이 39쪽

[1~2] 직사각형을 보고 물음에 답하세요.

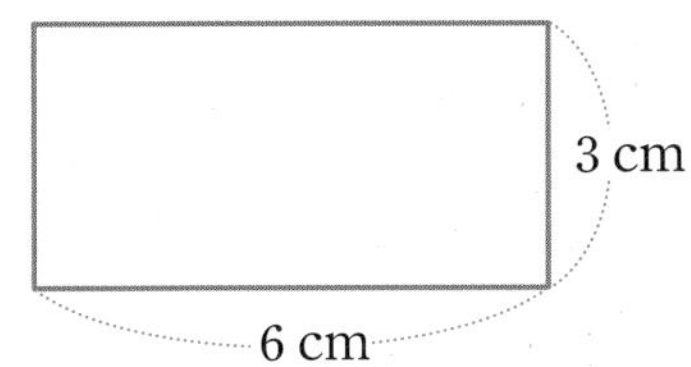


**1** 네 변을 모두 더하여 직사각형의 둘레를 구하려고 합니다. □ 안에 알맞은 수를 써넣으세요.

(직사각형의 둘레)$=6+3+\square+\square$
$=\square$ (cm)

**2** 직사각형의 둘레를 구하려고 합니다. □ 안에 알맞은 수를 써넣으세요.

(1) 직사각형은 가로와 세로가 각각 서로 같으므로 길이가 다른 두 변이 □개씩 있습니다.

(2) (직사각형의 둘레)$=(6+\square)\times\square$
$=\square$ (cm)

**3** 평행사변형의 둘레를 구하는 식을 바르게 나타낸 것을 찾아 ○표 하세요.

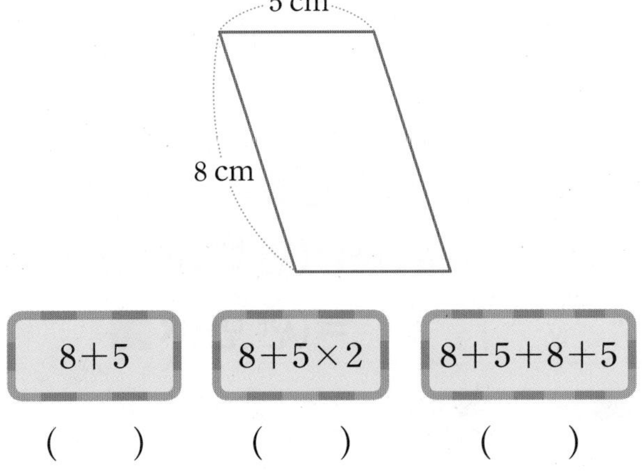


( ) ( ) ( )

**4** 평행사변형의 둘레를 구하려고 합니다. □ 안에 알맞은 수를 써넣으세요.

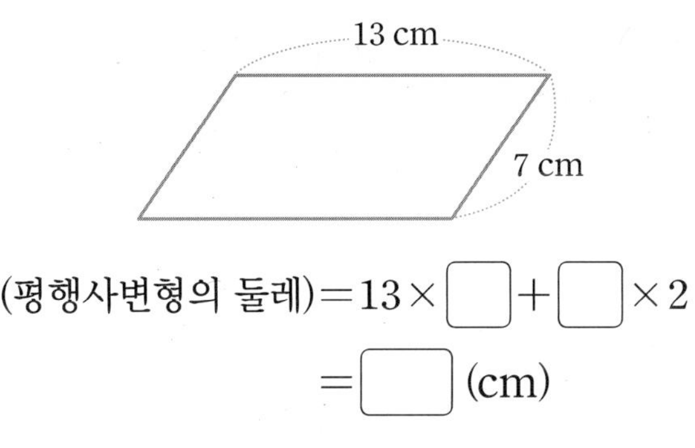


(평행사변형의 둘레)$=13\times\square+\square\times2$
$=\square$ (cm)

[5~6] 사각형의 둘레를 구해 보세요.

**5** 직사각형

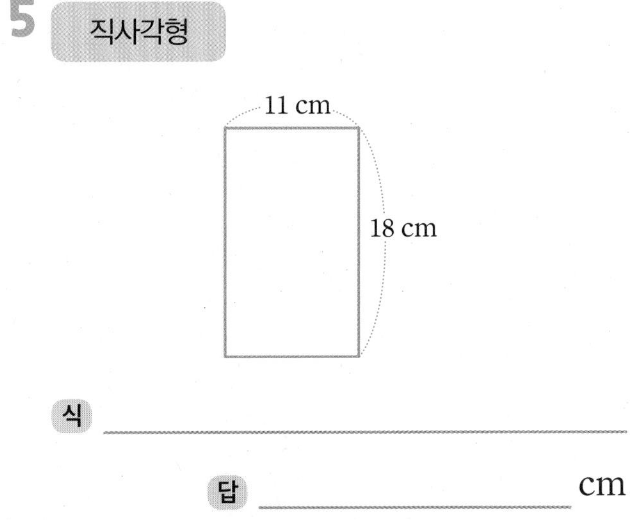


식 ______

답 ______ cm

**6** 평행사변형

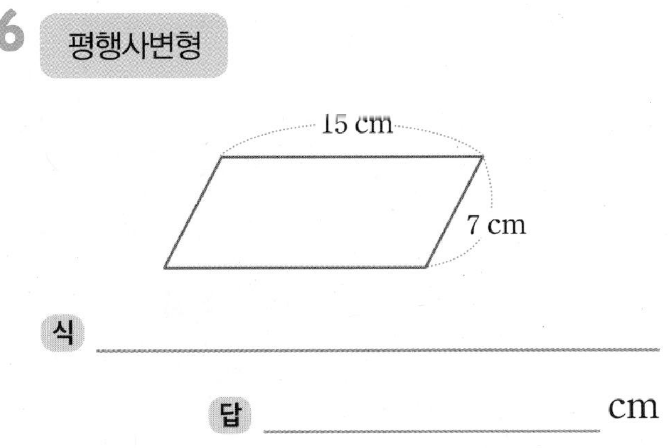


식 ______

답 ______ cm

6 단원

공부한 날 월 일

# 2 다각형의 둘레를 구해요(2)

▶ 마름모, 정다각형의 둘레

마름모 모양의 시계가 있어요.
마름모의 둘레를 어떻게 구할 수 있을까요?

## 탐구 마름모의 둘레 구하는 방법을 알아볼까요?

개념 동영상

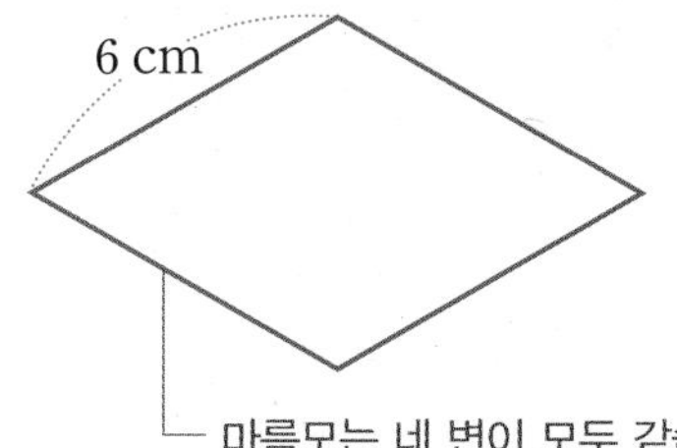


**방법 1** 네 변을 모두 더하여 구하기

(마름모의 둘레)$=6+6+6+6=24$ (cm)

**방법 2** 마름모는 네 변이 모두 같음을 이용하여 구하기

(마름모의 둘레)$=6\times4=24$ (cm)

└ 한 변을 4배 합니다.

### 정다각형의 둘레 구하는 방법 알아보기

└ 정다각형은 변의 길이가 모두 같고, 각의 크기가 모두 같은 다각형입니다.

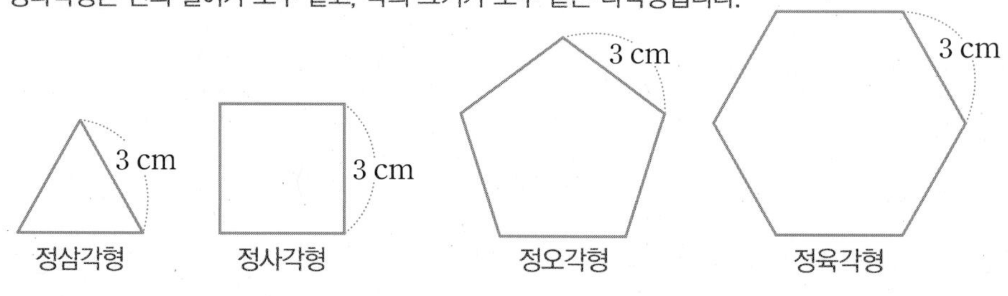


| 정다각형 | 한 변(cm) | 변의 수(개) | 둘레(cm) |
|---|---|---|---|
| 정삼각형 | 3 | 3 | 9 |
| 정사각형 | 3 | 4 | 12 |
| 정오각형 | 3 | 5 | 15 |
| 정육각형 | 3 | 6 | 18 |

➡ 정다각형은 변이 모두 같으므로
정다각형의 둘레는 (한 변)×(변의 수)로 구할 수 있습니다.

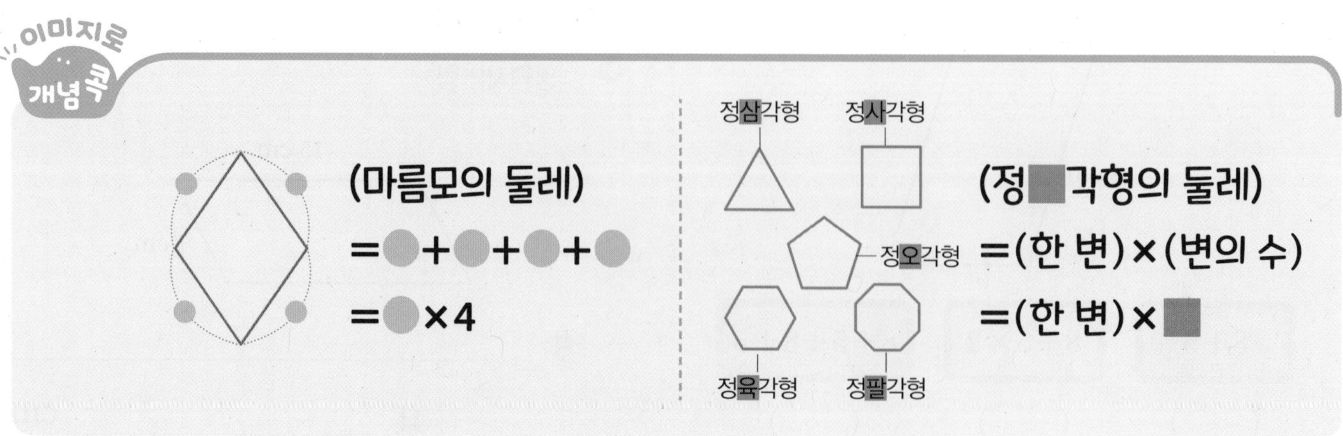

1단계 개념탄탄

바른답·알찬풀이 39쪽

[1~2] 마름모의 둘레를 구하려고 합니다. 물음에 답하세요.

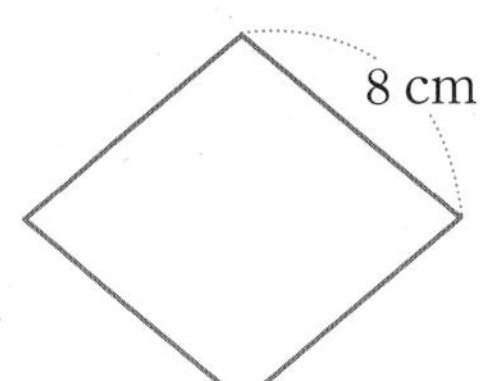


**1** 네 변을 모두 더하여 마름모의 둘레를 구하려고 합니다. □ 안에 알맞은 수를 써넣으세요.

(마름모의 둘레)=□+□+□+□
=□ (cm)

**2** 네 변이 모두 같음을 이용하여 마름모의 둘레를 구하려고 합니다. □ 안에 알맞은 수를 써넣으세요.

(마름모의 둘레)=□×4=□ (cm)

**3** 정다각형의 둘레를 각각 구하려고 합니다. 빈칸에 알맞은 수를 써넣으세요.

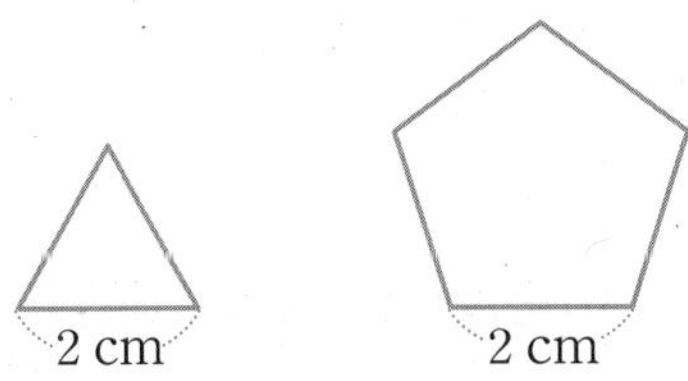


| 정다각형 | 한 변 (cm) | 변의 수 (개) | 둘레 (cm) |
|---|---|---|---|
| 정삼각형 | | | |
| 정오각형 | | | |

**4** 오른쪽 정사각형의 둘레를 구하는 식으로 알맞은 것을 모두 찾아 기호를 써 보세요.

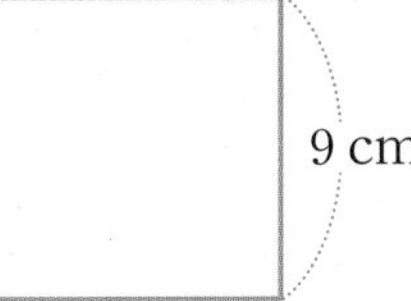


㉠ $9+9+9+9$　　㉡ $9\times9$
㉢ $9\times9\times9\times9$　　㉣ $9\times4$

(　　　　　　　　)

[5~6] 다각형의 둘레를 구해 보세요.

**5** 마름모

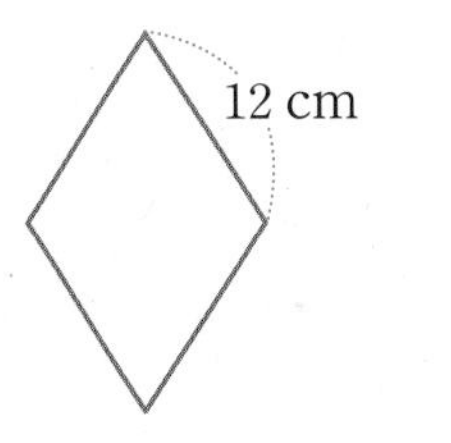


식 ____________

답 ____________ cm

**6** 정팔각형

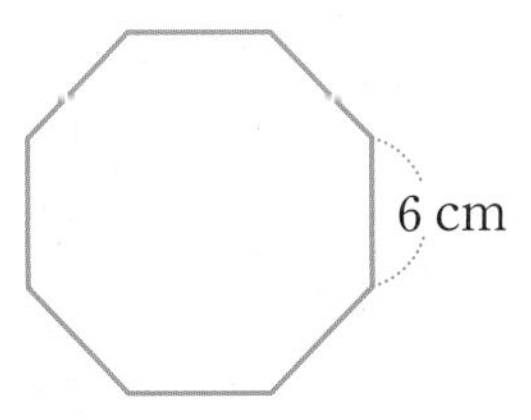


식 ____________

답 ____________ cm

6 단원

공부한 날 월 일

# 2단계 유형별 실력쑥쑥

## 유형 1 도형의 둘레 구하기

평행사변형의 둘레를 윤아의 방법으로 구해 보세요.

10 cm

4 cm

마주 보는 두 변이
서로 같음을
이용하여 구해요!

윤아

식 ______________________

답 ______________ cm

마주 보는 두 변이 각각 서로 같아요.

직사각형 평행사변형

둘레=(○+△)×2

모든 변이 같아요.

정다각형 마름모

둘레=○×변의 수

한 변

**01** 정육각형의 둘레를 구해 보세요.

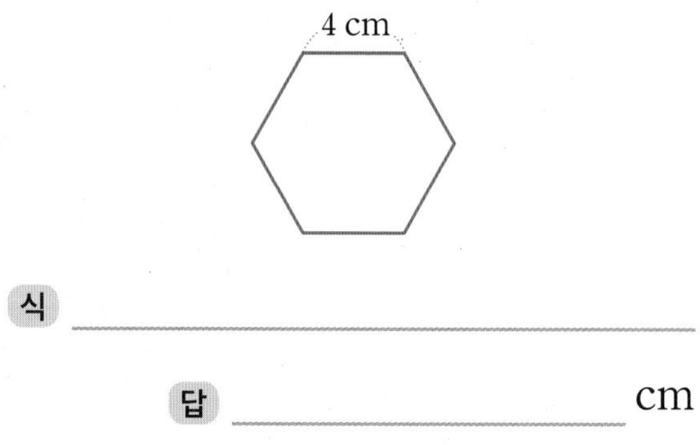


식 ______________________

답 ______________ cm

**02** 직사각형의 둘레를 구해 보세요.

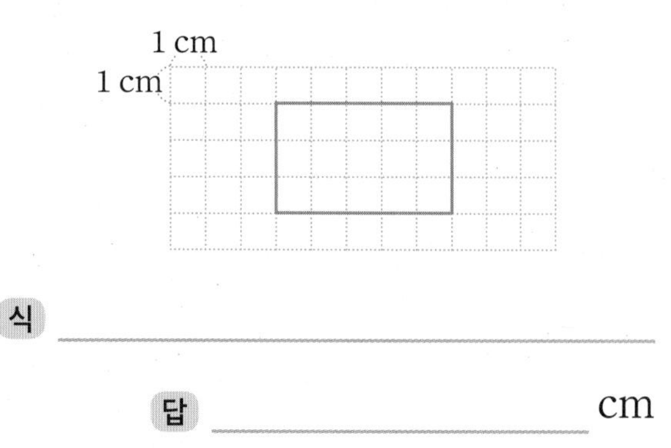


식 ______________________

답 ______________ cm

**03** 오른쪽 마름모의 둘레를 두가지 방법으로 구해 보세요.

9 cm

**04** 정오각형과 평행사변형 중에서 둘레가 더 긴 도형의 이름을 써 보세요.

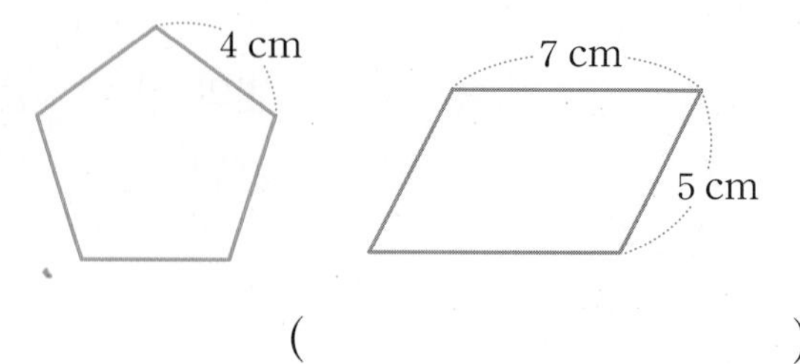


(                    )

## 유형 2 한 변의 길이 구하기

오른쪽 직사각형의 둘레는 30 cm입니다. 직사각형의 가로가 9 cm일 때 세로는 몇 cm인지 구해 보세요.

9 cm

( ) cm

구하려는 길이를 □라고 하여 둘레 구하는 식을 만들어 구해요.

(직사각형의 둘레)
=((가로)+(세로))×2

(세로)
=(직사각형의 둘레)÷2−(가로)

**05** 평행사변형의 둘레가 32 cm일 때 □ 안에 알맞은 수를 써넣으세요.

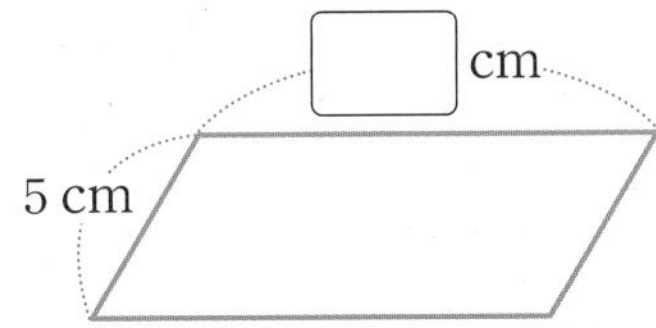


**06** 준서는 마름모를 그리려고 합니다. 마름모의 한 변을 몇 cm로 그려야 하는지 구해 보세요.

( ) cm

**07** 주어진 선분을 한 변으로 하고, 둘레가 26 cm인 직사각형을 완성해 보세요.

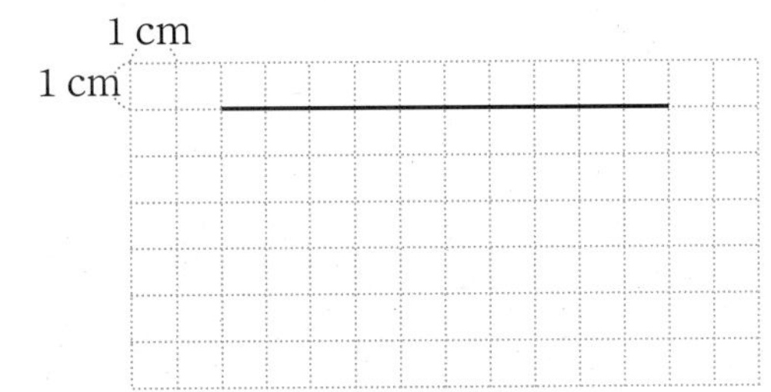


서술형

**08** 두 정다각형의 둘레가 21 cm로 같을 때 ㉠과 ㉡에 알맞은 수는 각각 얼마인지 풀이 과정을 쓰고, 답을 구해 보세요.

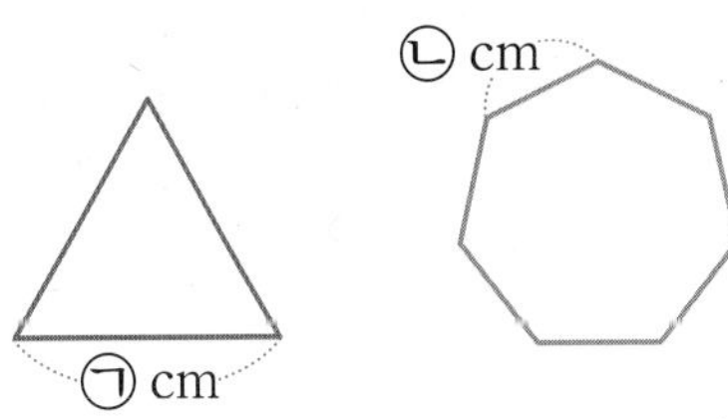


풀이

답 ㉠: , ㉡:

6 단원

공부한 날 월 일

# 3 $cm^2$를 알아봐요

도화지의 넓이를 어떻게 비교할 수 있을까요?

**넓이의 단위를 알아볼까요?**

개념 동영상

도화지 가와 나 위에 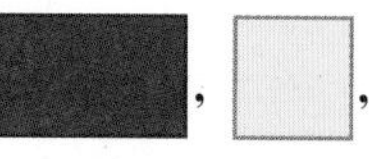 모양을 붙여서 넓이를 비교하면 다음과 같습니다.

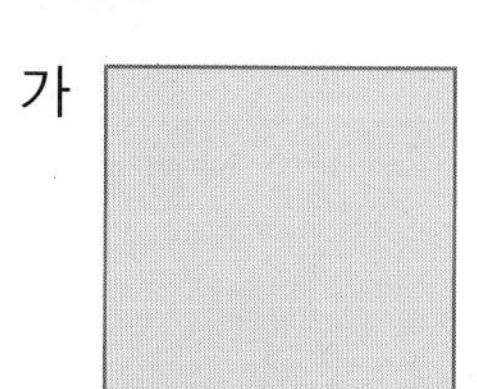


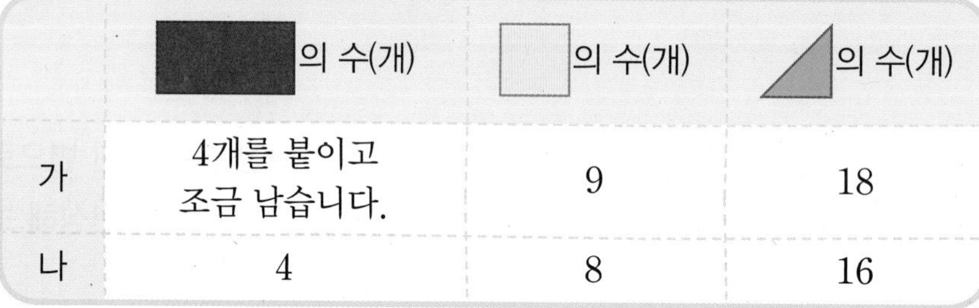

| | ■의 수(개) | □의 수(개) | ◢의 수(개) |
|---|---|---|---|
| 가 | 4개를 붙이고 조금 남습니다. | 9 | 18 |
| 나 | 4 | 8 | 16 |

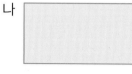

여러 가지 모양을 넓이의 단위로 하면 모양에 따라 측정한 값이 달라져요.

넓이를 정확하게 구하려면 기준이 되는 넓이의 단위가 필요해요.

➡ 도화지 가가 도화지 나보다 더 넓습니다.

넓이의 단위로 한 변이 1 cm인 정사각형의 넓이를 사용할 수 있습니다.
이 정사각형의 넓이를 **1 $cm^2$**라 쓰고, **1 제곱센티미터**라고 읽습니다.

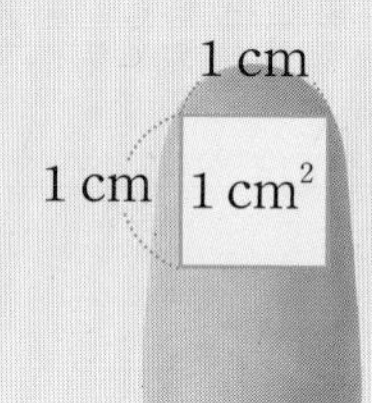


쓰기  읽기 1 제곱센티미터

**Q 1 $cm^2$를 사용하여 도형의 넓이 구하기**

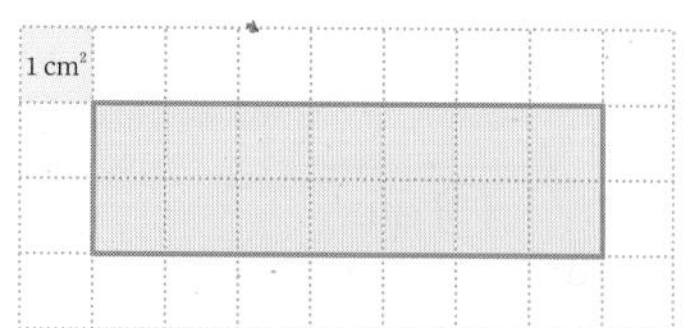


➡ 1 $cm^2$가 14개이므로
도형의 넓이는 14 $cm^2$입니다.

1 $cm^2$가 몇 개 있는지 세어 보면 도형의 넓이를 구할 수 있어요.

1 $cm^2$ 가 ●개인 도형의 넓이 ➡   ● $cm^2$  ● 제곱센티미터

# 개념탄탄

바른답·알찬풀이 40쪽

**1** 주어진 넓이를 쓰고, 읽어 보세요.

(1) $2\ cm^2$

쓰기

읽기

(2) $8\ cm^2$

쓰기

읽기

**2** 도형의 넓이를 구하려고 합니다. □ 안에 알맞은 수를 써넣으세요.

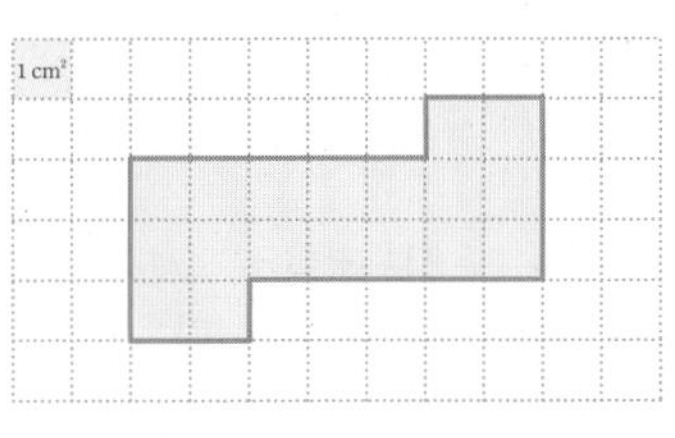


도형에 있는 [1 cm²]가 □개이므로

도형의 넓이는 □ $cm^2$입니다.

**3** 신우가 말한 도형의 넓이를 읽어 보세요.

이 도형에는 1 cm²가
12개 있어요.
진우


읽기

**4** [1 cm²]를 사용하여 도형의 넓이를 구해 보세요.

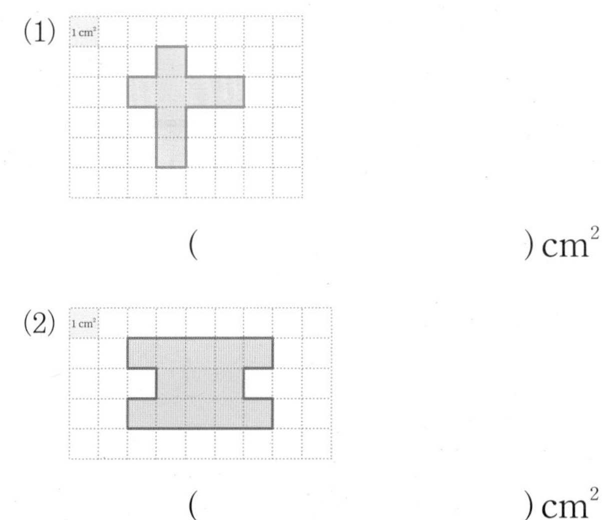

(1)

(　　　　　　) $cm^2$

(2)

(　　　　　　) $cm^2$

**5** 넓이가 $20\ cm^2$인 도형을 1개 그려 보세요.

**6** 넓이가 $5\ cm^2$인 도형을 모두 찾아 기호를 써 보세요.

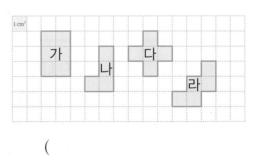

1 cm²

가　나　다　라

(　　　　　　)

6 단원

공부한 날　월　일

# 4 직사각형의 넓이를 구해요

[1 cm²]를 사용하지 않고 직사각형의 넓이를 어떻게 구할 수 있을까요?

## 탐구 직사각형의 넓이 구하는 방법을 알아볼까요?

개념 동영상

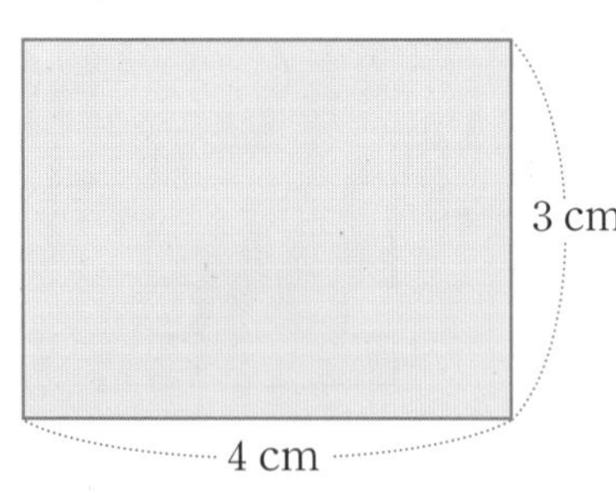


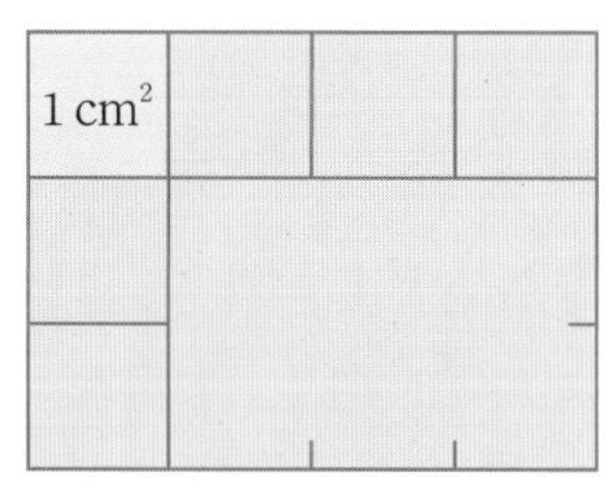


[1 cm²]가 직사각형의 가로에 4개씩, 세로에 3개씩 있습니다.
(가로: 4 cm, 세로: 3 cm)

➡ [1 cm²]가 $4 \times 3 = 12$(개) 있으므로 직사각형의 넓이는 $4 \times 3 = 12$ ($\mathrm{cm}^2$)입니다.

직사각형의 가로, 세로에 놓이는 [1 cm²]의 개수는 가로, 세로의 길이와 같아요.

(직사각형의 넓이)=(가로)×(세로)

### 직사각형의 넓이 구하기

가

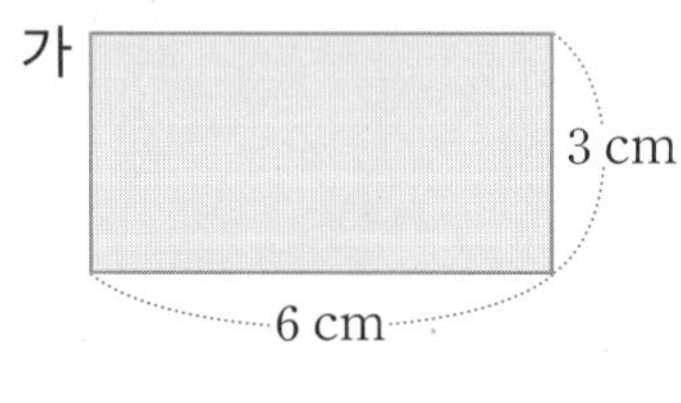


나

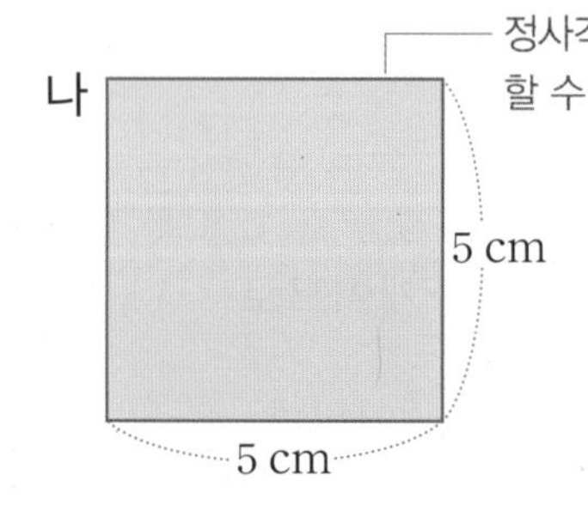


정사각형은 직사각형이라고 할 수 있습니다.

| 직사각형 | 가로(cm) | 세로(cm) | 넓이($\mathrm{cm}^2$) |
|---|---|---|---|
| 가 | 6 | 3 | $6 \times 3 = 18$ |
| 나 | 5 | 5 | $5 \times 5 = 25$ |

($5 \times 5$: (한 변)×(한 변))

정사각형은 네 변이 모두 같으므로 정사각형의 넓이는 한 변을 2번 곱해요.

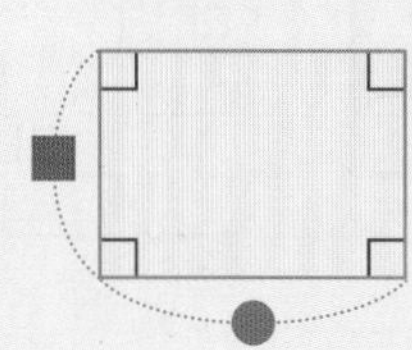

(직사각형의 넓이)
=●×■

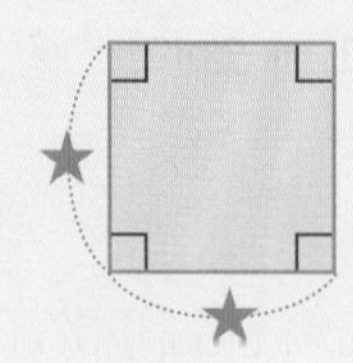

(정사각형의 넓이)
=★×★

# 개념탄탄

➔ 바른답·알찬풀이 40쪽

**1** 1 cm²를 사용하여 직사각형의 넓이를 구하려고 합니다. □ 안에 알맞은 수를 써넣으세요.

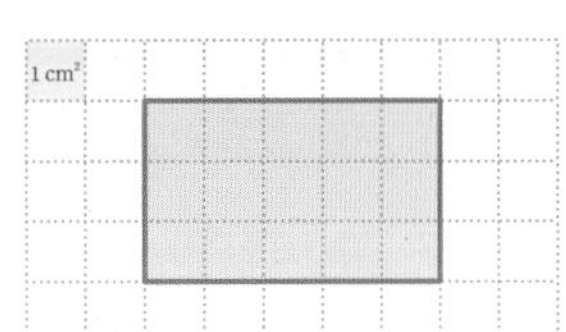


1 cm²가 직사각형의 가로에 □개씩, 세로에 □개씩 있으므로 직사각형의 넓이는 □×□=□ (cm²)입니다.

**2** 직사각형의 넓이를 각각 구하려고 합니다. 빈칸에 알맞은 수를 써넣으세요.

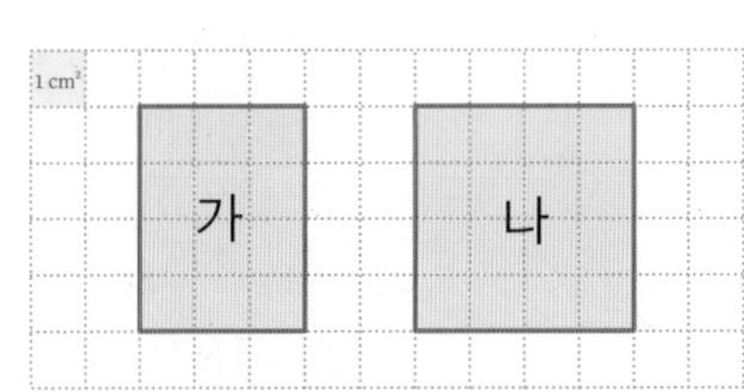


| 직사각형 | 가로(cm) | 세로(cm) | 넓이(cm²) |
|---|---|---|---|
| 가 | 3 | | |
| 나 | | 4 | |

**3** 직사각형의 넓이를 구하려고 합니다. □ 안에 알맞은 수를 써넣으세요.

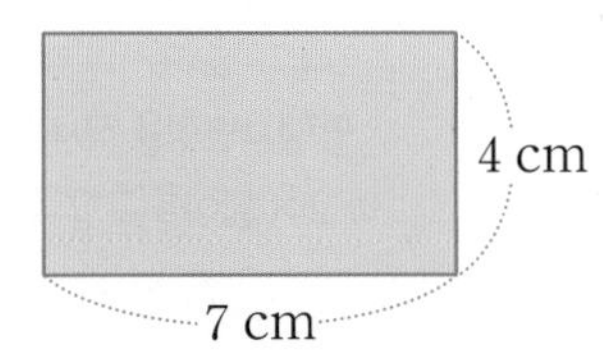


(직사각형의 넓이)=□×□
=□ (cm²)

**4** 정사각형의 넓이를 구하려고 합니다. □ 안에 알맞은 수를 써넣으세요.

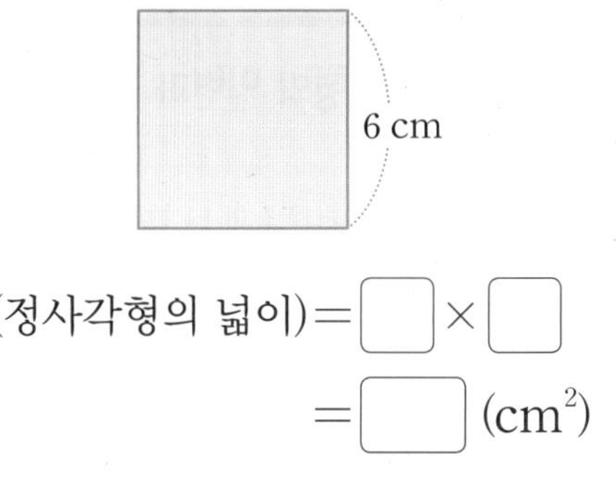


(정사각형의 넓이)=□×□
=□ (cm²)

**5** 직사각형의 넓이를 구해 보세요.

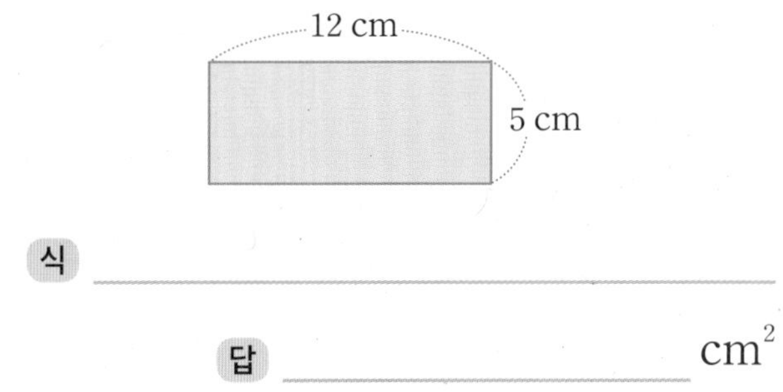


식 ____________________

답 ____________ cm²

6 단원

공부한 날 월 일

**6** 정사각형의 넓이를 구해 보세요.

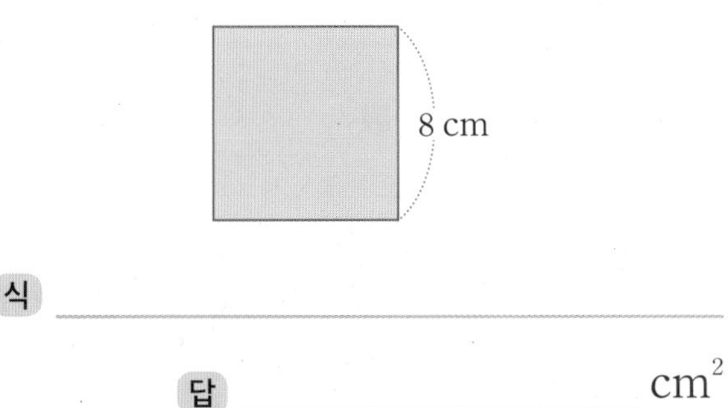


식 ____________________

답 ____________ cm²

# 평행사변형의 넓이를 구해요

평행사변형의 넓이를 구하려고 해요.
평행사변형의 밑변과 높이를 알아볼까요?

## 탐구 평행사변형의 밑변과 높이를 알아볼까요?

개념 동영상

평행사변형에서 평행한 두 변을 밑변이라 하고, 두 밑변 사이의 거리를 높이라고 합니다.

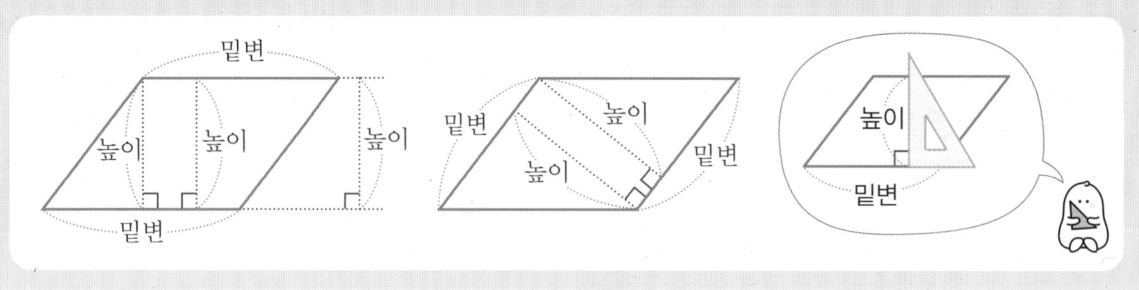


### 평행사변형의 넓이 구하는 방법 알아보기

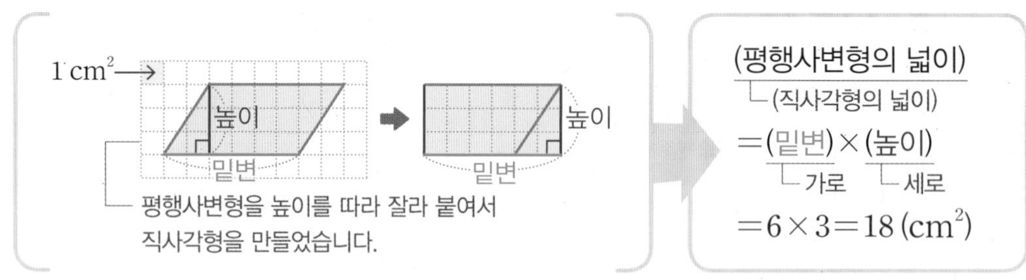


(평행사변형의 넓이)
└(직사각형의 넓이)
=(밑변)×(높이)
└가로 └세로
$=6\times3=18\,(\text{cm}^2)$

(평행사변형의 넓이)=(밑변)×(높이)

참고 도형 가, 나, 다, 라는 모두 밑변이 2 cm, 높이가 4 cm인 평행사변형이므로 넓이는 모두 $2\times4=8\,(\text{cm}^2)$입니다.
➡ 평행사변형은 밑변과 높이가 같으면 모양이 달라도 넓이가 같습니다.

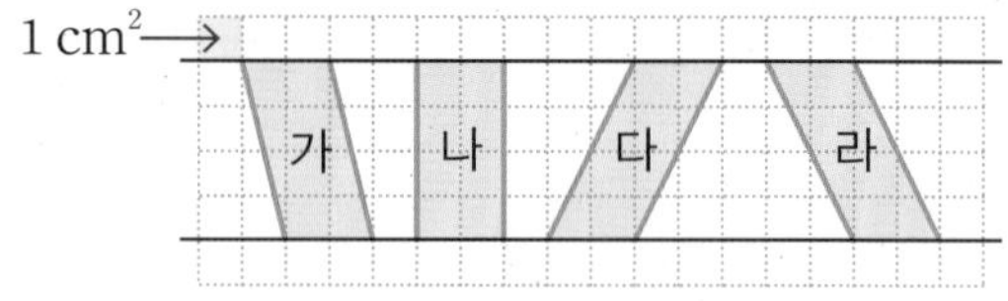


이미지로 개념 콕

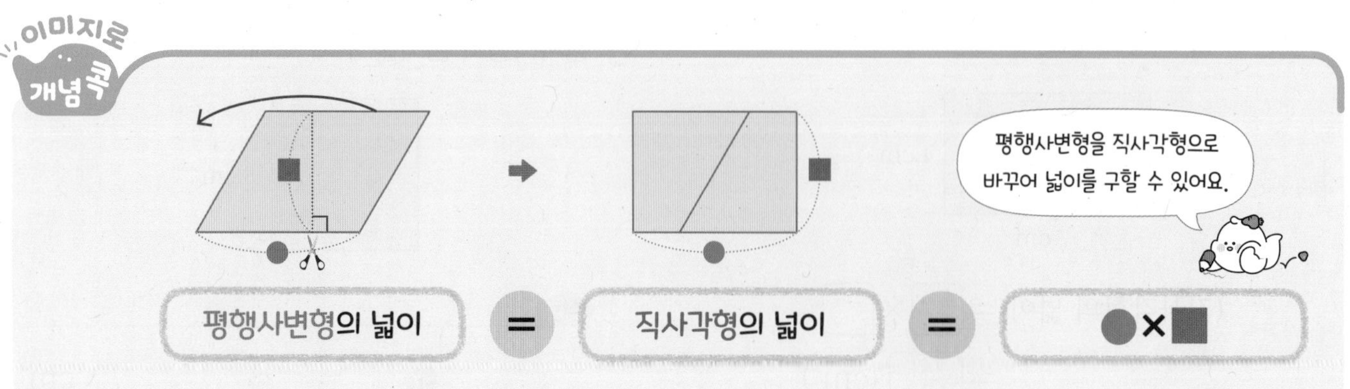

평행사변형을 직사각형으로 바꾸어 넓이를 구할 수 있어요.
평행사변형의 넓이
=
직사각형의 넓이
=
●×■

**1** [1 cm²]를 사용하여 평행사변형의 넓이를 구하려고 합니다. □ 안에 알맞은 수를 써넣으세요.

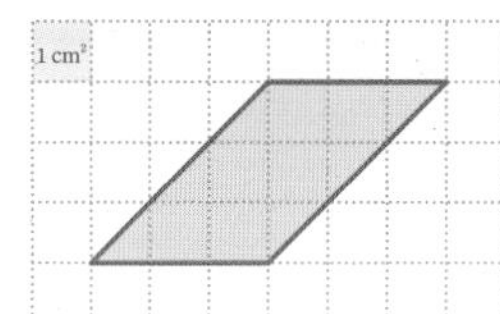


(1) ◺ 모양이 □개 모이면 [1 cm²]와 같습니다.

(2) 평행사변형에는 [1 cm²]가 □개 있고, ◺ 모양이 6개 모이면 [1 cm²] □개와 같습니다.

➡ [1 cm²]가 모두 □개이므로 평행사변형의 넓이는 □ $cm^2$입니다.

**2** 보기 와 같이 평행사변형의 높이를 나타내 보세요.

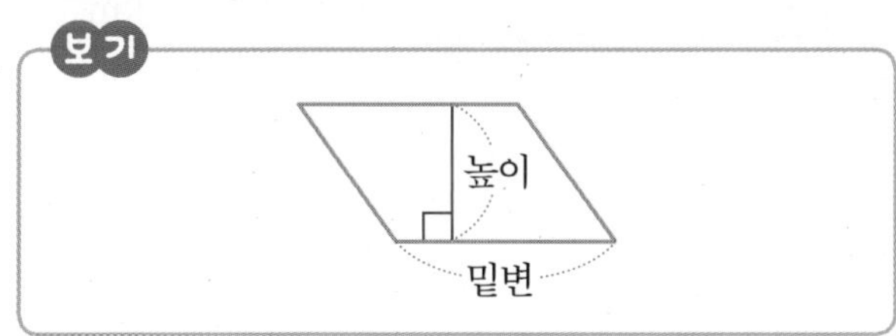


(1)

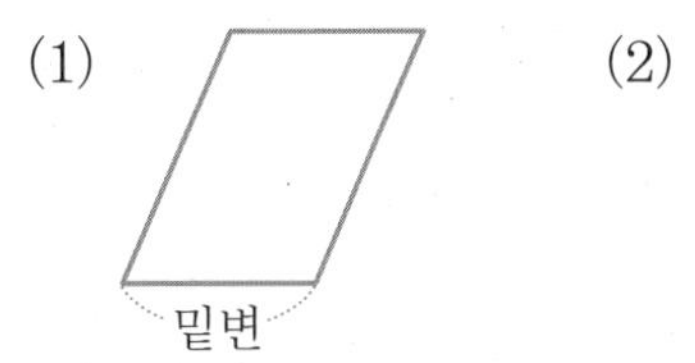


(2)

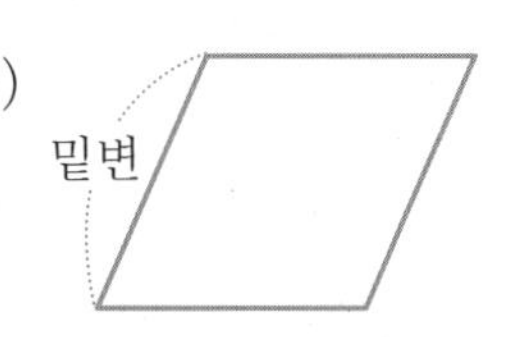


**3** 평행사변형을 잘라 붙여 직사각형을 만들어 평행사변형의 넓이를 구하려고 합니다. □ 안에 알맞은 수를 써넣으세요.

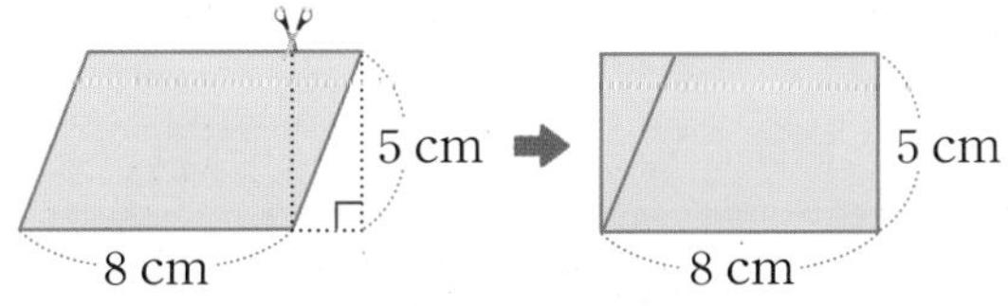


(평행사변형의 넓이)=(직사각형의 넓이)

=□×□

=□ ($cm^2$)

**4** 평행사변형의 넓이를 구하려고 합니다. □ 안에 알맞은 수를 써넣으세요.

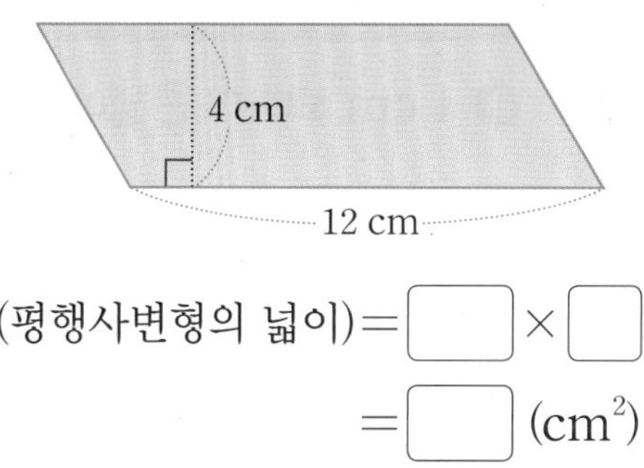


(평행사변형의 넓이)=□×□

=□ ($cm^2$)

**5** 평행사변형의 넓이를 비교하려고 합니다. 빈칸에 알맞은 수를 써넣고, 알맞은 말에 ○표 하세요.

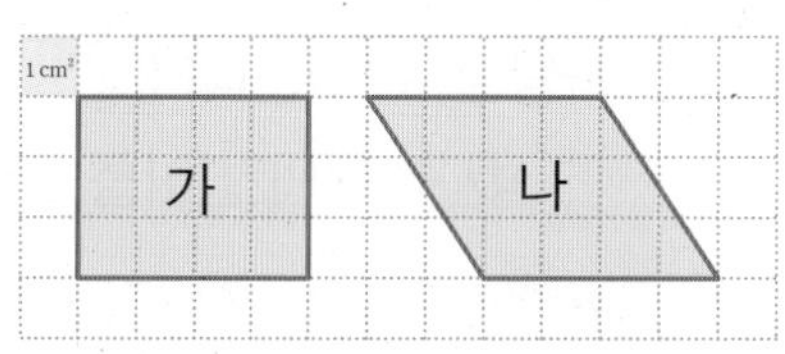


| 평행사변형 | 밑변(cm) | 높이(cm) | 넓이($cm^2$) |
| --- | --- | --- | --- |
| 가 | 4 | | |
| 나 | | 3 | |

평행사변형은 밑변과 높이가 같으면 모양이 달라도 넓이가 ( 같습니다 , 다릅니다 ).

**6** 평행사변형의 넓이를 구해 보세요.

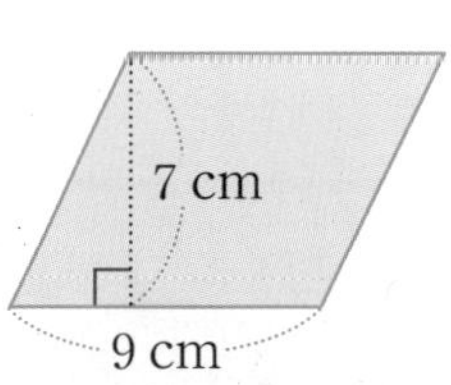


식 ____________________

답 ____________ $cm^2$

6 단원

공부한 날 월 일

# 6 $m^2$, $km^2$를 알아봐요

학교 배구장과 같이 넓은 장소의 넓이를 나타낼 수 있는 더 큰 넓이의 단위가 있을까요?

**❶ 1 $cm^2$보다 더 큰 넓이의 단위를 알아볼까요?**

개념 동영상

1 $cm^2$보다 더 큰 넓이의 단위로 한 변이 1 m인 정사각형의 넓이를 사용할 수 있습니다. 이 정사각형의 넓이를 **1 $m^2$**라 쓰고, **1** 제곱미터라고 읽습니다.

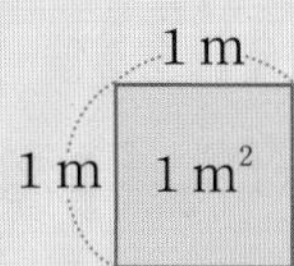


길이의 단위에는 cm, m, km 등이 있어요.

쓰기 1 $m^2$

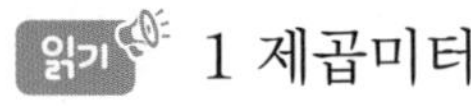

읽기 1 제곱미터

**❷ 1 $m^2$보다 더 큰 넓이의 단위를 알아볼까요?**

1 $m^2$보다 더 큰 넓이의 단위로 한 변이 1 km인 정사각형의 넓이를 사용할 수 있습니다.
이 정사각형의 넓이를 **1 $km^2$**라 쓰고, **1** 제곱킬로미터라고 읽습니다.

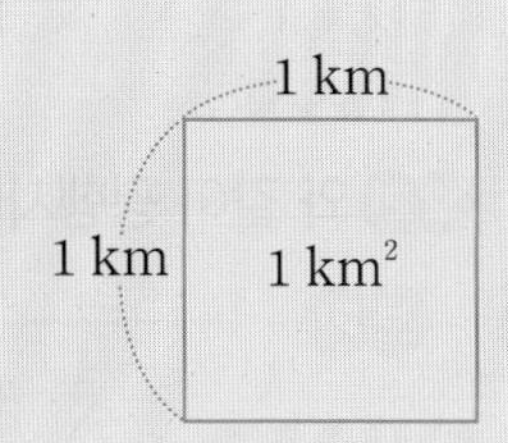

쓰기 1 $km^2$ 읽기 1 제곱킬로미터

**넓이 단위 사이의 관계 알아보기**

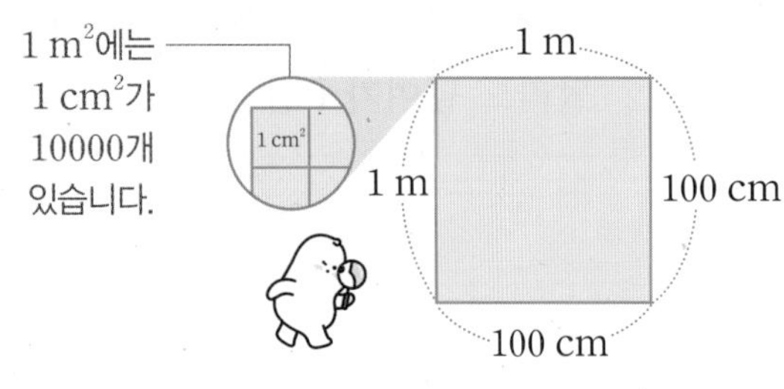


$1\ m^2 = 10000\ cm^2$

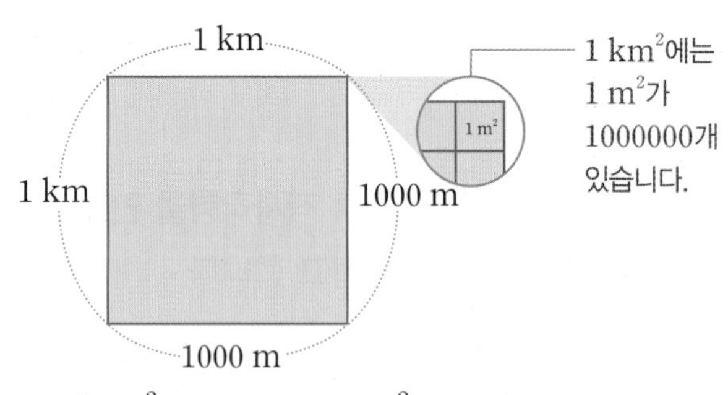


$1\ km^2 = 1000000\ m^2$

이미지로 개념 콕

➔ 바른답·알찬풀이 41쪽

**1** 주어진 넓이를 읽어 보세요.

(1) $4\ \mathrm{m}^2$

읽기 ______________________

(2) $7\ \mathrm{km}^2$

읽기 ______________________

**2** $1\ \mathrm{m}^2$는 몇 $\mathrm{cm}^2$인지 알아보려고 합니다. □ 안에 알맞은 수를 써넣으세요.

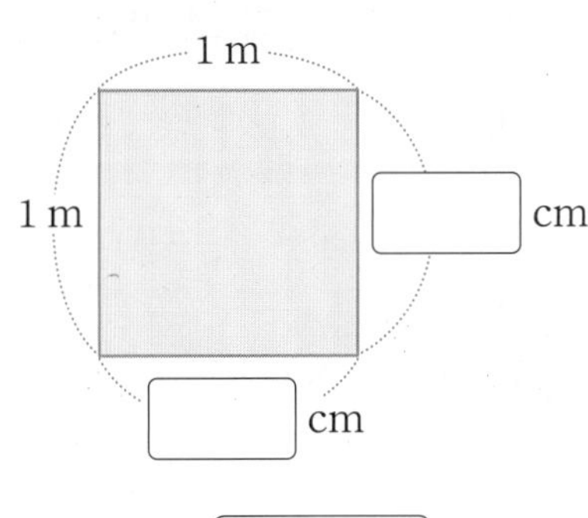


$1\ \mathrm{m}^2=$ □ $\mathrm{cm}^2$

**3** $1\ \mathrm{km}^2$는 몇 $\mathrm{m}^2$인지 알아보려고 합니다. □ 안에 알맞은 수를 써넣으세요.

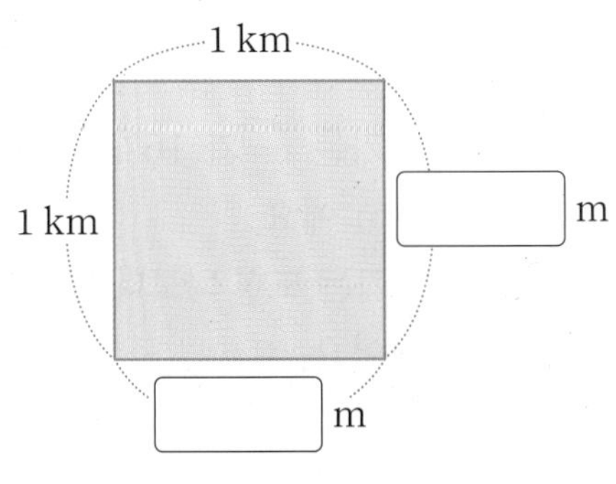


$1\ \mathrm{km}^2=$ □ $\mathrm{m}^2$

**4** 알맞은 넓이의 단위에 색칠해 보세요.

(1) 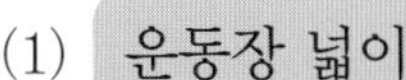


➡ $\mathrm{cm}^2$ $\mathrm{m}^2$ $\mathrm{km}^2$

(2) 공책 넓이

➡ $\mathrm{cm}^2$ $\mathrm{m}^2$ $\mathrm{km}^2$

(3) 부산 넓이

➡ $\mathrm{cm}^2$ $\mathrm{m}^2$ $\mathrm{km}^2$

**5** □ 안에 알맞은 수를 써넣으세요.

(1) $2\ \mathrm{m}^2=$ □ $\mathrm{cm}^2$

(2) $11\ \mathrm{km}^2=$ □ $\mathrm{m}^2$

Tip 길이의 단위를 같게 하여 넓이를 구합니다.

**6** 평행사변형의 넓이는 몇 $\mathrm{km}^2$인지 구하려고 합니다. □ 안에 알맞은 수를 써넣으세요.

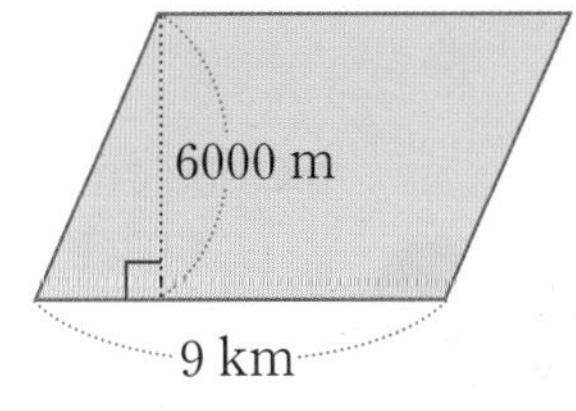


평행사변형의 높이는 6000 m= □ km
이므로 평행사변형의 넓이는
9× □ = □ ($\mathrm{km}^2$)입니다.

6 단원
공부한 날 월 일

2단계 유형별 실력쑥쑥

## 유형 1 직사각형의 넓이 구하기

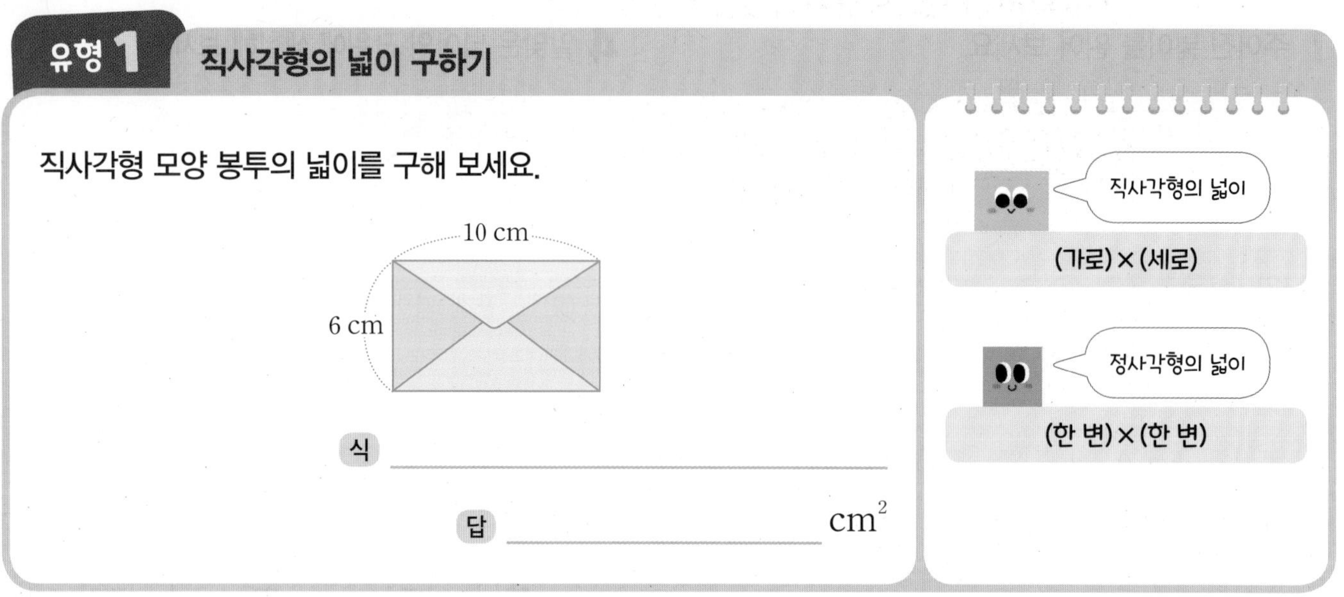

직사각형 모양 봉투의 넓이를 구해 보세요.
10 cm
6 cm
식
답
cm²
직사각형의 넓이
(가로)×(세로)
정사각형의 넓이
(한 변)×(한 변)


**01** 정사각형 모양의 붙임 딱지가 있습니다. 붙임 딱지의 넓이를 구해 보세요.

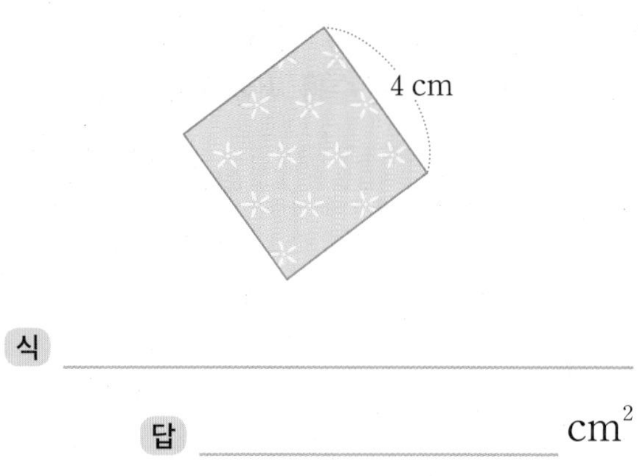


식 ______________________

답 ______________ $cm^2$

**02** 지우가 설명하는 포장지의 넓이를 구해 보세요.

이 포장지는
가로가 35 cm, 세로가 20 cm인
직사각형 모양이에요.
지우


( ) $cm^2$

**03** 주어진 직사각형과 넓이가 같고 모양이 다른 직사각형을 1개 그려 보세요.

**04** 도형의 넓이를 잘못 설명한 친구의 이름을 써 보세요.

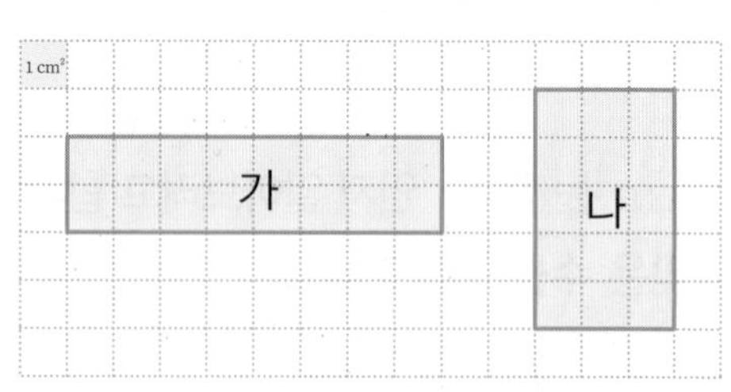


은정: 도형 가는 1 cm² 가 16개이니까 넓이가 16 $cm^2$예요.
영미: 도형 가는 도형 나보다 넓이가 2 $cm^2$ 더 넓어요.

( )

바른답·알찬풀이 41쪽

## 유형 2 평행사변형의 넓이 구하기

평행사변형의 넓이를 구하는 데 필요한 길이를 모두 찾아 ○표 하고, 넓이를 구해 보세요.

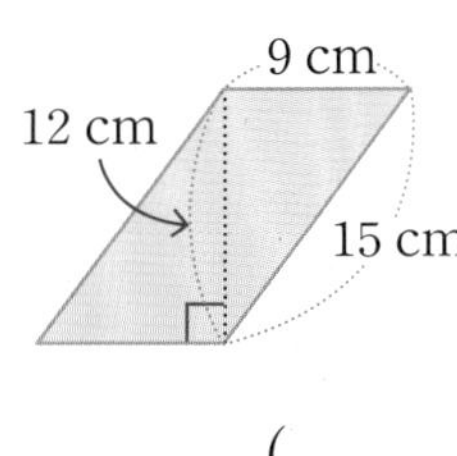


( ) $cm^2$

평행사변형의 넓이
(밑변)×(높이)
밑변은 밑에 있는 변이 아닌 기준이 되는 변이에요. 밑변에 따라 높이가 달라져요.


**05** 평행사변형 모양의 타일이 있습니다. 이 타일의 넓이를 구해 보세요.

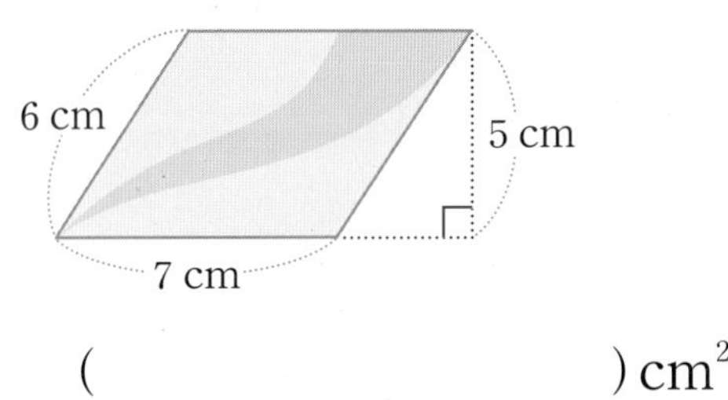


( ) $cm^2$

**06** 넓이가 다른 평행사변형을 찾아 기호를 써 보세요.

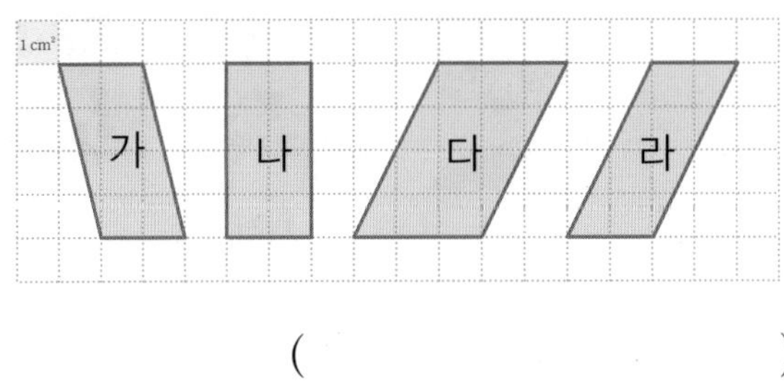


( )

**07** 주어진 평행사변형과 넓이가 같고 모양이 다른 평행사변형을 1개 그려 보세요.

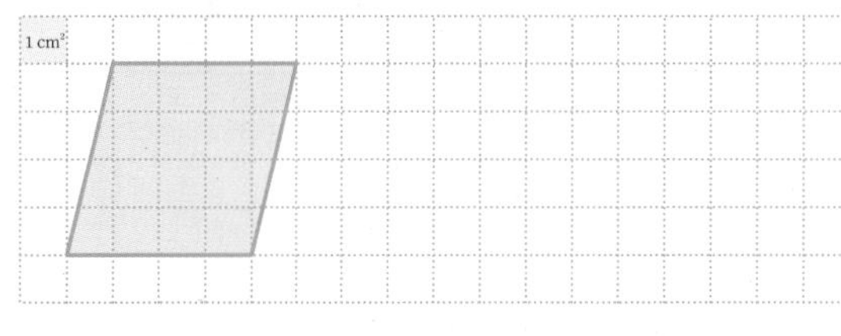


서술형

**08** 직사각형과 평행사변형 중에서 어느 도형의 넓이가 더 넓은지 풀이 과정을 쓰고, 답을 구해 보세요.

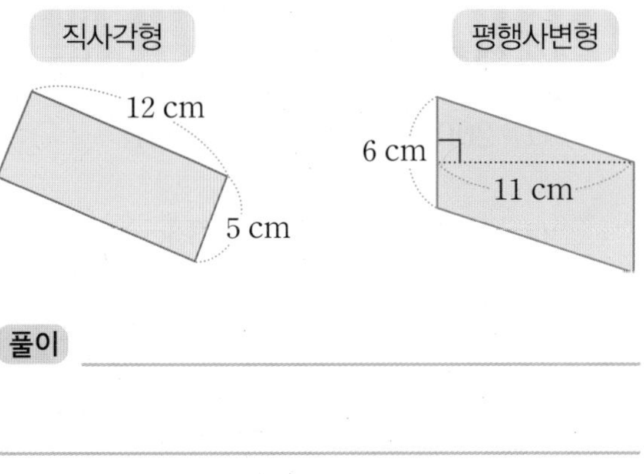


풀이

답

## 유형 3 넓이 단위 사이의 관계 알아보기

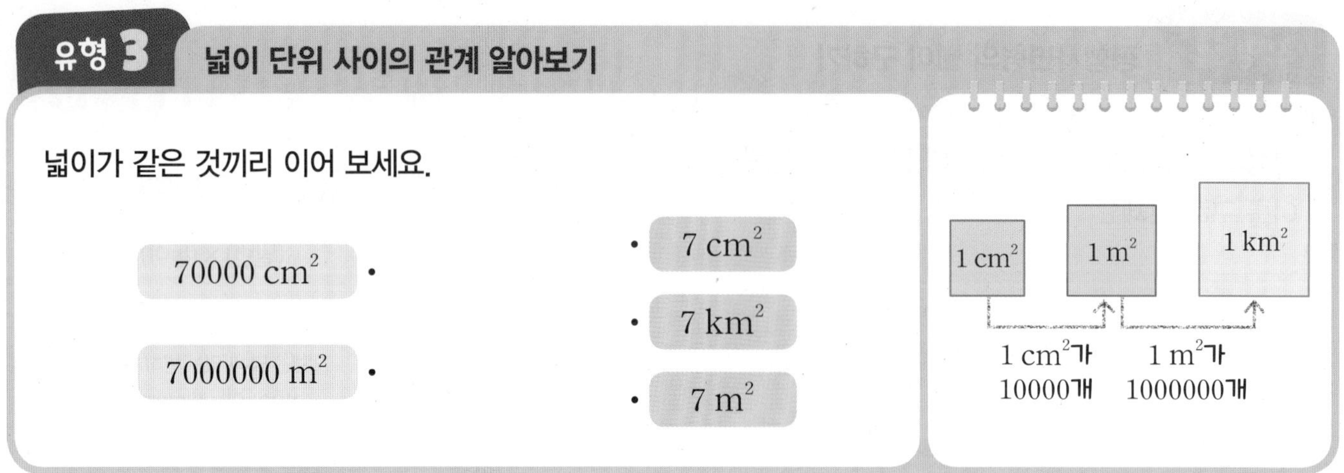


**09** 넓이를 잘못 나타낸 것을 찾아 기호를 써 보세요.

㉠ $300000\ \text{cm}^2 = 30\ \text{m}^2$
㉡ $4\ \text{km}^2 = 4000000\ \text{m}^2$
㉢ $8\ \text{m}^2 = 80000000\ \text{cm}^2$

(　　　　　　　　)

**10** 넓이를 비교하여 ○ 안에 >, =, <를 알맞게 써넣으세요.

(1) $200000\ \text{cm}^2$ ○ $50\ \text{m}^2$

(2) $4000000\ \text{m}^2$ ○ $3\ \text{km}^2$

**11** 직사각형의 넓이는 몇 $\text{km}^2$인지 구해 보세요.

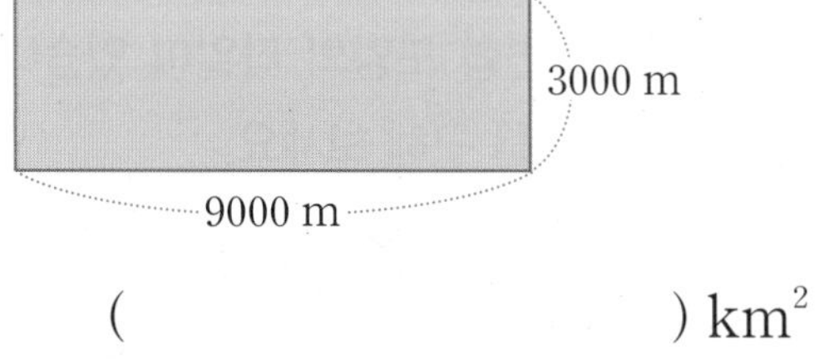


(　　　　　　　　) $\text{km}^2$

**12** 가장 넓은 넓이를 말한 친구를 찾아 이름을 써 보세요.

(　　　　　　　　)

바른답·알찬풀이 41쪽

## 유형 4 넓이를 알 때 변의 길이 구하기

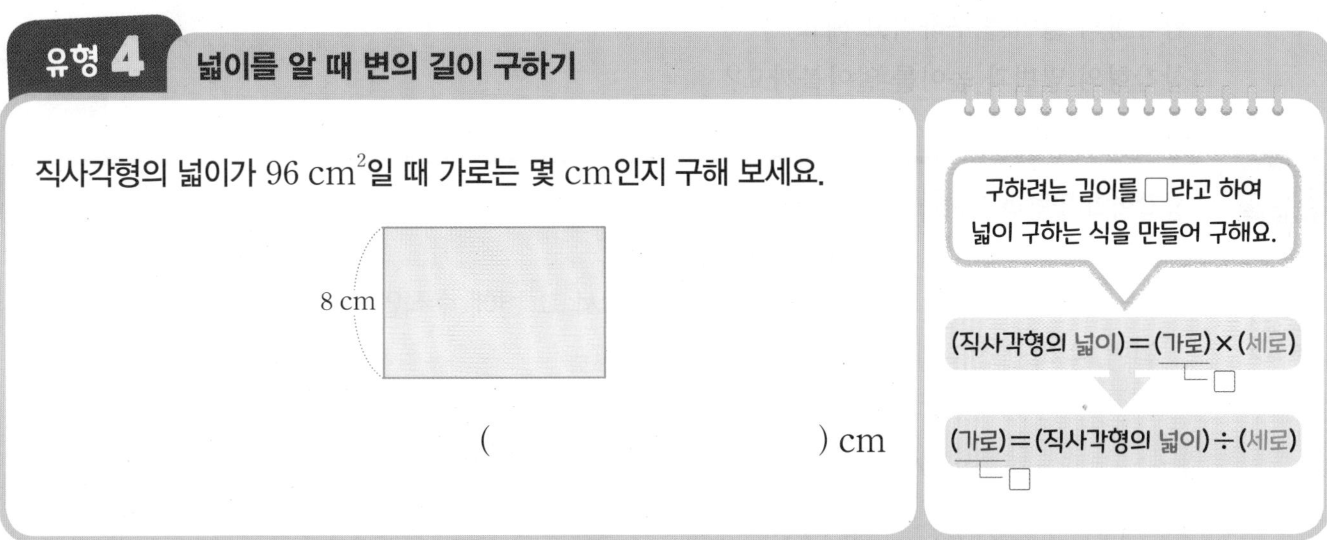

직사각형의 넓이가 96 cm²일 때 가로는 몇 cm인지 구해 보세요.
8 cm
(　　　　　　　) cm
구하려는 길이를 □라고 하여
넓이 구하는 식을 만들어 구해요.
(직사각형의 넓이)=(가로)×(세로)
(가로)=(직사각형의 넓이)÷(세로)


**13** 넓이가 105 $cm^2$, 높이가 15 cm인 평행사변형의 밑변은 몇 cm인지 구해 보세요.

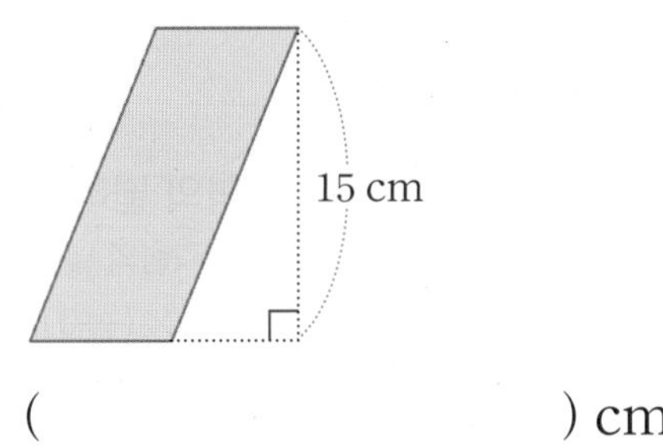


(　　　　　　　) cm

**14** 정사각형의 넓이가 81 $cm^2$일 때 □ 안에 알맞은 수를 써넣으세요.

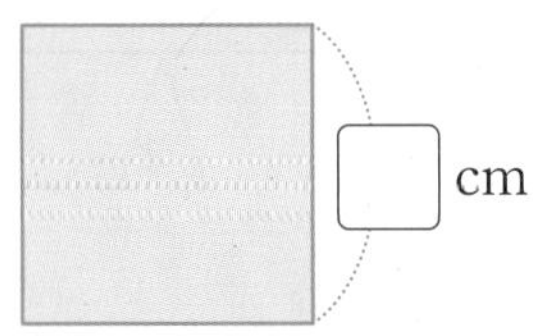


**15** 넓이가 136 $cm^2$인 직사각형 모양의 액자가 있습니다. 이 액자의 가로가 8 cm일 때 세로는 몇 cm인지 구해 보세요.

(　　　　　　　) cm

서술형

**16** 직사각형 가와 정사각형 나의 넓이가 36 $cm^2$로 같을 때 ㉠+㉡은 얼마인지 풀이 과정을 쓰고, 답을 구해 보세요.

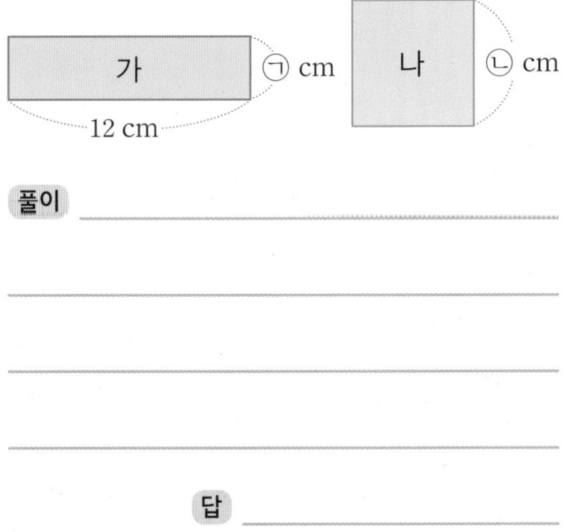


풀이

답

6 단원

공부한 날 월 일

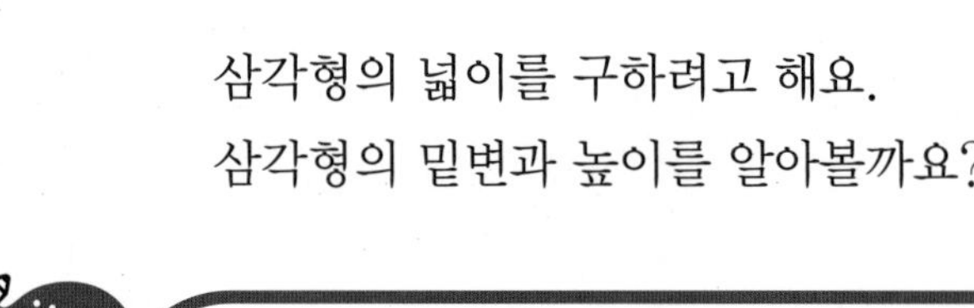

# 7 삼각형의 넓이를 구해요

삼각형의 넓이를 구하려고 해요.
삼각형의 밑변과 높이를 알아볼까요?

## 탐구 삼각형의 밑변과 높이를 알아볼까요?

개념 동영상

삼각형에서 어느 한 변과 마주 보는 꼭짓점에서 그 변에 수직인 선분을 그었을 때 그 변을 밑변, 수직인 선분의 길이를 높이라고 합니다.

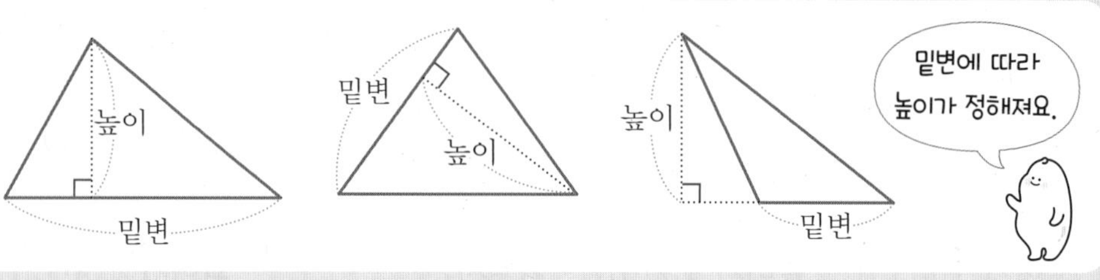


### 삼각형의 넓이 구하는 방법 알아보기

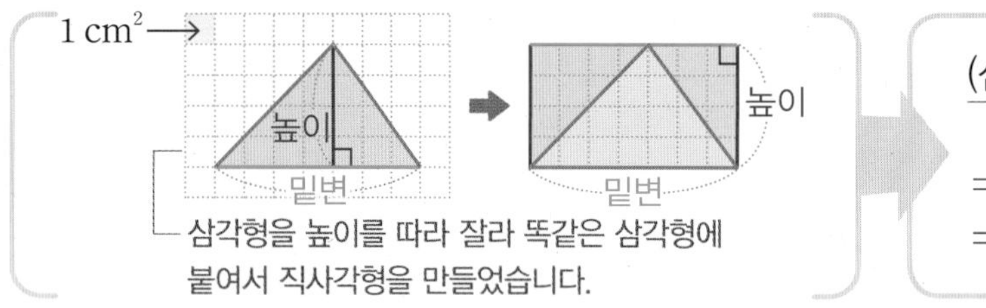


삼각형을 높이를 따라 잘라 똑같은 삼각형에 붙여서 직사각형을 만들었습니다.

(삼각형의 넓이)
└(직사각형의 넓이)÷2
=(밑변)×(높이)÷2
$=7\times4\div2=14\ (cm^2)$

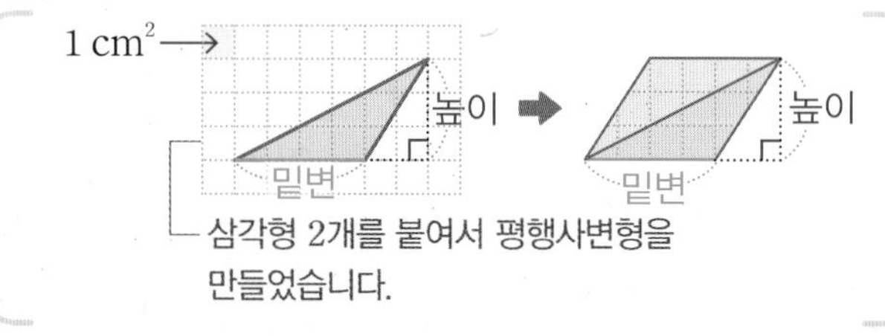


삼각형 2개를 붙여서 평행사변형을 만들었습니다.

(삼각형의 넓이)
└(평행사변형의 넓이)÷2
=(밑변)×(높이)÷2
$=4\times3\div2=6\ (cm^2)$

(삼각형의 넓이)=(밑변)×(높이)÷2

참고 도형 가, 나, 다는 모두 밑변이 2 cm, 높이가 3 cm인 삼각형이므로 넓이는 모두 $2\times3\div2=3\ (cm^2)$입니다.
➡ 삼각형은 밑변과 높이가 같으면 모양이 달라도 넓이가 같습니다.

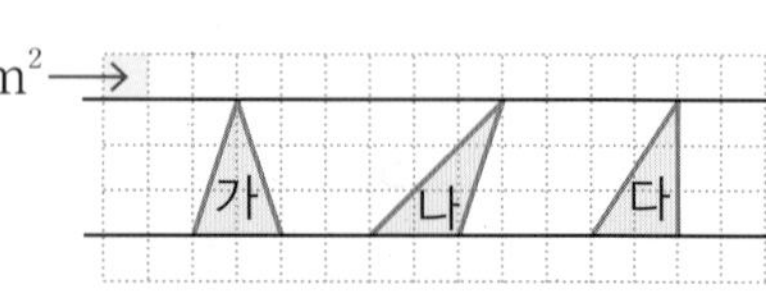

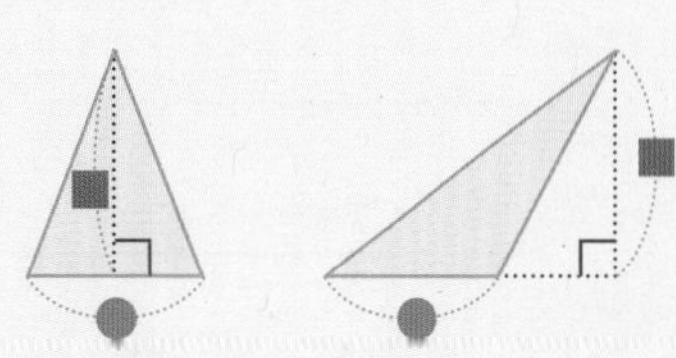

(삼각형의 넓이)=●×■÷2

➔ 바른답·알찬풀이 43쪽

1 보기와 같이 삼각형의 높이를 나타내 보세요.

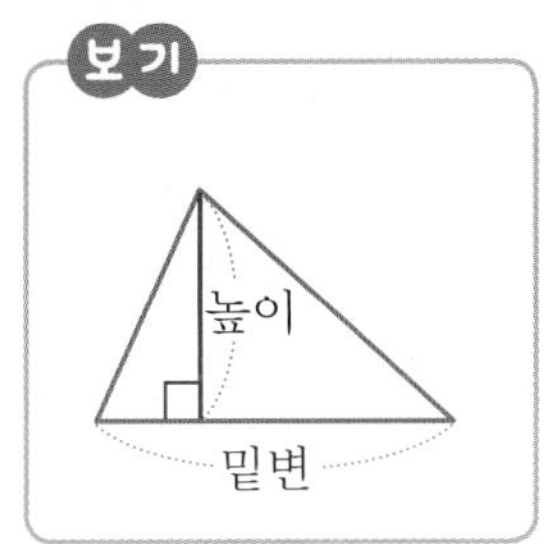


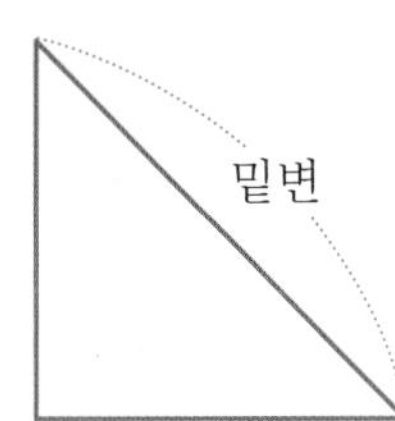


2 삼각형 2개로 직사각형을 만들어 삼각형의 넓이를 구하려고 합니다. □ 안에 알맞은 수를 써넣으세요.

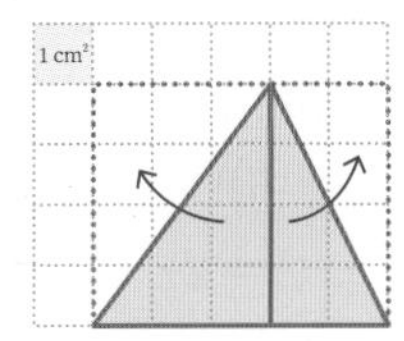


➔

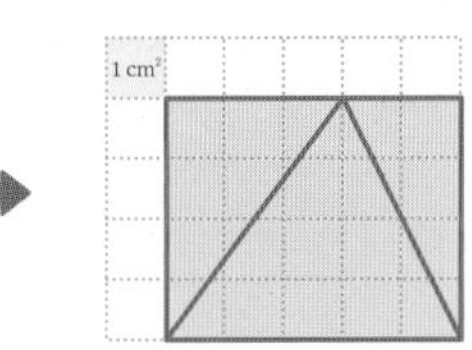


(삼각형의 넓이)=(직사각형의 넓이)÷□

=5×□÷□

=□ (cm²)

3 삼각형 2개로 평행사변형을 만들어 삼각형의 넓이를 구하려고 합니다. □ 안에 알맞은 수를 써넣으세요.

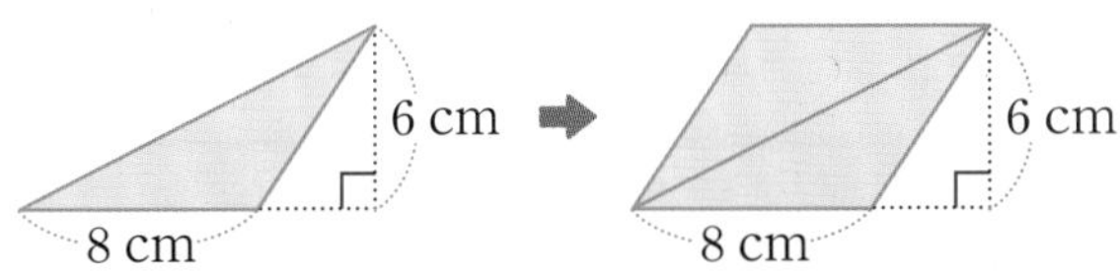


(삼각형의 넓이)=(평행사변형의 넓이)÷□

=□×6÷2

=□ (cm²)

4 삼각형의 넓이를 구해 보세요.

(1)

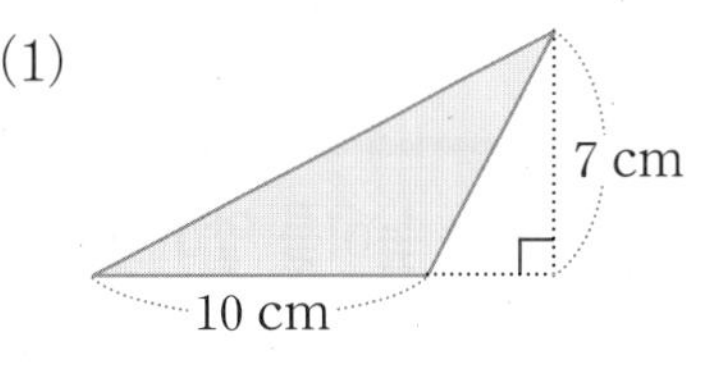


10×□÷2=□ (cm²)

(2)

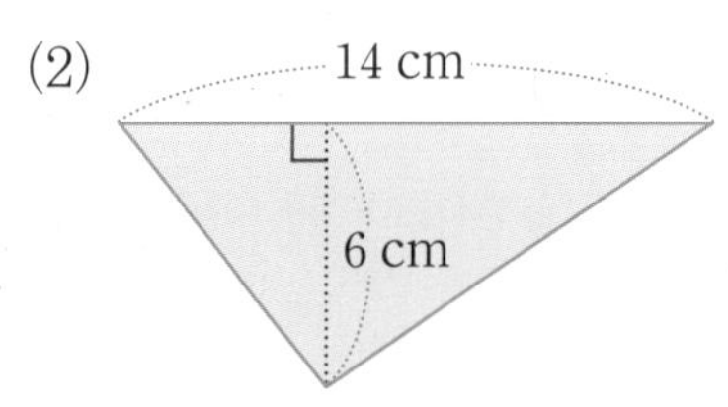


□×6÷2=□ (cm²)

[5~6] 삼각형을 보고 물음에 답하세요.

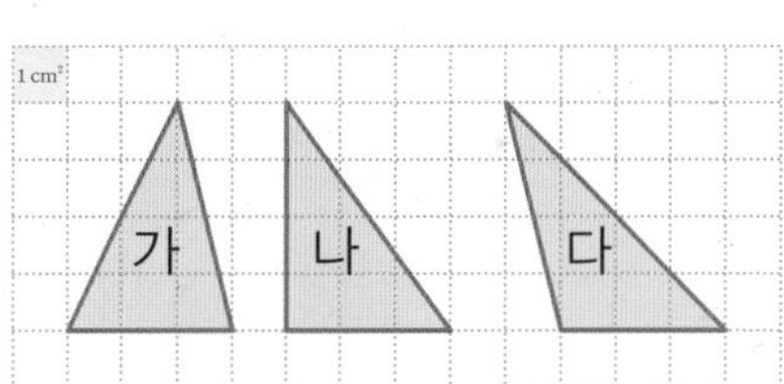


5 표를 완성해 보세요.

| 삼각형 | 밑변(cm) | 높이(cm) | 넓이(cm²) |
|---|---|---|---|
| 가 | 3 | 4 | |
| 나 | 3 | | |
| 다 | 3 | | |

6 위의 표를 보고 알맞은 말에 ○표 하세요.

삼각형은 밑변과 높이가 같으면 모양이 달라도 넓이가 ( 같습니다 , 다릅니다 ).

6 단원

공부한 날 월 일

# 사다리꼴의 넓이를 구해요

사다리꼴의 넓이를 구하려고 해요.
사다리꼴의 밑변과 높이를 알아볼까요?

## 사다리꼴의 밑변과 높이를 알아볼까요?

개념 동영상

사다리꼴에서 평행한 두 변을 밑변이라 하고, 두 밑변 사이의 거리를 높이라고 합니다. 두 밑변을 위치에 따라 윗변, 아랫변이라고 합니다.

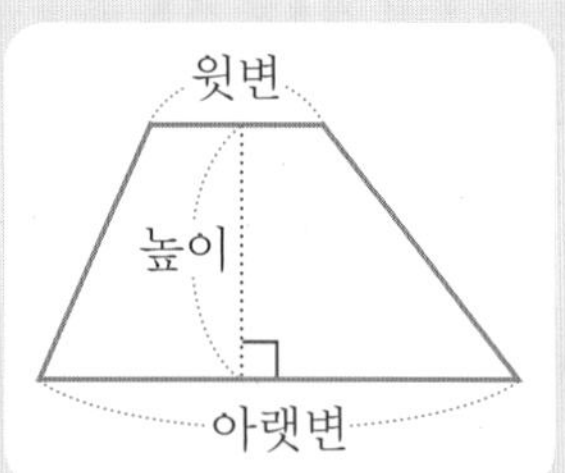


### 사다리꼴의 넓이 구하는 방법 알아보기

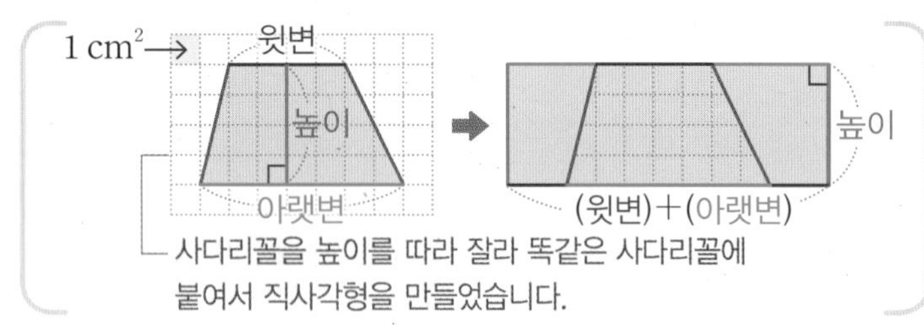


사다리꼴을 높이를 따라 잘라 똑같은 사다리꼴에 붙여서 직사각형을 만들었습니다.

(사다리꼴의 넓이)
└(직사각형의 넓이)÷2
=((윗변)+(아랫변))×(높이)÷2
$=(4+7)\times4\div2=22\ (\text{cm}^2)$

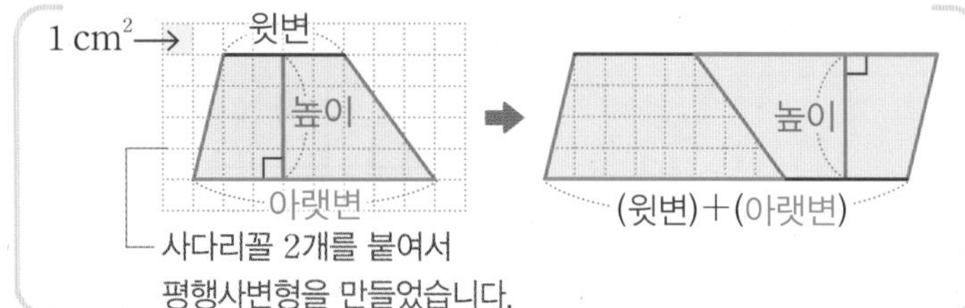


사다리꼴 2개를 붙여서 평행사변형을 만들었습니다.

(사다리꼴의 넓이)
└(평행사변형의 넓이)÷2
=((윗변)+(아랫변))×(높이)÷2
$=(4+8)\times4\div2=24\ (\text{cm}^2)$

**(사다리꼴의 넓이)=((윗변)+(아랫변))×(높이)÷2**

참고

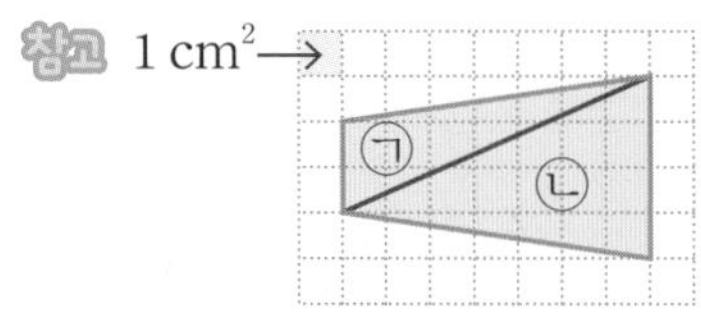


사다리꼴을 삼각형 2개로 나누어 넓이를 구할 수 있습니다.
(사다리꼴의 넓이)=(삼각형 ㉠의 넓이)+(삼각형 ㉡의 넓이)
$=2\times7\div2+4\times7\div2$
$=7+14=21\ (\text{cm}^2)$

이미지로 개념 콕

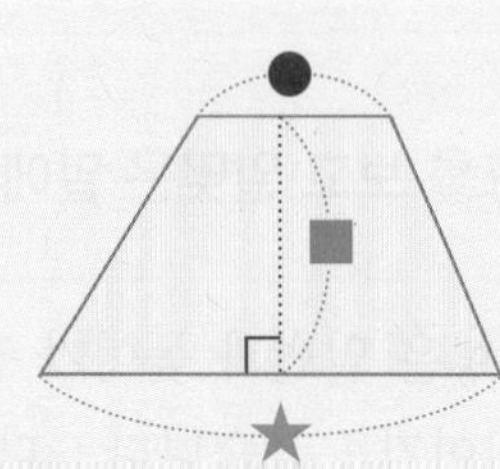

**(사다리꼴의 넓이)=(●+★)×■÷2**

➔ 바른답·알찬풀이 43쪽

**1** 사다리꼴 각 부분의 이름을 □ 안에 알맞게 써넣으세요.

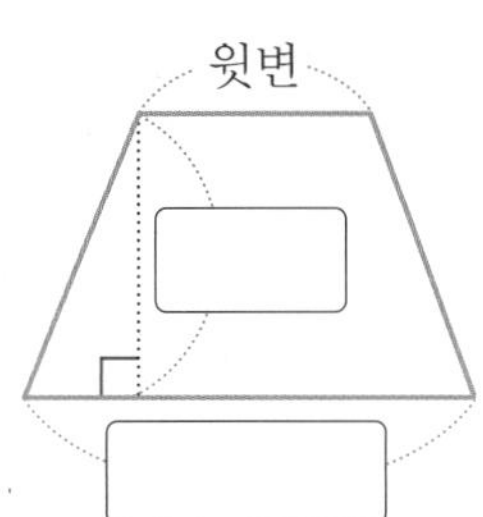


**2** 사다리꼴의 윗변이 7 cm일 때, 빈칸에 알맞은 수를 써넣으세요.

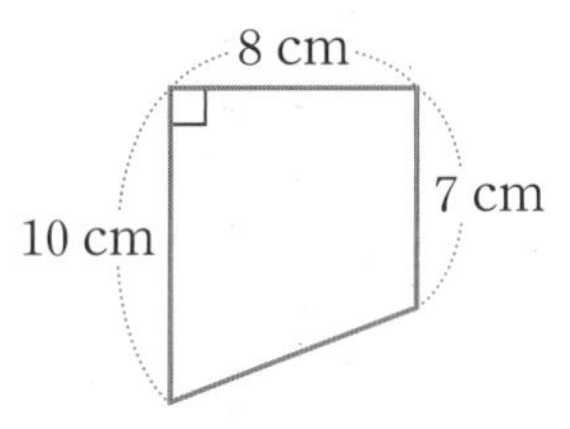


| 아랫변(cm) | |
|---|---|
| 높이(cm) | |

**3** 사다리꼴 2개로 평행사변형을 만들어 사다리꼴의 넓이를 구하려고 합니다. □ 안에 알맞은 수를 써넣으세요.

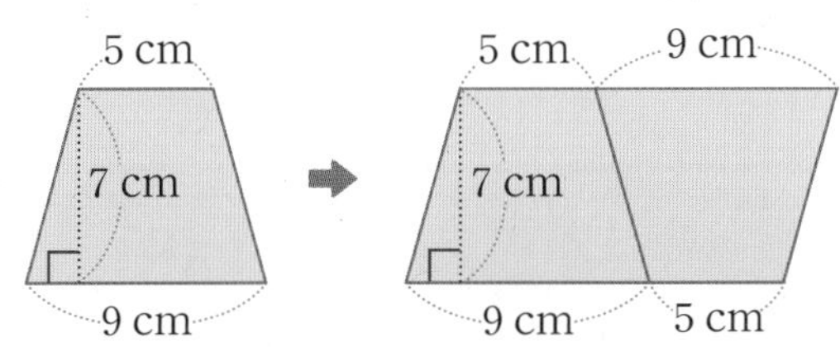


(사다리꼴의 넓이)=(평행사변형의 넓이)÷2

=(□+9)×□÷2

=□ (cm²)

**[4~5]** 사다리꼴에 대각선을 1개 그어 삼각형 2개로 나누었습니다. 물음에 답하세요.

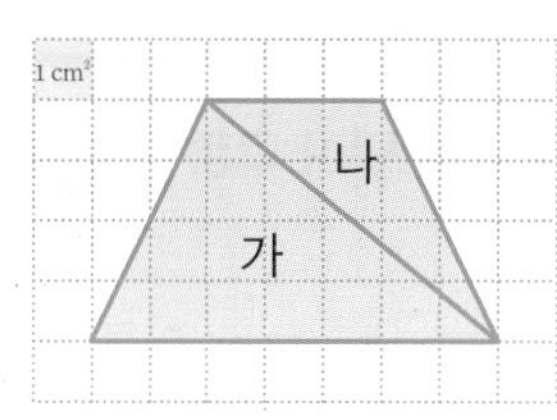


**4** 삼각형 가와 나의 넓이를 각각 구해 보세요.

삼각형 가의 넓이 (　　　　　　) cm²

삼각형 나의 넓이 (　　　　　　) cm²

**5** 삼각형의 넓이를 이용하여 사다리꼴의 넓이를 구해 보세요.

(　　　　　　) cm²

공부한 날

월

일

**6** 사다리꼴의 넓이를 구해 보세요.

(1)

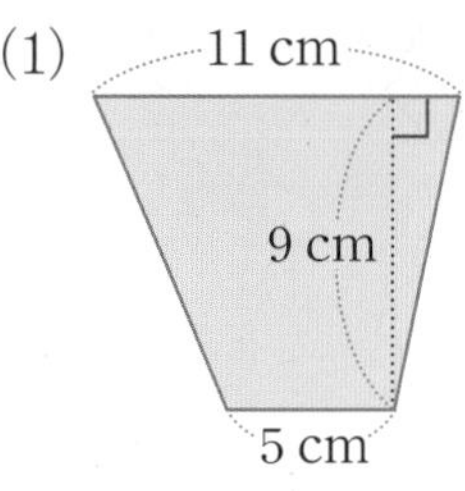


(11+□)×□÷2=□ (cm²)

(2)

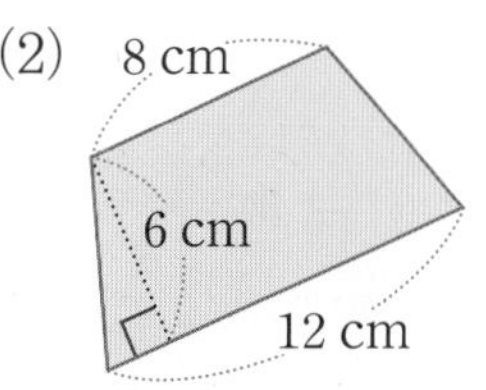


(□+12)×□÷2=□ (cm²)

# 마름모의 넓이를 구해요

마름모의 넓이를 어떻게 구할 수 있을까요?

## 마름모의 넓이 구하는 방법을 알아볼까요?

개념 동영상

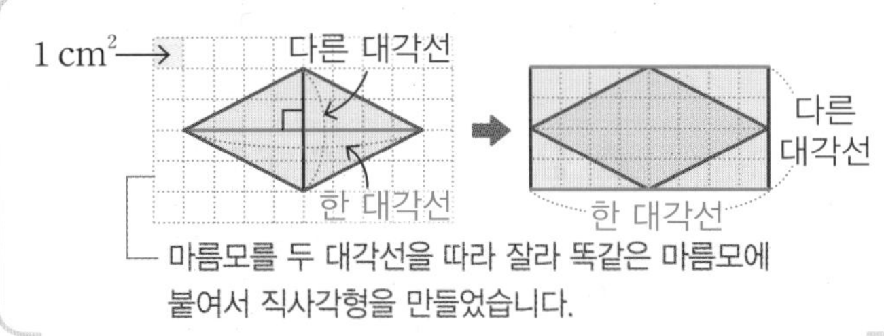


마름모를 두 대각선을 따라 잘라 똑같은 마름모에 붙여서 직사각형을 만들었습니다.

(마름모의 넓이)
└(직사각형의 넓이)÷2
=(한 대각선)×(다른 대각선)÷2
└가로 └세로
$=8\times4\div2=16\ (\text{cm}^2)$

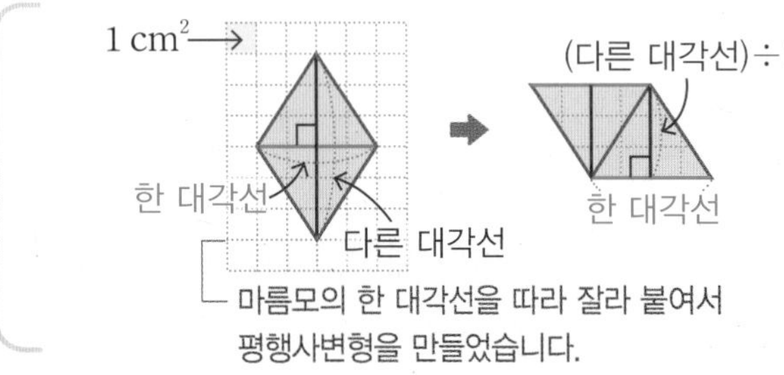


마름모의 한 대각선을 따라 잘라 붙여서 평행사변형을 만들었습니다.

(마름모의 넓이)
└(평행사변형의 넓이)
=(한 대각선)×(다른 대각선)÷2
└밑변 └높이
$=4\times6\div2=12\ (\text{cm}^2)$

(마름모의 넓이)=(한 대각선)×(다른 대각선)÷2

참고 마름모는 두 대각선의 곱이 같으면 모양이 달라도 넓이가 같습니다.

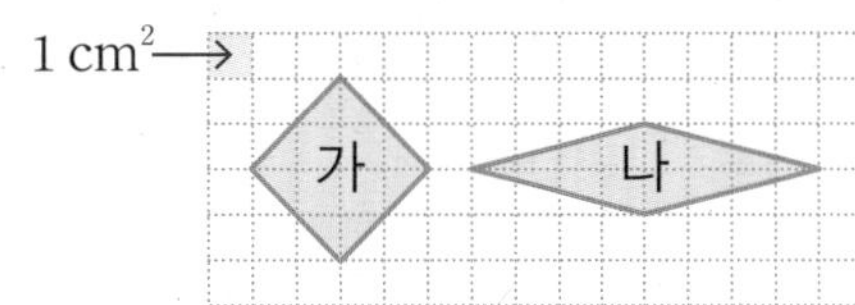


(가의 넓이)$=4\times4\div2=8\ (\text{cm}^2)$
(나의 넓이)$=8\times2\div2=8\ (\text{cm}^2)$

도형 가, 나는 두 대각선의 곱이 같으므로 모양이 다르지만 넓이가 같아요.

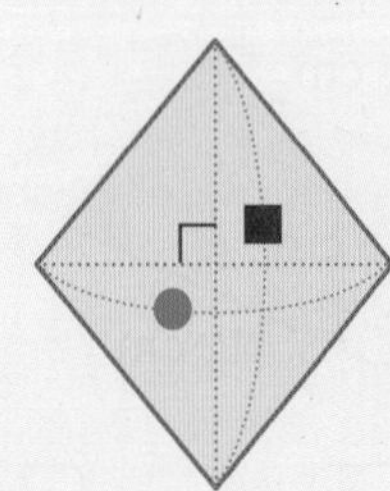

(마름모의 넓이)=●×■÷2

1 마름모의 대각선을 모두 그어 보세요.

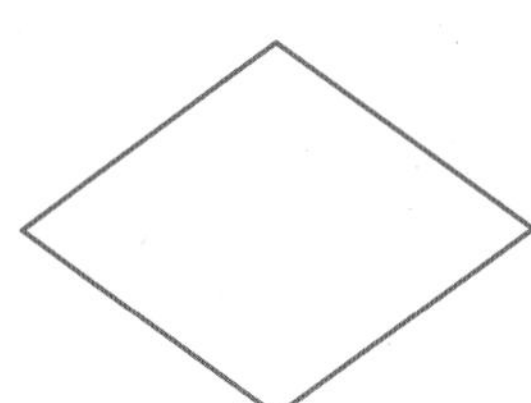

2 직사각형을 이용하여 마름모의 넓이를 구하려고 합니다. □ 안에 알맞은 수를 써넣으세요.

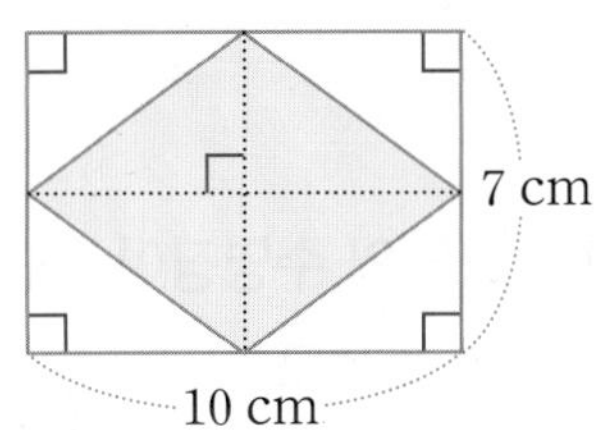


(마름모의 넓이)=(직사각형의 넓이)÷□
=□×□÷2
=□ (cm²)

3 마름모의 넓이를 구하려고 합니다. □ 안에 알맞은 수를 써넣으세요.

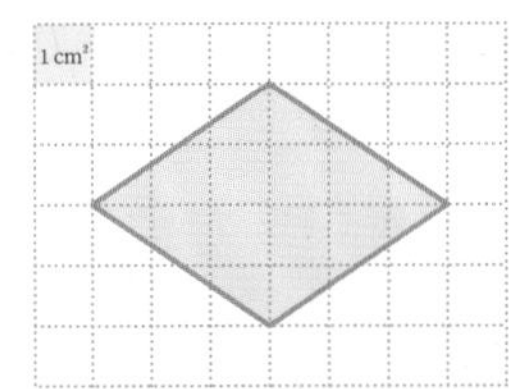


마름모의 한 대각선은 6 cm, 다른 대각선은 □ cm이므로 마름모의 넓이는 $6\times□\div2=□$ (cm²)입니다.

[4~5] 마름모의 한 대각선을 따라 잘라 붙여서 만든 평행사변형을 이용하여 마름모의 넓이를 구하려고 합니다. 물음에 답하세요.

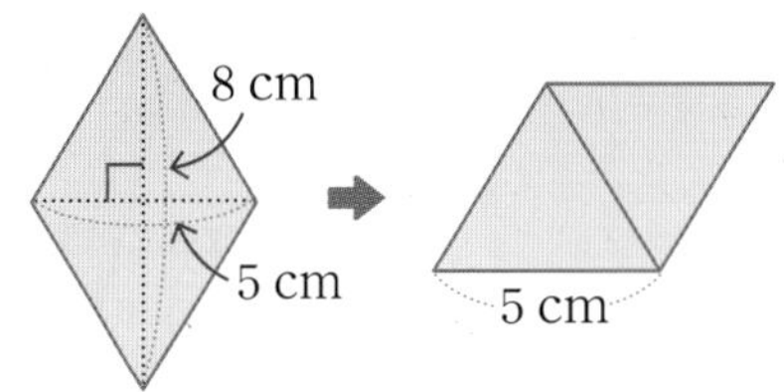


4 평행사변형의 밑변이 5 cm일 때 높이는 몇 cm인가요?

( ) cm

5 □ 안에 알맞은 수를 써넣으세요.

(마름모의 넓이)=(평행사변형의 넓이)
=5×□=□ (cm²)

6 마름모의 넓이를 구해 보세요.

(1)

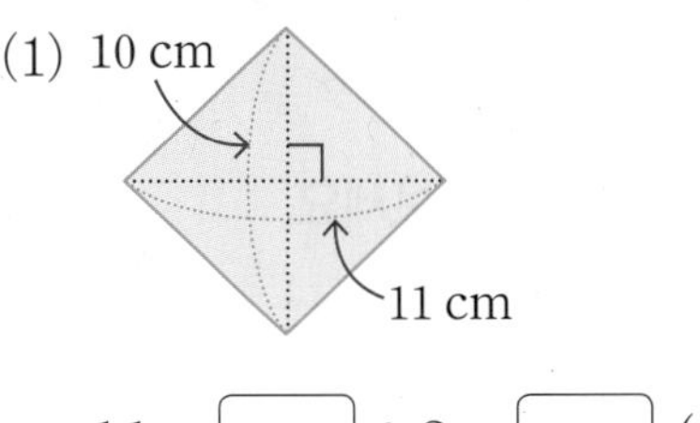


$11\times□\div2=□$ (cm²)

(2)

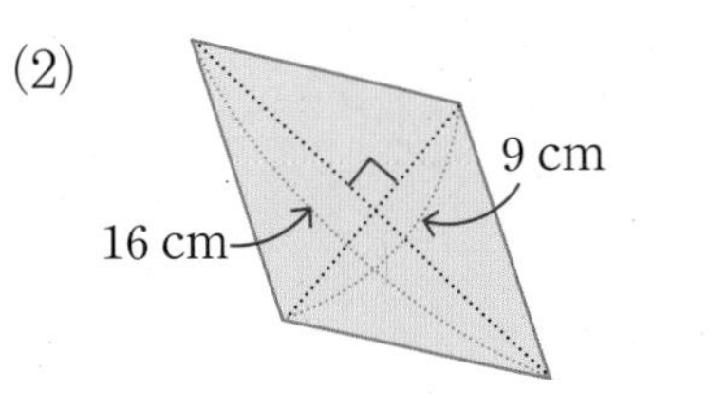


$16\times□\div□=□$ (cm²)

2단계 유형별 실력쑥쑥

## 유형 1 삼각형, 사다리꼴, 마름모의 넓이 구하기

삼각형의 넓이를 구해 보세요.

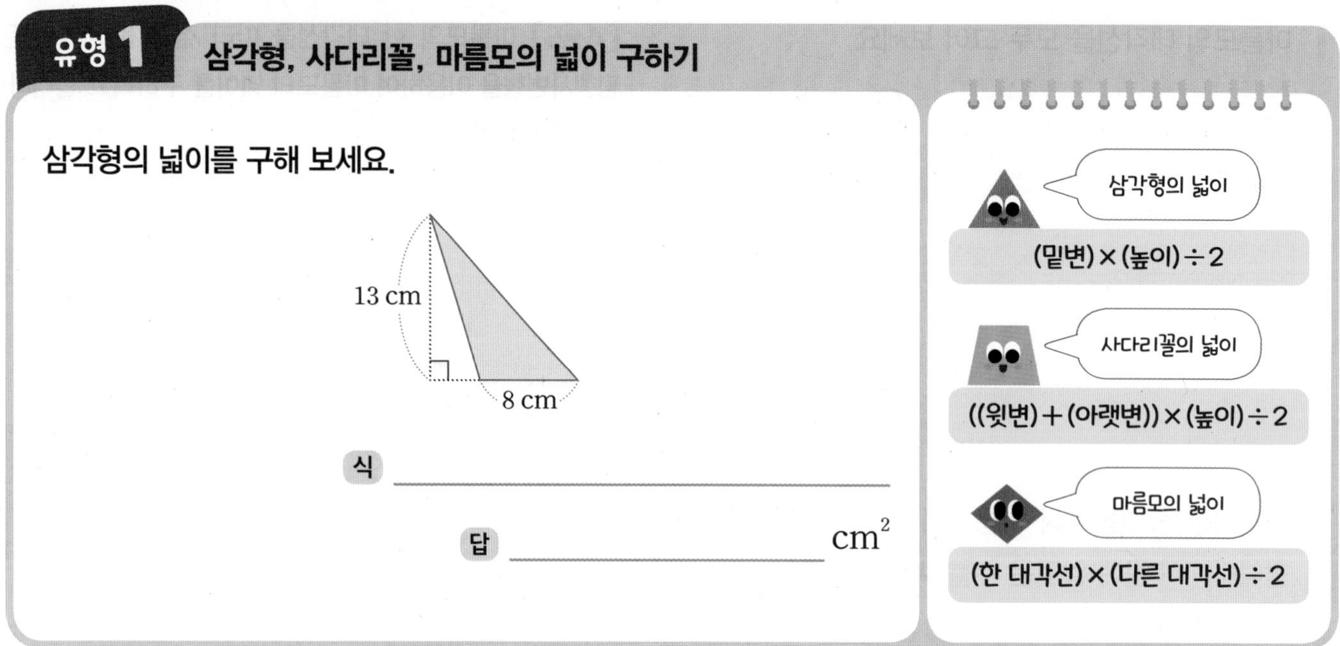

13 cm
8 cm
삼각형의 넓이
(밑변)×(높이)÷2
사다리꼴의 넓이
((윗변)+(아랫변))×(높이)÷2
마름모의 넓이
(한 대각선)×(다른 대각선)÷2


식 ______

답 ______ $cm^2$

**01** 사다리꼴의 넓이를 구해 보세요.

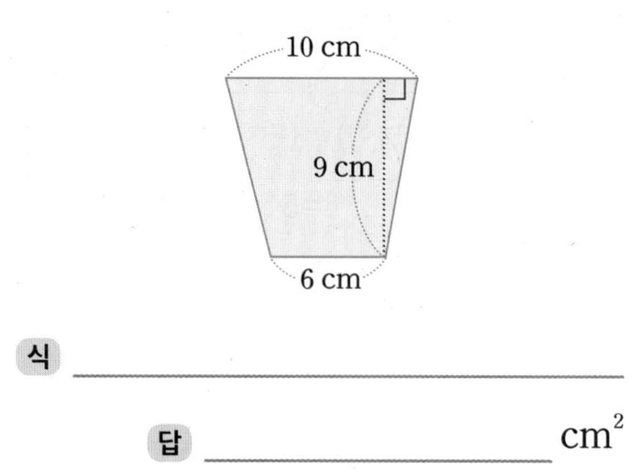


식 ______

답 ______ $cm^2$

**02** 마름모의 넓이를 구해 보세요.

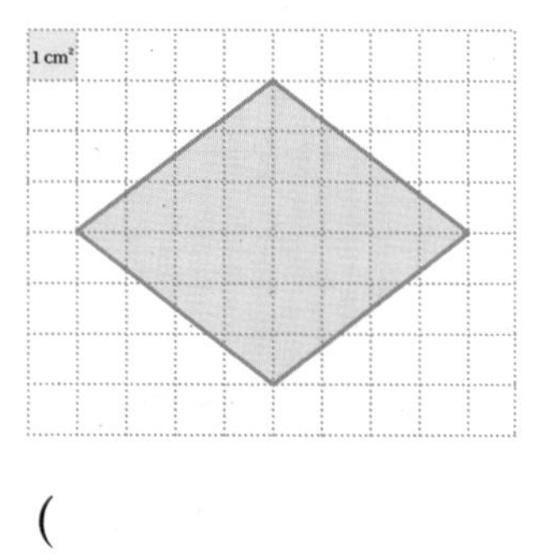


(　　　　　　) $cm^2$

**03** 사다리꼴 모양의 수영장이 있습니다. 수영장의 넓이를 구해 보세요.

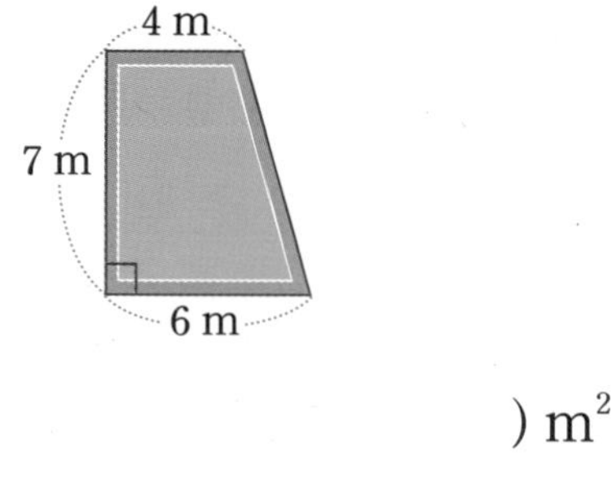


(　　　　　　) $m^2$

**04** 마름모와 삼각형 중에서 넓이가 더 넓은 도형의 이름을 써 보세요.

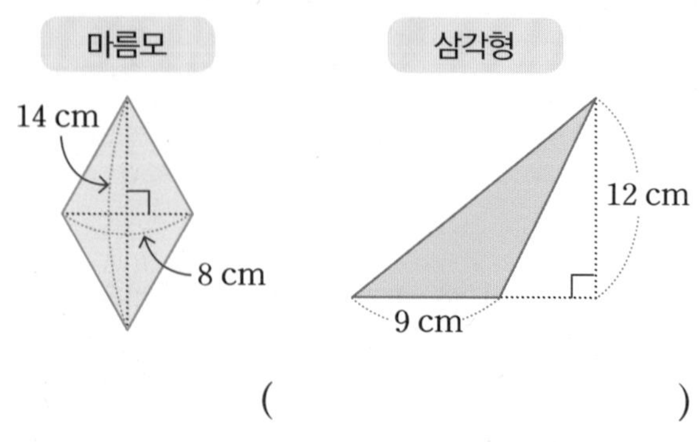


(　　　　　　)

➜ 바른답·알찬풀이 44쪽

## 유형 2 넓이가 다른 도형 찾기

넓이가 다른 삼각형을 찾아 기호를 써 보세요.

1 cm²

가 나 다

( )

1 cm²

가 나

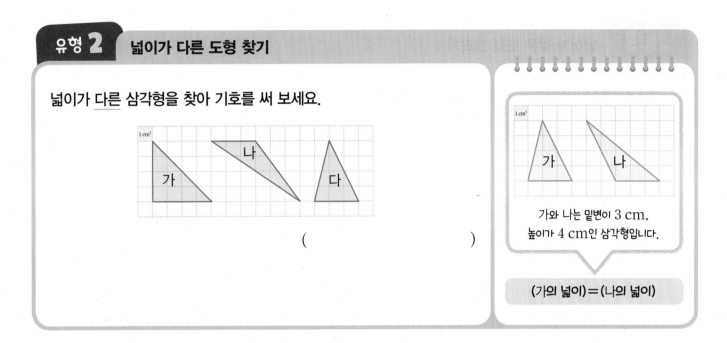

가와 나는 밑변이 3 cm, 높이가 4 cm인 삼각형입니다.

(가의 넓이)=(나의 넓이)

**05** 넓이가 다른 사다리꼴을 찾아 기호를 써 보세요.

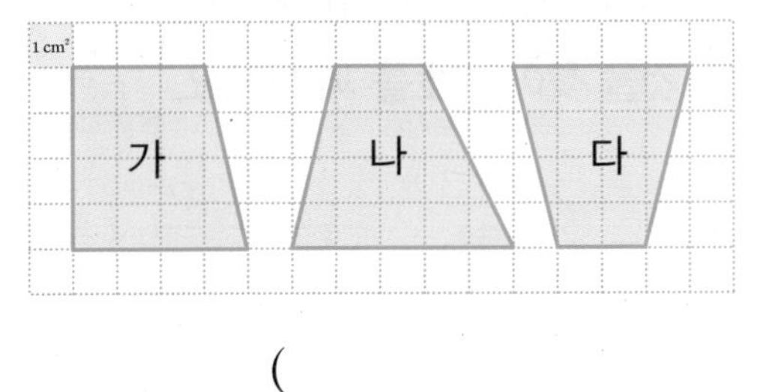


( )

Tip 마름모의 두 대각선의 곱이 같으면 모양이 달라도 넓이가 같습니다.

**06** 넓이가 같은 두 마름모를 찾아 기호를 써 보세요.

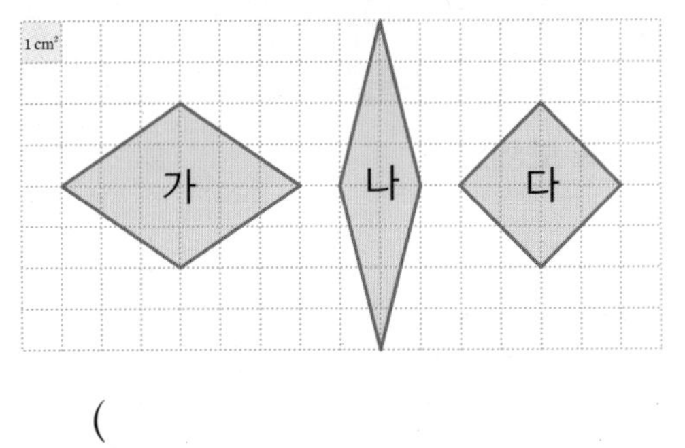


( )

**07** 경호와 예지는 각각 다음 길이를 두 대각선으로 하는 마름모를 그렸습니다. 주어진 마름모와 넓이가 같은 마름모를 그린 친구의 이름을 써 보세요.

경호: 15 cm, 6 cm
예지: 12 cm, 8 cm

9 cm

10 cm

( )

서술형

**08** 넓이가 다른 삼각형을 찾아 기호를 쓰고, 그 이유를 써 보세요.

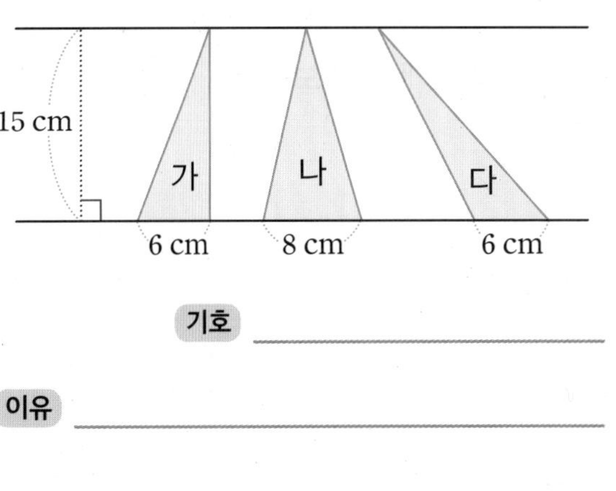


기호 ______

이유 ______

6 단원

공부한 날 월 일

## 유형 3 넓이가 같은 도형 그리기

주어진 삼각형과 넓이가 같고 모양이 다른 삼각형을 1개 그려 보세요.

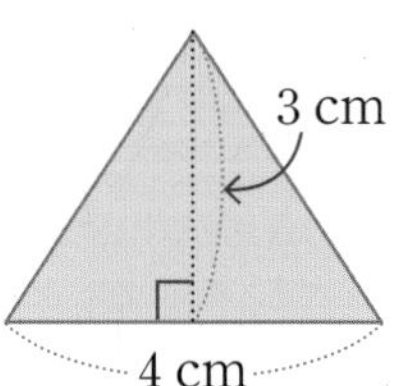

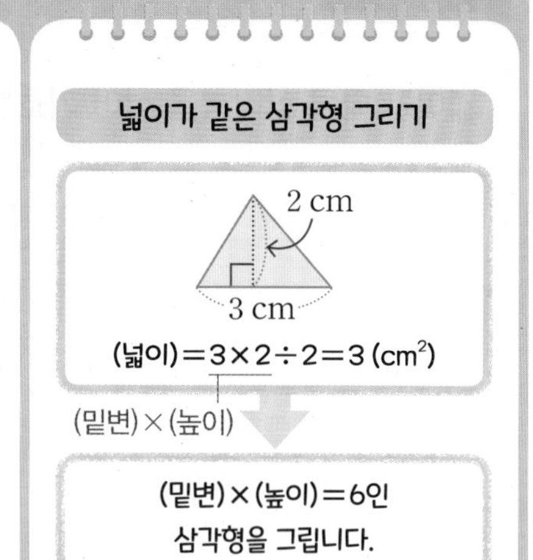

넓이가 같은 삼각형 그리기
2 cm
3 cm
(넓이)=3×2÷2=3 (cm²)
(밑변)×(높이)
(밑변)×(높이)=6인
삼각형을 그립니다.


**09** 오른쪽 삼각형과 넓이가 같고 모양이 다른 삼각형을 1개 그려 보세요.

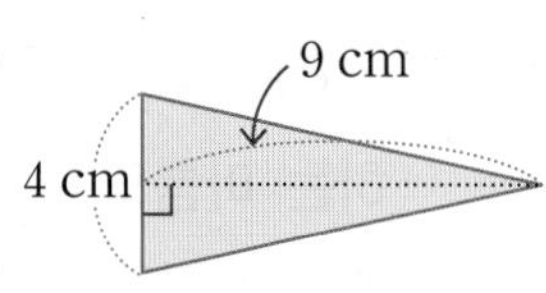


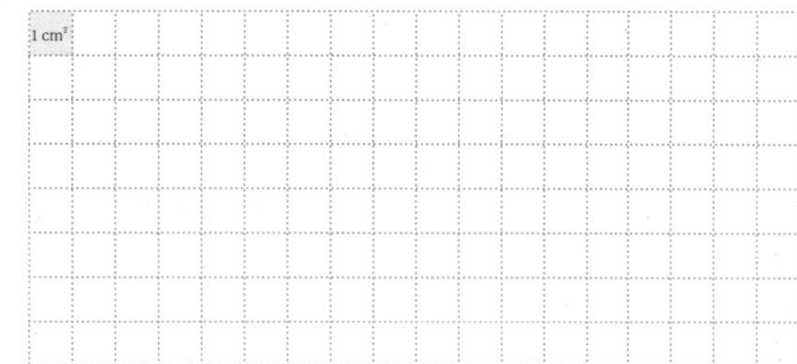


**10** 오른쪽 마름모와 넓이가 같고 모양이 다른 마름모를 1개 그려 보세요.

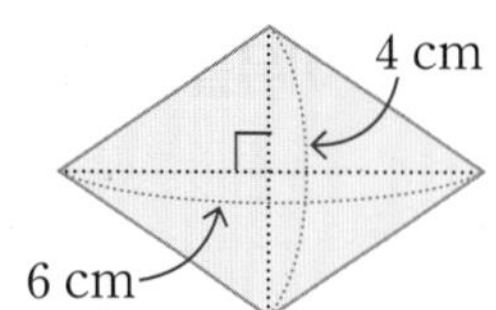

**11** 오른쪽 사다리꼴과 넓이가 같은 사다리꼴을 바르게 그린 것을 찾아 기호를 써 보세요.

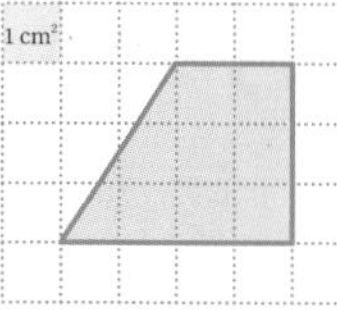


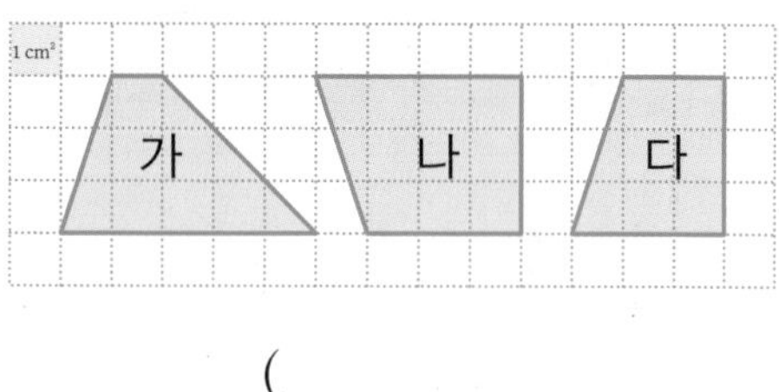


( )

**12** 오른쪽 사다리꼴과 넓이와 높이가 같고 모양이 다른 사다리꼴을 1개 그려 보세요.

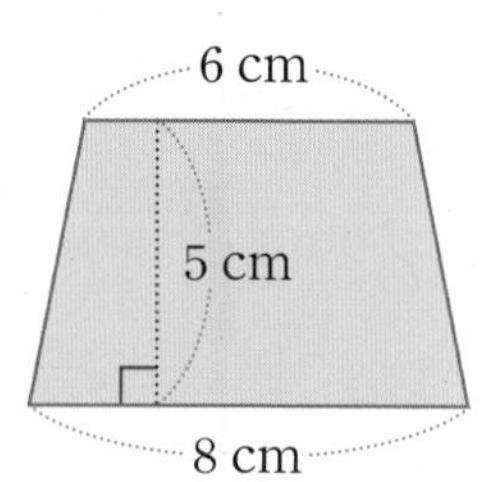

➔ 바른답·알찬풀이 44쪽

## 유형 4 넓이를 알 때 □ 안에 알맞은 수 구하기

마름모의 넓이가 68 $cm^2$일 때 □ 안에 알맞은 수를 써넣으세요.

8 cm

□ cm

■ cm

▲ cm

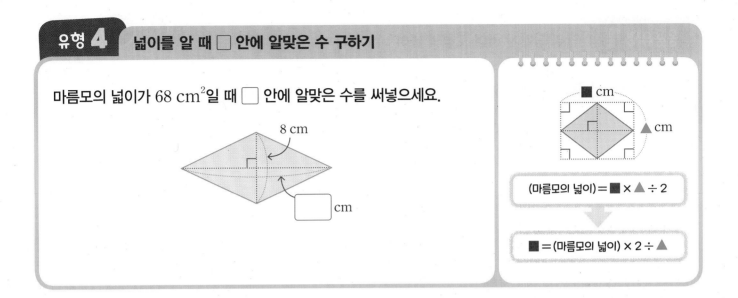

(마름모의 넓이)=■×▲÷2

■=(마름모의 넓이)×2÷▲

**13** 삼각형의 넓이가 108 $cm^2$일 때 □ 안에 알맞은 수를 써넣으세요.

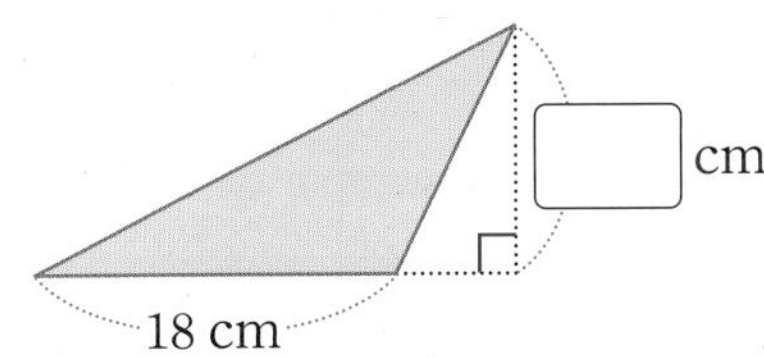


**14** 사다리꼴의 넓이가 42 $cm^2$일 때 □ 안에 알맞은 수를 써넣으세요.

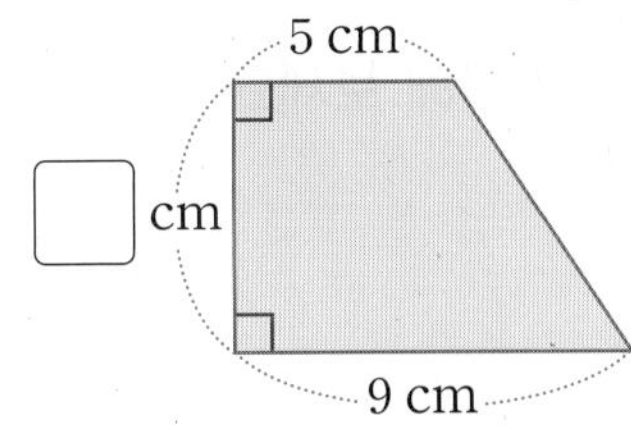


**15** 넓이가 630 $cm^2$인 마름모 모양의 가오리연 몸통을 만들었습니다. 마름모의 한 대각선이 30 cm일 때 다른 대각선은 몇 cm인지 구해 보세요.

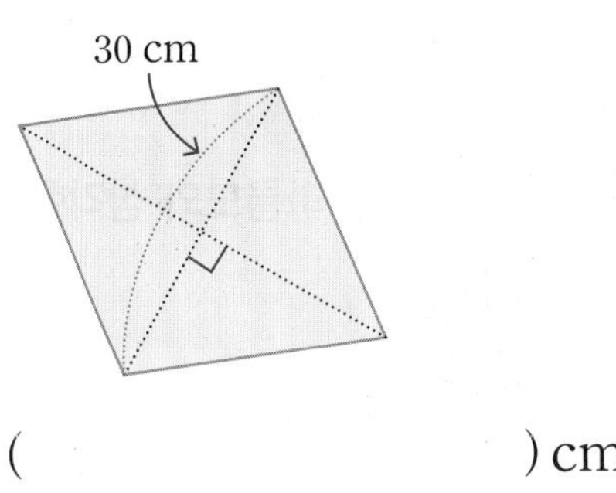


(　　　　　　　　) cm

서술형

**16** 윗변이 10 m, 아랫변이 12 m인 사다리꼴 모양의 텃밭을 만들려고 합니다. 넓이가 77 $m^2$가 되게 하려면 높이는 몇 m로 해야 하는지 풀이 과정을 쓰고, 답을 구해 보세요.

풀이

답 ______ m

6 단원

공부한 날 월 일

## 응용유형 1 단위를 같게 하여 도형의 넓이 비교하기

**직사각형과 평행사변형 중에서 넓이가 더 넓은 도형의 이름을 써 보세요.**

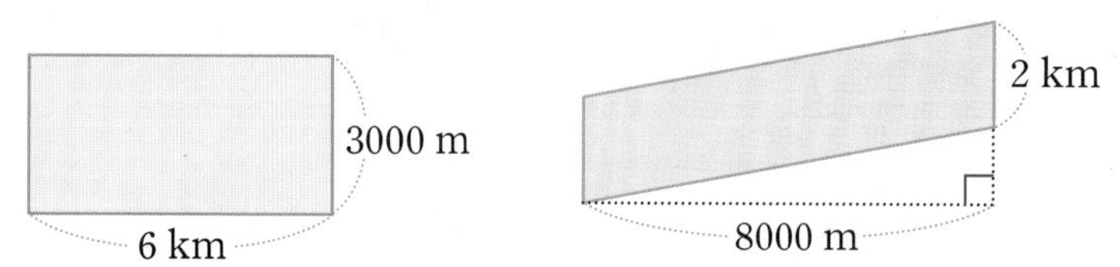


(1) 직사각형의 넓이는 몇 $km^2$인지 구해 보세요.

( ) $km^2$

(2) 평행사변형의 넓이는 몇 $km^2$인지 구해 보세요.

( ) $km^2$

(3) 직사각형과 평행사변형 중에서 넓이가 더 넓은 도형의 이름을 써 보세요.

( )

유사

**1-1** 마름모와 삼각형 중에서 넓이가 더 넓은 도형의 이름을 써 보세요.

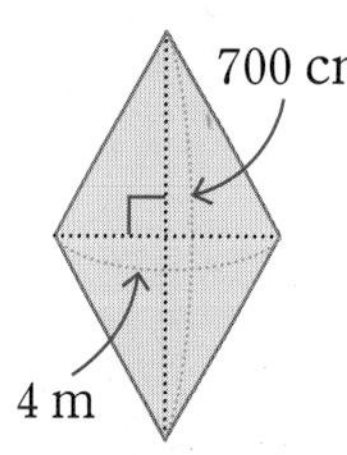

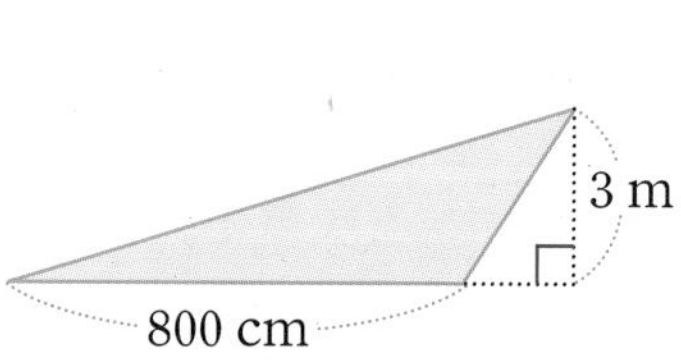


( )

변형

**1-2** 도형을 보고 넓이가 가장 넓은 도형의 넓이는 몇 $km^2$인지 구해 보세요.

사다리꼴

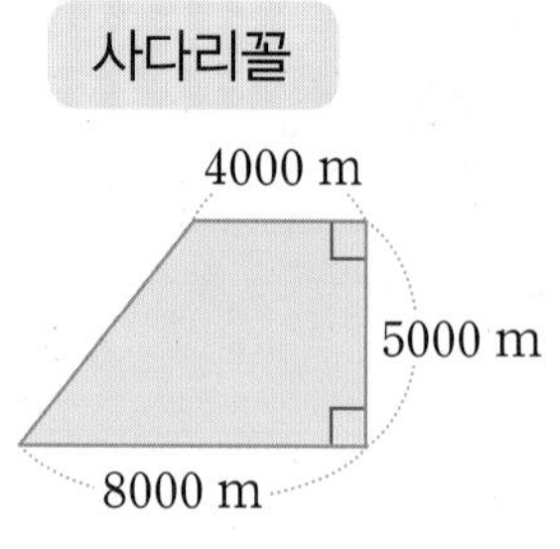


정사각형

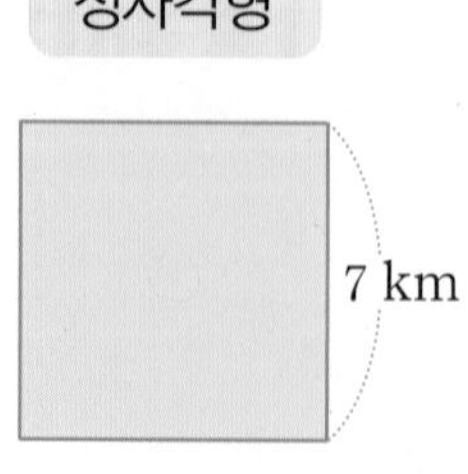


마름모

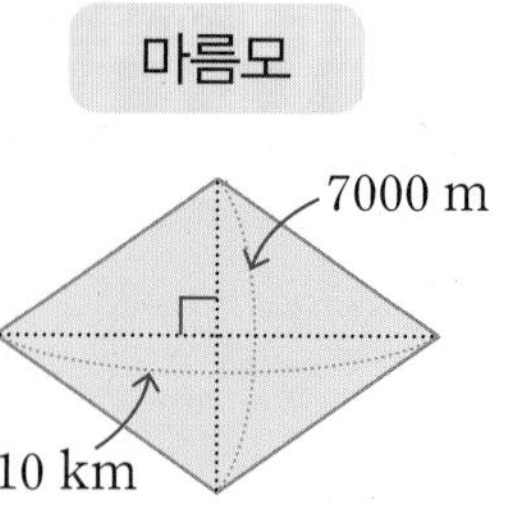


( ) $km^2$

바른답·알찬풀이 45쪽

## 응용유형 2 도형의 둘레를 이용하여 넓이 구하기

문제 해결 추론

직사각형의 둘레가 44 cm일 때 직사각형의 넓이는 몇 $cm^2$인지 구해 보세요.

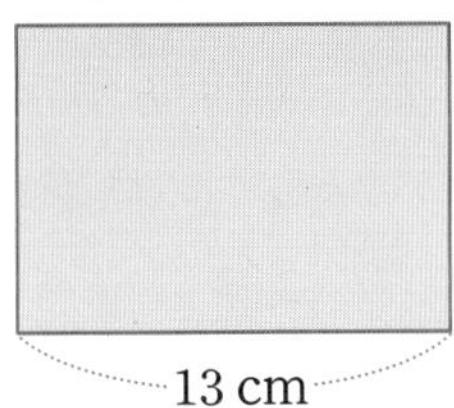


(1) 직사각형의 세로는 몇 cm인지 구해 보세요.

( ) cm

(2) 직사각형의 넓이는 몇 $cm^2$인지 구해 보세요.

( ) $cm^2$

유사

**2-1** 사다리꼴의 둘레가 42 cm일 때 사다리꼴의 넓이는 몇 $cm^2$인지 구해 보세요.

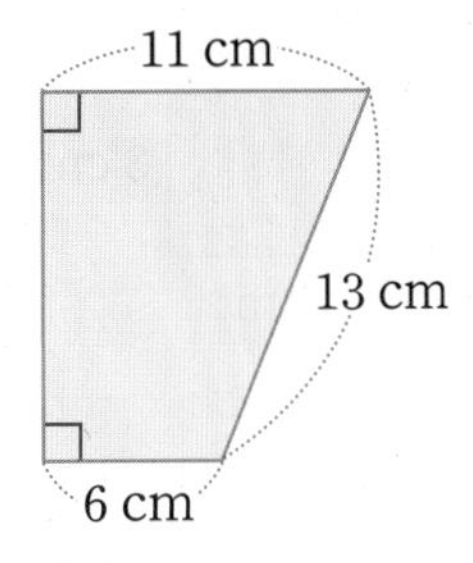


( ) $cm^2$

변형

**2-2** 밑변이 14 cm인 평행사변형의 높이와 정사각형의 한 변이 같습니다. 정사각형의 둘레가 28 cm일 때 평행사변형의 넓이는 몇 $cm^2$인지 구해 보세요.

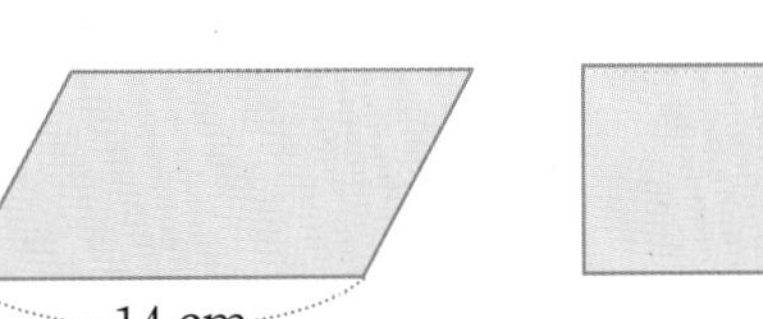


( ) $cm^2$

6 단원

공부한 날 월 일

## 응용유형 3 도형의 넓이가 같음을 이용하여 길이 구하기

문제해결 추론

두 삼각형의 넓이가 같을 때 □ 안에 알맞은 수를 구해 보세요.

가 8 cm 18 cm

나 □ cm 16 cm

(1) 삼각형 가의 넓이를 구해 보세요.

( ) $cm^2$

(2) □ 안에 알맞은 수를 구해 보세요.

( )

유사

**3-1** 사다리꼴과 평행사변형의 넓이가 같을 때 □ 안에 알맞은 수를 써넣으세요.

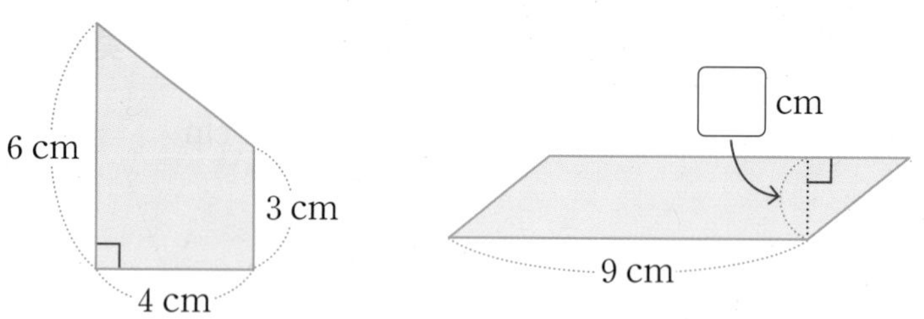


변형

**3-2** 직사각형, 마름모, 삼각형의 넓이가 모두 같을 때 ㉠+㉡을 구해 보세요.

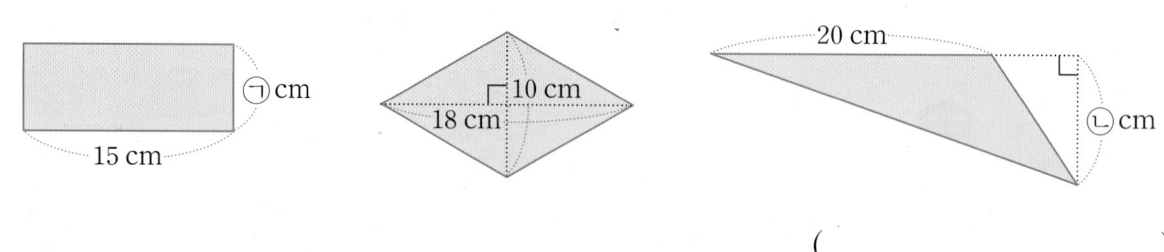


( )

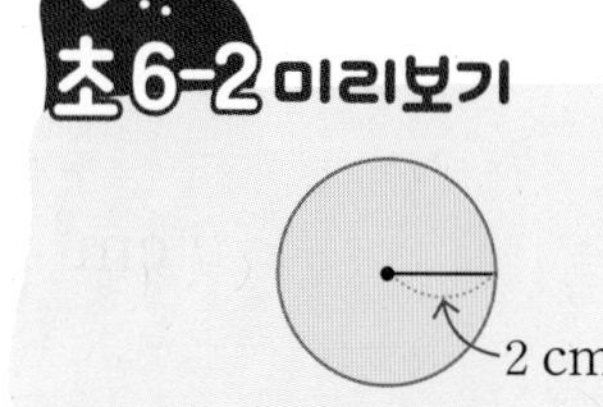


반지름이 2 cm인 원의 넓이는
(반지름)×(반지름)×(원주율)=□×□×3=□ $(cm^2)$입니다.

답 2, 2, 12

원의 둘레를 원주라 하고, 원의 지름에 대한 원주의 비율을 원주율이라고 해요.

➔ 바른답·알찬풀이 45쪽

## 응용유형 4 조건을 만족하는 도형 그리기

둘레가 20 cm이고 넓이가 24 $cm^2$인 직사각형을 1개 그려 보세요. (단, 직사각형의 가로와 세로는 자연수입니다.)

(1) 위의 조건을 보고 □ 안에 알맞은 수를 써넣으세요.

(가로)+(세로)=□ (가로)×(세로)=□

(2) 표를 완성하고, 조건을 만족하는 가로와 세로를 구하여 위의 모눈종이에 직사각형을 1개 그려 보세요.

| 가로(cm) | 1 | 2 | 3 | 4 | 5 | | | | |
|---|---|---|---|---|---|---|---|---|---|
| 세로(cm) | 9 | | | | | 4 | 3 | 2 | 1 |
| 넓이($cm^2$) | 9 | | | | | | | | |

유사

**4-1** 둘레가 26 cm이고 넓이가 36 $cm^2$인 직사각형을 1개 그려 보세요.

변형

**4-2** 연서의 설명에 맞는 정육각형을 1개 그려 보세요.

5 cm

이 정다각형의 둘레보다 둘레를 짧게 그려요.

1 cm
1 cm

6 단원

공부한 날 월 일

## 응용유형 5 여러 가지 다각형의 넓이 구하기

**오른쪽 사각형 ㄱㄴㄷㄹ의 넓이를 구해 보세요.**

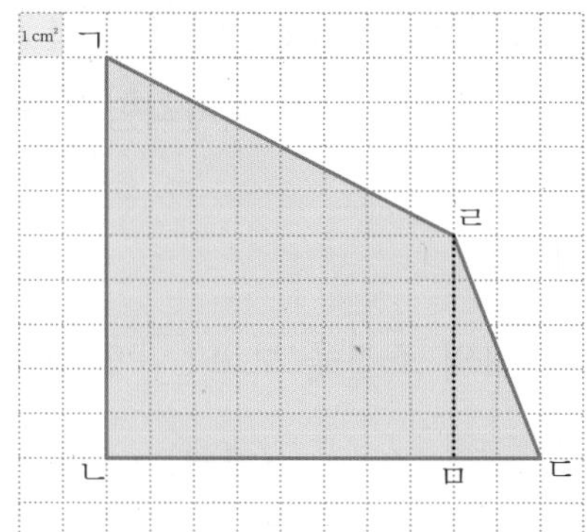


(1) 사다리꼴 ㄱㄴㅁㄹ의 넓이를 구해 보세요.

( ) $cm^2$

(2) 삼각형 ㄹㅁㄷ의 넓이를 구해 보세요.

( ) $cm^2$

(3) 사각형 ㄱㄴㄷㄹ의 넓이를 구해 보세요.

( ) $cm^2$

**5-1** 사각형의 넓이를 구해 보세요.

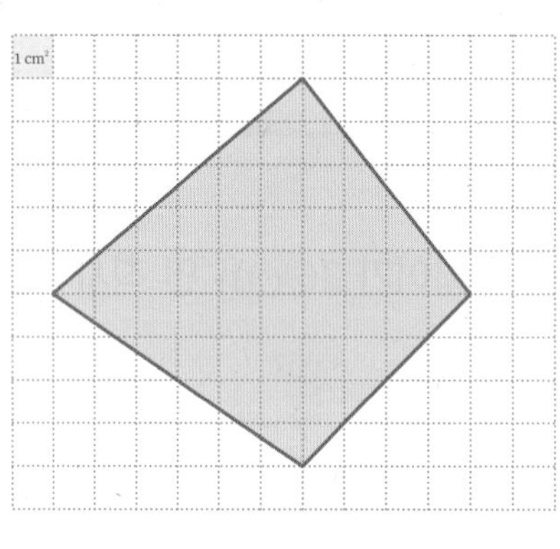


( ) $cm^2$

변형

**5-2** 색칠한 부분의 넓이를 구해 보세요.

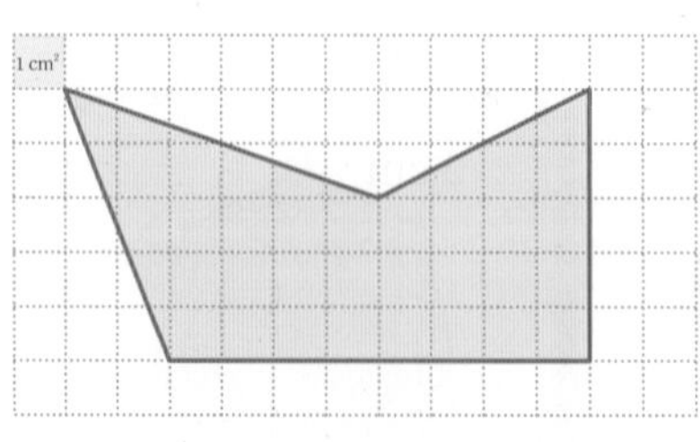


( ) $cm^2$

# 6. 다각형의 둘레와 넓이

한 문항당 배점은 5점입니다.

점수 점

바른답·알찬풀이 46쪽

**01** 평행사변형의 둘레를 구하려고 합니다. □ 안에 알맞은 수를 써넣으세요.

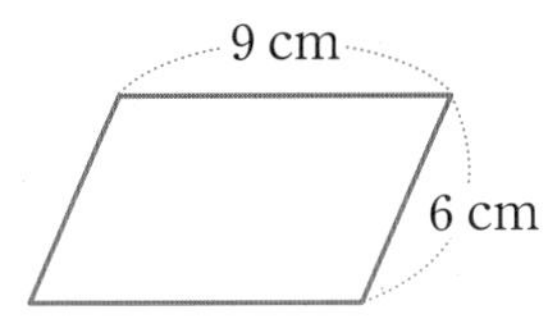


(평행사변형의 둘레)$=9\times\square+\square\times2$

$=\square$ (cm)

**02** 1 cm²를 사용하여 도형의 넓이를 구해 보세요.

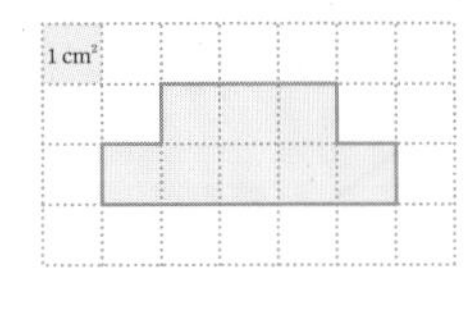


(　　　　　) $cm^2$

**03** □ 안에 알맞은 수를 써넣으세요.

$6000000\ m^2=\square\ km^2$

**04** 사다리꼴 각 부분의 이름을 □ 안에 알맞게 써넣으세요.

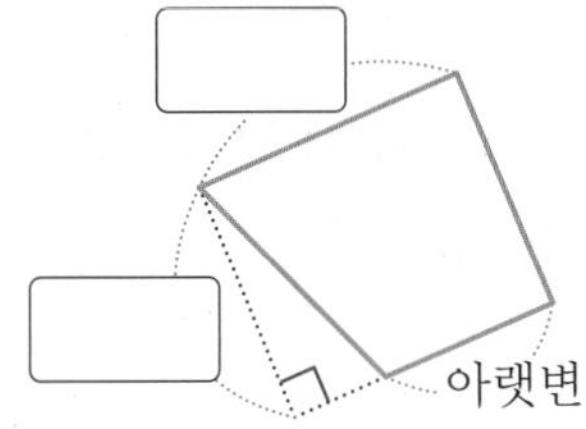


**05** 정삼각형의 둘레를 구해 보세요.

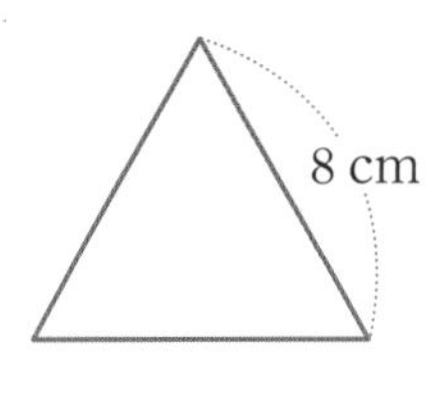


(　　　　　) cm

**06** 넓이가 $4\ cm^2$인 도형을 모두 찾아 ○표 하세요.

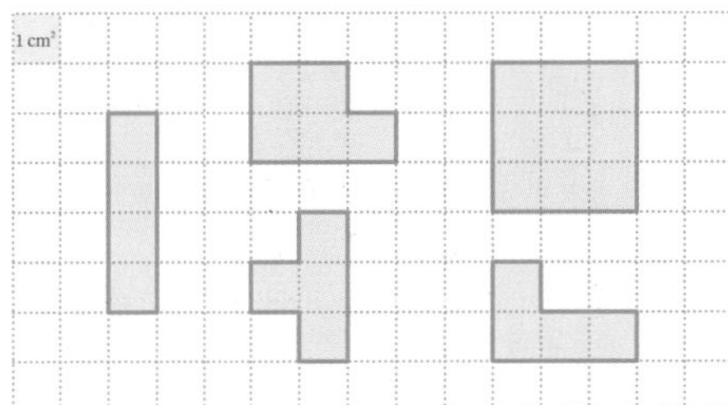


중요

**07** 직사각형의 넓이를 구해 보세요.

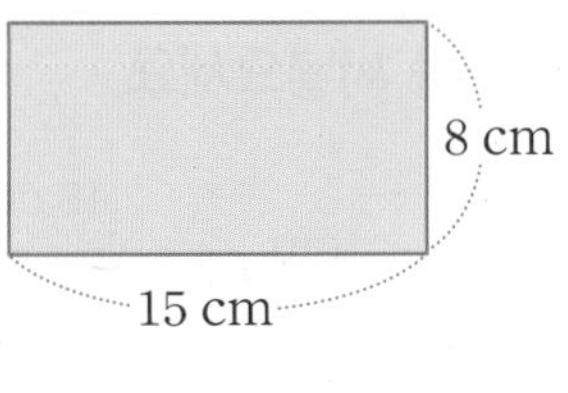


(　　　　　) $cm^2$

6 단원

공부한 날 월 일

**08** 마름모의 넓이는 몇 m²인지 구해 보세요.

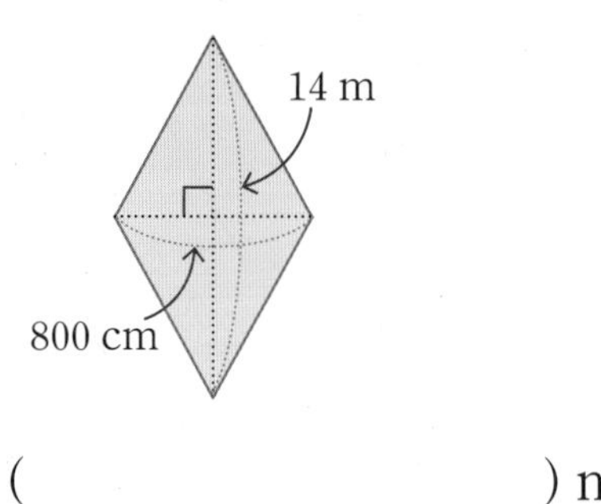


( ) m²

**09** 넓이가 다른 삼각형을 찾아 기호를 써 보세요.

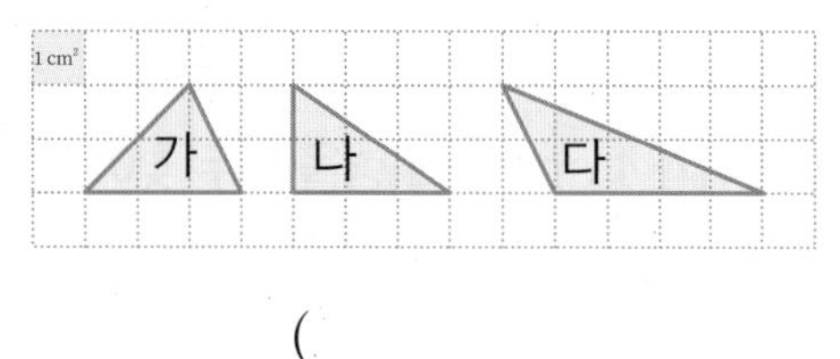


( )

중요

**10** 넓이를 비교하여 ◯ 안에 >, =, <를 알맞게 써넣으세요.

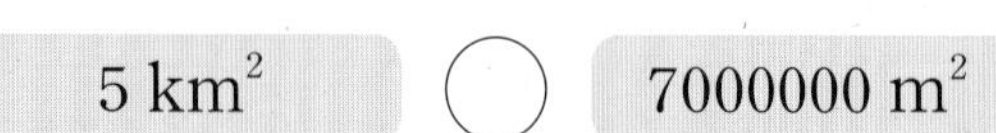


**11** 평행사변형의 넓이가 120 cm²일 때 □ 안에 알맞은 수를 써넣으세요.

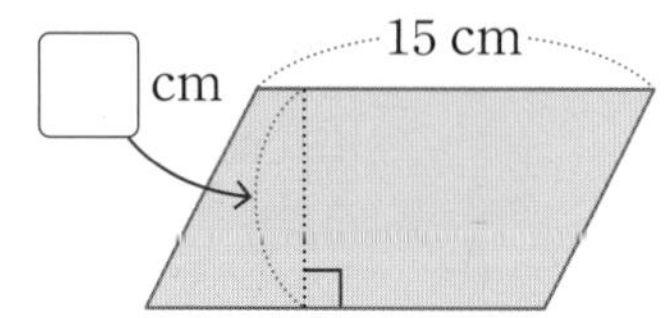


**12** 사다리꼴과 직사각형 중에서 넓이가 더 넓은 도형의 이름을 써 보세요.

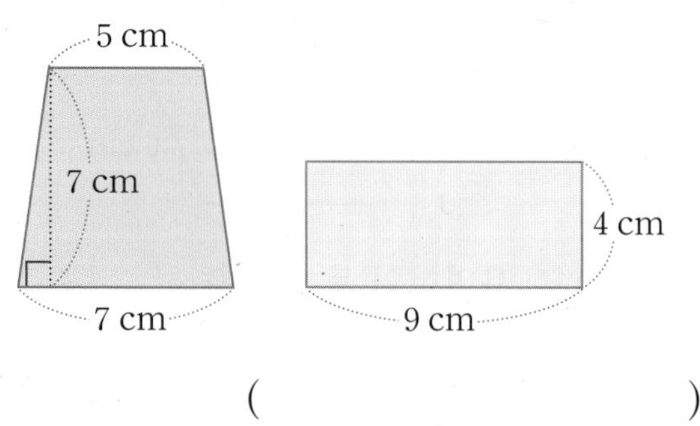


( )

**13** 두 정다각형의 둘레가 같을 때 □ 안에 알맞은 수를 써넣으세요.

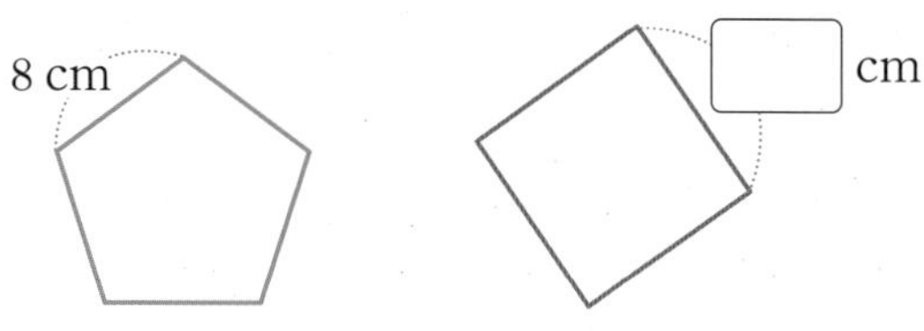


**14** 주어진 마름모와 넓이가 같고 모양이 다른 마름모를 1개 그려 보세요.

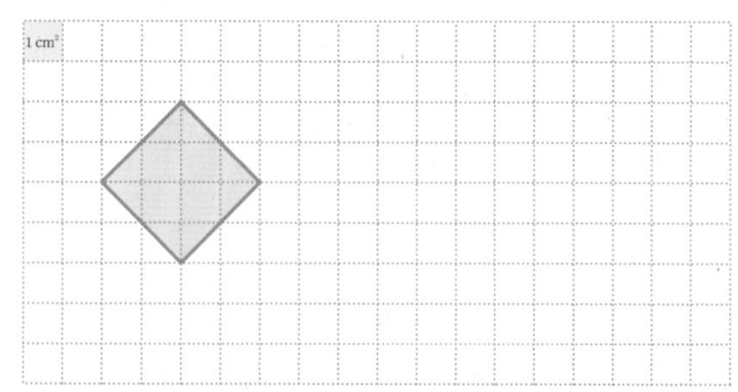


응용

**15** 넓이가 64 cm²인 정사각형의 둘레는 몇 cm인지 구해 보세요.

( ) cm

바른답·알찬풀이 46쪽

정답 확인

16 윗변이 8 cm, 높이가 5 cm인 사다리꼴의 넓이가 60 $cm^2$일 때 아랫변은 몇 cm인지 구해 보세요.

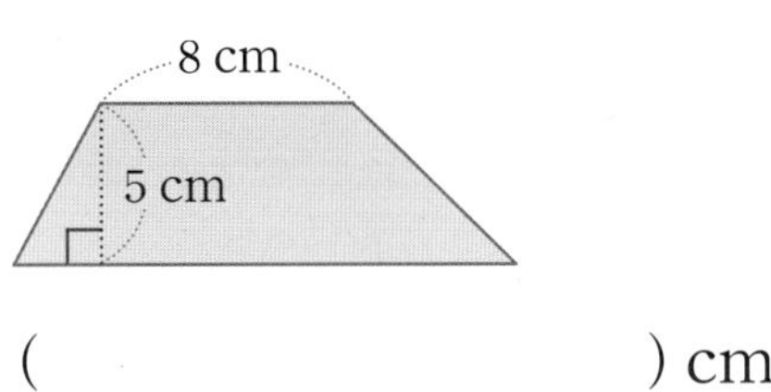


(                    ) cm

17 삼각형과 평행사변형의 넓이가 같을 때 □ 안에 알맞은 수를 써넣으세요.

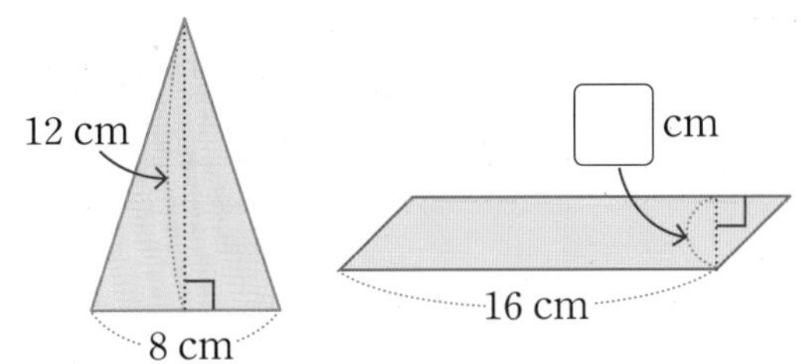


응용

18 다각형의 넓이를 구해 보세요.

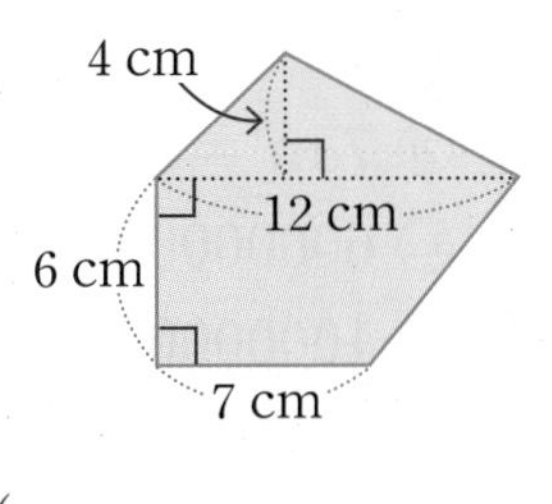


(                    ) $cm^2$

서술형 문제

19 단위를 잘못 사용하여 말한 친구를 찾아 이름을 쓰고, 바르게 고쳐 보세요.

지율: 우리 교실의 넓이는 90 $m^2$입니다.
윤후: 공책의 넓이는 520 $cm^2$입니다.
현진: 학교 수영장의 넓이는 120 $km^2$입니다.

이름 ____________________

바르게 고치기 ____________________

중요

20 직사각형과 평행사변형 중에서 둘레가 더 긴 도형은 무엇인지 풀이 과정을 쓰고, 답을 구해 보세요.

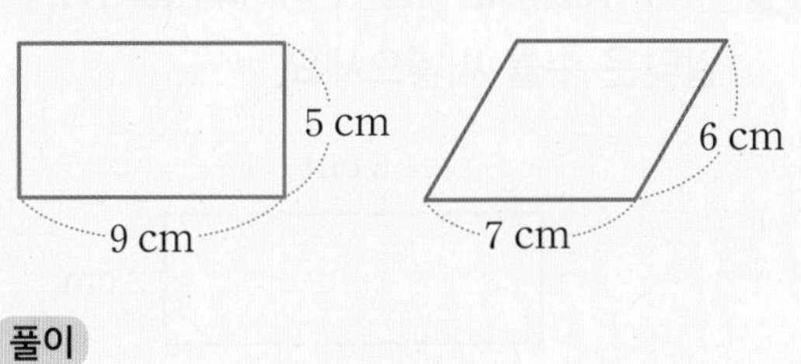


풀이 ____________________

답 ____________________

6 단원

공부한 날 월 일

# 6. 다각형의 둘레와 넓이

한 문항당 배점은 5점입니다.

점수 점

01 평행사변형의 밑변이 다음과 같을 때 높이를 나타내 보세요.

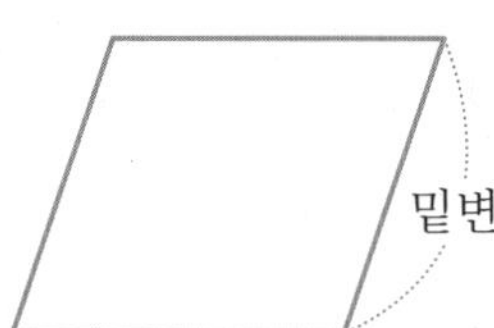


02 정육각형의 둘레를 구하려고 합니다. □ 안에 알맞은 수를 써넣으세요.

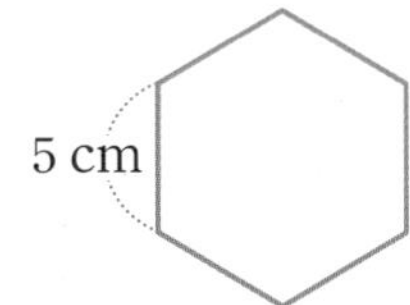


(정육각형의 둘레)$=5\times$□$=$□ (cm)

중요

03 직사각형의 둘레를 구하려고 합니다. □ 안에 알맞은 수를 써넣으세요.

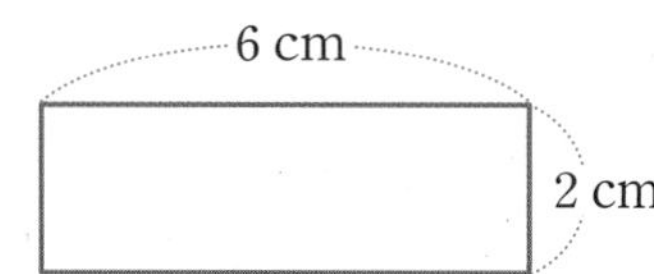


방법 1 $6+$□$+$□$+2=$□ (cm)

방법 2 $(6+$□$)\times$□$=$□ (cm)

04 넓이가 다른 하나를 찾아 ○표 하세요.

$5000000\text{ m}^2$ $5\text{ km}^2$ $5000000\text{ cm}^2$

05 정사각형의 넓이를 구해 보세요.

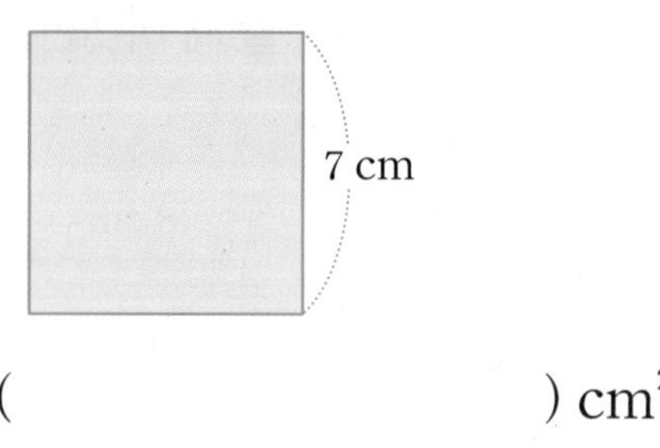


( ) $\text{cm}^2$

06 넓이가 다른 평행사변형을 찾아 기호를 써 보세요.

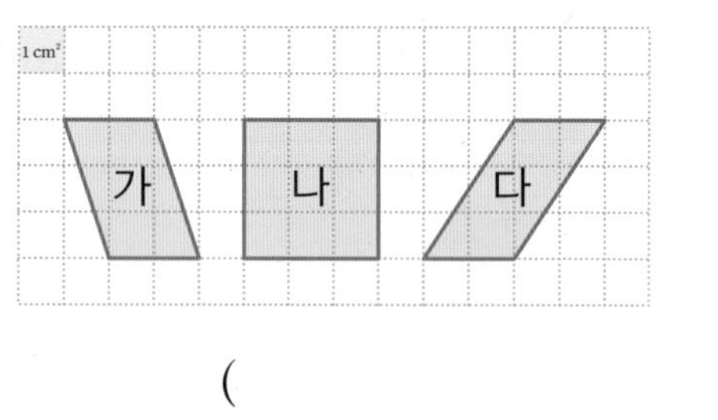


( )

07 넓이를 바르게 나타낸 것을 찾아 기호를 써 보세요.

㉠ $7\text{ m}^2=700000\text{ cm}^2$
㉡ $6000000\text{ m}^2=6\text{ km}^2$
㉢ $1000000\text{ m}^2=10\text{ km}^2$

( )

08 넓이가 $9\ cm^2$이고 모양이 서로 다른 도형을 2개 그려 보세요.

09 삼각형의 넓이를 구해 보세요.

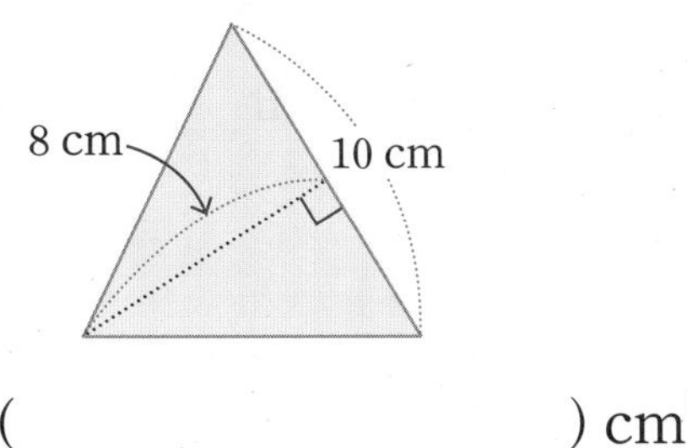


( ) $cm^2$

10 사다리꼴의 넓이를 구해 보세요.

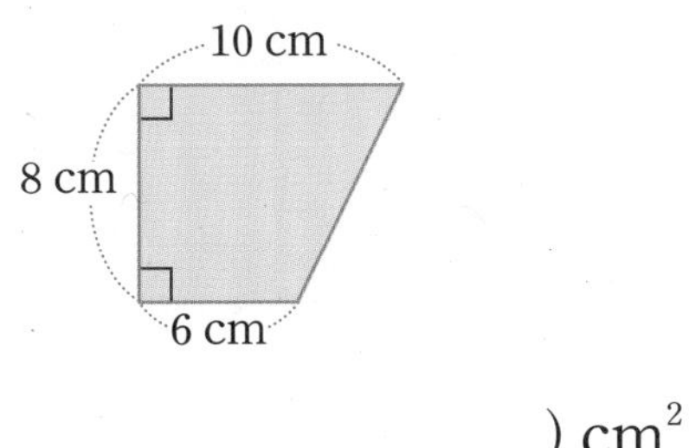


( ) $cm^2$

11 둘레가 63 cm인 정칠각형의 한 변은 몇 cm인지 구해 보세요.

( ) cm

12 도형을 보고 바르게 설명한 것을 찾아 기호를 써 보세요.

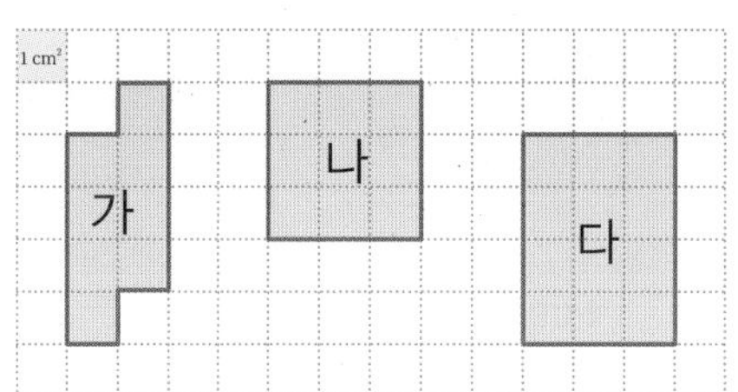


㉠ 도형 가의 넓이는 $7\ cm^2$입니다.
㉡ 넓이가 가장 넓은 도형은 도형 나입니다.
㉢ 도형 가의 넓이는 도형 다의 넓이보다 $4\ cm^2$ 더 좁습니다.

( )

13 삼각형의 넓이가 $60\ cm^2$일 때 □ 안에 알맞은 수를 써넣으세요.

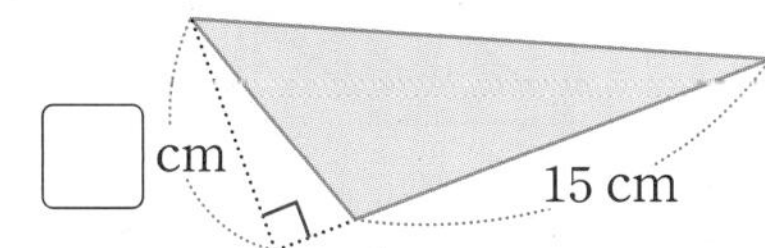


응용

14 넓이가 $18\ m^2$인 마름모 모양의 꽃밭을 만들었습니다. 마름모의 한 대각선이 3 m일 때 다른 대각선은 몇 m인지 구해 보세요.

( ) m

중요

15 윗변이 1500 cm, 아랫변이 2500 cm, 높이가 900 cm인 사다리꼴이 있습니다. 이 사다리꼴의 넓이는 몇 $m^2$인지 구해 보세요.

( ) $m^2$

6 단원

공부한 날 월 일

**16** 정사각형과 평행사변형 중에서 어느 도형의 넓이가 몇 $\text{cm}^2$ 더 넓은지 구해 보세요.

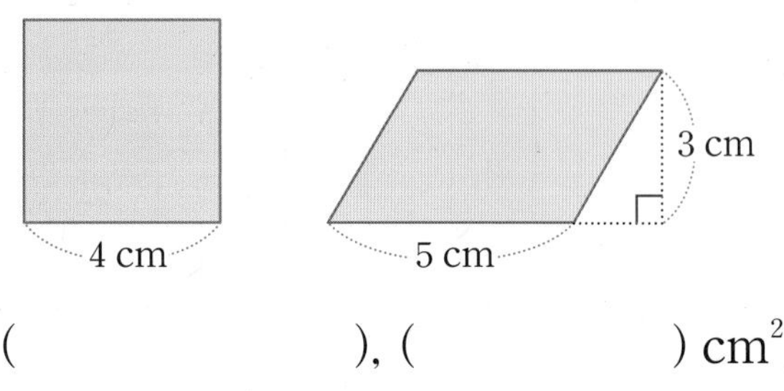


(　　　　　　　), (　　　　　　) $\text{cm}^2$

**17** 평행사변형의 둘레가 32 cm일 때 평행사변형의 넓이는 몇 $\text{cm}^2$인지 구해 보세요.

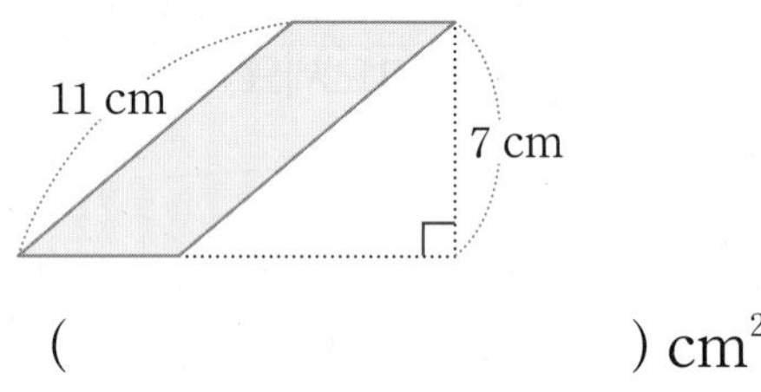


(　　　　　　　　　　) $\text{cm}^2$

응용

**18** 둘레가 22 cm이고 넓이가 24 $\text{cm}^2$인 직사각형을 1개 그려 보세요.

서술형 문제

**19** 사다리꼴의 넓이가 30 $\text{cm}^2$일 때 □ 안에 알맞은 수는 얼마인지 풀이 과정을 쓰고, 답을 구해 보세요.

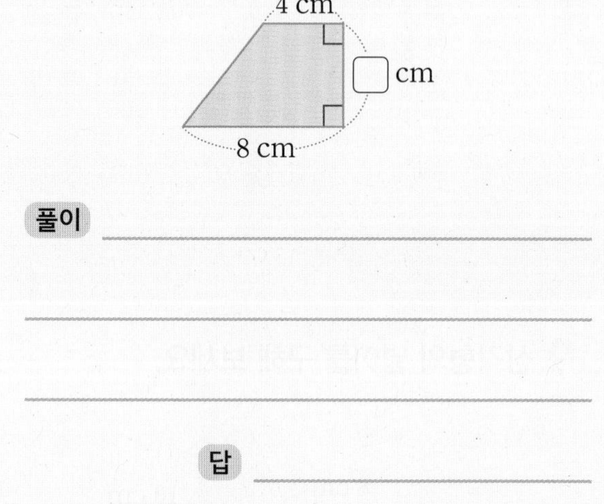


풀이 ______

답 ______

중요

**20** 정사각형 가와 직사각형 나의 둘레가 같습니다. 직사각형 나의 세로는 몇 cm인지 풀이 과정을 쓰고, 답을 구해 보세요.

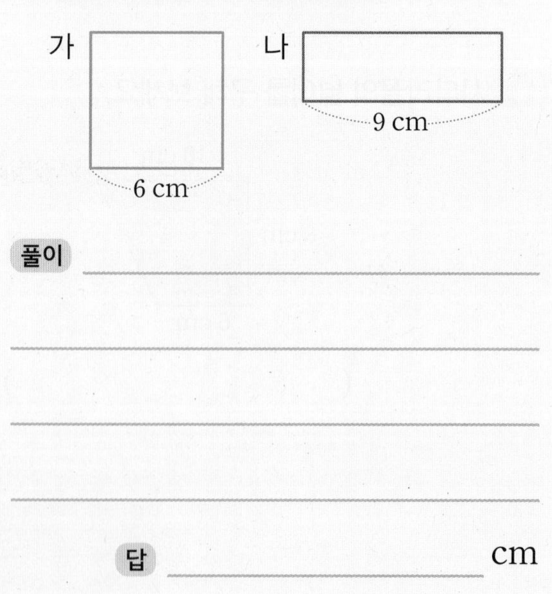


풀이 ______

답 ______ cm

# 미래엔 초등 도서 목록

### 교과서 달달 쓰기 · 교과서 달달 풀기
1~2학년 국어 • 수학 교과 학습력을 향상시키고
초등 코어를 탄탄하게 세우는 기본 학습서
[4책] 국어 1~2학년 학기별
[4책] 수학 1~2학년 학기별

### 미래엔 교과서 길잡이, 초코
초등 공부의 핵심[CORE]를 탄탄하게 해 주는
슬림 & 심플한 교과 필수 학습서
[8책] 국어 3~6학년 학기별, [8책] 수학 3~6학년 학기별
[8책] 사회 3~6학년 학기별, [8책] 과학 3~6학년 학기별

### 전과목 단원평가
빠르게 단원 핵심을 정리하고, 수준별 문제로 실전력을 키우는
교과 평가 대비 학습서
[8책] 3~6학년 학기별

## 문제 해결의 길잡이

**원리** 8가지 문제 해결 전략으로 문장제와 서술형 문제 정복
[12책] 1~6학년 학기별

**심화** 문장제 유형 정복으로 초등 수학 최고 수준에 도전
[6책] 1~6학년 학년별

초등 필수 어휘를 퍼즐로 재미있게 익히는 학습서
[3책] 사자성어, 속담, 맞춤법

## 하루한장 예비 초등

### 한글완성
초등학교 입학 전 한글 읽기·쓰기 동시에 끝내기
[3책] 기본 자모음, 받침, 복잡한 자모음

### 예비초등
기본 학습 능력을 향상하며 초등학교 입학을 준비하기
[4책] 국어, 수학, 통합교과, 학교생활

## 하루한장 독해

### 독해 시작편
초등학교 입학 전 기본 문해력 익히기 30일 완성
[2책] 문장으로 시작하기, 짧은 글 독해하기

### 어휘
문해력의 기초를 다지는 초등 필수 어휘 학습서
[6책] 1~6학년 단계별

### 독해
국어 교과서와 연계하여 문해력의 기초를 다지는 독해 기본서
[6책] 1~6학년 단계별

### 독해+플러스
본격적인 독해 훈련으로 문해력을 향상시키는 독해 실전서
[6책] 1~6학년 단계별

### 비문학 독해 (사회편·과학편)
비문학 독해로 배경지식을 확장하고 문해력을 완성시키는
독해 심화서
[사회편 6책, 과학편 6책] 1~6학년 단계별

# 바른답·알찬풀이

## 수학 5·1

Mirae N 에듀

# 바른답·알찬풀이

수학 5·1

# 1 단원 자연수의 혼합 계산

## 교과서+익힘책 개념탄탄 9쪽

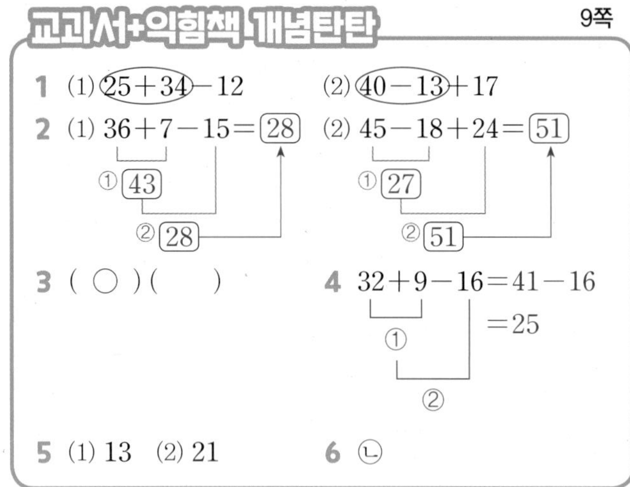

1 (1) 25+34−12 (2) 40−13+17

2 (1) 36+7−15=28 (① 43, ② 28) (2) 45−18+24=51 (① 27, ② 51)

3 ( ○ )(  )

4 32+9−16=41−16 =25

5 (1) 13 (2) 21

6 ㉡

1 (1) 덧셈과 뺄셈이 섞여 있는 식은 앞에서부터 차례대로 계산해야 하므로 가장 먼저 계산해야 할 부분은 25+34입니다.

2 덧셈과 뺄셈이 섞여 있는 식은 앞에서부터 차례대로 계산합니다.

3 덧셈과 뺄셈이 섞여 있는 식은 앞에서부터 차례대로 계산해야 하므로 바르게 계산한 것은 왼쪽입니다.

4 덧셈과 뺄셈이 섞여 있는 식은 앞에서부터 차례대로 계산해야 하므로 32와 9를 먼저 더한 다음 16을 뺍니다.

5 (1) 16+17−20=33−20=13
(2) 52−40+9=12+9=21

6 ㉠ 30+24−15=54−15=39
㉡ 69−45+7=24+7=31

## 교과서+익힘책 개념탄탄 11쪽

1 ㉠

2 (  )( × )

3 (1) 90, 5, 18 (2) 7, 3, 21

4 36÷2×6=18×6 =108

5 (1) 15 (2) 16

6 9×6÷3에 색칠

1 곱셈과 나눗셈이 섞여 있는 식은 앞에서부터 차례대로 계산해야 하므로 가장 먼저 계산해야 할 부분은 3×16입니다.

2 곱셈과 나눗셈이 섞여 있는 식은 앞에서부터 차례대로 계산해야 하므로 계산 순서를 잘못 나타낸 것은 오른쪽입니다.

3 곱셈과 나눗셈이 섞여 있는 식은 앞에서부터 차례대로 계산합니다.

4 곱셈과 나눗셈이 섞여 있는 식은 앞에서부터 차례대로 계산해야 하므로 36을 2로 먼저 나눈 다음 6을 곱합니다.

5 (1) 12×5÷4=60÷4=15
(2) 56÷7×2=8×2=16

6 27÷9×5=3×5=15, 9×6÷3=54÷3=18
➡ 15<18

## 교과서+익힘책 개념탄탄 13쪽

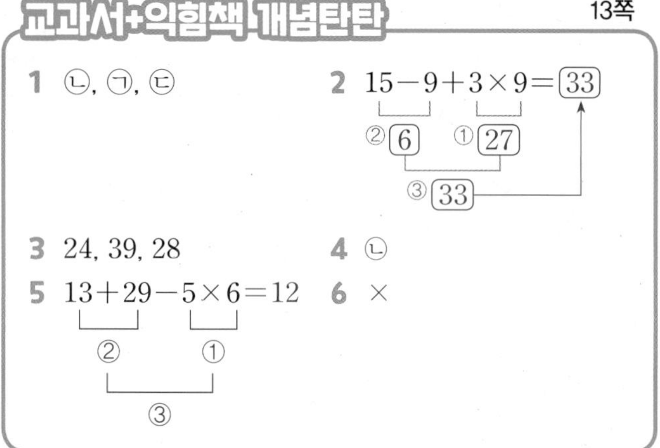

1 ㉡, ㉠, ㉢

2 15−9+3×9=33 (① 27, ② 6, ③ 33)

3 24, 39, 28

4 ㉡

5 13+29−5×6=12

6 ×

1 덧셈, 뺄셈, 곱셈이 섞여 있는 식은 곱셈을 먼저 계산해야 하므로 가장 먼저 계산해야 할 부분은 4×2입니다.

2 덧셈, 뺄셈, 곱셈이 섞여 있는 식은 곱셈을 먼저 계산합니다.

4 덧셈, 뺄셈, 곱셈이 섞여 있는 식은 곱셈을 먼저 계산해야 하므로 5×2를 가장 먼저 계산합니다.

참고 20−5×2+3=20−10+3
=10+3
=13

5 $13+29-5\times6=13+29-30$
$=42-30=12$

6 $16\times3-15+7=48-15+7$
$=33+7=40$
$36+18-4\times3=36+18-12$
$=54-12=42$
➡ 두 식의 계산 결과가 서로 다릅니다.

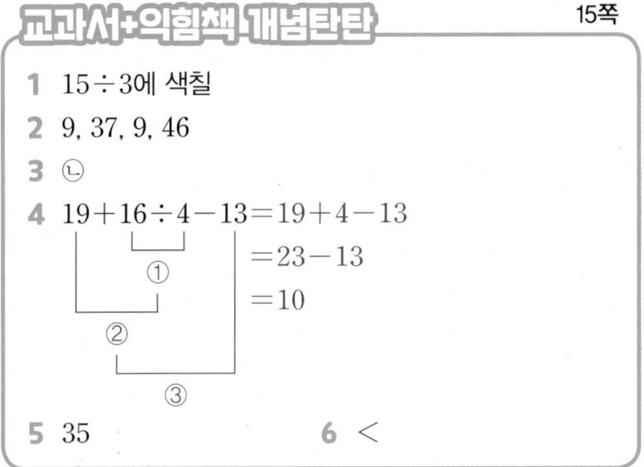

**교과서+익힘책 개념탄탄** 15쪽

1 $15\div3$에 색칠
2 9, 37, 9, 46
3 ㉡
4 $19+16\div4-13=19+4-13$
$=23-13$
$=10$

5 35 6 $<$

1 덧셈, 뺄셈, 나눗셈이 섞여 있는 식은 나눗셈을 먼저 계산해야 하므로 가장 먼저 계산해야 할 부분은 $15\div3$입니다.

2 덧셈, 뺄셈, 나눗셈이 섞여 있는 식은 나눗셈을 먼저 계산합니다.

3 덧셈, 뺄셈, 나눗셈이 섞여 있는 식은 나눗셈을 먼저 계산한 다음 앞에서부터 차례대로 계산해야 합니다.
$54-33\div3+15=54-11+15$
$=43+15$
$=58$

4 덧셈, 뺄셈, 나눗셈이 섞여 있는 식은 나눗셈을 먼저 계산합니다.

5 $49-31+68\div4=49-31+17$
$=18+17=35$

6 $24-21\div3+12=24-7+12$
$=17+12=29$
➡ $29<30$

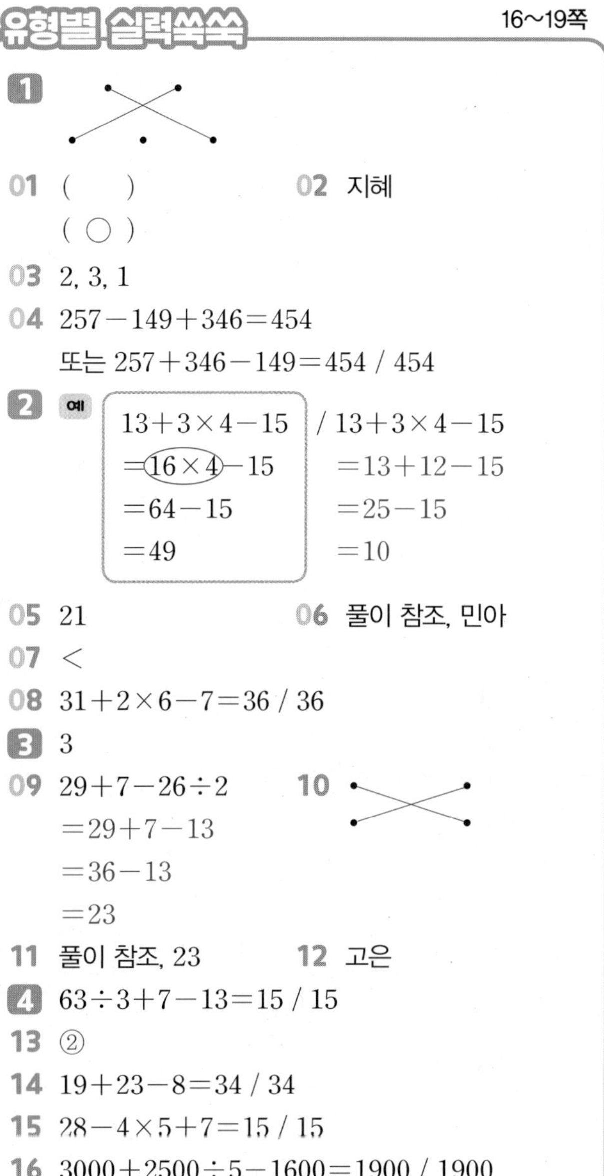

**유형별 실력쑥쑥** 16~19쪽

1
01 (　　) (○)　02 지혜
03 2, 3, 1
04 $257-149+346=454$
또는 $257+346-149=454$ / 454
2 예 $13+3\times4-15$ $=16\times4-15$ $=64-15$ $=49$ / $13+3\times4-15$ $=13+12-15$ $=25-15$ $=10$
05 21　06 풀이 참조, 민아
07 $<$
08 $31+2\times6-7=36$ / 36
3 3
09 $29+7-26\div2$
$=29+7-13$
$=36-13$
$=23$
10
11 풀이 참조, 23　12 고은
4 $63\div3+7-13=15$ / 15
13 ②
14 $19+23-8=34$ / 34
15 $28-4\times5+7=15$ / 15
16 $3000+2500\div5-1600=1900$ / 1900

1 덧셈과 뺄셈이 섞여 있는 식과 곱셈과 나눗셈이 섞여 있는 식은 각각 앞에서부터 차례대로 계산합니다.
➡ $33-4+7=29+7=36$,
$16\times7\div4=112\div4=28$

01 $55+27-16=82-16=66$
$72-53+11=19+11=30$

02 지혜: $18\div9\times4=2\times4=8$
윤수: $9\times8\div6=72\div6=12$
➡ $8<12$이므로 계산 결과가 더 작은 식을 쓴 친구는 지혜입니다.

03 $6\div3\times5=2\times5=10$
$21\times2\div6=42\div6=7$
$22-13+6=9+6=15$
➡ $15>10>7$

04 $257-149+346=108+346=454$
또는 $257+346-149=603-149=454$

**2** 덧셈, 뺄셈, 곱셈이 섞여 있는 식은 곱셈을 먼저 계산해야 하는데 앞에서부터 차례대로 계산해서 잘못되었습니다.

주의 곱셈을 먼저 계산한 후 덧셈과 뺄셈을 앞에서부터 차례대로 계산합니다.

05 ㉠ $20-8\times2+5=20-16+5=4+5=9$
➡ ㉠+㉡ $=9+12=21$

06 예 ❶ 민아: $8\times5+7-26=40+7-26$
$=47-26=21$
우진: $24-12+2\times5=24-12+10$
$=12+10=22$
현우: $13+6\times3-9=13+18-9$
$=31-9=22$
❷ 따라서 계산 결과가 다른 식을 말한 친구는 민아입니다.
❸ 민아

| 채점 기준 |
|---|
| ❶ 세 친구가 말한 식의 계산 결과를 각각 구한 경우 |
| ❷ 계산 결과가 다른 식을 말한 친구를 찾은 경우 |
| ❸ 답을 바르게 쓴 경우 |

07 $52-7\times4+8=52-28+8=24+8=32$
$19-5+9\times3=19-5+27=14+27=41$
➡ $32<41$

08 $31+2\times6-7=31+12-7=43-7=36$

**3** $17+45\div9-4=17+5-4=22-4=18$
$72\div8-3+15=9-3+15=6+15=21$
➡ $21-18=3$

09 덧셈, 뺄셈, 나눗셈이 섞여 있는 식은 나눗셈을 먼저 계산합니다.

10 $34\div2-6+11=17-6+11=11+11=22$
$33-17+20\div4=33-17+5=16+5=21$
$29-63\div7+1=29-9+1=20+1=21$
$40+21\div3-25=40+7-25=47-25=22$

11 예 ❶ 설명하는 수를 하나의 식으로 나타내어 계산하면 $39\div3+2-7=8$입니다.
❷ $8+15=23$이므로 설명하는 수와 15의 합은 23입니다.
❸ 23

| 채점 기준 |
|---|
| ❶ 설명하는 수를 구한 경우 |
| ❷ 설명하는 수와 15의 합을 구한 경우 |
| ❸ 답을 바르게 쓴 경우 |

12 고은: $27-13+72\div6=27-13+12$
$=14+12=26$
진오: $22+50\div5-19=22+10-19$
$=32-19=13$
26과 13 중에서 20에 더 가까운 수는 26이므로 계산 결과가 20에 더 가까운 식을 말한 친구는 고은입니다.

**4** 흰색 점토 63 g을 똑같이 세 덩이로 나눈 것 중 한 덩이 무게는 $63\div3$이고, 여기에 빨간색 점토 7 g을 섞어서 만든 분홍색 점토 무게는 $63\div3+7$입니다. 그중 13 g을 사용하면 남은 분홍색 점토 무게는 $63\div3+7-13$입니다.
➡ $63\div3+7-13=21+7-13$
$=28-13=15$ (g)

13 산 사탕의 수는 $10\times2$이고 4개의 통에 똑같이 나누어 담으면 통 한 개에 담는 사탕의 수는 $10\times2\div4$입니다.
➡ $10\times2\div4=20\div4=5$(개)

14 운동장에 있던 학생 수는 $19+23$이고 그중 8명이 교실로 들어갔으므로 지금 운동장에 있는 학생 수는 $19+23-8$입니다.
➡ $19+23-8=42-8=34$(명)

15 서훈이가 친구들에게 나누어 준 구슬 수는 $4\times5$입니다. 처음 구슬 수에서 친구들에게 나누어 준 구슬 수를 빼고 형에게 받은 구슬 수를 더하면 서훈이가 가지고 있는 구슬 수는 $28-4\times5+7$입니다.
➡ $28-4\times5+7=28-20+7=8+7=15$(개)

16 풍선 1개의 값은 $2500\div5$입니다. 장난감 1개와 풍선 1개 값의 합에서 색연필 1타의 값을 빼면 $3000+2500\div5-1600$입니다.
➡ $3000+2500\div5-1600$
$=3000+500-1600=1900$(원)

## 교과서+익힘책 개념탄탄 21쪽

1 $25+15\div(5-2)$ (5−2에 ○표)  2 49, 2
3 규진  4 ㉢
5 40, 19, 다릅니다에 ○표
6 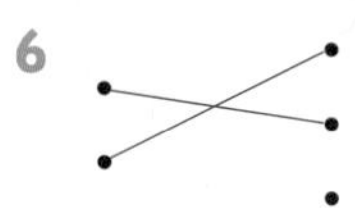

1 (　)가 있는 식은 (　) 안을 먼저 계산해야 하므로 가장 먼저 계산해야 할 부분은 $5-2$입니다.

2 (　)가 있는 식은 (　) 안을 먼저 계산합니다.

3 (　)가 있는 식은 (　) 안을 먼저 계산해야 하므로 계산 순서를 바르게 말한 친구는 규진입니다.

4 $9+32\div(16-8)=9+32\div8=9+4=13$

5 $24+(7-3)\times4=24+4\times4=24+16=40$
$24+7-3\times4=24+7-12=31-12=19$
➡ 두 식의 계산 결과는 다릅니다.

6 $(8-6)\times2+3=2\times2+3=4+3=7$
$10\div(5-3)+4=10\div2+4=5+4=9$

## 교과서+익힘책 개념탄탄 23쪽

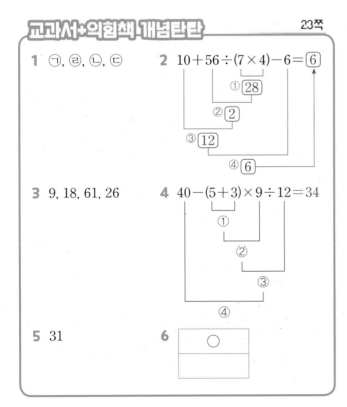

1 ㉠, ㉣, ㉡, ㉢  2 $10+56\div(7\times4)-6=$ 6
① 28
② 2
③ 12
④ 6

3 9, 18, 61, 26  4 $40-(5+3)\times9\div12=34$
①
②
③
④

5 31  6 ○

1 덧셈, 뺄셈, 곱셈, 나눗셈이 섞여 있는 식은 곱셈과 나눗셈을 먼저 계산하고, 덧셈과 뺄셈을 계산해야 하므로 가장 먼저 계산해야 할 부분은 $9\times5$입니다.

2 덧셈, 뺄셈, 곱셈, 나눗셈이 섞여 있고 (　)가 있는 식은 (　) 안을 먼저 계산한 후 곱셈과 나눗셈, 덧셈과 뺄셈 순서로 계산합니다.

3 덧셈, 뺄셈, 곱셈, 나눗셈이 섞여 있는 식은 곱셈과 나눗셈을 먼저 계산하고, 덧셈과 뺄셈을 계산합니다.

4 덧셈, 뺄셈, 곱셈, 나눗셈이 섞여 있고 (　)가 있는 식은 (　) 안을 먼저 계산한 후 곱셈과 나눗셈, 덧셈과 뺄셈 순서로 계산합니다.
$40-(5+3)\times9\div12=40-8\times9\div12$
$=40-72\div12$
$=40-6=34$

5 $17+6\times5-48\div3=17+30-48\div3$
$=17+30-16$
$=47-16=31$

6 $2\times7-72\div9+11=14-72\div9+11$
$=14-8+11$
$=6+11=17$
$21-4\times(8+2)\div5=21-4\times10\div5$
$=21-40\div5$
$=21-8=13$

## 유형별 실력쑥쑥 24~25쪽

**1** <, >
01 $74-(14+18)\div2=74-32\div2$
$=74-16$
$=58$
02 152  03 ㉠, ㉣
04 $(500-140)\div3+20=140$ / 140
**2** ○
05 민호  06 4
07 풀이 참조, ㉯, 6
08 $7\times6\div3-2+4=16$ / 16

**1** • $24\div(3\times4)=24\div12=2$
$24\div3\times4=8\times4=32$
➡ $2<32$
• $5\times(6+5)-9=5\times11-9=55-9=46$
$5\times6+5-9=30+5-9=35-9=26$
➡ $46>26$

**01** 주어진 식에서 ( ) 안을 먼저 계산한 다음에는 나눗셈을 계산해야 하는데 앞에서부터 차례대로 계산해서 잘못되었습니다.

**02** $5\times(17-3)+10=5\times14+10=70+10=80$
$5\times17-(3+10)=5\times17-13=85-13=72$
➡ $80+72=152$

**03** ( )가 없어도 계산 순서가 바뀌지 않는 식을 모두 찾으면 됩니다.
다른 풀이 ㉠ $(30+17)-12=47-12=35$
$30+17-12=47-12=35$
㉡ $25-(6+9)=25-15=10$
$25-6+9=19+9=28$
㉢ $84\div(7\times2)=84\div14=6$
$84\div7\times2=12\times2=24$
㉣ $(3\times15)\div5=45\div5=9$
$3\times15\div5=45\div5=9$

**04** 선호가 마시고 남은 우유량은 $500-140$이고, 이 우유를 병 3개에 똑같이 나누어 담으면 한 병에 담긴 우유량은 $(500-140)\div3$입니다. 그중 한 병에 바나나 과즙 20 mL를 넣었으므로 만든 바나나 맛 우유량은 $(500-140)\div3+20$입니다.
➡ $(500-140)\div3+20=360\div3+20$
$=120+20=140$ (mL)

**2** $39\div3+8\times2-15=13+8\times2-15$
$=13+16-15$
$=29-15=14$
$20-(9+1)\div5\times3=20-10\div5\times3$
$=20-2\times3$
$=20-6=14$
➡ 두 식의 계산 결과는 같습니다.

**05** $2\times4+(42-7)\div5=2\times4+35\div5$
$=8+35\div5$
$=8+7=15$
따라서 계산 결과를 바르게 말한 친구는 민호입니다.

**06** $4\times(9+7)\div8-4=4\times16\div8-4$
$=64\div8-4$
$=8-4=4$
$2\times8+3-14\div7=16+3-14\div7$
$=16+3-2$
$=19-2=17$
➡ $4<17$이므로 □ 안에 알맞은 수는 4입니다.

**07** 예 ❶ ㉮ $18\div9+7\times2-11=2+7\times2-11$
$=2+14-11$
$=16-11=5$
㉯ $21-(6+9)\times2\div3=21-15\times2\div3$
$=21-30\div3$
$=21-10=11$
❷ 따라서 ㉯가 ㉮보다 $11-5=6$ 더 큽니다.
❸ ㉯, 6

| 채점 기준 |
| --- |
| ❶ ㉮와 ㉯의 계산 결과를 각각 구한 경우 |
| ❷ ㉮와 ㉯ 중에서 어느 것이 얼마나 더 큰지 구한 경우 |
| ❸ 답을 바르게 쓴 경우 |

**08** 전체 사탕 수는 $7\times6$이고,
한 묶음의 사탕 수는 $7\times6\div3$입니다.
동생에게 주고 언니에게 받은 후의 사탕 수는
$7\times6\div3-2+4$입니다.
➡ $7\times6\div3-2+4=42\div3-2+4$
$=14-2+4$
$=12+4=16$(개)

## 응용+수학역량 UP UP

26~29쪽

**1** (1) 17 (2) 18
**1-1** 78
**1-2** 53, 54, 55, 56, 57
**2** (1) 7, 6 (2) 14
**2-1** 51
**2-2** 9
**3** (1) 14, 216, 4 (2) $48\div(2\times3)+6=14$
**3-1** $4-(4+4)\div4=2$
**3-2** $+$, $\times$, $-$
**4** (1) 9, 3, 7 (2) 37
**4-1** 6, 8, 4 또는 8, 6, 4 / 6
**4-2** 407, 18

**1** (1) $4\times(11+38)\div7-11=4\times49\div7-11$
$=196\div7-11$
$=28-11=17$

(2) $17<\square$이므로 $\square$ 안에는 17보다 큰 수가 들어가야 합니다. 따라서 $\square$ 안에 들어갈 수 있는 가장 작은 자연수는 18입니다.

**1-1** $9\times8-36\div6+13=72-36\div6+13$
$=72-6+13$
$=66+13=79$

$79>\square$이므로 $\square$ 안에는 79보다 작은 수가 들어가야 합니다. 따라서 $\square$ 안에 들어갈 수 있는 가장 큰 자연수는 78입니다.

**1-2** • $7\times8+11-45\div3=56+11-45\div3$
$=56+11-15$
$=67-15=52$

➡ $52<\square$이므로 $\square$ 안에 들어갈 수 있는 수는 52보다 큰 수입니다.

• $36\div2+4\times(18-8)=36\div2+4\times10$
$=18+4\times10$
$=18+40=58$

➡ $58>\square$이므로 $\square$ 안에 들어갈 수 있는 수는 58보다 작은 수입니다.

따라서 $\square$ 안에 공통으로 들어갈 수 있는 자연수는 53, 54, 55, 56, 57입니다.

**2** (2) $7◎6=7+2\times6-5$
$=7+12-5=19-5=14$

**2-1** $15◈3=(15-3)\div2+15\times3$
$=12\div2+15\times3$
$=6+15\times3=6+45=51$

**2-2** $8★4=8-(8+4)\div3$
$=8-12\div3=8-4=4$

$10★5=10-(10+5)\div3$
$=10-15\div3=10-5=5$

➡ $4+5=9$

**3** (1) $48\div(2\times3)+6=48\div6+6=8+6=14$
$48\div2\times(3+6)=48\div2\times9=24\times9=216$
$48\div(2\times3+6)=48\div(6+6)=48\div12=4$

(2) 계산 결과가 14인지 확인하면 되므로 $2\times3$을 (　)로 묶으면 식이 성립합니다.

**3-1** $4-(4+4)\div4=4-8\div4=4-2=2$(○)
$(4-4+4)\div4=4\div4=1$(×)
$4-(4+4\div4)=4-(4+1)=4-5$
(계산할 수 없습니다.)

따라서 식이 성립하도록 (　)로 묶으면 $4-(4+4)\div4=2$입니다.

**3-2** ○ 안에 들어갈 기호를 예상하여 써넣고, 순서에 맞게 계산하여 계산 결과가 25인지 확인합니다.

$15+3-4\times2=10$(×)　$15+3-4\div2=16$(×)
$15+3\times4-2=25$(○)　$15+3\times4\div2=21$(×)
$15+3\div4-2$(계산할 수 없습니다.)
$15+3\div4\times2$(계산할 수 없습니다.)
$15-3+4\times2=20$(×)　$15-3+4\div2=14$(×)
$15-3\times4+2=5$(×)　$15-3\times4\div2=9$(×)
$15-3\div4+2$(계산할 수 없습니다.)
$15-3\div4\times2$(계산할 수 없습니다.)
$15\times3+4-2=47$(×)　$15\times3+4\div2=47$(×)
$15\times3-4+2=43$(×)　$15\times3-4\div2=43$(×)
$15\times3\div4+2$(계산할 수 없습니다.)
$15\times3\div4-2$(계산할 수 없습니다.)
$15\div3+4-2=7$(×)　$15\div3+4\times2=13$(×)
$15\div3-4+2=3$(×)
$15\div3-4\times2$(계산할 수 없습니다.)
$15\div3\times4+2=22$(×)　$15\div3\times4-2=18$(×)

**4** (1) 계산 결과가 가장 크게 되려면 5에 곱하는 (　) 안의 두 수의 차가 가장 크도록 해야 합니다.

(2) $5\times(9-3)+7=5\times6+7=30+7=37$

**4-1** 계산 결과가 가장 작게 되려면 나누는 수인 (　) 안의 두 수의 곱이 가장 크도록 해야 합니다.

➡ $96\div(6\times8)+4=96\div48+4=2+4=6$ 또는
$96\div(8\times6)+4=96\div48+4=2+4=6$

**4-2** • 계산 결과가 가장 클 때: 곱하거나 더하는 수는 큰 수를, 나누거나 빼는 수는 작은 수를 사용합니다.

➡ $90\div2\times9-3+5=45\times9-3+5$
$=405-3+5$
$=402+5=407$

• 계산 결과가 가장 작을 때: 곱하거나 더하는 수는 작은 수를, 나누거나 빼는 수는 큰 수를 사용합니다.

➡ $90\div9\times2-5+3=10\times2-5+3$
$=20-5+3$
$=15+3=18$

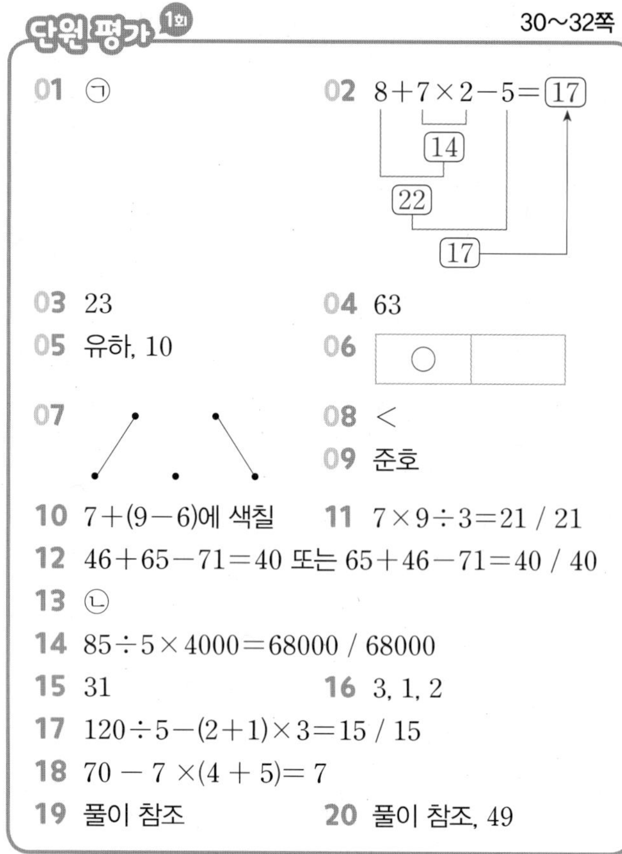

단원 평가 1회 30~32쪽

01 ㉠

02 $8+7\times2-5=\boxed{17}$



03 23

04 63

05 유하, 10

06 ○

07

08 $<$

09 준호

10 $7+(9-6)$에 색칠

11 $7\times9\div3=21$ / 21

12 $46+65-71=40$ 또는 $65+46-71=40$ / 40

13 ㉡

14 $85\div5\times4000=68000$ / 68000

15 31

16 3, 1, 2

17 $120\div5-(2+1)\times3=15$ / 15

18 $70-7\times(4+5)=7$

19 풀이 참조

20 풀이 참조, 49

01 덧셈과 뺄셈이 섞여 있는 식은 앞에서부터 차례대로 계산해야 합니다.

03 $21+5-9\div3=21+5-3=26-3=23$

04 $56\div8\times9=7\times9=63$

05 덧셈, 뺄셈, 나눗셈이 섞여 있는 식은 나눗셈을 먼저 계산합니다.
$11-8\div2+3=11-4+3=7+3=10$

06 $9\times8-19+4=72-19+4=53+4=57$
$41-2\times7+25=41-14+25=27+25=52$

07 $36\div6-3+8=6-3+8=3+8=11$
$36\div(6-3)+8=36\div3+8=12+8=20$

08 $18\div2-4+7=9-4+7=5+7=12$
$19-72\div6+8=19-12+8=7+8=15$
➡ $12<15$

09 수영: $14\div7\times5-3+6=2\times5-3+6$
$=10-3+6=7+6=13$
준호: $25\div5+7-3\times3=5+7-3\times3$
$=5+7-9=12-9=3$
따라서 계산을 바르게 한 친구는 준호입니다.

10 $20-(6+5)=20-11=9$, $20-6+5=14+5=19$
$7+(9-6)=7+3=10$, $7+9-6=16-6=10$
따라서 ( )가 없어도 계산 결과가 같은 식은 오른쪽입니다.

11 $7\times9\div3=63\div3=21$

12 $46+65-71=111-71=40$
또는 $65+46-71=111-71=40$

13 ㉠ $34-4\times6+5=34-24+5=10+5=15$
㉡ $15+18\div3-8=15+6-8=21-8=13$
➡ 계산 결과가 10에 더 가까운 것은 ㉡입니다.

14 (사과를 판 돈)
=(전체 사과 수)÷(한 봉지에 담은 사과 수)
×(사과 한 봉지의 가격)이므로
$85\div5\times4000=17\times4000=68000$(원)입니다.

15 $(19-7)\div2+4\times5=12\div2+4\times5$
$=6+4\times5=6+20=26$
$4\times(8+6)\div7-3=4\times14\div7-3$
$=56\div7-3=8-3=5$
➡ $26+5=31$

16 $(52+8)\div6-3=60\div6-3=10-3=7$
$13+8\div(5-1)=13+8\div4=13+2=15$
$7\times(2+3)-24=7\times5-24=35-24=11$
➡ $15>11>7$

17 한 봉지에 들어 있는 요구르트 수는 $120\div5$이고, 오전에 2개, 오후에 1개씩 3일 동안 먹은 요구르트 수는 $(2+1)\times3$입니다. 3일 동안 먹고 남은 요구르트 수는 $120\div5-(2+1)\times3$입니다.
➡ $120\div5-(2+1)\times3=120\div5-3\times3$
$=24-3\times3$
$=24-9=15$(개)

18 $(70-7)\times4+5=63\times4+5=252+5=257$ (×)
$70-7\times(4+5)=70-7\times9=70-63=7$ (○)
$70-(7\times4+5)=70-(28+5)=70-33=37$ (×)
따라서 식이 성립하도록 ( )로 묶으면 $70-7\times(4+5)=7$입니다.

19 ❶ 바르게 계산하기
$17+(9-2)\times6=17+7\times6$
$=17+42$
$=59$

예 ❷ (  )가 있는 식은 (  ) 안을 먼저 계산해야 하는데 곱셈부터 계산해서 잘못되었습니다.

| 채점 기준 | 배점 |
|---|---|
| ❶ 잘못된 부분을 찾아 바르게 계산한 경우 | 3점 |
| ❷ 이유를 바르게 쓴 경우 | 2점 |

20 예 ❶ $54-(7+5)\times3\div6=54-12\times3\div6$
$=54-36\div6$
$=54-6=48$

❷ $48<\square$이므로 □ 안에 들어갈 수 있는 가장 작은 자연수는 49입니다.

❸ 49

| 채점 기준 | 배점 |
|---|---|
| ❶ 주어진 식을 바르게 계산한 경우 | 2점 |
| ❷ □ 안에 들어갈 수 있는 가장 작은 자연수를 구한 경우 | 1점 |
| ❸ 답을 바르게 쓴 경우 | 2점 |

## 단원 평가 2회

33~35쪽

01 (1) 27, 36 (2) 17, 34
02 ③
03 $52\div13+9-5=8$ (① $52\div13$, ② $+9$, ③ $-5$)
04 ㉡
05 $58-6\times(3+5)$
$=58-6\times8$
$=58-48$
$=10$
06 <
07 ㉠, 20
08 34
09 $25-14+8$에 ○표
10 ㉠
11 ×
12 ㉯, 28
13 $81\div(3+6)\times7-14=49$ / 49
14 ×
15 $80-(14+12)\times2=28$ / 28
16 38
17 $4000+3000-200\times3=6400$ / 6400
18 9, 2, 5 / 47
19 풀이 참조, 8
20 풀이 참조, 52

01 (1) 덧셈과 뺄셈이 섞여 있는 식은 앞에서부터 차례대로 계산합니다.
(2) 곱셈과 나눗셈이 섞여 있는 식은 앞에서부터 차례대로 계산합니다.

02 (  )가 있는 식은 (  ) 안을 먼저 계산합니다.

03 $52\div13+9-5=4+9-5=13-5=8$

04 $42-5\times8+13=42-40+13=2+13=15$

06 $15-5\times2+16\div4=15-10+16\div4$
$=15-10+4$
$=5+4=9$
➡ $9<11$

07 (  )가 있는 식은 (  ) 안을 먼저 계산해야 하므로 계산이 처음으로 잘못된 곳은 ㉠입니다.
➡ $60\div(10-5)+8=60\div5+8=12+8=20$

08 $64\div(8\times4)=64\div32=2$
$64\div8\times4=8\times4=32$
➡ $2+32=34$

09 종이접기를 하는 데 사용하고 남은 색종이 수는 $25-14$이고, 친구에게 8장을 받았으므로 지금 주아가 가지고 있는 색종이 수는 $25-14+8$입니다.

10 ㉠ $29-34\div2+5=29-17+5=12+5=17$
㉡ $15-4\times3+7=15-12+7=3+7=10$
➡ $17>10$이므로 계산 결과가 더 큰 식은 ㉠입니다.

11 $8\times(3+2)\div4-7=8\times5\div4-7$
$=40\div4-7=10-7=3$
$64\div8+3\times(7-4)=64\div8+3\times3$
$=8+3\times3=8+9=17$
➡ 두 식의 계산 결과는 다릅니다.

12 ㉮ $51-33+36\div4=51-33+9=18+9=27$
㉯ $61+21\div7-9=61+3-9=64-9=55$
➡ ㉯가 $55-27=28$ 더 큽니다.

13 $81\div(3+6)\times7-14=81\div9\times7-14$
$=9\times7-14$
$=63-14=49$

14 ○ 안에 +, −, ×, ÷를 차례로 넣어 식이 성립하는지 확인해 봅니다.
$6+2+24-3=8+24-3=32-3=29$ (×)
$6-2+24-3=4+24-3=28-3=25$ (×)
$6\times2+24-3=12+24-3=36-3=33$ (○)
$6\div2+24-3=3+24-3=27-3=24$ (×)

15 공책을 나누어 준 학생 수는 $14+12$이고, 학생들에게 나누어 준 공책 수는 $(14+12)\times2$, 학생들에게 나누어 주고 남은 공책 수는 $80-(14+12)\times2$입니다.
➡ $80-(14+12)\times2=80-26\times2$
$=80-52=28$(권)

16 $20-5+18=33$, $43+9-14=38$ ➡ $33<38$
$76\div4\times3=57$, $8\times13\div4=26$ ➡ $57>26$
➡ $38>26$이므로 □ 안에 알맞은 수는 38입니다.

17 (8일에 형광펜을 사고 남은 돈)
=(1일에 받은 용돈)+(8일에 받은 용돈)
−(8일에 산 형광펜 1자루의 가격)×(산 형광펜 수)
➡ $4000+3000-200\times3=4000+3000-600$
$=7000-600$
$=6400$(원)

18 계산 결과가 가장 크게 되려면 6과 곱해지는 ( ) 안의 두 수의 차가 가장 크도록 해야 합니다.
➡ $(9-2)\times6+5=7\times6+5=42+5=47$

19 예 ❶ 산 호두과자의 수는 $12\times4$이고, 6개의 봉지에 똑같이 나누어 담으면 봉지 한 개에 담는 호두과자의 수는 $12\times4\div6$입니다.
❷ 따라서 봉지 한 개에 호두과자를 $12\times4\div6=48\div6=8$(개)씩 담으면 됩니다.
❸ 8

| 채점 기준 | 배점 |
|---|---|
| ❶ 봉지 한 개에 담는 호두과자의 수를 구하는 하나의 식을 바르게 나타낸 경우 | 2점 |
| ❷ 봉지 한 개에 담는 호두과자의 수를 구한 경우 | 1점 |
| ❸ 답을 바르게 쓴 경우 | 2점 |

20 예 ❶ 가에는 63, 나에는 7을 넣어 식을 만들면 63♥7=$63+7-63\div7\times2$입니다.
❷ $63+7-63\div7\times2=63+7-9\times2$
$=63+7-18$
$=70-18=52$
이므로 63♥7은 52입니다.
❸ 52

| 채점 기준 | 배점 |
|---|---|
| ❶ 63♥7의 식을 만든 경우 | 1점 |
| ❷ ❶에서 만든 식을 계산한 경우 | 2점 |
| ❸ 답을 바르게 쓴 경우 | 2점 |

# 2 단원 약수와 배수

## 교과서+익힘책 개념탄탄 39쪽

1 1, 2, 3, 4, 6, 12
2 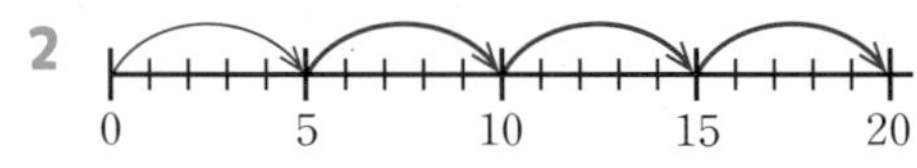

/ 5, 10, 15, 20
3 1, 2, 7, 14 / 1, 2, 7, 14
4 (위에서부터) 16, 24, 4, 32
5 (1) 5, 10 (2) 9, 27 6 21, 28, 35

1 12를 나누어떨어지게 하는 수가 12의 약수이므로 12의 약수는 1, 2, 3, 4, 6, 12입니다.

2 $5\times1=5$, $5\times2=10$, $5\times3=15$, $5\times4=20$

3 $14\div1=14$, $14\div2=7$, $14\div7=2$, $14\div14=1$이므로 14의 약수는 1, 2, 7, 14입니다.

4 8을 ■배 한 수 ➡ 8×■

5 (1) $10\div1=10$, $10\div2=5$, $10\div5=2$, $10\div10=1$
(2) $27\div1=27$, $27\div3=9$, $27\div9=3$, $27\div27=1$

6 $7\times1=7$, $7\times2=14$, $7\times3=21$, $7\times4=28$, $7\times5=35$

## 교과서+익힘책 개념탄탄 41쪽

1 배수에 ○표, 약수에 ○표
2 (1) 6, 9, 18 (2) 6, 9, 18
3 배수, 약수
4 25=[1]×[25] 25=[5]×[5]
/ 1, 5, 25 / 1, 5, 25
5 ( )( ○ )( )
6 수정

1 42는 6과 7의 배수이고, 6과 7은 42의 약수입니다.

2 18은 1, 2, 3, 6, 9, 18의 배수이고, 1, 2, 3, 6, 9, 18은 18의 약수입니다.

3 32는 4와 8의 배수이고, 4와 8은 32의 약수입니다.

4 25는 1, 5, 25의 배수이고,
1, 5, 25는 25의 약수입니다.

5 9÷7=1⋯2, 15÷1=15, 12÷8=1⋯4
따라서 두 수가 약수와 배수의 관계인 것은 15, 1입니다.

6 도현: 9와 5는 45의 약수입니다.

**유형별 실력쑥쑥** 42~45쪽

**1** (1) 1, 2, 3, 6, 9, 18 (2) 1, 2, 11, 22
01 3, 12, 16 02 8
03 1, 42 04 15
**2** (1) 11, 22, 33, 44, 55 (2) 14, 28, 42, 56, 70
05 24, 36, 48 06 8, 16, 24
07 28, 42, 49 08 풀이 참조
**3** ( )( ○ )( ○ )
09 ㉡ 10 48, 4
11 21, 42에 ○표
12 풀이 참조, 1, 2, 7, 14
**4** 1, 5, 40에 ○표
13 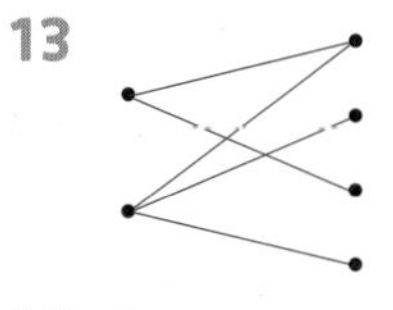 14 (1) 예 3 (2) 예 30
15 4 16 1, 3, 6

**1** (1) 18÷1=18, 18÷2=9, 18÷3=6,
18÷6=3, 18÷9=2, 18÷18=1
(2) 22÷1=22, 22÷2=11, 22÷11=2,
22÷22=1

01 40을 나누었을 때 나누어떨어지지 않는 수를 모두 찾으면 3, 12, 16입니다.

02 30의 약수: 1, 2, 3, 5, 6, 10, 15, 30
따라서 30을 나누어떨어지게 하는 수는 모두 8개입니다.
참고 30을 나누어떨어지게 하는 수는 30의 약수입니다.

03 42의 약수: 1, 2, 3, 6, 7, 14, 21, 42
따라서 42의 약수 중에서 가장 작은 수는 1이고,
가장 큰 수는 자기 자신인 42입니다.

04 15의 약수: 1, 3, 5, 15 ➡ 4개
49의 약수: 1, 7, 49 ➡ 3개
따라서 약수의 개수가 더 많은 수는 15입니다.

**2** (1) 11×1=11, 11×2=22, 11×3=33,
11×4=44, 11×5=55
(2) 14×1=14, 14×2=28, 14×3=42,
14×4=56, 14×5=70

05 4×6=24, 4×9=36, 4×12=48

06 8×1=8, 8×2=16, 8×3=24이므로 날짜가 8의 배수인 수는 8, 16, 24입니다.

07 7×1=7, 7×2=14, 7×3=21, ...이므로 7의 배수를 쓴 것입니다.
➡ 7×4=28, 7×6=42, 7×7=49

08 ❶ 108은 9의 배수입니다.
예 ❷ 9×12=108에서 9를 12배 한 수가 108이므로 108은 9의 배수입니다.

| 채점 기준 |
|---|
| ❶ 답을 바르게 쓴 경우 |
| ❷ 이유를 바르게 설명한 경우 |

**3** 7÷4=1⋯3, 19÷1=19, 48÷6=8
따라서 두 수가 약수와 배수의 관계인 것은 19와 1, 6과 48입니다.

09 ㉠ 54÷8=6⋯6 ㉡ 81÷9=9
㉢ 11÷4=2⋯3 ㉣ 30÷13=2⋯4
따라서 두 수가 약수와 배수의 관계인 것은 ㉡입니다.

10 48÷4=12, 48÷26=1⋯22, 26÷4=6⋯2이므로 약수와 배수의 관계인 두 수는 48, 4입니다.

11 21=3×7, 42=3×14, 42=7×6이므로 □ 안에 공통으로 들어갈 수 있는 수는 21, 42입니다.

12 예 ❶ 14가 ■의 배수이므로 ■는 14의 약수입니다.
❷ 14의 약수는 1, 2, 7, 14이므로 ■ 안에 들어갈 수 있는 수는 1, 2, 7, 14입니다.
❸ 1, 2, 7, 14

| 채점 기준 |
|---|
| ❶ ■가 14의 약수임을 아는 경우 |
| ❷ ■ 안에 들어갈 수 있는 수를 모두 구한 경우 |
| ❸ 답을 바르게 쓴 경우 |

**4** 주어진 수 중에서 20의 약수는 1, 5이고, 20의 배수는 40입니다.

**13** • $5\div1=5$, $5\times6=30$
• $8\div1=8$, $8\div4=2$, $8\times6=48$

**14** (1) $9\div3=3$이므로 3은 9의 약수입니다.
(2) $10\times3=30$이므로 30은 10의 배수입니다.

**15** 주어진 수 중에서 12의 약수는 1, 4, 12이고, 12의 배수는 12, 60입니다.
따라서 12와 약수 또는 배수의 관계인 수는 1, 4, 12, 60이므로 모두 4개입니다.

**16** 주사위 눈의 수는 1, 2, 3, 4, 5, 6이고 가연이의 주사위 눈의 수는 3입니다.
따라서 주사위 눈의 수 중에서 3의 약수는 1, 3이고, 3의 배수는 3, 6이므로 유재의 주사위 눈의 수가 될 수 있는 수는 1, 3, 6입니다.

## 교과서+익힘책 개념탄탄 47쪽

1 1, 3, 9　　2 9
3 1, 2, 3, 4, 6, 8, 12, 24 / 1, 2, 3, 5, 6, 10, 15, 30
4

| | |
|---|---|
| 24와 30의 공약수 | 1, 2, 3, 6 |
| 24와 30의 최대공약수 | 6 |
| 24와 30의 최대공약수의 약수 | 1, 2, 3, 6 |

, 같습니다에 ○표
5 [2]×[5]=[10]
6 $\begin{array}{r|rr} 2 & 32 & 36 \\ \hline [2] & [16] & [18] \\ \hline & [8] & [9] \end{array}$, [2]×[2]=[4]
7 (1) 9　(2) 8

**1** 18과 45의 공통인 약수는 1, 3, 9입니다.

**2** 18과 45의 최대공약수는 공약수 1, 3, 9 중에서 가장 큰 수이므로 9입니다.

**5** 70과 50을 공약수로 더 이상 나눌 수 없을 때까지 나누고, 나눈 공약수들을 모두 곱합니다.

**6** 32와 36을 공약수로 더 이상 나눌 수 없을 때까지 나누고, 나눈 공약수들을 모두 곱합니다.

**7** (1) $\begin{array}{r|rr} 3 & 27 & 18 \\ \hline 3 & 9 & 6 \\ \hline & 3 & 2 \end{array}$ ➡ 27과 18의 최대공약수: $3\times3=9$

(2) $\begin{array}{r|rr} 2 & 56 & 48 \\ \hline 2 & 28 & 24 \\ \hline 2 & 14 & 12 \\ \hline & 7 & 6 \end{array}$ ➡ 56과 48의 최대공약수: $2\times2\times2=8$

## 교과서+익힘책 개념탄탄 49쪽

1 예 18, 36, ...　　2 18
3

| 10의 배수 | 10 | 20 | 30 | 40 | 50 | 60 |
|---|---|---|---|---|---|---|
| 15의 배수 | 15 | 30 | 45 | 60 | 75 | 90 |

4

| | |
|---|---|
| 10과 15의 공배수 | 30, 60, ... |
| 10과 15의 최소공배수 | 30 |
| 10과 15의 최소공배수의 배수 | 30, 60, ... |

, 같습니다에 ○표
5 [7]×[3]×[5]=[105]
6 $\begin{array}{r|rr} 6 & 30 & 36 \\ \hline & [5] & [6] \end{array}$, 6×[5]×[6]=[180] /
$\begin{array}{r|rr} 2 & 30 & 36 \\ \hline [3] & [15] & [18] \\ \hline & [5] & [6] \end{array}$, 2×[3]×[5]×[6]=[180]
7 (1) 180　(2) 168

**1** 6과 9의 공통인 배수는 18, 36, ...입니다.

**2** 최소공배수는 공배수 18, 36, ... 중에서 가장 작은 수이므로 18입니다.

**5** 21과 35를 공약수로 더 이상 나눌 수 없을 때까지 나누고, 나눈 공약수들과 몫을 모두 곱합니다.

**6** 30과 36을 최대공약수로 나누거나 공약수로 더 이상 나눌 수 없을 때까지 나누고, 나눈 공약수들과 몫을 모두 곱합니다.

7 (1) 5) 20 45 ➡ 20과 45의 최소공배수:
　　 4 9 　$5\times4\times9=180$

(2) 2) 28 24 ➡ 28과 24의 최소공배수:
　 2) 14 12 　$2\times2\times7\times6=168$
　　 7 6

## 유형별 실력쑥쑥

50~53쪽

**1** 예 5) 50 75 / 25 / 1, 5, 25
5) 10 15
　 2 3

**01**

| 48의 약수 | 1, 2, 3, 4, 6, 8, 12, 16, 24, 48 |
|---|---|
| 56의 약수 | 1, 2, 4, 7, 8, 14, 28, 56 |

, 8

**02** 1, 2, 4, 5, 10, 20 　**03** 대현

**04** ㉡

**2** 예 2) 24 18 / 72 / 72, 144, 216
3) 12 9
　 4 3

**05** 4, 8, 12, 16, 20, 24, 28, 32 / 6, 12, 18, 24, 30 / 12, 24 / 12

**06** 21, 42, 63 　**07** 24, 40에 색칠

**08** ㉡, 풀이 참조

**3** 8

**09** 10 　**10** 8

**11** 15 　**12** 11

**4** 12

**13** 45 　**14** 84

**15** 80 　**16** 풀이 참조, 2

**1** 50과 75의 최대공약수: $5\times5=25$
50과 75의 공약수는 50과 75의 최대공약수 25의 약수와 같으므로 1, 5, 25입니다.

**01** 48과 56의 공약수: 1, 2, 4, 8
48과 56의 최대공약수: 8

**02** 20과 80의 공약수는 20과 80의 최대공약수인 20의 약수이므로 1, 2, 4, 5, 10, 20입니다.

**03** • 서아: 12와 30의 공약수 중에서 가장 작은 수는 1입니다.
• 예지: 12와 30의 공약수는 1, 2, 3, 6이므로 가장 큰 수는 6입니다.

**04** ㉠ 36과 52의 최대공약수는 4이므로 공약수는 4의 약수인 1, 2, 4로 모두 3개입니다.
㉡ 24와 42의 최대공약수는 6이므로 공약수는 6의 약수인 1, 2, 3, 6으로 모두 4개입니다.

**2** 24와 18의 최소공배수: $2\times3\times4\times3=72$
24와 18의 공배수는 24와 18의 최소공배수 72의 배수와 같으므로 72, 144, 216, ...입니다.

**05** 4와 6의 최소공배수는 4와 6의 공배수 중에서 가장 작은 수입니다.

**06** 어떤 두 수의 공배수는 두 수의 최소공배수인 21의 배수이므로 21, 42, 63, ...입니다.

**07** 8) 24 40
　 3 5
➡ 최소공배수: $8\times3\times5=120$

11) 33 44
　 3 4
➡ 최소공배수: $11\times3\times4=132$

따라서 $120<132$이므로 두 수의 최소공배수가 더 작은 것은 24, 40입니다.

**08** ❶ ㉡
예 ❷ 두 수의 최소공배수는 항상 1개입니다.

| 채점 기준 |
|---|
| ❶ 잘못 설명한 것의 기호를 쓴 경우 |
| ❷ 문장을 바르게 고친 경우 |

**3** 8) 16 24 ➡ 16과 24의 최대공약수: 8
　 2 3
따라서 사탕과 초콜릿을 8명에게 나누어 줄 수 있습니다.

**09** 2) 40 50 ➡ 40과 50의 최대공약수:
5) 20 25 　$2\times5=10$
　 4 5
따라서 체리와 딸기를 10봉지에 나누어 담을 수 있습니다.

**10** 2) 56 64 ➡ 56과 64의 최대공약수:
2) 28 32 　$2\times2\times2=8$
2) 14 16
　 7 8
따라서 꿀떡과 무지개떡을 접시 8개에 나누어 담을 수 있습니다.

**11** 3) 75 90 ➡ 75와 90의 최대공약수:
5) 25 30 $3\times5=15$
5 6

따라서 자를 수 있는 가장 큰 정사각형의 한 변은 15 cm입니다.

**12** 2) 24 42 ➡ 24와 42의 최대공약수: $2\times3=6$
3) 12 21
4 7

튤립과 장미를 꽃병 6개에 똑같이 나누어 꽂으므로 꽃병 한 개에 튤립은 $24\div6=4$(송이)씩, 장미는 $42\div6=7$(송이)씩 꽂을 수 있습니다.

➡ 꽃병 한 개에 꽃을 $4+7=11$(송이)씩 꽂을 수 있습니다.

**4** 2) 4 6 ➡ 4와 6의 최소공배수:
2 3 $2\times2\times3=12$

따라서 앞으로 두 친구는 12일마다 수영장에 함께 가게 됩니다.

**13** 3) 15 9 ➡ 15와 9의 최소공배수:
5 3 $3\times5\times3=45$

따라서 다음에 두 버스가 동시에 출발하는 시간은 45분 후입니다.

**14** 12) 12 84 ➡ 12와 84의 최소공배수:
1 7 $12\times1\times7=84$

따라서 다음에 같은 위치에서 태양, 목성, 천왕성이 일직선을 이루는 해는 84년 후입니다.

**15** 2) 16 20 ➡ 16과 20의 최소공배수:
2) 8 10 $2\times2\times4\times5=80$
4 5

따라서 만들 수 있는 가장 작은 정사각형의 한 변은 80 cm입니다.

**16** 예 ❶ 2) 6 8 ➡ 6과 8의 최소공배수:
3 4 $2\times3\times4=24$

❷ 1분=60초이므로 60초 동안 24초, 48초에 깜빡입니다. 따라서 1분 동안 동시에 2번 깜빡입니다.

❸ 2

| 채점 기준 |
|---|
| ❶ 6과 8의 최소공배수를 구한 경우 |
| ❷ 1분 동안 동시에 몇 번 깜빡이는지 구한 경우 |
| ❸ 답을 바르게 쓴 경우 |

## 응용+수학역량 UP UP

54~57쪽

**1** (1) 90, 96, 102, 108 (2) 102

**1-1** 195 **1-2** 3

**2** (1)

| 5의 배수 | 5 | 10 | 15 |
|---|---|---|---|
| 약수 | 1, 5 | 1, 2, 5, 10 | 1, 3, 5, 15 |
| 약수의 합 | 6 | 18 | 24 |

(2) 10

**2-1** 21 **2-2** 16

**3** (1) 3 (2) 4 (3) 36

**3-1** 30 **3-2** 42, 63

**4** (1) 최대공약수, 50 (2) 12

**4-1** 9 **4-2** 38

**1** (1) 6의 배수 중에서 100에 가까운 수를 예상해 봅니다.

(2) 90, 96, 102, 108 중에서 100에 가장 가까운 수는 100과의 차가 가장 작은 102입니다.

**1-1** 15의 배수 중에서 200에 가까운 수를 예상해 봅니다.
$15\times12=180$, $15\times13=195$, $15\times14=210$, $15\times15=225$

➡ 200에 가장 가까운 수는 200과의 차가 가장 작은 195입니다.

**1-2** 4와 9의 최소공배수는 $4\times9=36$이므로 4와 9의 공배수는 36의 배수와 같습니다.
따라서 $36\times2=72$, $36\times3=108$, $36\times4=144$, $36\times5=180$, $36\times6=216$이므로 100부터 200까지의 수 중에서 4와 9의 공배수는 108, 144, 180으로 모두 3개입니다.

**2** (1) 18보다 작은 5의 배수의 약수를 찾은 후 약수의 합을 구해 봅니다.

➡ (10의 약수의 합)$=1+2+5+10=18$,
(15의 약수의 합)$=1+3+5+15=24$

**2-1** 32보다 작은 7의 배수를 가장 작은 수부터 차례로 써 보면 7, 14, 21, 28입니다.

| 7의 배수 | 7 | 14 | 21 | 28 |
|---|---|---|---|---|
| 약수 | 1, 7 | 1, 2, 7, 14 | 1, 3, 7, 21 | 1, 2, 4, 7, 14, 28 |
| 약수의 합 | 8 | 24 | 32 | 56 |

따라서 조건을 모두 만족하는 수는 21입니다.

**2-2** 48의 약수: 1, 2, 3, 4, 6, 8, 12, 16, 24, 48
48의 약수 중에서 6의 배수가 아닌 수는 1, 2, 3, 4, 8, 16이고 그중 두 자리 수는 16입니다.
따라서 조건을 모두 만족하는 자물쇠의 비밀번호는 16입니다.

**3** (1) 27÷9=3이므로 ㉠=3입니다.
(2) 두 수의 최소공배수가 108이므로
9×3×㉡=108, 27×㉡=108, ㉡=4입니다.
(3) ㉡=4이므로 어떤 수는 9×㉡=9×4=36입니다.

**3-1** 어떤 수를 □라 하고 식을 세워 봅니다.

6 ) 18 □
　 ㉠ ㉡

18÷6=3이므로 ㉠=3입니다.
18과 □의 최소공배수가 90이므로 6×3×㉡=90, 18×㉡=90, ㉡=5입니다.
따라서 어떤 수는 6×㉡=6×5=30입니다.

**3-2** 어떤 수를 □, ○라 하고 식을 세워 봅니다.

21 ) □ ○
　 ㉠ ㉡

두 수의 최소공배수가 126이므로
21×㉠×㉡=126, ㉠×㉡=6입니다.
㉠×㉡=6이 되는 경우는 1과 6, 2와 3이고 두 수가 모두 두 자리 수이므로 ㉠과 ㉡은 2와 3입니다.
따라서 두 수는 21×2=42, 21×3=63입니다.

**4** (1)
2 ) 400 150
5 ) 200 75
5 ) 40 15
　 8 3
➡ 400과 150의 최대공약수: 2×5×5=50

(2) 400과 150의 최대공약수는 50이므로 두 길의 거리를 각각 50 m로 나누면 400÷50=8(개), 150÷50=3(개)입니다.
따라서 두 길이 만나는 곳에도 말뚝 1개를 설치해야 하므로 필요한 말뚝은 8+3+1=12(개)입니다.

**4-1** 가로등을 가장 적게 설치하려면 270과 450의 최대공약수를 구해야 합니다.
270과 450의 최대공약수는 90이므로 두 길의 거리를 각각 90 m로 나누면 270÷90=3(개), 450÷90=5(개)입니다.
따라서 두 길이 만나는 곳에도 가로등 1개를 설치해야 하므로 필요한 가로등은 3+5+1=9(개)입니다.

**4-2** 말뚝을 가장 적게 사용하려면 36과 40의 최대공약수를 구해야 합니다.
36과 40의 최대공약수는 4이고, 36÷4=9이므로 가로에 필요한 말뚝은 (9+1)×2=20(개)이고,
40÷4=10이므로 세로에 필요한 말뚝은 (10+1)×2=22(개)입니다.
따라서 네 모퉁이에 말뚝을 2번씩 센 것을 제외하면 필요한 말뚝은 20+22−4=38(개)입니다.

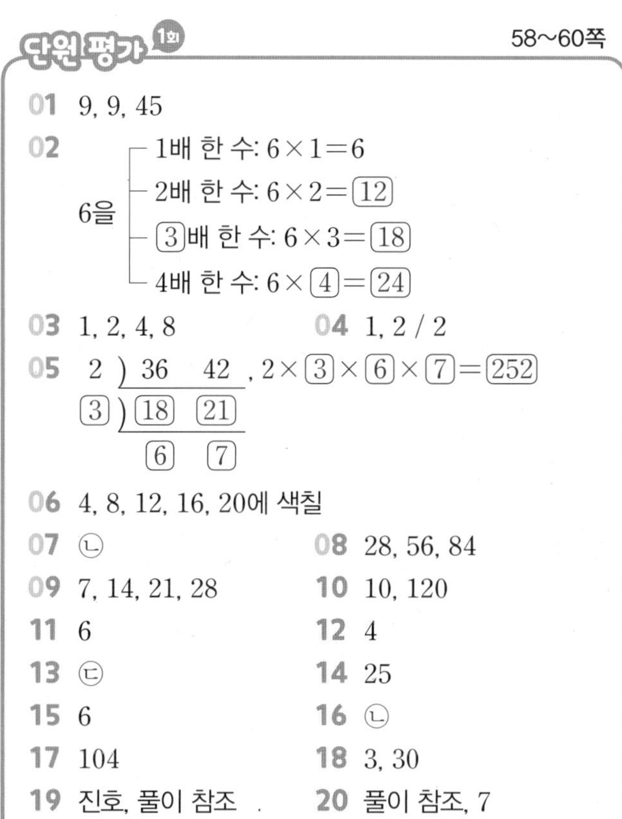
**단원 평가 1회** 58~60쪽

01 9, 9, 45
02 6을
- 1배 한 수: 6×1=6
- 2배 한 수: 6×2=[12]
- [3]배 한 수: 6×3=[18]
- 4배 한 수: 6×[4]=[24]

03 1, 2, 4, 8　　04 1, 2 / 2
05
2 ) 36 42
[3] ) [18] [21]
　 [6] [7]
, 2×[3]×[6]×[7]=[252]
06 4, 8, 12, 16, 20에 색칠
07 ㉡　　08 28, 56, 84
09 7, 14, 21, 28　　10 10, 120
11 6　　12 4
13 ㉢　　14 25
15 6　　16 ㉡
17 104　　18 3, 30
19 진호, 풀이 참조　　20 풀이 참조, 7

**07** ㉠ 44÷8=5⋯4, ㉡ 54÷9=6, ㉢ 18÷4=4⋯2
따라서 두 수가 약수와 배수의 관계인 것은 ㉡입니다.

**08** 어떤 두 수의 공배수는 두 수의 최소공배수인 28의 배수이므로 28, 56, 84, ...입니다.

**09** 7×1=7, 7×2=14, 7×3=21, 7×4=28이므로 날짜가 7의 배수인 수는 7, 14, 21, 28입니다.

**10**
2 ) 40 30
5 ) 20 15
　 4 3
➡ 최대공약수: 2×5=10
최소공배수: 2×5×4×3=120

**11** 36과 54의 공약수는 36과 54의 최대공약수인 18의 약수이므로 1, 2, 3, 6, 9, 18입니다. ➡ 6개

12 주어진 수 중에서 24의 약수는 2, 3, 24이고, 24의 배수는 24, 48입니다.
따라서 24와 약수 또는 배수의 관계인 수는 2, 3, 24, 48이므로 모두 4개입니다.

13 ㉢ 수가 크다고 약수의 개수가 많은 것은 아닙니다.

14 27의 약수: 1, 3, 9, 27 ➡ 4개
25의 약수: 1, 5, 25 ➡ 3개
따라서 약수의 개수가 더 적은 수는 25입니다.

15 2) 30 42
3) 15 21
5 7
➡ 30과 42의 최대공약수: $2\times3=6$
따라서 빵과 쿠키를 6봉지에 나누어 담을 수 있습니다.

16 ㉠ 7) 21 35 / 3 5　㉡ 16) 48 64 / 3 4　㉢ 11) 22 33 / 2 3
따라서 최대공약수가 ㉠ 7, ㉡ 16, ㉢ 11이므로 가장 큰 것은 ㉡입니다.

17 $13\times7=91$, $13\times8=104$이므로 13의 배수 중에서 100에 가장 가까운 수는 104입니다.

18 2) 4 10
2 5
➡ 4와 10의 최소공배수: $2\times2\times5=20$
따라서 두 친구는 20일마다 도서관에 함께 가므로 다음에 도서관에 함께 가는 날은 3월 $10+20=30$(일)입니다.

19 ❶ 진호
예 ❷ 45와 60의 최대공약수의 약수는 15의 약수입니다.

| 채점 기준 | 배점 |
|---|---|
| ❶ 잘못 설명한 친구의 이름을 쓴 경우 | 2점 |
| ❷ 문장을 바르게 고친 경우 | 3점 |

20 예 ❶ 28의 약수: 1, 2, 4, 7, 14, 28
40의 약수: 1, 2, 4, 5, 8, 10, 20, 40
❷ 28의 약수이면서 40의 약수가 아닌 수는 7, 14, 28이고 그중 한 자리 수는 7입니다.
❸ 7

| 채점 기준 | 배점 |
|---|---|
| ❶ 28과 40의 약수를 구한 경우 | 2점 |
| ❷ 조건을 모두 만족하는 수를 구한 경우 | 1점 |
| ❸ 답을 바르게 쓴 경우 | 2점 |

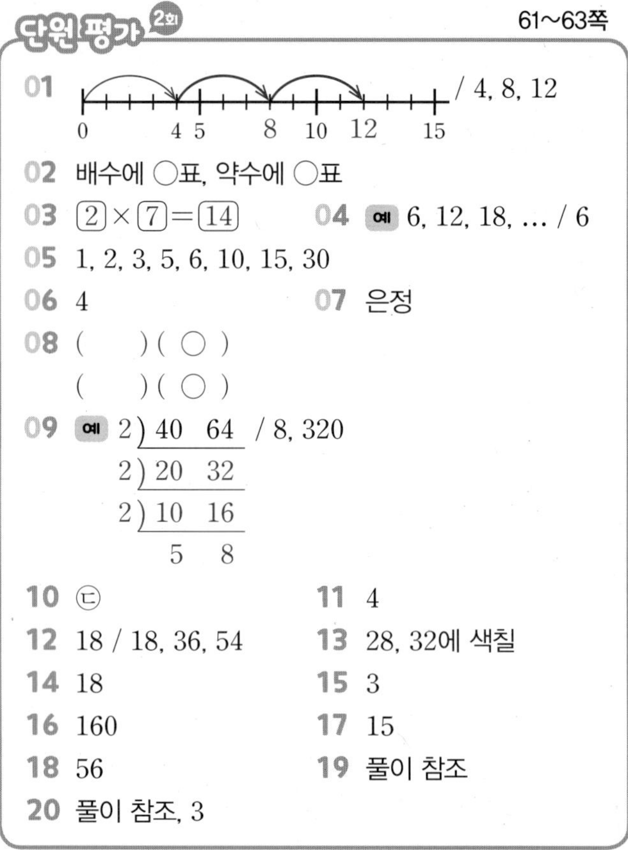

단원 평가 2회　61~63쪽

01 / 4, 8, 12
02 배수에 ○표, 약수에 ○표
03 2 × 7 = 14　04 예 6, 12, 18, ... / 6
05 1, 2, 3, 5, 6, 10, 15, 30
06 4　07 은정
08 (　)(○)
(　)(○)
09 예 2) 40 64 / 2) 20 32 / 2) 10 16 / 5 8　/ 8, 320
10 ㉢　11 4
12 18 / 18, 36, 54　13 28, 32에 색칠
14 18　15 3
16 160　17 15
18 56　19 풀이 참조
20 풀이 참조, 3

07 유찬: 두 수의 공약수는 두 수의 최대공약수의 약수입니다.

09 최대공약수: $2\times2\times2=8$
최소공배수: $2\times2\times2\times5\times8=320$

10 5와 7은 35의 약수이고, 35는 5와 7의 배수입니다.

11 2) 24 16
2) 12 8
2) 6 4
3 2
➡ 24와 16의 최대공약수는 $2\times2\times2=8$이므로 24와 16의 공약수는 8의 약수인 1, 2, 4, 8로 모두 4개입니다.

12 3) 6 9
2 3
➡ 6과 9의 최소공배수: $3\times2\times3=18$
따라서 두 수의 공배수는 두 수의 최소공배수의 배수와 같으므로 18의 배수를 가장 작은 수부터 3개 써 보면 18, 36, 54입니다.

13 6) 36 48
2) 6 8
3 4

4) 28 32
7 8

➡ 36과 48의 최소공배수는 $6\times2\times3\times4=144$, 28과 32의 최소공배수는 $4\times7\times8=224$이므로 최소공배수가 더 큰 것은 28과 32입니다.

14 $2\,)\underline{\,54\quad 36\,}$ ➡ 54와 36의 최대공약수:
$3\,)\underline{\,27\quad 18\,}$ $2\times3\times3=18$
$3\,)\underline{\,9\quad 6\,}$ 따라서 귤과 사과를 18명에게 나누어
$\quad 3\quad 2$ 줄 수 있습니다.

15 25의 배수: 25, 50, 75, 100, ...
따라서 100보다 작은 수 중에서 25의 배수는 25, 50, 75로 모두 3개입니다.

16 $2\,)\underline{\,20\quad 32\,}$ ➡ 20과 32의 최소공배수:
$2\,)\underline{\,10\quad 16\,}$ $2\times2\times5\times8=160$
$\quad 5\quad 8$
따라서 만들 수 있는 가장 작은 정사각형의 한 변은 160 cm입니다.

17 5의 배수: 5, 10, 15, 20, ...
5의 약수: 1, 5 ➡ $1+5=6$
10의 약수: 1, 2, 5, 10 ➡ $1+2+5+10=18$
15의 약수: 1, 3, 5, 15 ➡ $1+3+5+15=24$
따라서 조건을 모두 만족하는 수는 15입니다.

18 어떤 수를 □라 하고 식을 세워 봅니다.
$7\,)\underline{\,21\quad □\,}$ $21\div7=3$이므로 ㉠=3입니다.
㉠ ㉡ 21과 □의 최소공배수가 168이므로
$7\times3\times$㉡$=168$, $21\times$㉡$=168$, ㉡$=8$입니다.
따라서 어떤 수는 $7\times$㉡$=7\times8=56$입니다.

19 ❶ 19는 133의 약수입니다.
예 ❷ 133을 19로 나누면 나누어떨어지므로 19는 133의 약수입니다.

| 채점 기준 | 배점 |
|---|---|
| ❶ 답을 바르게 쓴 경우 | 2점 |
| ❷ 이유를 바르게 설명한 경우 | 3점 |

20 예 ❶ 2와 7의 최소공배수는 $2\times7=14$이므로 2와 7의 공배수는 14의 배수와 같습니다.
❷ $14\times8=112$, $14\times9=126$, $14\times10=140$이므로 100부터 150까지의 수 중에서 2와 7의 공배수는 모두 3개입니다.
❸ 3

| 채점 기준 | 배점 |
|---|---|
| ❶ 공배수와 최소공배수의 관계를 아는 경우 | 1점 |
| ❷ 100부터 150까지의 수 중에서 2와 7의 공배수의 개수를 구한 경우 | 2점 |
| ❸ 답을 바르게 쓴 경우 | 2점 |

# 3단원 규칙과 대응

## 교과서+익힘책 개념탄탄

67쪽

1 9, 12, 15　　2 3
3 킥보드 수, 3, 바퀴 수
4 예 밧줄 수　　5 17, 18
6 (1) 2, 적습니다에 ○표　(2) 2, 많습니다에 ○표
(3) 2
7 6

1 킥보드가 1대일 때 바퀴 수는 3개, 2대일 때 6개, 3대일 때 9개, 4대일 때 12개, 5대일 때 15개입니다.

2 킥보드 수는 1씩 늘어나고 바퀴 수는 3씩 늘어납니다.

4 밧줄 수에 1을 더하면 쇠말뚝 수가 됩니다.

5 영우와 형은 2살 차이입니다.

7 한 육각형의 꼭짓점 수는 6개입니다. 육각형 수에 6을 곱하면 꼭짓점 수가 됩니다.

## 교과서+익힘책 개념탄탄

69쪽

1 4, 5, 6, 7　　2 1
3 예 □+1=○(또는 ○−1=□)
4 (사탕 가격)+300=(초콜릿 가격)에 색칠
5 예

| '공책 수'를 나타내는 기호 | ○ |
|---|---|
| '공책값'을 나타내는 기호 | △ |

/ 예 ○×600=△(또는 △÷600=○)
6 ( ○ )
(　　)
( ○ )
7 예

| '소시 수'를 나타내는 기호 | △ |
|---|---|
| '단추 수'을/를 나타내는 기호 | □ |

/ 예 △×4=□(또는 □÷4=△)

1 의자는 팔걸이보다 1개 적습니다.

2 의자 수에 1을 더하면 팔걸이 수가 됩니다.

6 • 조끼 수에 4를 곱하면 단추 수가 되므로 대응 관계가 있습니다.
• 조끼 수와 조끼의 색깔 수 사이에 대응 관계가 없습니다.
• 조끼 수에 2를 곱하면 주머니 수가 되므로 대응 관계가 있습니다.

7 조끼 수에 4를 곱하면 단추 수가 되므로 조끼 수를 ☆, 단추 수를 ◎라고 할 때, ☆×4=◎(또는 ◎÷4 =☆)로 나타낼 수도 있습니다.

## 유형별 실력쑥쑥

70~72쪽

**1** 예 탁자 수에 2를 곱하면 의자 수가 됩니다.
01 15 / 예 봉지 수에 3을 곱하면 사탕 수가 됩니다.
02 잠자리 수에 4를 곱하면 날개 수가 됩니다.에 ○표
03 예 고속버스의 출발 시각에 2를 더하면 도착 시각이 됩니다.
04 예 과자 수에 60을 곱하면 과자 무게가 됩니다. / 10
**2** 예 □×2=◇(또는 ◇÷2=□)
05 예 (미술 작품 수)×4=(자석 수) (또는 (자석 수)÷4=(미술 작품 수))
06 예 ◎, △, ◎×4=△(또는 △÷4=◎)
07 예 ○+2011=◇(또는 ◇−2011=○)
08 ㉡, 풀이 참조
**3** 예

| '두발자전거 수'를 나타내는 기호 | ○ |
|---|---|
| '( 바퀴 수 )'을/를 나타내는 기호 | □ |

/ 예 ○×2=□(또는 □÷2=○)

09 예

| 서로 대응하는 두 양 | | 대응 관계를 나타낸 식 |
|---|---|---|
| 메뚜기 수 | 기호 | ◎×6=◇ (또는 ◇÷6=◎) |
| | ◎ | |
| 다리 수 | 기호 | |
| | ◇ | |

10 예

| '책꽂이 수'를 나타내는 기호 | ◇ |
|---|---|
| '( 책 수 )'을/를 나타내는 기호 | □ |

/ 예 ◇×5=□(또는 □÷5=◇)
11 예 문어 수와 문어의 다리 수
12 풀이 참조, 예 ◎×4=☆(또는 ☆÷4=◎)

**1**

| 탁자 수(개) | 1 | 2 | 3 | 4 |
|---|---|---|---|---|
| 의자 수(개) | 2 | 4 | 6 | 8 |

➡ 탁자 수에 2를 곱하면 의자 수가 됩니다.
(또는 의자 수를 2로 나누면 탁자 수가 됩니다.)

01 봉지 수가 1씩 늘어날 때 사탕 수는 3씩 늘어납니다.

02 잠자리 수가 1씩 늘어날 때 날개 수는 4씩 늘어나므로 잠자리 수에 4를 곱하면 날개 수가 됩니다.

04 과자 무게를 60으로 나누면 과자 수가 됩니다. 따라서 600÷60=10이므로 과자는 10봉지입니다.

**2** 오리 수에 2를 곱하면 오리의 다리 수가 됩니다.

05 미술 작품 수에 4를 곱하면 자석 수가 됩니다.

06 미술 작품 수와 자석 수를 나타내는 기호는 ○, △, □, ☆, ◇ 등 다양하게 정할 수 있습니다.

07 은지 나이에 2011을 더하면 연도가 됩니다.

08 ❶ ㉡
예 ❷ 오각형 수와 변의 수 사이의 대응 관계는 곱셈식 또는 나눗셈식으로 나타낼 수 있습니다.

| 채점 기준 |
|---|
| ❶ 잘못 말한 것의 기호를 쓴 경우 |
| ❷ 이유를 바르게 설명한 경우 |

**3** 두발자전거 수에 2를 곱하면 바퀴 수가 됩니다.

10 책꽂이 수에 5를 곱하면 책 수가 됩니다.

11 한 양에 8을 곱하면 다른 양이 되는 대응 관계를 주변에서 찾습니다. 팔각형 수와 변의 수 또는 팔각형 수와 꼭짓점 수 등도 찾을 수 있습니다.

12 예 ❶ 한 연필꽂이에 연필이 4자루씩 꽂혀 있습니다.
❷ 연필꽂이 수를 ◎, 연필 수를 ☆라고 할 때, 두 양 사이의 대응 관계를 식으로 나타내면 ◎×4=☆(또는 ☆÷4=◎)입니다.
❸ 예 ◎×4=☆(또는 ☆÷4=◎)

| 채점 기준 |
|---|
| ❶ 대응 관계인 상황을 알맞게 쓴 경우 |
| ❷ ◎와 ☆를 사용하여 식으로 바르게 나타낸 경우 |
| ❸ 답을 바르게 쓴 경우 |

## 응용+수학역량 UP UP

73~75쪽

**1** (1) 6, 8
(2) 예 사각형 수에 2를 곱하면 삼각형 수가 됩니다.
**1-1** 3, 4, 5, 6 / 예 원의 수에 2를 더하면 삼각형 수가 됩니다.
**1-2** 1, 2, 3, 4 / 예 다각형의 변의 수에서 3을 빼면 한 꼭짓점과 이웃하지 않는 꼭짓점 수가 됩니다.
**2** (1) 예 □×3=◇(또는 ◇÷3=□) (2) 27
**2-1** 48
**2-2** 예 ◎×5=☆(또는 ☆÷5=◎) / 7
**3** (1) 180, 270, 360, 450, 540 (2) 5
**3-1** 3200, 4000, 4800, 5600, 6400 / 7
**3-2** 6

**1** (2) (1)의 표를 보고 사각형 수와 삼각형 수 사이의 대응 관계를 알아봅니다.

**1-1** 원의 수와 삼각형 수 사이의 대응 관계를 표를 이용하여 알아봅니다.

**1-2**

다각형의 변의 수와 한 꼭짓점과 이웃하지 않는 꼭짓점 수 사이의 대응 관계를 표를 이용하여 알아봅니다.

**2** (1) 층수에 3을 곱하면 나무 막대 수가 됩니다.
(2) 9×3=27(개)

**2-1** 층수에 4를 곱하면 나무 막대 수가 됩니다. 층수를 ○, 나무 막대 수를 △라고 할 때, 두 양 사이의 대응 관계를 식으로 나타내면
○×4=△(또는 △÷4=○)입니다.
따라서 12층까지 쌓을 때 필요한 나무 막대는
모두 12×4=48(개)입니다.

**2-2** 자동차 수에 5를 곱하면 탈 수 있는 사람 수가 됩니다. 자동차 수를 ◎, 탈 수 있는 사람 수를 ☆라고 할 때, 두 양 사이의 대응 관계를 식으로 나타내면
◎×5=☆(또는 ☆÷5=◎)입니다. 따라서 35명이 타려면 자동차가 최소 35÷5=7(대) 필요합니다.

**3** (1) 인형 수가 1씩 늘어날 때마다 솜의 양은 90씩 늘어나므로 인형 수에 90을 곱하면 솜의 양이 됩니다.
(2) 500 g이 넘지 않는 경우에서 가장 많이 만들 수 있는 인형 수는 5개입니다.

**3-1** 젤리 수가 1씩 늘어날 때마다 젤리 가격은 800씩 늘어나므로 젤리 수에 800을 곱하면 젤리 가격이 됩니다. 표를 보고 6000원을 넘지 않는 경우에서 가장 많이 살 수 있는 젤리 수는 7개입니다.

**3-2**

| 식빵 수(개) | 3 | 4 | 5 | 6 | 7 |
|---|---|---|---|---|---|
| 밀가루 양(g) | 900 | 1200 | 1500 | 1800 | 2100 |

식빵 수에 300을 곱하면 밀가루 양이 됩니다.
2 kg=2000 g이므로 2000 g이 넘지 않는 경우에서 가장 많이 만들 수 있는 식빵 수는 6개입니다.

## 단원 평가 1회

76~78쪽

**01** 예 꽃의 수
**02** 도착, 출발에 ○표
**03** 66, 67 **04** △+52=☆에 색칠
**05** 예 받은 시간에 3을 곱하면 받은 물의 양이 됩니다.
**06** (바구니 수)×5=(귤 수)
**07** 예 ◎×5=◇(또는 ◇÷5=◎)
**08** 32, 48, 72
**09** 예 △×8=□(또는 □÷8=△)
**10** 예 가방 수, 주머니 수
**11** 예

| '가방 수'를 나타내는 기호 | ◇ |
|---|---|
| '주머니 수'을/를 나타내는 기호 | ◎ |

/ 예 ◇×2=◎(또는 ◎÷2=◇)
**12** ㉡
**13** 예 케이크 수에 40을 곱하면 설탕 무게가 됩니다.
**14** 예 ☆×40=□, □÷40=☆
**15** 13
**16** 2, 4, 6, 8 / 예 육각형 수에 2를 곱하면 삼각형 수가 됩니다.
**17** 14 **18** 30, 40, 50 / 4
**19** 준휘, 풀이 참조 **20** 풀이 참조, 9

**01** 꽃병의 수에 5를 곱하면 꽃의 수가 되므로 꽃병의 수와 꽃의 수는 대응 관계가 있습니다.

**02** 기차의 출발 시각과 도착 시각 사이에는 일정하게 2시간 차이가 납니다.

**03** 지후 나이에 52를 더하면 할머니 나이가 됩니다.

08 꼭짓점 수는 팔각형 수의 8배입니다.

09 팔각형 수에 8을 곱하면 꼭짓점 수가 됩니다.

10 가방 수와 주머니 수, 가방 수와 장식 수 등에서 대응 관계를 찾을 수 있습니다.

11 가방 수에 2를 곱하면 주머니 수가 됩니다.

12 실을 자른 횟수와 도막 수 사이의 대응 관계는 덧셈식 또는 뺄셈식으로 나타낼 수 있습니다.

14 케이크 수에 40을 곱하면 설탕 무게가 되고, 설탕 무게를 40으로 나누면 케이크 수가 됩니다.

15 설탕 무게를 40으로 나누면 케이크 수가 되므로 $520 \div 40 = 13$(개)입니다.

16 육각형 수와 삼각형 수 사이의 대응 관계는 육각형 수에 2를 곱하면 삼각형 수가 됩니다.

17 육각형 수에 2를 곱하면 삼각형 수가 되므로 육각형이 7개일 때 삼각형은 $7 \times 2 = 14$(개)입니다.

18 피자 수가 1씩 늘어날 때마다 쿠폰 수는 10씩 늘어나므로 피자 수에 10을 곱하면 쿠폰 수가 됩니다. 표를 보고 쿠폰 43장을 넘지 않은 경우에서 가장 많이 받을 수 있는 피자 수는 4판이므로 최대 4판까지 받을 수 있습니다.

19 ❶ 준휘

예 ❷ 개미의 수에 6을 곱하면 다리 수가 되므로 식으로 나타내면 ◇×6=□(또는 □÷6=◇)입니다.

| 채점 기준 | 배점 |
|---|---|
| ❶ 식으로 바르게 나타낸 친구를 찾은 경우 | 2점 |
| ❷ 이유를 바르게 쓴 경우 | 3점 |

20 예 ❶ 지우개 수에 700을 곱하면 지우갯값이 됩니다.

❷ 따라서 지우갯값이 6300원일 때 지우개는 $6300 \div 700 = 9$(개)입니다.

❸ 9

| 채점 기준 | 배점 |
|---|---|
| ❶ 두 양 사이의 대응 관계를 찾은 경우 | 2점 |
| ❷ 지우갯값이 6300원일 때 지우개 수를 구한 경우 | 1점 |
| ❸ 답을 바르게 쓴 경우 | 2점 |

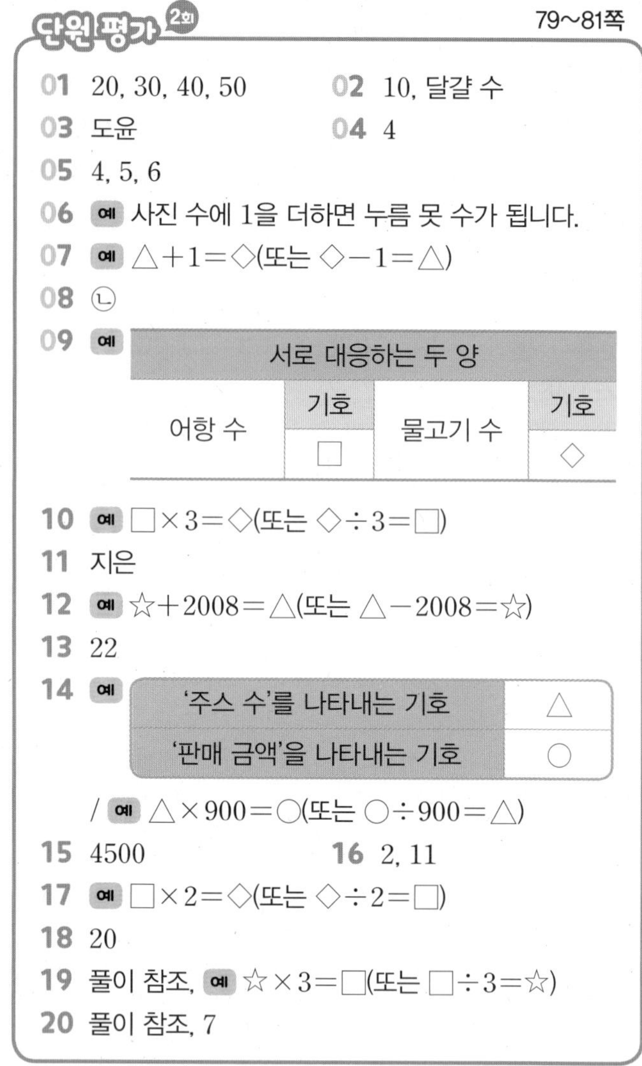
단원평가 2회 79~81쪽

01 20, 30, 40, 50　02 10, 달걀 수

03 도윤　04 4

05 4, 5, 6

06 예 사진 수에 1을 더하면 누름 못 수가 됩니다.

07 예 △+1=◇(또는 ◇−1=△)

08 ㉡

09 예

| 서로 대응하는 두 양 | | | |
|---|---|---|---|
| 어항 수 | 기호 | 물고기 수 | 기호 |
| | □ | | ◇ |

10 예 □×3=◇(또는 ◇÷3=□)

11 지은

12 예 ☆+2008=△(또는 △−2008=☆)

13 22

14 예

| '주스 수'를 나타내는 기호 | △ |
|---|---|
| '판매 금액'을 나타내는 기호 | ○ |

/ 예 △×900=○(또는 ○÷900=△)

15 4500　16 2, 11

17 예 □×2=◇(또는 ◇÷2=□)

18 20

19 풀이 참조, 예 ☆×3=□(또는 □÷3=☆)

20 풀이 참조, 7

01 달걀 한 판에 달걀이 10개씩 있습니다.

02 달걀 판의 수가 1씩 늘어날 때마다 달걀 수는 10씩 늘어납니다.

03 네잎클로버 수가 1씩 늘어날 때마다 잎 수는 4씩 늘어납니다.

04 (네잎클로버 수)×4=(잎 수)

07 (사진 수)+1=(누름 못 수)

08 ㉠ □−2=○(또는 ○+2=□)

㉡ (비둘기 수)×2=(날개 수) ➡ □×2=○

09 어항 수가 변하면 물고기 수도 변합니다.

참고 어항 수와 물고기 수를 나타내는 기호는 ○, △, □ 등 다양하게 정할 수 있습니다.

10 어항 수에 3을 곱하면 물고기 수가 되므로 (어항 수)×3=(물고기 수)입니다.

11 지은: 대응 관계는 ▲×8=□ 또는 □÷8=▲와 같이 나타낼 수 있습니다.

12 민하 나이에 2008을 더하면 연도가 됩니다.

13 민하 나이는 연도보다 2008 작습니다.
➡ 2030−2008=22(살)

14 주스 수에 900을 곱하면 판매 금액이 됩니다.

15 주스 수에 900을 곱하면 판매 금액이 되므로 주스 5병의 판매 금액은 900×5=4500(원)입니다.

16 사각형 수에 2를 더하면 원의 수가 됩니다. 따라서 원의 수에서 2를 빼면 사각형 수가 되므로 원이 13개일 때 사각형은 13−2=11(개)입니다.

17 층수가 1씩 늘어날 때마다 면봉 수는 2씩 늘어납니다. 따라서 층수에 2를 곱하면 면봉 수가 됩니다.

18 층수에 2를 곱하면 면봉 수가 되므로 필요한 면봉은 모두 10×2=20(개)입니다.

19 예 ❶ 세발자전거 수에 3을 곱하면 바퀴 수가 됩니다.
❷ 세발자전거 수를 ☆, 바퀴 수를 □라고 할 때, 대응 관계를 식으로 나타내면 ☆×3=□입니다.
❸ 예 ☆×3=□(또는 □÷3=☆)

| 채점 기준 | 배점 |
|---|---|
| ❶ 두 양 사이의 대응 관계를 찾아 설명한 경우 | 1점 |
| ❷ ☆와 □를 사용하여 식으로 바르게 나타낸 경우 | 2점 |
| ❸ 답을 바르게 쓴 경우 | 2점 |

참고 세발자전거 수를 □, 바퀴 수를 ☆라고 할 때, 대응 관계를 식으로 나타내면 □×3=☆(또는 ☆÷3=□)입니다.

20 예 ❶ 걸린 시간에 70을 곱하면 이동한 거리가 되므로 (걸린 시간)×70=(이동한 거리)입니다.
❷ 이동한 거리를 70으로 나누면 걸린 시간이 됩니다. 490÷70=7이므로 걸린 시간은 7시간입니다.
❸ 7

| 채점 기준 | 배점 |
|---|---|
| ❶ 걸린 시간과 이동한 거리 사이의 대응 관계를 찾은 경우 | 1점 |
| ❷ 이동한 거리가 490 km일 때 걸린 시간을 구한 경우 | 2점 |
| ❸ 답을 바르게 쓴 경우 | 2점 |

# 4단원 약분과 통분

## 교과서+익힘책 개념탄탄

85쪽

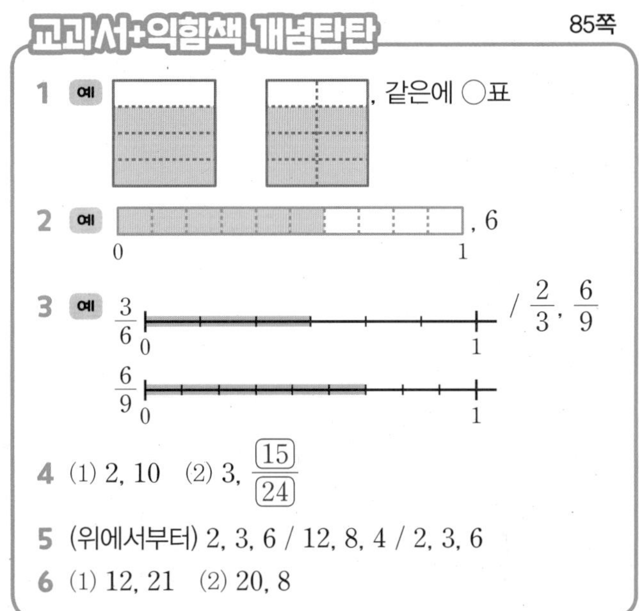


4 (1) 2, 10 (2) 3, $\frac{15}{24}$

5 (위에서부터) 2, 3, 6 / 12, 8, 4 / 2, 3, 6

6 (1) 12, 21 (2) 20, 8

1 분수만큼 색칠한 부분의 크기가 같으므로 $\frac{3}{4}$과 $\frac{6}{8}$은 크기가 같은 분수입니다.

2 10칸 중에서 6칸만큼 색칠하면 $\frac{3}{5}$과 크기가 같고, 분수로 나타내면 $\frac{6}{10}$입니다.

3 분수만큼 나타낸 부분의 길이가 같은 것을 찾으면 크기가 같은 분수를 찾을 수 있습니다.

4 분모와 분자에 각각 0이 아닌 같은 수를 곱하면 크기가 같은 분수가 됩니다.

5 분모와 분자를 각각 0이 아닌 같은 수로 나누면 크기가 같은 분수가 됩니다.

참고 $\frac{24}{30}$의 분모를 2, 3, 6으로 나눌 때 분자도 각각 2, 3, 6으로 나누었습니다.

6 (1) $\frac{6}{7}=\frac{6\times2}{7\times2}=\frac{12}{14}$, $\frac{6}{7}=\frac{6\times3}{7\times3}=\frac{18}{21}$

(2) $\frac{32}{40}=\frac{32\div2}{40\div2}=\frac{16}{20}$, $\frac{32}{40}=\frac{32\div4}{40\div4}=\frac{8}{10}$

## 교과서+익힘책 개념탄탄

87쪽

1 2, 4 / 2, 2, $\frac{\boxed{8}}{14}$ / 4, 4, $\frac{\boxed{4}}{\boxed{7}}$

2 3, 9, 3, 3, $\frac{\boxed{12}}{15}$ / 9, 9, $\frac{\boxed{4}}{5}$ / $\frac{\boxed{4}}{\boxed{5}}$

3 2, 6에 ○표

4 예 $\frac{\overset{6}{\cancel{12}}}{\underset{10}{\cancel{20}}}=\frac{\overset{3}{\cancel{6}}}{\underset{5}{\cancel{10}}}=\frac{3}{5}$

5 16, 8, 5

6 (1) $\frac{\boxed{5}}{\boxed{9}}$ (2) $\frac{\boxed{1}}{\boxed{3}}$

1 16의 약수: 1, 2, 4, 8, 16
28의 약수: 1, 2, 4, 7, 14, 28
16과 28의 공약수는 1, 2, 4이므로 분모와 분자를 1이 아닌 공약수 2와 4로 나눕니다.

2 36과 45의 공약수는 1, 3, 9이므로 $\frac{36}{45}$의 분모와 분자를 각각 3과 9로 나누면 $\frac{12}{15}$, $\frac{4}{5}$가 되고 이 중에서 더 이상 약분할 수 없는 분수는 $\frac{4}{5}$입니다.

3 $\frac{18}{30}$을 약분할 수 있는 수는 18과 30의 1이 아닌 공약수입니다. 18과 30의 공약수는 1, 2, 3, 6이므로 분모와 분자를 2, 3, 6으로 나누어 약분할 수 있습니다.

4 $\frac{\overset{3}{\cancel{12}}}{\underset{5}{\cancel{20}}}=\frac{3}{5}$으로 나타낼 수도 있습니다.

5 $\frac{32}{40}=\frac{32\div2}{40\div2}=\frac{16}{20}$, $\frac{32}{40}=\frac{32\div4}{40\div4}=\frac{8}{10}$,
$\frac{32}{40}=\frac{32\div8}{40\div8}=\frac{4}{5}$

6 (1) $\frac{30}{54}=\frac{30\div6}{54\div6}=\frac{5}{9}$ (2) $\frac{27}{81}=\frac{27\div27}{81\div27}=\frac{1}{3}$

## 교과서+익힘책 개념탄탄

89쪽

1 3, 4, 6, 8, 공배수

2 3, 3, $\frac{\boxed{12}}{\boxed{15}}$ / 5, 5, $\frac{\boxed{10}}{\boxed{15}}$

3 3, 3, $\frac{\boxed{3}}{\boxed{12}}$ / 2, 2, $\frac{\boxed{10}}{\boxed{12}}$

4 28

5 $\left(\frac{\boxed{35}}{\boxed{63}}, \frac{\boxed{54}}{\boxed{63}}\right)$

6 $\left(\frac{\boxed{35}}{\boxed{40}}, \frac{\boxed{36}}{\boxed{40}}\right)$

4 공통분모가 될 수 있는 수는 2와 7의 공배수이므로 14, 28, 42, ...입니다.

5 $\left(\frac{5}{9}, \frac{6}{7}\right) \Rightarrow \left(\frac{5\times7}{9\times7}, \frac{6\times9}{7\times9}\right) \Rightarrow \left(\frac{35}{63}, \frac{54}{63}\right)$

6 $\left(\frac{7}{8}, \frac{9}{10}\right) \Rightarrow \left(\frac{7\times5}{8\times5}, \frac{9\times4}{10\times4}\right) \Rightarrow \left(\frac{35}{40}, \frac{36}{40}\right)$

## 유형별 실력쑥쑥

90~93쪽

1 $\frac{5}{8}$, $\frac{30}{48}$에 ○표

01 18, 21, 54

02 ( )( ○ )

03 $\frac{9+3}{15+3}$에 ○표, 예 $\frac{9}{15}=\frac{9\times3}{15\times3}=\frac{27}{45}$

04 $\frac{48}{56}$

2

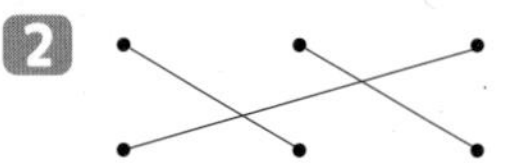

05 2, 3, 6

06 $\frac{24}{27}$, $\frac{16}{18}$, $\frac{8}{9}$

07 $\frac{8}{18}$

08 풀이 참조, 2

3 $\frac{7}{8}$, $\frac{11}{13}$

09 20, 20, $\frac{\boxed{2}}{\boxed{3}}$

10 ㉢

11 28

12 1, 2, 4, 5, 7, 8

4 우주

13 18, 36, 54

14 예 $\left(\frac{\boxed{15}}{\boxed{24}}, \frac{\boxed{8}}{\boxed{24}}\right)$, $\left(\frac{\boxed{30}}{\boxed{48}}, \frac{\boxed{16}}{\boxed{48}}\right)$

15 풀이 참조, $\left(\frac{3}{12}, \frac{2}{12}\right)$

16 42, 8

1 $\frac{10}{16}=\frac{10\div2}{16\div2}=\frac{5}{8}$, $\frac{10}{16}=\frac{10\times3}{16\times3}=\frac{30}{48}$

01 $\frac{7}{9}=\frac{7\times2}{9\times2}=\frac{14}{18}$, $\frac{7}{9}=\frac{7\times3}{9\times3}=\frac{21}{27}$,
$\frac{7}{9}=\frac{7\times6}{9\times6}=\frac{42}{54}$

02 $\frac{30}{45}=\frac{30\div3}{45\div3}=\frac{10}{15}$, $\frac{1}{6}=\frac{1\times12}{6\times12}=\frac{12}{72}$

**03** 크기가 같은 분수를 만들기 위해서는 분모와 분자에 0이 아닌 같은 수를 곱하거나 0이 아닌 같은 수로 나누어야 하는데 주어진 식은 같은 수를 더했으므로 잘못되었습니다.

**04** $\frac{12}{14}=\frac{12\times4}{14\times4}=\frac{48}{56}$

**2** $\frac{18}{20}=\frac{18\div2}{20\div2}=\frac{9}{10}$, $\frac{20}{25}=\frac{20\div5}{25\div5}=\frac{4}{5}$, $\frac{24}{36}=\frac{24\div12}{36\div12}=\frac{2}{3}$

**05** $\frac{12}{18}$를 약분할 수 있는 수는 12와 18의 1이 아닌 공약수입니다. 12와 18의 공약수는 1, 2, 3, 6이므로 분모와 분자를 2, 3, 6으로 나누어 약분할 수 있습니다.

**06** 48과 54의 공약수는 1, 2, 3, 6입니다.
$\frac{48}{54}=\frac{48\div2}{54\div2}=\frac{24}{27}$, $\frac{48}{54}=\frac{48\div3}{54\div3}=\frac{16}{18}$, $\frac{48}{54}=\frac{48\div6}{54\div6}=\frac{8}{9}$

**07** $\frac{32}{72}=\frac{32\div4}{72\div4}=\frac{8}{18}$이므로 $\frac{32}{72}$를 약분하여 나타낼 수 있는 분수 중에서 분모가 18인 분수는 $\frac{8}{18}$입니다.

**08** 예 ❶ $\frac{42}{63}$를 약분하여 나타낼 수 있는 분수는 $\frac{14}{21}$, $\frac{6}{9}$, $\frac{2}{3}$입니다.
❷ 이 중에서 분자가 한 자리 수인 분수는 $\frac{6}{9}$, $\frac{2}{3}$로 모두 2개입니다.
❸ 2

| 채점 기준 |
| --- |
| ❶ $\frac{42}{63}$를 약분한 분수를 모두 구한 경우 |
| ❷ $\frac{42}{63}$를 약분한 분수 중에서 분자가 한 자리 수인 분수는 모두 몇 개인지 구한 경우 |
| ❸ 답을 바르게 쓴 경우 |

**3** 더 이상 약분할 수 없는 분수는 $\frac{7}{8}$, $\frac{11}{13}$입니다.

**09** 40과 60의 최대공약수인 20으로 분모와 분자를 나눕니다.

**10** ㉠ $\frac{6}{16}=\frac{6\div2}{16\div2}=\frac{3}{8}$ ㉡ $\frac{12}{32}=\frac{12\div4}{32\div4}=\frac{3}{8}$
㉢ $\frac{16}{48}=\frac{16\div16}{48\div16}=\frac{1}{3}$
따라서 기약분수로 나타낸 수가 다른 것은 ㉢입니다.

**11** $\frac{36}{76}=\frac{36\div4}{76\div4}=\frac{9}{19}$이므로 분모와 분자의 합은 $19+9=28$입니다.

**12** $\frac{\square}{9}$가 진분수이므로 □ 안에 1부터 8까지의 수가 들어갈 수 있습니다. 이때 $\frac{\square}{9}$가 기약분수이므로 □ 안에 9와 공약수가 1뿐인 수인 1, 2, 4, 5, 7, 8이 들어갈 수 있습니다.

**4** $\left(\frac{9\times2}{10\times2}, \frac{3\times5}{4\times5}\right) \Rightarrow \left(\frac{18}{20}, \frac{15}{20}\right)$
$\left(\frac{9\times4}{10\times4}, \frac{3\times10}{4\times10}\right) \Rightarrow \left(\frac{36}{40}, \frac{30}{40}\right)$
따라서 바르게 통분한 친구는 우주입니다.

**13** 공통분모가 될 수 있는 수는 두 분모의 공배수입니다. 18과 9의 공배수를 가장 작은 수부터 차례로 쓰면 18, 36, 54, ...입니다.

**14** $\left(\frac{5}{8}, \frac{1}{3}\right) \Rightarrow \left(\frac{5\times3}{8\times3}, \frac{1\times8}{3\times8}\right) \Rightarrow \left(\frac{15}{24}, \frac{8}{24}\right)$
$\left(\frac{5}{8}, \frac{1}{3}\right) \Rightarrow \left(\frac{5\times6}{8\times6}, \frac{1\times16}{3\times16}\right) \Rightarrow \left(\frac{30}{48}, \frac{16}{48}\right)$

**15** 예 ❶ 공통분모가 될 수 있는 가장 작은 수는 4와 6의 최소공배수인 12입니다.
❷ $\left(\frac{1}{4}, \frac{1}{6}\right) \Rightarrow \left(\frac{1\times3}{4\times3}, \frac{1\times2}{6\times2}\right) \Rightarrow \left(\frac{3}{12}, \frac{2}{12}\right)$
❸ $\left(\frac{3}{12}, \frac{2}{12}\right)$

| 채점 기준 |
| --- |
| ❶ 공통분모가 될 수 있는 가장 작은 수를 구한 경우 |
| ❷ 가장 작은 수를 공통분모로 하여 두 분수를 통분한 경우 |
| ❸ 답을 바르게 쓴 경우 |

**16** $\left(\frac{9}{14}, \frac{4}{21}\right) \Rightarrow \left(\frac{9\times3}{14\times3}, \frac{4\times2}{21\times2}\right) \Rightarrow \left(\frac{27}{㉠}, \frac{㉡}{42}\right)$
$14\times3=$㉠이므로 ㉠$=42$이고, $4\times2=$㉡이므로 ㉡$=8$입니다.

## 교과서+익힘책 개념탄탄 95쪽

1 8, 9, <

2 예 $2\frac{2}{5}$ ..., <

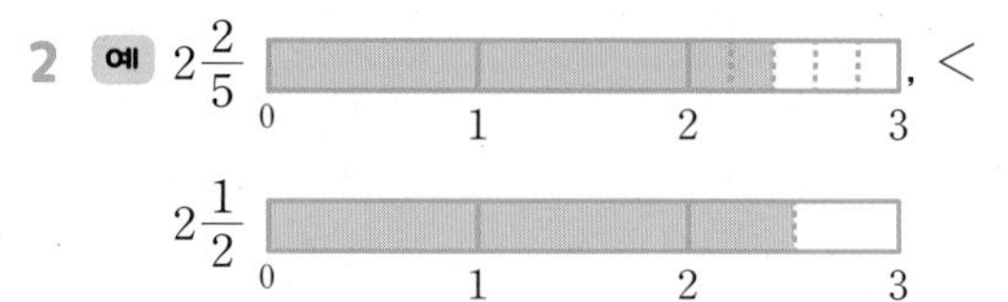

$2\frac{1}{2}$

3 8, $\frac{24}{56}$ / 7, 7, $\frac{35}{56}$ / <

4 예 $\frac{36}{45}$, $\frac{35}{45}$, >

5 (1) > (2) <

6 $\frac{5}{12}$에 색칠

1 $\frac{2}{3}=\frac{8}{12}$, $\frac{3}{4}=\frac{9}{12}$이므로 $\frac{2}{3}<\frac{3}{4}$입니다.

2 색칠한 부분을 비교하면 $2\frac{2}{5}<2\frac{1}{2}$입니다.

3 두 분수를 통분하여 분모를 같게 한 후 분자의 크기를 비교합니다.

4 대분수에서 자연수의 크기를 먼저 비교하고, 자연수의 크기가 같으면 분수를 통분하여 크기를 비교합니다.

5 (1) $\left(\frac{7}{11}, \frac{3}{5}\right)$ ➡ $\left(\frac{35}{55}, \frac{33}{55}\right)$이므로 $\frac{7}{11}>\frac{3}{5}$입니다.
(2) $\left(2\frac{3}{8}, 2\frac{1}{2}\right)$ ➡ $\left(2\frac{3}{8}, 2\frac{4}{8}\right)$이므로 $2\frac{3}{8}<2\frac{1}{2}$입니다.

6 $\left(\frac{4}{9}, \frac{5}{12}\right)$ ➡ $\left(\frac{16}{36}, \frac{15}{36}\right)$이므로 $\frac{4}{9}>\frac{5}{12}$입니다.
따라서 더 작은 수는 $\frac{5}{12}$입니다.

## 교과서+익힘책 개념탄탄 97쪽

1 (1) 6, 3 (2) 24, 6

2 (1) 5, 5, $\frac{5}{10}$, 0.5 (2) 25, 25, $\frac{25}{100}$, 0.25

3 (1) $\frac{7}{50}$ (2) 0.45

4 4, 8 / >

5 75, 0.75 / >

6 (1) < (2) >

3 (1) $0.14=\frac{14}{100}=\frac{7}{50}$ (2) $\frac{9}{20}=\frac{45}{100}=0.45$

4 $0.4=\frac{4}{10}=\frac{8}{20}$이고, $\frac{8}{20}>\frac{7}{20}$이므로 $0.4>\frac{7}{20}$입니다.

5 $\frac{3}{4}=\frac{75}{100}=0.75$이고, $0.84>0.75$이므로 $0.84>\frac{3}{4}$입니다.

6 (1) $\frac{9}{50}=\frac{18}{100}=0.18$이고, $0.18<0.21$이므로 $\frac{9}{50}<0.21$입니다.
(2) $0.3=\frac{3}{10}$, $\frac{1}{5}=\frac{2}{10}$이고, $\frac{3}{10}>\frac{2}{10}$이므로 $0.3>\frac{1}{5}$입니다.

## 유형별 실력쑥쑥 98~101쪽

**1** ㉡

01 ( ○ )(  )

02 $1\frac{1}{2}$, $\frac{5}{6}$

03 윤수

04 (위에서부터) $1\frac{5}{6}$, $1\frac{7}{9}$, $1\frac{5}{6}$

**2** $\frac{13}{20}$에 ○표

05 (선 잇기)

06 5, 11

07 풀이 참조, 유리

08 $\frac{18}{25}$, 0.54

**3** $\frac{5}{7}$, $\frac{2}{3}$, $\frac{3}{5}$

09 (위에서부터) 2, <, 8, >, 9, > / $\frac{3}{4}$, $\frac{1}{2}$, $\frac{2}{9}$

10 $\frac{5}{6}$

11 연희

12 1, 3, 2

**4** 오렌지주스

13 학교

14 밀가루

15 풀이 참조, 지수

16 ㉣, ㉠

**1** $\left(3\frac{7}{10}, 3\frac{4}{5}\right)$ ➡ $\left(3\frac{7}{10}, 3\frac{8}{10}\right)$이므로 $3\frac{7}{10}<3\frac{4}{5}$입니다. 따라서 더 큰 분수는 ㉡입니다.

01 $\left(\frac{5}{9}, \frac{4}{7}\right) \Rightarrow \left(\frac{35}{63}, \frac{36}{63}\right)$이므로 $\frac{5}{9} < \frac{4}{7}$입니다.

$\left(\frac{3}{8}, \frac{2}{5}\right) \Rightarrow \left(\frac{15}{40}, \frac{16}{40}\right)$이므로 $\frac{3}{8} < \frac{2}{5}$입니다.

02 • (진분수) < (대분수)이므로 $\frac{3}{4} < 1\frac{1}{2}$입니다.

• $\left(\frac{3}{4}, \frac{5}{6}\right) \Rightarrow \left(\frac{9}{12}, \frac{10}{12}\right)$이므로 $\frac{3}{4} < \frac{5}{6}$입니다.

• $\left(\frac{3}{4}, \frac{3}{7}\right) \Rightarrow \left(\frac{21}{28}, \frac{12}{28}\right)$이므로 $\frac{3}{4} > \frac{3}{7}$입니다.

따라서 $\frac{3}{4}$보다 큰 분수는 $1\frac{1}{2}$, $\frac{5}{6}$입니다.

03 $\left(\frac{7}{16}, \frac{7}{12}\right) \Rightarrow \left(\frac{21}{48}, \frac{28}{48}\right)$이므로 $\frac{7}{16} < \frac{7}{12}$입니다.

참고 분자가 같은 진분수는 분모가 작은 분수가 더 큽니다.

04 • $\left(1\frac{2}{3}, 1\frac{7}{9}\right) \Rightarrow \left(1\frac{6}{9}, 1\frac{7}{9}\right)$이므로 $1\frac{2}{3} < 1\frac{7}{9}$입니다.

• (진분수) < (대분수)이므로 $\frac{14}{15} < 1\frac{5}{6}$입니다.

• $\left(1\frac{7}{9}, 1\frac{5}{6}\right) \Rightarrow \left(1\frac{14}{18}, 1\frac{15}{18}\right)$이므로 $1\frac{7}{9} < 1\frac{5}{6}$입니다.

**2** $0.6 = \frac{6}{10} = \frac{12}{20}$이므로 $0.6 < \frac{13}{20}$입니다.

05 $\frac{9}{25} = \frac{36}{100} = 0.36$, $\frac{7}{50} = \frac{14}{100} = 0.14$

06 $0.2 = \frac{2}{10} = \frac{1}{5}$이므로 ㉠은 5입니다.

$0.55 = \frac{55}{100} = \frac{11}{20}$이므로 ㉡은 11입니다.

07 예 ❶ $\frac{5}{8} = \frac{625}{1000} = 0.625$이므로 $\frac{5}{8} < 0.65$입니다.

❷ 따라서 더 큰 수를 써넣은 친구는 유리입니다.

❸ 유리

| 채점 기준 |
|---|
| ❶ 분수와 소수의 크기를 바르게 비교한 경우 |
| ❷ 더 큰 수를 써넣은 친구를 찾은 경우 |
| ❸ 답을 바르게 쓴 경우 |

08 $\frac{18}{25} = \frac{72}{100} = 0.72$이므로 $\frac{18}{25} > 0.68 > 0.54$입니다.

따라서 가장 큰 수는 $\frac{18}{25}$, 가장 작은 수는 0.54입니다.

**3** $\left(\frac{3}{5}, \frac{5}{7}\right) \Rightarrow \left(\frac{21}{35}, \frac{25}{35}\right)$이므로 $\frac{3}{5} < \frac{5}{7}$,

$\left(\frac{5}{7}, \frac{2}{3}\right) \Rightarrow \left(\frac{15}{21}, \frac{14}{21}\right)$이므로 $\frac{5}{7} > \frac{2}{3}$,

$\left(\frac{3}{5}, \frac{2}{3}\right) \Rightarrow \left(\frac{9}{15}, \frac{10}{15}\right)$이므로 $\frac{3}{5} < \frac{2}{3}$입니다.

따라서 $\frac{5}{7} > \frac{2}{3} > \frac{3}{5}$입니다.

09 두 분수씩 차례로 비교하면 $\frac{1}{2} < \frac{3}{4}$, $\frac{3}{4} > \frac{2}{9}$, $\frac{1}{2} > \frac{2}{9}$이므로 $\frac{3}{4} > \frac{1}{2} > \frac{2}{9}$입니다.

10 $\left(\frac{5}{8}, \frac{4}{7}\right) \Rightarrow \left(\frac{35}{56}, \frac{32}{56}\right)$이므로 $\frac{5}{8} > \frac{4}{7}$,

$\left(\frac{4}{7}, \frac{5}{6}\right) \Rightarrow \left(\frac{24}{42}, \frac{35}{42}\right)$이므로 $\frac{4}{7} < \frac{5}{6}$,

$\left(\frac{5}{8}, \frac{5}{6}\right) \Rightarrow \left(\frac{15}{24}, \frac{20}{24}\right)$이므로 $\frac{5}{8} < \frac{5}{6}$입니다.

따라서 $\frac{5}{6} > \frac{5}{8} > \frac{4}{7}$이므로 가장 큰 분수는 $\frac{5}{6}$입니다.

11 $\left(\frac{2}{3}, \frac{8}{9}\right) \Rightarrow \left(\frac{6}{9}, \frac{8}{9}\right)$이므로 $\frac{2}{3} < \frac{8}{9}$,

$\left(\frac{8}{9}, \frac{4}{5}\right) \Rightarrow \left(\frac{40}{45}, \frac{36}{45}\right)$이므로 $\frac{8}{9} > \frac{4}{5}$,

$\left(\frac{2}{3}, \frac{4}{5}\right) \Rightarrow \left(\frac{10}{15}, \frac{12}{15}\right)$이므로 $\frac{2}{3} < \frac{4}{5}$입니다.

따라서 $\frac{2}{3} < \frac{4}{5} < \frac{8}{9}$이므로 가장 작은 분수를 말한 친구는 연희입니다.

12 $\left(1\frac{5}{9}, 1\frac{7}{8}\right) \Rightarrow \left(1\frac{40}{72}, 1\frac{63}{72}\right)$이므로 $1\frac{5}{9} < 1\frac{7}{8}$,

$\left(1\frac{7}{8}, 1\frac{3}{4}\right) \Rightarrow \left(1\frac{7}{8}, 1\frac{6}{8}\right)$이므로 $1\frac{7}{8} > 1\frac{3}{4}$,

$\left(1\frac{5}{9}, 1\frac{3}{4}\right) \Rightarrow \left(1\frac{20}{36}, 1\frac{27}{36}\right)$이므로 $1\frac{5}{9} < 1\frac{3}{4}$입니다. 따라서 $1\frac{5}{9} < 1\frac{3}{4} < 1\frac{7}{8}$입니다.

**4** $0.7 = \frac{7}{10} = \frac{14}{20}$이므로 $0.7 > \frac{11}{20}$입니다.

따라서 더 많은 것은 오렌지주스입니다.

13 $\left(\frac{5}{7}, \frac{7}{9}\right) \Rightarrow \left(\frac{45}{63}, \frac{49}{63}\right)$이므로 $\frac{5}{7} < \frac{7}{9}$입니다.

따라서 혜지네 집에서 더 가까운 곳은 학교입니다.

**14** $\left(1\frac{2}{3}, 1\frac{1}{4}\right)$ ➡ $\left(1\frac{8}{12}, 1\frac{3}{12}\right)$이므로 $1\frac{2}{3}>1\frac{1}{4}$입니다. 따라서 더 많이 사용한 것은 밀가루입니다.

**15** 예 ❶ $9\frac{7}{50}=9\frac{14}{100}=9.14$이므로 $9.25>9.14$입니다.
❷ 따라서 공원에 더 빨리 도착한 친구는 지수입니다.
❸ 지수

| 채점 기준 |
| --- |
| ❶ 두 수의 크기를 바르게 비교한 경우 |
| ❷ 공원에 더 빨리 도착한 친구를 구한 경우 |
| ❸ 답을 바르게 쓴 경우 |

참고 달린 시간이 짧을수록 더 빨리 도착한다.

**16** ㉠ 137 cm$=$1.37 m ㉢ $1\frac{2}{5}=1\frac{4}{10}=1.4$ (m)
따라서 $1.82>1.5>1\frac{2}{5}>1.37$이므로 가장 긴 실은 ㉣, 가장 짧은 실은 ㉠입니다.

## 응용+수학역량 UP UP

102~105쪽

**1** (1) $\frac{4}{6}$, $\frac{6}{9}$, $\frac{8}{12}$, $\frac{10}{15}$, $\frac{12}{18}$ (2) $\frac{8}{12}$
**1-1** $\frac{30}{42}$ **1-2** $\frac{10}{25}$, $\frac{12}{30}$, $\frac{14}{35}$
**2** (1) 24 (2) 15
**2-1** $\frac{4}{9}$ **2-2** 75
**3** (1) 12, 5 (2) 2
**3-1** 7 **3-2** 4
**4** (1) $\frac{1}{5}$, $\frac{1}{8}$, $\frac{5}{8}$ (2) $\frac{5}{8}$
**4-1** $\frac{3}{7}$ **4-2** $\frac{5}{7}$, $\frac{7}{9}$

**1** (1) 약분하여 $\frac{2}{3}$가 되는 분수는 $\frac{2}{3}$와 크기가 같은 분수이므로 $\frac{4}{6}$, $\frac{6}{9}$, $\frac{8}{12}$, $\frac{10}{15}$, $\frac{12}{18}$, ...입니다.
(2) (1)에서 찾은 분수 중에서 분모와 분자의 합이 20인 분수를 찾으면 $\frac{8}{12}$입니다.

**1-1** 약분하여 $\frac{5}{7}$가 되는 분수는 $\frac{5}{7}$와 크기가 같은 분수이므로 $\frac{10}{14}$, $\frac{15}{21}$, $\frac{20}{28}$, $\frac{25}{35}$, $\frac{30}{42}$, ...입니다. 이 중에서 분모와 분자의 차가 12인 분수는 $\frac{30}{42}$입니다.

**1-2** 기약분수로 나타내면 $\frac{2}{5}$가 되는 분수는 $\frac{2}{5}$와 크기가 같은 분수이므로 $\frac{4}{10}$, $\frac{6}{15}$, $\frac{8}{20}$, $\frac{10}{25}$, $\frac{12}{30}$, $\frac{14}{35}$, $\frac{16}{40}$, ...입니다. 이 중에서 분모와 분자의 합이 30보다 크고 50보다 작은 분수는 $\frac{10}{25}$, $\frac{12}{30}$, $\frac{14}{35}$입니다.

**2** 두 분수를 약분하여 기약분수로 나타내면 통분하기 전의 분수가 됩니다.
(1) $\frac{26}{48}=\frac{26\div2}{48\div2}=\frac{13}{24}$ ➡ ㉠$=24$
(2) $\frac{45}{48}=\frac{45\div3}{48\div3}=\frac{15}{16}$ ➡ ㉡$=15$

**2-1** ★에 알맞은 분수의 분모와 분자에 4를 곱하여 $\frac{16}{36}$이 되었으므로 ★$=\frac{16\div4}{36\div4}=\frac{4}{9}$입니다.

**2-2** $\frac{7}{㉠}=\frac{35\div5}{60\div5}=\frac{7}{12}$이므로 ㉠$=12$입니다.
통분한 분수의 분모는 같으므로 ㉢$=60$입니다.
$\frac{㉡}{10}=\frac{18\div6}{60\div6}=\frac{3}{10}$이므로 ㉡$=3$입니다.
➡ ㉠$+$㉡$+$㉢$=12+3+60=75$

**3** (2) $\frac{12}{20}>\frac{●\times5}{20}$에서 $12>●\times5$이므로 ●에 알맞은 수는 1, 2로 모두 2개입니다.

**3-1** $\left(\frac{11}{18}, \frac{□}{12}\right)$ ➡ $\left(\frac{22}{36}, \frac{□\times3}{36}\right)$
$\frac{22}{36}>\frac{□\times3}{36}$에서 $22>□\times3$이므로 □ 안에 들어갈 수 있는 수는 1, 2, 3, 4, 5, 6, 7로 모두 7개입니다.

**3-2** $\frac{3}{8}<\frac{□}{10}<\frac{31}{40}$에서 분모를 40으로 같게 하면
$\frac{3\times5}{8\times5}<\frac{□\times4}{10\times4}<\frac{31}{40}$입니다. $\frac{15}{40}<\frac{□\times4}{40}<\frac{31}{40}$에서 $15<□\times4<31$이므로 □ 안에 들어갈 수 있는 수는 4, 5, 6, 7로 모두 4개입니다.

**4** (1) 진분수는 분모가 분자보다 큰 분수이므로 만들 수 있는 진분수는 $\frac{1}{5}$, $\frac{1}{8}$, $\frac{5}{8}$입니다.

(2) $\frac{1}{8}<\frac{5}{8}$이므로 $\frac{1}{5}$과 $\frac{5}{8}$의 크기를 비교하면 $\left(\frac{1}{5}, \frac{5}{8}\right) \Rightarrow \left(\frac{8}{40}, \frac{25}{40}\right)$이므로 $\frac{1}{5}<\frac{5}{8}$입니다.

따라서 가장 큰 분수는 $\frac{5}{8}$입니다.

**4-1** 만들 수 있는 진분수는 $\frac{3}{4}$, $\frac{3}{7}$, $\frac{4}{7}$입니다.

$\frac{3}{7}<\frac{4}{7}$이므로 $\frac{3}{4}$과 $\frac{3}{7}$의 크기를 비교하면 $\left(\frac{3}{4}, \frac{3}{7}\right) \Rightarrow \left(\frac{21}{28}, \frac{12}{28}\right)$이므로 $\frac{3}{4}>\frac{3}{7}$입니다.

따라서 가장 작은 분수는 $\frac{3}{7}$입니다.

**4-2** 만들 수 있는 진분수는 $\frac{5}{7}$, $\frac{5}{9}$, $\frac{7}{9}$이고, $0.7=\frac{7}{10}$입니다.

$\left(\frac{5}{7}, \frac{7}{10}\right) \Rightarrow \left(\frac{50}{70}, \frac{49}{70}\right)$이므로 $\frac{5}{7}>\frac{7}{10}$,

$\left(\frac{5}{9}, \frac{7}{10}\right) \Rightarrow \left(\frac{50}{90}, \frac{63}{90}\right)$이므로 $\frac{5}{9}<\frac{7}{10}$,

$\left(\frac{7}{9}, \frac{7}{10}\right) \Rightarrow \left(\frac{70}{90}, \frac{63}{90}\right)$이므로 $\frac{7}{9}>\frac{7}{10}$입니다.

따라서 0.7보다 큰 분수는 $\frac{5}{7}$, $\frac{7}{9}$입니다.

## 단원 평가 1회

106~108쪽

**01** 14, 28 **02** 7, 8

**03** (위에서부터) 5, 7, 5

**04** 4, $\frac{\boxed{8}}{\boxed{20}}$ / 5, 5, $\frac{\boxed{15}}{\boxed{20}}$ / <

**05** 78, 0.78 **06** $\frac{7}{9}$, $\frac{3}{7}$에 ○표

**07** (1) $\frac{4}{5}$ (2) $\frac{16}{25}$ **08** $\left(\frac{\boxed{6}}{\boxed{54}}, \frac{\boxed{45}}{\boxed{54}}\right)$

**09** ( ○ )( ) **10** 2

**11** ㉡ **12** 우유

**13** $\frac{3}{8}$에 ○표, $\frac{1}{5}$에 △표 **14** 재희

**15** $\left(\frac{\boxed{18}}{\boxed{48}}, \frac{\boxed{16}}{\boxed{48}}\right)$ **16** 4, 5, 7, 8

**17** 동희, 연수, 주아 **18** 4

**19** ㉠, 풀이 참조 **20** 풀이 참조, $\frac{21}{28}$

**01** $\frac{7}{9}=\frac{7\times2}{9\times2}=\frac{14}{18}$, $\frac{7}{9}=\frac{7\times4}{9\times4}=\frac{28}{36}$

**02** $\left(\frac{1}{2}, \frac{4}{7}\right) \Rightarrow \left(\frac{1\times7}{2\times7}, \frac{4\times2}{7\times2}\right) \Rightarrow \left(\frac{7}{14}, \frac{8}{14}\right)$

**05** $\frac{39}{50}=\frac{78}{100}=0.78$이므로 ㉠은 78, ㉡은 0.78입니다.

**06** 더 이상 약분할 수 없는 분수를 찾으면 $\frac{7}{9}$, $\frac{3}{7}$입니다.

참고 $\frac{2}{8}=\frac{1}{4}$, $\frac{4}{6}=\frac{2}{3}$, $\frac{9}{12}=\frac{3}{4}$

**07** (1) $0.8=\frac{8}{10}=\frac{4}{5}$

(2) $0.64=\frac{64}{100}=\frac{16}{25}$

**08** $\left(\frac{1}{9}, \frac{5}{6}\right) \Rightarrow \left(\frac{1\times6}{9\times6}, \frac{5\times9}{6\times9}\right) \Rightarrow \left(\frac{6}{54}, \frac{45}{54}\right)$

**09** $\frac{24}{25}=\frac{96}{100}=0.96$이므로 $\frac{24}{25}>0.92$입니다.

**10** $\frac{10}{24}=\frac{10\times2}{24\times2}=\frac{20}{48}$, $\frac{10}{24}=\frac{10\div2}{24\div2}=\frac{5}{12}$

**11** ㉠ $\frac{14}{35}=\frac{14\div7}{35\div7}=\frac{2}{5}$ ㉡ $\frac{25}{50}=\frac{25\div25}{50\div25}=\frac{1}{2}$

㉢ $\frac{18}{45}=\frac{18\div9}{45\div9}=\frac{2}{5}$

따라서 기약분수로 나타낸 수가 다른 것은 ㉡입니다.

**12** $\left(\frac{5}{8}, \frac{3}{4}\right) \Rightarrow \left(\frac{5}{8}, \frac{6}{8}\right)$이므로 $\frac{5}{8}<\frac{3}{4}$입니다.

따라서 더 많은 것은 우유입니다.

**13** $\left(\frac{2}{9}, \frac{1}{5}\right) \Rightarrow \left(\frac{10}{45}, \frac{9}{45}\right)$이므로 $\frac{2}{9}>\frac{1}{5}$,

$\left(\frac{1}{5}, \frac{3}{8}\right) \Rightarrow \left(\frac{8}{40}, \frac{15}{40}\right)$이므로 $\frac{1}{5}<\frac{3}{8}$,

$\left(\frac{2}{9}, \frac{3}{8}\right) \Rightarrow \left(\frac{16}{72}, \frac{27}{72}\right)$이므로 $\frac{2}{9} < \frac{3}{8}$입니다.

따라서 $\frac{3}{8} > \frac{2}{9} > \frac{1}{5}$입니다.

**14** 하니: 분모와 분자에 0이 아닌 같은 수를 곱해야 하는데 분모와 분자에 각각 다른 수를 곱했습니다.

**15** 8과 3의 최소공배수는 24이므로 공배수는 24, 48, 72, 96, ...이고, 이 중에서 50에 가장 가까운 수는 48입니다.

$\left(\frac{3}{8}, \frac{1}{3}\right) \Rightarrow \left(\frac{3\times6}{8\times6}, \frac{1\times16}{3\times16}\right) \Rightarrow \left(\frac{18}{48}, \frac{16}{48}\right)$

**16** 1부터 9까지의 수 중에서 3과 공약수가 1뿐인 수는 1, 2, 4, 5, 7, 8입니다. 이때 $\frac{3}{\square}$이 진분수이므로 □ 안에 들어갈 수 있는 수는 4, 5, 7, 8입니다.

**17** 연수: $2\frac{2}{5}=2\frac{4}{10}=2.4\,(\text{m})$

$2.6>2\frac{2}{5}>2.35$이므로 가지고 있는 철사의 길이가 긴 친구부터 차례로 이름을 쓰면 동희, 연수, 주아입니다.

**18** $\left(\frac{3}{10}, \frac{\square}{14}\right) \Rightarrow \left(\frac{21}{70}, \frac{\square\times5}{70}\right)$

$\frac{21}{70} > \frac{\square\times5}{70}$에서 $21>\square\times5$이므로 □ 안에 들어갈 수 있는 수는 1, 2, 3, 4로 모두 4개입니다.

**19** ❶ ㉠

예 ❷ 공통분모가 될 수 있는 수는 두 분모의 공배수인데 60은 15와 9의 공배수가 아닙니다.

| 채점 기준 | 배점 |
|---|---|
| ❶ 잘못 설명한 것을 바르게 찾아 기호를 쓴 경우 | 2점 |
| ❷ 이유를 바르게 쓴 경우 | 3점 |

**20** 예 ❶ 약분하여 $\frac{3}{4}$이 되는 분수는 $\frac{3}{4}$과 크기가 같은 분수이므로 $\frac{6}{8}, \frac{9}{12}, \frac{12}{16}, \frac{15}{20}, \frac{18}{24}, \frac{21}{28}, \frac{24}{32}, \cdots$ 입니다.

❷ 이 중에서 분모와 분자의 합이 49인 분수는 $\frac{21}{28}$ 입니다.

❸ $\frac{21}{28}$

| 채점 기준 | 배점 |
|---|---|
| ❶ 약분하여 $\frac{3}{4}$이 되는 분수를 구한 경우 | 2점 |
| ❷ ❶에서 구한 분수 중에서 분모와 분자의 합이 49인 분수를 찾은 경우 | 1점 |
| ❸ 답을 바르게 쓴 경우 | 2점 |

## 단원 평가 2회

109~111쪽

**01** 2, 3

**02** 4, 4, $\frac{4}{5}$

**03** $\left(\frac{5}{32}, \frac{28}{32}\right)$

**04** 9, 10, <

**05** 예 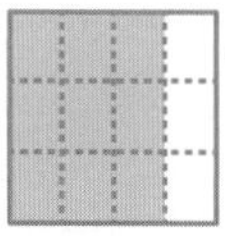, $\frac{9}{12}$

**06** 예 $\frac{20}{24}, \frac{10}{12}$

**07** 2, 4, 8

**08** 

**09** (   )( ○ )

**10** $\frac{6}{7}$

**11** $\frac{9}{12}, \frac{6}{8}, \frac{3}{4}$

**12** 준서

**13** $\frac{12}{15}$

**14** $\frac{1}{4}, \frac{10}{21}$에 ○표

**15** $\left(\frac{21}{42}, \frac{36}{42}\right)$

**16** (위에서부터) $\frac{3}{5}$, 0.24, 0.24

**17** 66

**18** 0.8

**19** 풀이 참조, 4

**20** 풀이 참조, 호두

**01** 분모와 분자에 각각 0이 아닌 같은 수를 곱하면 크기가 같은 분수가 됩니다.

**02** $\frac{16}{20}$의 분모와 분자를 20과 16의 최대공약수인 4로 나누면 기약분수로 나타낼 수 있습니다.

**03** 32와 8의 최소공배수: 32

$\left(\frac{5}{32}, \frac{7}{8}\right) \Rightarrow \left(\frac{5}{32}, \frac{7\times4}{8\times4}\right) \Rightarrow \left(\frac{5}{32}, \frac{28}{32}\right)$

**04** 대분수에서 자연수의 크기를 먼저 비교하고, 자연수의 크기가 같으면 분수를 통분하여 크기를 비교합니다.

05 색칠한 부분은 전체를 똑같이 12로 나눈 것 중의 9입니다.

06 예 $\frac{40}{48}=\frac{40 \div 2}{48 \div 2}=\frac{20}{24}$, $\frac{40}{48}=\frac{40 \div 4}{48 \div 4}=\frac{10}{12}$

07 $\frac{16}{24}$을 약분할 수 있는 수는 16과 24의 1이 아닌 공약수입니다. 16과 24의 공약수는 1, 2, 4, 8이므로 분모와 분자를 2, 4, 8로 나누어 약분할 수 있습니다.

08 두 분수를 통분할 때 공통분모로 알맞은 수는 두 분모의 공배수입니다.

09 $0.45=\frac{45}{100}=\frac{9}{20}$, $0.66=\frac{66}{100}=\frac{33}{50}$

10 $\left(\frac{5}{8}, \frac{6}{7}\right) \Rightarrow \left(\frac{35}{56}, \frac{48}{56}\right)$이므로 $\frac{5}{8}<\frac{6}{7}$입니다.

11 $\frac{18}{24}=\frac{18 \div 2}{24 \div 2}=\frac{9}{12}$, $\frac{18}{24}=\frac{18 \div 3}{24 \div 3}=\frac{6}{8}$, $\frac{18}{24}=\frac{18 \div 6}{24 \div 6}=\frac{3}{4}$

12 $\left(\frac{5}{9}, \frac{4}{7}\right) \Rightarrow \left(\frac{35}{63}, \frac{36}{63}\right)$이므로 $\frac{5}{9}<\frac{4}{7}$, $\left(\frac{2}{3}, \frac{3}{5}\right) \Rightarrow \left(\frac{10}{15}, \frac{9}{15}\right)$이므로 $\frac{2}{3}>\frac{3}{5}$입니다.
따라서 두 분수의 크기를 잘못 비교한 친구는 준서입니다.

13 3으로 약분하기 전의 분수는 $\frac{4 \times 3}{5 \times 3}=\frac{12}{15}$입니다.

14 $\left(\frac{1}{2}, \frac{1}{4}\right) \Rightarrow \left(\frac{2}{4}, \frac{1}{4}\right)$이므로 $\frac{1}{2}>\frac{1}{4}$,
$\left(\frac{1}{2}, \frac{5}{7}\right) \Rightarrow \left(\frac{7}{14}, \frac{10}{14}\right)$이므로 $\frac{1}{2}<\frac{5}{7}$,
$\left(\frac{1}{2}, \frac{8}{9}\right) \Rightarrow \left(\frac{9}{18}, \frac{16}{18}\right)$이므로 $\frac{1}{2}<\frac{8}{9}$,
$\left(\frac{1}{2}, \frac{10}{21}\right) \Rightarrow \left(\frac{21}{42}, \frac{20}{42}\right)$이므로 $\frac{1}{2}>\frac{10}{21}$입니다.
따라서 $\frac{1}{2}$보다 작은 분수는 $\frac{1}{4}$, $\frac{10}{21}$입니다.

참고 $\frac{1}{2}$을 기준으로 비교할 때 (분자)×2<(분모)이면 $\frac{(분자)}{(분모)}$가 $\frac{1}{2}$보다 작다는 것을 이용할 수도 있습니다.

15 2와 7의 최소공배수는 14이므로 공배수는 14, 28, 42, ...이고, 이 중에서 3번째로 작은 수는 42입니다.
$\left(\frac{1}{2}, \frac{6}{7}\right) \Rightarrow \left(\frac{1 \times 21}{2 \times 21}, \frac{6 \times 6}{7 \times 6}\right) \Rightarrow \left(\frac{21}{42}, \frac{36}{42}\right)$

16 • $\frac{3}{5}=\frac{6}{10}=0.6$이므로 $\frac{3}{5}<0.7$입니다.
• $\frac{12}{25}=\frac{48}{100}=0.48$이므로 $\frac{12}{25}>0.24$입니다.
• $\frac{3}{5}=0.6$이므로 $\frac{3}{5}>0.24$입니다.

17 통분한 분수의 분모는 같으므로 ㉢=56입니다.
$\left(\frac{㉠}{7}, \frac{㉡}{8}\right) \Rightarrow \left(\frac{㉠ \times 8}{7 \times 8}, \frac{㉡ \times 7}{8 \times 7}\right) \Rightarrow \left(\frac{24}{56}, \frac{49}{56}\right)$
㉠×8=24이므로 ㉠=3이고, ㉡×7=49이므로 ㉡=7입니다.
➡ ㉠+㉡+㉢=3+7+56=66

18 만들 수 있는 진분수는 $\frac{1}{4}$, $\frac{1}{5}$, $\frac{4}{5}$입니다.
$\frac{1}{5}<\frac{4}{5}$이므로 $\frac{1}{4}$과 $\frac{4}{5}$의 크기를 비교하면
$\left(\frac{1}{4}, \frac{4}{5}\right) \Rightarrow \left(\frac{5}{20}, \frac{16}{20}\right)$이므로 $\frac{1}{4}<\frac{4}{5}$입니다.
따라서 가장 큰 분수는 $\frac{4}{5}$이므로 $\frac{4}{5}=\frac{8}{10}=0.8$입니다.

19 예 ❶ 성우는 케이크 전체의 $\frac{2}{3}$를 먹었으므로 지아는 $\frac{2}{3}$와 크기가 같은 $\frac{4}{6}$만큼 먹어야 합니다.
❷ 따라서 지아는 6조각 중에서 4조각을 먹어야 합니다.
❸ 4

| 채점 기준 | 배점 |
|---|---|
| ❶ 성우가 먹은 케이크의 양을 분수로 나타내고 분모가 6인 크기가 같은 분수를 구한 경우 | 2점 |
| ❷ 지아가 몇 조각을 먹어야 하는지 구한 경우 | 1점 |
| ❸ 답을 바르게 쓴 경우 | 2점 |

20 예 ❶ $1\frac{1}{4}=1\frac{25}{100}=1.25$ (kg)이므로 $1.3>1\frac{1}{4}$입니다.
❷ 따라서 더 적은 것은 호두입니다.
❸ 호두

| 채점 기준 | 배점 |
|---|---|
| ❶ 분수와 소수의 크기를 바르게 비교한 경우 | 2점 |
| ❷ 더 적은 것은 어느 것인지 구한 경우 | 1점 |
| ❸ 답을 바르게 쓴 경우 | 2점 |

# 5단원 분수의 덧셈과 뺄셈

## 교과서+익힘책 개념탄탄 115쪽

1 4, 15 / 4, 15, 19

2 예

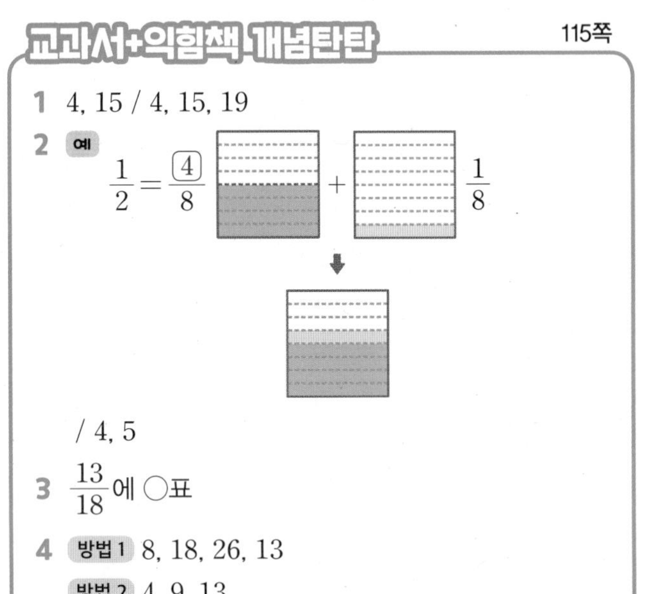

$\frac{1}{2}=\frac{4}{8}$ + $\frac{1}{8}$

/ 4, 5

3 $\frac{13}{18}$에 ○표

4 방법 1 8, 18, 26, 13

방법 2 4, 9, 13

5 (1) $\frac{7}{10}$ (2) $\frac{13}{21}$ (3) $\frac{19}{36}$

6 $\frac{29}{30}$

1 두 분모 5와 4의 곱인 20을 공통분모로 하여 통분한 후 더합니다.

➡ $\frac{1}{5}+\frac{3}{4}=\frac{1\times4}{5\times4}+\frac{3\times5}{4\times5}=\frac{4}{20}+\frac{15}{20}=\frac{19}{20}$

2 두 분모 2와 8의 최소공배수인 8을 공통분모로 하여 통분한 후 더합니다.

➡ $\frac{1}{2}+\frac{1}{8}=\frac{1\times4}{2\times4}+\frac{1}{8}=\frac{4}{8}+\frac{1}{8}=\frac{5}{8}$

3 $\frac{2}{9}+\frac{1}{2}=\frac{4}{18}+\frac{9}{18}=\frac{13}{18}$

5 (1) $\frac{1}{10}+\frac{3}{5}=\frac{1}{10}+\frac{6}{10}=\frac{7}{10}$

(2) $\frac{1}{3}+\frac{2}{7}=\frac{7}{21}+\frac{6}{21}=\frac{13}{21}$

(3) $\frac{5}{12}+\frac{1}{9}=\frac{15}{36}+\frac{4}{36}=\frac{19}{36}$

6 $\frac{2}{15}+\frac{5}{6}=\frac{4}{30}+\frac{25}{30}=\frac{29}{30}$

참고 ■보다 ▲ 큰 수는 ■+▲입니다.

## 교과서+익힘책 개념탄탄 117쪽

1 4, 3 / 4, 3, 7, 1, 1

2 예

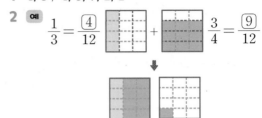

$\frac{1}{3}=\frac{4}{12}$ + $\frac{3}{4}=\frac{9}{12}$

/ 4, 9, 13, 1, 1

3

$$\frac{5}{6}+\frac{3}{7}=\frac{5\times3}{6\times7}+\frac{3\times5}{7\times6}=\frac{15}{42}+\frac{15}{42}=\frac{\overset{5}{\cancel{30}}}{\underset{7}{\cancel{42}}}=\frac{5}{7}$$

$$\frac{5}{6}+\frac{3}{7}=\frac{5\times7}{6\times7}+\frac{3\times6}{7\times6}=\frac{35}{42}+\frac{18}{42}=\frac{53}{42}=1\frac{11}{42}$$

4 24, 45, 69, 1, 15, 1, 5

5 8, 15, 23, 1, 5

6 (1) $1\frac{1}{14}$ (2) $1\frac{11}{30}$ (3) $1\frac{5}{16}$

7 $1\frac{11}{28}$

1 두 분모 3과 2의 곱인 6을 공통분모로 하여 통분한 후 더합니다.

➡ $\frac{2}{3}+\frac{1}{2}=\frac{2\times2}{3\times2}+\frac{1\times3}{2\times3}=\frac{4}{6}+\frac{3}{6}=\frac{7}{6}=1\frac{1}{6}$

2 두 분모 3과 4의 최소공배수인 12를 공통분모로 하여 통분한 후 더합니다.

➡ $\frac{1}{3}+\frac{3}{4}=\frac{1\times4}{3\times4}+\frac{3\times3}{4\times3}$

$=\frac{4}{12}+\frac{9}{12}=\frac{13}{12}=1\frac{1}{12}$

3 통분할 때 분모와 분자에 같은 수를 곱합니다.

6 (1) $\frac{4}{7}+\frac{1}{2}=\frac{8}{14}+\frac{7}{14}=\frac{15}{14}=1\frac{1}{14}$

(2) $\frac{9}{10}+\frac{7}{15}=\frac{27}{30}+\frac{14}{30}=\frac{41}{30}=1\frac{11}{30}$

(3) $\frac{5}{8}+\frac{11}{16}=\frac{10}{16}+\frac{11}{16}=\frac{21}{16}=1\frac{5}{16}$

7 $\frac{9}{14}+\frac{3}{4}=\frac{18}{28}+\frac{21}{28}=\frac{39}{28}=1\frac{11}{28}$

## 교과서+익힘책 개념탄탄

119쪽

1 3, 4 / 3, 4, 2, 7

2 예

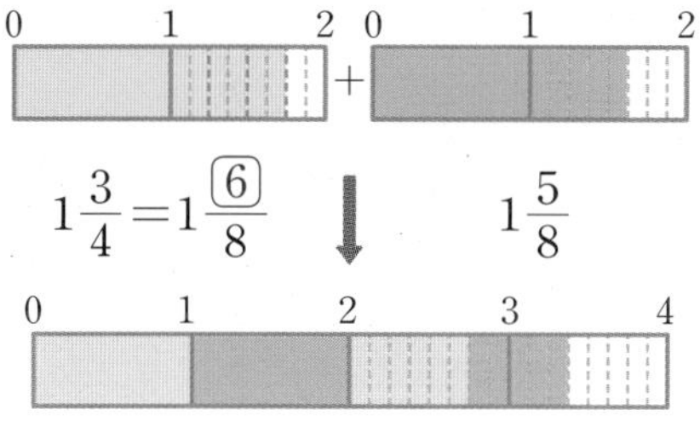


/ 6, 11, 3

3 ( )( ○ )

4 방법 1 3, 5, 3, 8, 3, 8

방법 2 18, 35, 53, 3, 8

5 (1) $2\frac{9}{10}$ (2) $3\frac{2}{3}$ (3) $5\frac{13}{30}$

6 $3\frac{5}{56}$

1 두 대분수를 통분하여 자연수는 자연수끼리, 분수는 분수끼리 더합니다.

2 두 대분수를 통분하여 자연수는 자연수끼리, 분수는 분수끼리 더한 후 계산 결과가 가분수이면 대분수로 나타냅니다.

3 $1\frac{1}{5}+1\frac{3}{7}=1\frac{7}{35}+1\frac{15}{35}=2\frac{22}{35}$

$1\frac{5}{7}+1\frac{3}{5}=1\frac{25}{35}+1\frac{21}{35}=2\frac{46}{35}=3\frac{11}{35}$

➡ 계산 결과가 3보다 큰 것은 $1\frac{5}{7}+1\frac{3}{5}$입니다.

5 (1) $1\frac{2}{5}+1\frac{1}{2}=1\frac{4}{10}+1\frac{5}{10}=2\frac{9}{10}$

(2) $2\frac{5}{12}+1\frac{1}{4}=2\frac{5}{12}+1\frac{3}{12}=3\frac{\overset{2}{\cancel{8}}}{\underset{3}{\cancel{12}}}=3\frac{2}{3}$

(3) $1\frac{7}{10}+3\frac{11}{15}=1\frac{21}{30}+3\frac{22}{30}=4\frac{43}{30}=5\frac{13}{30}$

6 $1\frac{5}{7}+1\frac{3}{8}=1\frac{40}{56}+1\frac{21}{56}=2\frac{61}{56}=3\frac{5}{56}$

다른 풀이 대분수를 가분수로 나타내어 계산할 수 있습니다.

$1\frac{5}{7}+1\frac{3}{8}=\frac{12}{7}+\frac{11}{8}=\frac{96}{56}+\frac{77}{56}=\frac{173}{56}=3\frac{5}{56}$

## 유형별 실력쑥쑥

120~123쪽

**1** (1) $\frac{7}{12}$ (2) $1\frac{7}{24}$

01

02 $1\frac{5}{24}$

03 $\frac{1}{6}+\frac{7}{10}=\frac{1\times5}{6\times5}+\frac{7\times3}{10\times3}=\frac{5}{30}+\frac{21}{30}$

$=\frac{\overset{13}{\cancel{26}}}{\underset{15}{\cancel{30}}}=\frac{13}{15}$

04 ㉡

**2** ㉢

05 >

06 큽, 큽에 ○표 / $1\frac{5}{21}$

07 준우

08 풀이 참조, $1\frac{4}{15}$

**3** (1) $3\frac{17}{20}$ (2) $5\frac{4}{45}$

09 $4\frac{17}{70}$, $5\frac{11}{14}$

10 예

$2\frac{7}{12}+5\frac{5}{8}=\frac{31}{12}+\frac{45}{8}$

$=\frac{76}{20}=3\frac{\overset{4}{\cancel{16}}}{\underset{5}{\cancel{20}}}=3\frac{4}{5}$

/ 예 $2\frac{7}{12}+5\frac{5}{8}=\frac{31}{12}+\frac{45}{8}=\frac{62}{24}+\frac{135}{24}$

$=\frac{197}{24}=8\frac{5}{24}$

11 $6\frac{3}{8}$, $7\frac{21}{40}$

12 $6\frac{7}{15}$

**4** $\frac{8}{15}+\frac{4}{9}=\frac{44}{45}$ / $\frac{44}{45}$

13 $\frac{11}{12}+\frac{5}{18}=1\frac{7}{36}$ / $1\frac{7}{36}$

14 $10\frac{11}{30}$

15 $4\frac{11}{40}$

16 풀이 참조, 진아네 가족

**1** 두 분모의 곱이나 최소공배수를 공통분모로 하여 통분한 후 더합니다.

(1) $\frac{1}{2}+\frac{1}{12}=\frac{6}{12}+\frac{1}{12}=\frac{7}{12}$

(2) $\frac{5}{8}+\frac{2}{3}=\frac{15}{24}+\frac{16}{24}=\frac{31}{24}=1\frac{7}{24}$

01 $\frac{7}{9}+\frac{1}{6}=\frac{14}{18}+\frac{3}{18}=\frac{17}{18}$

$\frac{1}{2}+\frac{5}{9}=\frac{9}{18}+\frac{10}{18}=\frac{19}{18}=1\frac{1}{18}$

02 $\frac{7}{12}+\frac{5}{8}=\frac{14}{24}+\frac{15}{24}=\frac{29}{24}=1\frac{5}{24}$

04 ㉠ $\frac{3}{4}+\frac{7}{16}=\frac{12}{16}+\frac{7}{16}=\frac{19}{16}=1\frac{3}{16}$

㉡ $\frac{11}{12}+\frac{3}{16}=\frac{44}{48}+\frac{9}{48}=\frac{53}{48}=1\frac{5}{48}$

➡ $1\frac{3}{16}\left(=1\frac{9}{48}\right)>1\frac{5}{48}$이므로 계산 결과가 더 작은 것은 ㉡입니다.

**2** ㉠ $\frac{3}{10}<\frac{1}{2}\left(=\frac{5}{10}\right)$, $\frac{1}{8}<\frac{1}{2}\left(=\frac{4}{8}\right)$

이므로 $\frac{3}{10}+\frac{1}{8}$은 1보다 작습니다.

㉡ $\frac{1}{4}<\frac{1}{2}\left(=\frac{2}{4}\right)$, $\frac{2}{5}\left(=\frac{4}{10}\right)<\frac{1}{2}\left(=\frac{5}{10}\right)$

이므로 $\frac{1}{4}+\frac{2}{5}$는 1보다 작습니다.

㉢ $\frac{7}{12}>\frac{1}{2}\left(=\frac{6}{12}\right)$, $\frac{2}{3}\left(=\frac{4}{6}\right)>\frac{1}{2}\left(=\frac{3}{6}\right)$

이므로 $\frac{7}{12}+\frac{2}{3}$는 1보다 큽니다.

05 $\frac{5}{8}>\frac{1}{2}\left(=\frac{4}{8}\right)$, $\frac{5}{9}\left(=\frac{10}{18}\right)>\frac{1}{2}\left(=\frac{9}{18}\right)$

이므로 $\frac{5}{8}+\frac{5}{9}$는 1보다 큽니다.

06 $\frac{2}{3}+\frac{4}{7}=\frac{14}{21}+\frac{12}{21}=\frac{26}{21}=1\frac{5}{21}$

07 준우: $\frac{5}{12}<\frac{1}{2}\left(=\frac{6}{12}\right)$, $\frac{3}{16}<\frac{1}{2}\left(=\frac{8}{16}\right)$

이므로 $\frac{5}{12}+\frac{3}{16}$은 1보다 작습니다.

수정: $\frac{7}{10}>\frac{1}{2}\left(=\frac{5}{10}\right)$, $\frac{4}{5}\left(=\frac{8}{10}\right)>\frac{1}{2}\left(=\frac{5}{10}\right)$

이므로 $\frac{7}{10}+\frac{4}{5}$는 1보다 큽니다.

08 예 ❶ 세 분수를 $\frac{1}{2}$과 각각 크기를 비교하면

$\frac{3}{5}>\frac{1}{2}$, $\frac{2}{3}>\frac{1}{2}$, $\frac{1}{6}<\frac{1}{2}$이므로 두 수의 합이

1보다 큰 덧셈식은 $\frac{3}{5}+\frac{2}{3}$입니다.

❷ $\frac{3}{5}+\frac{2}{3}=\frac{9}{15}+\frac{10}{15}=\frac{19}{15}=1\frac{4}{15}$

❸ $1\frac{4}{15}$

| 채점 기준 |
|---|
| ❶ 세 분수의 크기를 비교하여 덧셈식을 만든 경우 |
| ❷ 만든 식을 바르게 계산한 경우 |
| ❸ 답을 바르게 쓴 경우 |

**3** (1) $2\frac{3}{5}+1\frac{1}{4}=2\frac{12}{20}+1\frac{5}{20}=3\frac{17}{20}$

(2) $2\frac{5}{9}+2\frac{8}{15}=2\frac{25}{45}+2\frac{24}{45}=4\frac{49}{45}=5\frac{4}{45}$

09 $2\frac{1}{10}+2\frac{1}{7}=2\frac{7}{70}+2\frac{10}{70}=4\frac{17}{70}$

$3\frac{9}{14}+2\frac{1}{7}=3\frac{9}{14}+2\frac{2}{14}=5\frac{11}{14}$

11 $4\frac{5}{8}+1\frac{3}{4}=4\frac{5}{8}+1\frac{6}{8}=5\frac{11}{8}=6\frac{3}{8}$

$6\frac{3}{8}+1\frac{3}{20}=6\frac{15}{40}+1\frac{6}{40}=7\frac{21}{40}$

12 가장 큰 수는 $5\frac{3}{10}$이고, 가장 작은 수는 $1\frac{1}{6}$입니다.

➡ $5\frac{3}{10}+1\frac{1}{6}=5\frac{9}{30}+1\frac{5}{30}=6\frac{\overset{7}{\cancel{14}}}{\underset{15}{\cancel{30}}}=6\frac{7}{15}$

**4** $\frac{8}{15}+\frac{4}{9}=\frac{24}{45}+\frac{20}{45}=\frac{44}{45}$ (m)

13 $\frac{11}{12}+\frac{5}{18}=\frac{33}{36}+\frac{10}{36}=\frac{43}{36}=1\frac{7}{36}$ (kg)

14 $4\frac{1}{6}+6\frac{1}{5}=4\frac{5}{30}+6\frac{6}{30}=10\frac{11}{30}$ (cm)

15 $1\frac{7}{8}+2\frac{2}{5}=1\frac{35}{40}+2\frac{16}{40}=3\frac{51}{40}=4\frac{11}{40}$ (km)

16 예 ❶ (진아네 가족이 이틀 동안 마신 우유의 양)

$=1\frac{5}{7}+1\frac{1}{4}=1\frac{20}{28}+1\frac{7}{28}=2\frac{27}{28}$ (L)

❷ $2\frac{27}{28}>2\frac{6}{7}\left(=2\frac{24}{28}\right)$이므로

이틀 동안 진아네 가족이 우유를 더 많이 마셨습니다.

❸ 진아네 가족

| 채점 기준 |
|---|
| ❶ 진아네 가족이 이틀 동안 마신 우유의 양을 구한 경우 |
| ❷ 이틀 동안 누구네 가족이 우유를 더 많이 마셨는지 구한 경우 |
| ❸ 답을 바르게 쓴 경우 |

**교과서+익힘책 개념탄탄** 125쪽

1 9, 4 / 9, 4, 5

2 예 $\frac{1}{2}=\frac{③}{6}$ 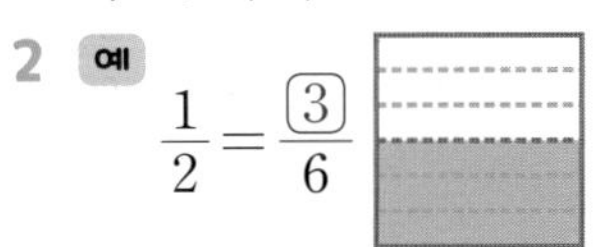 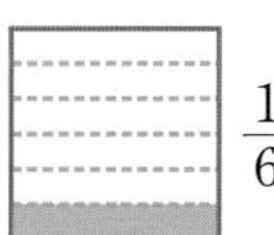 $\frac{1}{6}$

/ 3, 2, 1

3 $\frac{5}{6}-\frac{2}{9}$에 색칠

4 방법 1 50, 24, 26, 13

방법 2 25, 12, 13

5 (1) $\frac{1}{9}$ (2) $\frac{5}{24}$ (3) $\frac{2}{15}$

6 $\frac{11}{60}$

3 $\frac{8}{9}-\frac{1}{2}=\frac{16}{18}-\frac{9}{18}=\frac{7}{18}$

$\frac{5}{6}-\frac{2}{9}=\frac{15}{18}-\frac{4}{18}=\frac{11}{18}$

5 (1) $\frac{7}{9}-\frac{2}{3}=\frac{7}{9}-\frac{6}{9}=\frac{1}{9}$

(2) $\frac{3}{8}-\frac{1}{6}=\frac{9}{24}-\frac{4}{24}=\frac{5}{24}$

(3) $\frac{5}{6}-\frac{7}{10}=\frac{25}{30}-\frac{21}{30}=\frac{\cancel{4}^{2}}{\cancel{30}_{15}}=\frac{2}{15}$

6 $\frac{7}{12}-\frac{2}{5}=\frac{35}{60}-\frac{24}{60}=\frac{11}{60}$

**교과서+익힘책 개념탄탄** 127쪽

1 4, 3 / 4, 3, 1

2 예 $2\frac{1}{2}=2\frac{③}{6}$ 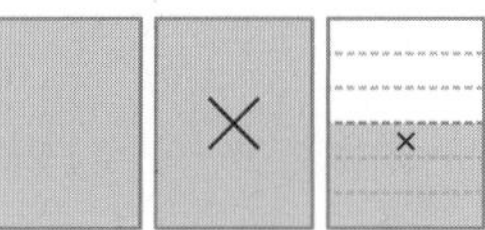

/ 3, 2, 1

3 30, 60에 ○표

4 6, 5, 1, 1, 1, 1

5 13, 3, 26, 15, 11, 1, 1

6 (1) $\frac{1}{8}$ (2) $2\frac{5}{21}$ (3) $2\frac{7}{18}$

2 $2\frac{1}{2}=2\frac{3}{6}$만큼 색칠한 후 $1\frac{1}{6}$만큼 ×표 하면 $1\frac{2}{6}\left(=1\frac{1}{3}\right)$만큼 남습니다.

3 분모 6과 10의 최소공배수인 30을 공통분모로 하거나 곱인 60을 공통분모로 하여 통분할 수 있습니다.

6 (1) $2\frac{3}{8}-2\frac{1}{4}=2\frac{3}{8}-2\frac{2}{8}=\frac{1}{8}$

(2) $3\frac{4}{7}-1\frac{1}{3}=3\frac{12}{21}-1\frac{7}{21}=2\frac{5}{21}$

(3) $4\frac{5}{9}-2\frac{1}{6}=4\frac{10}{18}-2\frac{3}{18}=2\frac{7}{18}$

**교과서+익힘책 개념탄탄** 129쪽

1 7, 2 / 2, 7, 2, 5

2 예 $2\frac{1}{4}=1\frac{⑤}{4}$

$1\frac{1}{2}=1\frac{②}{4}$

/ 2, 5, 2, 3

3 25, 16, 1, 9, 1, 9

4 (1) $\frac{7}{10}$ (2) $\frac{8}{9}$ (3) $1\frac{7}{24}$

5 $2\frac{33}{35}$

6 $3\frac{1}{6}-1\frac{5}{9}=\frac{19}{6}-\frac{14}{9}=\frac{57}{18}-\frac{28}{18}$

$=\frac{29}{18}=1\frac{11}{18}$

1 두 대분수를 통분하여 자연수는 자연수끼리, 분수는 분수끼리 뺍니다. 분수끼리 뺄 수 없을 때에는 대분수에서 자연수 1을 받아내림합니다.

2 $2\frac{1}{4}=1\frac{5}{4}$와 $1\frac{1}{2}=1\frac{2}{4}$만큼 색칠한 후 비교해 보면 $\frac{3}{4}$만큼 남습니다.

4 (1) $3\frac{1}{5}-2\frac{1}{2}=3\frac{2}{10}-2\frac{5}{10}$

$=2\frac{12}{10}-2\frac{5}{10}=\frac{7}{10}$

(2) $2\frac{2}{3}-1\frac{7}{9}=2\frac{6}{9}-1\frac{7}{9}=1\frac{15}{9}-1\frac{7}{9}=\frac{8}{9}$

(3) $5\frac{1}{8}-3\frac{5}{6}=5\frac{3}{24}-3\frac{20}{24}$

$=4\frac{27}{24}-3\frac{20}{24}=1\frac{7}{24}$

5 $7\frac{4}{5}-4\frac{6}{7}=7\frac{28}{35}-4\frac{30}{35}=6\frac{63}{35}-4\frac{30}{35}=2\frac{33}{35}$

## 유형별 실력쑥쑥

130~133쪽

**1** $\frac{9}{20}$, $\frac{27}{56}$

**01** $\frac{5}{18}$, $\frac{29}{45}$

**02**

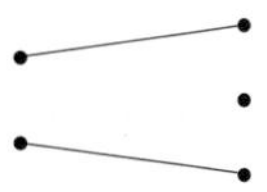

**03** $>$

**04** $\frac{1}{24}$

**2** $3\frac{2}{9}$, $1\frac{1}{2}$

**05** 도현

**06** 방법 1 예 $3\frac{3}{5}-1\frac{5}{6}=3\frac{18}{30}-1\frac{25}{30}$
$=2\frac{48}{30}-1\frac{25}{30}=1\frac{23}{30}$

방법 2 예 $3\frac{3}{5}-1\frac{5}{6}=\frac{18}{5}-\frac{11}{6}$
$=\frac{108}{30}-\frac{55}{30}$
$=\frac{53}{30}=1\frac{23}{30}$

**07** ㉠

**08** 풀이 참조, $1\frac{1}{4}$

**3** $2\frac{13}{48}$

**09** $1\frac{33}{40}$

**10** $1\frac{3}{28}$

**11** $3\frac{1}{2}$

**12** 풀이 참조, $\frac{7}{10}$

**4** $\frac{7}{9}-\frac{5}{12}=\frac{13}{36}$ / $\frac{13}{36}$

**13** $4\frac{3}{5}-2\frac{1}{4}=2\frac{7}{20}$ / $2\frac{7}{20}$

**14** $\frac{5}{24}$

**15** $\frac{7}{45}$

**16** 나 편의점, $\frac{17}{30}$

**1** $\frac{17}{20}-\frac{2}{5}=\frac{17}{20}-\frac{8}{20}=\frac{9}{20}$,
$\frac{5}{8}-\frac{1}{7}=\frac{35}{56}-\frac{8}{56}=\frac{27}{56}$

**01** $\frac{7}{9}-\frac{1}{2}=\frac{14}{18}-\frac{9}{18}=\frac{5}{18}$
$\frac{7}{9}-\frac{2}{15}=\frac{35}{45}-\frac{6}{45}=\frac{29}{45}$

**02** $\frac{6}{7}-\frac{5}{14}=\frac{12}{14}-\frac{5}{14}=\frac{\overset{1}{\cancel{7}}}{\underset{2}{\cancel{14}}}=\frac{1}{2}$
$\frac{4}{5}-\frac{7}{10}=\frac{8}{10}-\frac{7}{10}=\frac{1}{10}$

**03** $\frac{11}{15}-\frac{1}{3}=\frac{11}{15}-\frac{5}{15}=\frac{\overset{2}{\cancel{6}}}{\underset{5}{\cancel{15}}}=\frac{2}{5}$
따라서 $\frac{2}{5}=\frac{18}{45}$이므로 $\frac{2}{5}>\frac{13}{45}$입니다.

**04** ㉠ $\frac{7}{8}$ ㉡ $\frac{5}{6}$
➡ ㉠−㉡$=\frac{7}{8}-\frac{5}{6}=\frac{21}{24}-\frac{20}{24}=\frac{1}{24}$

**2** $4\frac{5}{9}-1\frac{1}{3}=4\frac{5}{9}-1\frac{3}{9}=3\frac{2}{9}$
$2\frac{5}{6}-1\frac{1}{3}=2\frac{5}{6}-1\frac{2}{6}=1\frac{\overset{1}{\cancel{3}}}{\underset{2}{\cancel{6}}}=1\frac{1}{2}$

**05** 도현: $2\frac{3}{4}-1\frac{1}{2}=2\frac{3}{4}-1\frac{2}{4}=1\frac{1}{4}$
정희: $3\frac{1}{3}-1\frac{5}{7}=3\frac{7}{21}-1\frac{15}{21}$
$=2\frac{28}{21}-1\frac{15}{21}=1\frac{13}{21}$
따라서 바르게 계산한 친구는 도현입니다.

**07** ㉠ $6\frac{5}{12}-1\frac{7}{8}=6\frac{10}{24}-1\frac{21}{24}$
$=5\frac{34}{24}-1\frac{21}{24}=4\frac{13}{24}$
㉡ $7\frac{3}{4}-3\frac{2}{3}=7\frac{9}{12}-3\frac{8}{12}=4\frac{1}{12}$
➡ $4\frac{13}{24}>4\frac{1}{12}\left(=4\frac{2}{24}\right)$

**08** 예 ❶ 먼저 자연수끼리의 차가 가장 작은 두 수를 찾으면 $5-2=3$, $2-1=1$이므로 두 수의 차가 가장 작은 뺄셈식은 $2\frac{1}{2}-1\frac{1}{4}$입니다.
❷ $2\frac{1}{2}-1\frac{1}{4}=2\frac{2}{4}-1\frac{1}{4}=1\frac{1}{4}$
❸ $1\frac{1}{4}$

| 채점 기준 |
| --- |
| ❶ 차가 가장 작은 뺄셈식을 만든 경우 |
| ❷ 만든 식을 바르게 계산한 경우 |
| ❸ 답을 바르게 쓴 경우 |

**3** $\square+1\frac{5}{12}=3\frac{11}{16}$,

$\square=3\frac{11}{16}-1\frac{5}{12}=3\frac{33}{48}-1\frac{20}{48}=2\frac{13}{48}$

**09** ㉠$=4\frac{1}{8}-2\frac{3}{10}=4\frac{5}{40}-2\frac{12}{40}$

$=3\frac{45}{40}-2\frac{12}{40}=1\frac{33}{40}$

**10** $1\frac{6}{7}-\square=\frac{3}{4}$이므로

$\square=1\frac{6}{7}-\frac{3}{4}=1\frac{24}{28}-\frac{21}{28}=1\frac{3}{28}$입니다.

**11** 보이지 않는 수를 □라 하면 $2\frac{1}{3}+\square=5\frac{5}{6}$,

$\square=5\frac{5}{6}-2\frac{1}{3}=5\frac{5}{6}-2\frac{2}{6}=3\frac{3}{6}=3\frac{1}{2}$입니다.

**12** 예 ❶ 어떤 수를 □라 하면 $\frac{13}{15}-\square=\frac{1}{6}$이므로

$\square=\frac{13}{15}-\frac{1}{6}$입니다.

❷ 어떤 수는 $\frac{13}{15}-\frac{1}{6}=\frac{26}{30}-\frac{5}{30}=\frac{21}{30}=\frac{7}{10}$

입니다.

❸ $\frac{7}{10}$

| 채점 기준 |
|---|
| ❶ 어떤 수를 구하는 식을 쓴 경우 |
| ❷ 어떤 수를 구한 경우 |
| ❸ 답을 바르게 쓴 경우 |

**4** (처음 주스의 양)−(마신 주스의 양)

$=\frac{7}{9}-\frac{5}{12}=\frac{28}{36}-\frac{15}{36}=\frac{13}{36}$ (L)

**13** (소금의 양)−(설탕의 양)

$=4\frac{3}{5}-2\frac{1}{4}=4\frac{12}{20}-2\frac{5}{20}=2\frac{7}{20}$ (kg)

**14** (긴 막대의 길이)−(짧은 막대의 길이)

$=\frac{5}{6}-\frac{5}{8}=\frac{20}{24}-\frac{15}{24}=\frac{5}{24}$ (m)

**15** (약수터에서 받은 물의 양)−(냉장고에 넣은 물의 양)

$=3\frac{5}{9}-3\frac{2}{5}=3\frac{25}{45}-3\frac{18}{45}=\frac{7}{45}$ (L)

**16** $2\frac{4}{15}>1\frac{7}{10}$이므로 나 편의점이 집에서

$2\frac{4}{15}-1\frac{7}{10}=2\frac{8}{30}-1\frac{21}{30}$

$=1\frac{38}{30}-1\frac{21}{30}=\frac{17}{30}$ (km)

더 가깝습니다.

## 응용+수학역량 UP UP

134~137쪽

**1** (1) $3\frac{25}{36}$ (2) 3

**1-1** 1, 2, 3, 4 **1-2** 4

**2** (1) $1\frac{3}{8}$ (2) $1\frac{7}{40}$

**2-1** $4\frac{17}{60}$ **2-2** $6\frac{7}{12}$

**3** (1) $4\frac{3}{8}$ (2) $5\frac{13}{20}$ (3) 폭포

**3-1** 문구점 **3-2** $2\frac{2}{9}$

**4** (1) $8\frac{3}{7}$ (2) $3\frac{7}{8}$ (3) $4\frac{31}{56}$

**4-1** $14\frac{16}{45}$ **4-2** $17\frac{31}{42}$, $\frac{25}{42}$

**1** (1) $2\frac{1}{4}+1\frac{4}{9}=2\frac{9}{36}+1\frac{16}{36}=3\frac{25}{36}$

(2) $3\frac{25}{36}>\square$이므로 □ 안에 들어갈 수 있는 자연수는 1, 2, 3으로 모두 3개입니다.

**1-1** $5\frac{5}{8}-1\frac{7}{12}=5\frac{15}{24}-1\frac{14}{24}=4\frac{1}{24}$

따라서 $4\frac{1}{24}>\square$이므로 □ 안에 들어갈 수 있는 자연수는 1, 2, 3, 4입니다.

**1-2** $3\frac{1}{6}-1\frac{7}{9}=3\frac{3}{18}-1\frac{14}{18}$

$=2\frac{21}{18}-1\frac{14}{18}=1\frac{7}{18}$

$\frac{\square}{3}=\frac{\square\times6}{18}<1\frac{7}{18}\left(=\frac{25}{18}\right)$이므로 □ 안에 들어갈 수 있는 자연수는 1, 2, 3, 4입니다.

따라서 □ 안에 들어갈 수 있는 자연수 중에서 가장 큰 수는 4입니다.

**2** (1) (색 테이프 2장의 길이의 합)

$=\frac{5}{8}+\frac{3}{4}=\frac{5}{8}+\frac{6}{8}=\frac{11}{8}=1\frac{3}{8}$ (m)

(2) (이어 붙인 색 테이프의 전체 길이)

=(색 테이프 2장의 길이의 합)−(겹친 길이)

$=1\frac{3}{8}-\frac{1}{5}=1\frac{15}{40}-\frac{8}{40}=1\frac{7}{40}$ (m)

**2-1** (색 테이프 2장의 길이의 합)

$=2\frac{13}{15}+2\frac{7}{12}=2\frac{52}{60}+2\frac{35}{60}$

$=4\frac{87}{60}=5\frac{\cancel{27}^{9}}{\cancel{60}_{20}}=5\frac{9}{20}$ (m)

➡ (이어 붙인 색 테이프의 전체 길이)

$=5\frac{9}{20}-1\frac{1}{6}=5\frac{27}{60}-1\frac{10}{60}=4\frac{17}{60}$ (m)

**2-2** (색 테이프 3장의 길이의 합)

$=2\frac{3}{4}+2\frac{3}{4}+2\frac{3}{4}=6\frac{9}{4}=8\frac{1}{4}$ (m)

(겹쳐진 부분의 길이의 합)

$=\frac{5}{6}+\frac{5}{6}=\frac{10}{6}=1\frac{\cancel{4}^{2}}{\cancel{6}_{3}}=1\frac{2}{3}$ (m)

➡ (이어 붙인 색 테이프의 전체 길이)

$=8\frac{1}{4}-1\frac{2}{3}=8\frac{3}{12}-1\frac{8}{12}$

$=7\frac{15}{12}-1\frac{8}{12}=6\frac{7}{12}$ (m)

**3** (1) $3\frac{1}{4}+1\frac{1}{8}=3\frac{2}{8}+1\frac{1}{8}=4\frac{3}{8}$ (km)

(2) $3\frac{3}{10}+2\frac{7}{20}=3\frac{6}{20}+2\frac{7}{20}=5\frac{13}{20}$ (km)

(3) $4\frac{3}{8}<5\frac{13}{20}$이므로 폭포를 지나는 것이 더 가깝습니다.

**3-1** (집에서 놀이터를 지나 학교까지의 거리)

$=2\frac{1}{8}+2\frac{7}{10}=2\frac{5}{40}+2\frac{28}{40}=4\frac{33}{40}$ (km)

(집에서 문구점을 지나 학교까지의 거리)

$=1\frac{1}{2}+2\frac{3}{5}=1\frac{5}{10}+2\frac{6}{10}=3\frac{11}{10}=4\frac{1}{10}$ (km)

➡ $4\frac{33}{40}>4\frac{1}{10}\left(=4\frac{4}{40}\right)$이므로 문구점을 지나는 것이 더 가깝습니다.

**3-2** (집에서 도서관을 지나 은행까지의 거리)

$=3\frac{2}{3}+4\frac{3}{4}=3\frac{8}{12}+4\frac{9}{12}$

$=7\frac{17}{12}=8\frac{5}{12}$ (km)

(집에서 서점을 지나 은행까지의 거리)

$=8\frac{5}{12}-1\frac{11}{18}=8\frac{15}{36}-1\frac{22}{36}$

$=7\frac{51}{36}-1\frac{22}{36}=6\frac{29}{36}$ (km)

➡ (서점에서 은행까지의 거리)

$=6\frac{29}{36}-4\frac{7}{12}=6\frac{29}{36}-4\frac{21}{36}$

$=2\frac{\cancel{8}^{2}}{\cancel{36}_{9}}=2\frac{2}{9}$ (km)

**4** (1) 3<7<8이므로 만들 수 있는 가장 큰 대분수는 $8\frac{3}{7}$입니다.

(2) 3<7<8이므로 만들 수 있는 가장 작은 대분수는 $3\frac{7}{8}$입니다.

(3) $8\frac{3}{7}-3\frac{7}{8}=8\frac{24}{56}-3\frac{49}{56}$

$=7\frac{80}{56}-3\frac{49}{56}=4\frac{31}{56}$

참고 • 가장 큰 대분수를 만들려면 자연수 부분에 가장 큰 수를 놓고 나머지 두 수로 진분수를 만듭니다.

• 가장 작은 대분수를 만들려면 자연수 부분에 가장 작은 수를 놓고 나머지 두 수로 진분수를 만듭니다.

**4-1** 4<5<9이므로 만들 수 있는 가장 큰 대분수는 $9\frac{4}{5}$이고, 가장 작은 대분수는 $4\frac{5}{9}$입니다.

➡ $9\frac{4}{5}+4\frac{5}{9}=9\frac{36}{45}+4\frac{25}{45}=13\frac{61}{45}=14\frac{16}{45}$

**4-2** 세진: 1<6<9이므로 만들 수 있는 가장 큰 대분수는 $9\frac{1}{6}$입니다.

하율: 4<7<8이므로 만들 수 있는 가장 큰 대분수는 $8\frac{4}{7}$입니다.

➡ 합: $9\frac{1}{6}+8\frac{4}{7}=9\frac{7}{42}+8\frac{24}{42}=17\frac{31}{42}$,

차: $9\frac{1}{6}-8\frac{4}{7}=9\frac{7}{42}-8\frac{24}{42}$

$=8\frac{49}{42}-8\frac{24}{42}=\frac{25}{42}$

## 단원 평가 1회

138~140쪽

01 7, 6 / 7, 6, 13
02 2, 3, 3, 5, 3, 5
03 13, 5, 26, 15, 41, 3, 5
04 ( ○ )(   )
05 $\frac{7}{18}$
06 $3\frac{17}{28}$
07 $2\frac{3}{5}-2\frac{1}{2}=\frac{13}{5}-\frac{5}{2}=\frac{26}{10}-\frac{25}{10}=\frac{1}{10}$
08 $5\frac{9}{10}$
09 $6\frac{1}{18}$
10 $\frac{7}{15}$
11 $<$
12 $3\frac{5}{36}$
13 $4\frac{1}{15}$
14 ㉡
15 $4\frac{1}{6}$
16 ㉡, ㉢
17 $\frac{3}{20}$
18 $3\frac{13}{18}$
19 풀이 참조
20 풀이 참조, $3\frac{31}{35}$

**04** $\frac{2}{3}+\frac{5}{6}=\frac{4}{6}+\frac{5}{6}=\frac{9}{6}=1\frac{\cancel{3}^{1}}{\cancel{6}_{2}}=1\frac{1}{2}$

$\frac{1}{2}+\frac{3}{4}=\frac{2}{4}+\frac{3}{4}=\frac{5}{4}=1\frac{1}{4}$

**05** $\frac{5}{6}-\frac{4}{9}=\frac{15}{18}-\frac{8}{18}=\frac{7}{18}$

**06** $1\frac{6}{7}+1\frac{3}{4}=1\frac{24}{28}+1\frac{21}{28}=2\frac{45}{28}=3\frac{17}{28}$

**08** $7\frac{1}{2}-1\frac{3}{5}=7\frac{5}{10}-1\frac{6}{10}=6\frac{15}{10}-1\frac{6}{10}=5\frac{9}{10}$

**09** $3\frac{8}{9}+2\frac{1}{6}=3\frac{16}{18}+2\frac{3}{18}=5\frac{19}{18}=6\frac{1}{18}$ (cm)

**10** (전체 종이띠의 길이)−(사용한 종이띠의 길이)

$=\frac{2}{3}-\frac{1}{5}=\frac{10}{15}-\frac{3}{15}=\frac{7}{15}$ (m)

**11** $2\frac{2}{3}+1\frac{3}{4}=2\frac{8}{12}+1\frac{9}{12}=3\frac{17}{12}=4\frac{5}{12}$이므로

$2\frac{2}{3}+1\frac{3}{4}<4\frac{7}{12}$입니다.

**12** (처음에 들어 있던 물의 양)+(더 부은 물의 양)

$=1\frac{7}{12}+1\frac{5}{9}=1\frac{21}{36}+1\frac{20}{36}=2\frac{41}{36}=3\frac{5}{36}$ (L)

**13** 가장 큰 분수: $5\frac{3}{5}$, 가장 작은 분수: $1\frac{8}{15}$

➡ $5\frac{3}{5}-1\frac{8}{15}=5\frac{9}{15}-1\frac{8}{15}=4\frac{1}{15}$

**14** ㉠ $3\frac{1}{4}-2\frac{7}{8}=3\frac{2}{8}-2\frac{7}{8}=2\frac{10}{8}-2\frac{7}{8}=\frac{3}{8}$

㉡ $2\frac{4}{7}-1\frac{1}{2}=2\frac{8}{14}-1\frac{7}{14}=1\frac{1}{14}$

➡ $\frac{3}{8}<1\frac{1}{14}$

**15** $\square=1\frac{4}{9}+2\frac{13}{18}=1\frac{8}{18}+2\frac{13}{18}$

$=3\frac{21}{18}=4\frac{\cancel{3}^{1}}{\cancel{18}_{6}}=4\frac{1}{6}$

**16** ㉠ $\frac{5}{9}+\frac{1}{6}=\frac{10}{18}+\frac{3}{18}=\frac{13}{18}$

㉡ $4\frac{1}{15}-2\frac{5}{6}=4\frac{2}{30}-2\frac{25}{30}$

$=3\frac{32}{30}-2\frac{25}{30}=1\frac{7}{30}$

㉢ $\frac{2}{3}+\frac{5}{12}=\frac{8}{12}+\frac{5}{12}=\frac{13}{12}=1\frac{1}{12}$

㉣ $2\frac{1}{4}-1\frac{3}{8}=2\frac{2}{8}-1\frac{3}{8}=1\frac{10}{8}-1\frac{3}{8}=\frac{7}{8}$

**17** (집에서 공원을 지나 학교까지의 거리)

$=\frac{9}{10}+\frac{2}{3}=\frac{27}{30}+\frac{20}{30}=\frac{47}{30}=1\frac{17}{30}$ (km)

따라서 학교로 바로 가는 것이

$1\frac{17}{30}-1\frac{5}{12}=1\frac{34}{60}-1\frac{25}{60}=\frac{\cancel{9}^{3}}{\cancel{60}_{20}}=\frac{3}{20}$ (km)

더 가깝습니다.

**18** (색 테이프 2장의 길이의 합)

$=2\frac{5}{6}+2\frac{1}{3}=2\frac{5}{6}+2\frac{2}{6}=4\frac{7}{6}=5\frac{1}{6}$ (m)

➡ (이어 붙인 색 테이프의 전체 길이)

$=5\frac{1}{6}-1\frac{4}{9}=5\frac{3}{18}-1\frac{8}{18}$

$=4\frac{21}{18}-1\frac{8}{18}=3\frac{13}{18}$ (m)

**19** 예 ❶ 통분할 때 분모, 분자에 같은 수를 곱해야 하고, 분모는 그대로 두고 분자끼리 더해야 합니다.

❷ $\frac{1}{6}+\frac{2}{9}=\frac{1\times9}{6\times9}+\frac{2\times6}{9\times6}$

$=\frac{9}{54}+\frac{12}{54}=\frac{\overset{7}{\cancel{21}}}{\underset{18}{\cancel{54}}}=\frac{7}{18}$

| 채점 기준 | 배점 |
|---|---|
| ❶ 잘못 계산한 이유를 쓴 경우 | 3점 |
| ❷ 바르게 계산한 경우 | 2점 |

**20** 예 ❶ 차가 가장 큰 뺄셈식은 가장 큰 분수에서 가장 작은 분수를 빼야 하므로 $7\frac{3}{5}-3\frac{5}{7}$입니다.

❷ $7\frac{3}{5}-3\frac{5}{7}=7\frac{21}{35}-3\frac{25}{35}$

$=6\frac{56}{35}-3\frac{25}{35}=3\frac{31}{35}$

❸ $3\frac{31}{35}$

| 채점 기준 | 배점 |
|---|---|
| ❶ 차가 가장 큰 뺄셈식을 만든 경우 | 1점 |
| ❷ 만든 식을 바르게 계산한 경우 | 2점 |
| ❸ 답을 바르게 쓴 경우 | 2점 |

## 단원 평가 2회

141~143쪽

**01** 36, 10, 26, 13　**02** 24, 48에 ○표

**03** 5, 9, 35, 36, 71, 2, 15

**04** $\frac{1}{6}$　**05** $\frac{11}{24}$

**06** $1\frac{7}{45}$　**07**

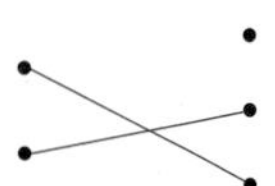

**08** >　**09** ㉠

**10** $\frac{26}{45}$　**11** $1\frac{11}{24}$

**12** $3\frac{25}{28}$, $1\frac{27}{28}$　**13** $\frac{5}{18}$

**14** $1\frac{3}{10}+2\frac{1}{5}=3\frac{1}{2}$ / $3\frac{1}{2}$

**15** $\frac{7}{12}$　**16** ㉠, ㉡, ㉢

**17** 20　**18** $6\frac{2}{45}$

**19** 풀이 참조, $1\frac{11}{60}$　**20** 풀이 참조, 영우, $\frac{1}{12}$

**04** $\frac{1}{2}-\frac{1}{3}=\frac{3}{6}-\frac{2}{6}=\frac{1}{6}$

**05** $2\frac{1}{8}-1\frac{2}{3}=2\frac{3}{24}-1\frac{16}{24}=1\frac{27}{24}-1\frac{16}{24}=\frac{11}{24}$

**06** $\frac{8}{9}+\frac{4}{15}=\frac{40}{45}+\frac{12}{45}=\frac{52}{45}=1\frac{7}{45}$

**07** $2\frac{3}{8}+1\frac{1}{3}=2\frac{9}{24}+1\frac{8}{24}=3\frac{17}{24}$

$4\frac{5}{6}-1\frac{3}{8}=4\frac{20}{24}-1\frac{9}{24}=3\frac{11}{24}$

**08** $\frac{2}{3}+\frac{7}{8}=\frac{16}{24}+\frac{21}{24}=\frac{37}{24}=1\frac{13}{24}$ ➡ $1\frac{13}{24}>1$

**09** ㉠ $\frac{6}{7}-\frac{3}{5}=\frac{30}{35}-\frac{21}{35}=\frac{9}{35}$

㉡ $\frac{5}{12}-\frac{3}{8}=\frac{10}{24}-\frac{9}{24}=\frac{1}{24}$

**10** (긴 털실의 길이)−(짧은 털실의 길이)

$=2\frac{7}{15}-1\frac{8}{9}=2\frac{21}{45}-1\frac{40}{45}$

$=1\frac{66}{45}-1\frac{40}{45}=\frac{26}{45}$ (m)

**11** (쌀의 무게)+(귀리의 무게)

$=\frac{5}{8}+\frac{5}{6}=\frac{15}{24}+\frac{20}{24}=\frac{35}{24}=1\frac{11}{24}$ (kg)

**12** $1\frac{1}{7}+2\frac{3}{4}=1\frac{4}{28}+2\frac{21}{28}=3\frac{25}{28}$

$3\frac{25}{28}-1\frac{13}{14}=3\frac{25}{28}-1\frac{26}{28}$

$=2\frac{53}{28}-1\frac{26}{28}=1\frac{27}{28}$

**13** (선영이가 먹은 빵의 양)−(지효가 먹은 빵의 양)

$=3\frac{1}{2}-3\frac{2}{9}=3\frac{9}{18}-3\frac{4}{18}=\frac{5}{18}$(개)

**14** 합이 가장 작으려면 가장 작은 수와 두 번째로 작은 수를 더하면 됩니다.

➡ $1\frac{3}{10}+2\frac{1}{5}=1\frac{3}{10}+2\frac{2}{10}=3\frac{\overset{1}{\cancel{5}}}{\underset{2}{\cancel{10}}}=3\frac{1}{2}$

**15** $\square-\frac{1}{2}=\frac{1}{12}$, $\square=\frac{1}{12}+\frac{1}{2}=\frac{1}{12}+\frac{6}{12}=\frac{7}{12}$

16 ㉠ $1\frac{7}{8}+2\frac{1}{6}=1\frac{21}{24}+2\frac{4}{24}=3\frac{25}{24}=4\frac{1}{24}$

㉡ $5\frac{1}{2}-2\frac{5}{8}=5\frac{4}{8}-2\frac{5}{8}=4\frac{12}{8}-2\frac{5}{8}=2\frac{7}{8}$

㉢ $4\frac{1}{6}-2\frac{13}{18}=4\frac{3}{18}-2\frac{13}{18}$

$=3\frac{21}{18}-2\frac{13}{18}=1\frac{\overset{4}{\cancel{8}}}{\underset{9}{\cancel{18}}}=1\frac{4}{9}$

17 $\frac{1}{8}+\frac{2}{5}=\frac{5}{40}+\frac{16}{40}=\frac{21}{40}$

따라서 $\frac{21}{40}>\frac{\square}{40}$이므로 □ 안에 들어갈 수 있는 자연수는 1부터 20까지로 모두 20개입니다.

18 $3<5<9$이므로 만들 수 있는 가장 큰 대분수는 $9\frac{3}{5}$이고, 가장 작은 대분수는 $3\frac{5}{9}$입니다.

➡ $9\frac{3}{5}-3\frac{5}{9}=9\frac{27}{45}-3\frac{25}{45}=6\frac{2}{45}$

19 예 ❶ 분모를 통분한 후 분모는 그대로 두고, 분자끼리 빼야 합니다.

❷ $1\frac{11}{60}$

| 채점 기준 | 배점 |
|---|---|
| ❶ 지호가 잘못 설명한 이유를 쓴 경우 | 3점 |
| ❷ 바르게 계산한 값을 구한 경우 | 2점 |

20 예 ❶ (영우가 이틀 동안 마신 물의 양)

$=1\frac{2}{3}+1\frac{1}{6}=1\frac{4}{6}+1\frac{1}{6}=2\frac{5}{6}$ (L)

❷ $2\frac{5}{6}\left(=2\frac{10}{12}\right)>2\frac{3}{4}\left(=2\frac{9}{12}\right)$이므로 영우가 $2\frac{5}{6}-2\frac{3}{4}=2\frac{10}{12}-2\frac{9}{12}=\frac{1}{12}$ (L) 더 많이 마셨습니다.

❸ 영우, $\frac{1}{12}$

| 채점 기준 | 배점 |
|---|---|
| ❶ 영우가 이틀 동안 마신 물의 양을 구한 경우 | 1점 |
| ❷ 이틀 동안 누가 물을 몇 L 더 많이 마셨는지 구한 경우 | 2점 |
| ❸ 답을 바르게 쓴 경우 | 2점 |

# 6단원 다각형의 둘레와 넓이

## 교과서+익힘책 개념탄탄

147쪽

1 6, 3, 18　　2 (1) 2　(2) 3, 2, 18
3 (　　)(　　)(○)　4 2, 7, 40
5 예 $(11+18)\times2=58$ / 58
6 예 $15\times2+7\times2=44$ / 44

2 직사각형의 가로와 세로가 각각 서로 같음을 이용하여 둘레를 구합니다.

3 평행사변형은 마주 보는 두 변이 각각 서로 같습니다.

4 평행사변형은 마주 보는 두 변이 각각 서로 같으므로 둘레는 길이가 다른 변을 각각 2배 하여 더합니다.

5 직사각형은 마주 보는 두 변이 각각 서로 같습니다.

6 평행사변형은 마주 보는 두 변이 각각 서로 같습니다.

## 교과서+익힘책 개념탄탄

149쪽

1 8, 8, 8, 8, 32　　2 8, 32
3 (위에서부터) 2, 3, 6 / 2, 5, 10
4 ㉠, ㉣
5 예 $12\times4=48$ / 48
6 예 $6\times8=48$ / 48

2 마름모는 네 변이 모두 같으므로 한 변을 4배 합니다.

3 (정삼각형의 둘레)$=2\times3=6$ (cm)
(정오각형의 둘레)$=2\times5=10$ (cm)

4 정다각형의 둘레는 변을 모두 더하거나 한 변에 변의 수를 곱하여 구합니다.

5 (마름모의 둘레)$=$(한 변)$\times4=12\times4=48$ (cm)

6 (정팔각형의 둘레)$=$(한 변)$\times8=6\times8=48$ (cm)

## 유형별 실력쑥쑥 150~151쪽

**1** 예 $(10+4)\times 2=28$ / 28
**01** 예 $4\times 6=24$ / 24
**02** 예 $5+3+5+3=16$ / 16
**03** 예 방법 1 $9+9+9+9=36$ (cm) / 36
방법 2 $9\times 4=36$ (cm) / 36
**04** 평행사변형
**2** 6
**05** 11　　**06** 15
**07** 1 cm 1 cm
**08** 풀이 참조, 7, 3

**1** 평행사변형의 네 변은 10 cm, 4 cm, 10 cm, 4 cm입니다.

**01** 정육각형의 둘레는 변을 모두 더하거나 변이 모두 같음을 이용하여 한 변에 6을 곱합니다.

**02** 가로가 5 cm, 세로가 3 cm인 직사각형의 둘레를 구해 봅니다.

**03** 마름모는 네 변이 모두 같습니다.

**04** (정오각형의 둘레)$=4\times 5=20$ (cm)
(평행사변형의 둘레)$=(7+5)\times 2=24$ (cm)
따라서 $20<24$이므로 평행사변형의 둘레가 더 깁니다.

**2** 직사각형은 마주 보는 두 변이 각각 서로 같습니다.
세로를 □라고 하면 $(9+\square)\times 2=30$, $9+\square=15$, $\square=6$ (cm)입니다.

**05** 평행사변형은 마주 보는 두 변이 각각 서로 같습니다.
$(\square+5)\times 2=32$, $\square+5=16$, $\square=11$

**06** 마름모는 네 변이 모두 같습니다.
(마름모의 둘레)$=$(한 변)$\times 4$이므로
(한 변)$=60\div 4=15$ (cm)입니다.

**07** 주어진 선분은 10 cm이므로 직사각형의 가로는 10 cm입니다. 세로를 □라고 하면
$(10+\square)\times 2=26$, $10+\square=13$, $\square=3$ (cm)이므로 세로가 3 cm가 되도록 직사각형을 완성합니다.

**08** 예 ❶ 주어진 정다각형은 정삼각형과 정칠각형입니다.
❷ 정삼각형은 변 3개가 모두 같으므로 한 변은
$21\div 3=7$, ㉠$=7$입니다.
정칠각형은 변 7개가 모두 같으므로 한 변은
$21\div 7=3$, ㉡$=3$입니다.
❸ 7, 3

| 채점 기준 |
|---|
| ❶ 주어진 정다각형의 이름을 아는 경우 |
| ❷ ㉠, ㉡에 알맞은 수를 구한 경우 |
| ❸ 답을 바르게 쓴 경우 |

## 교과서+익힘책 개념탄탄 153쪽

**1** (1) $2\text{ cm}^2$, 2 제곱센티미터
(2) $8\text{ cm}^2$, 8 제곱센티미터
**2** 18, 18　　**3** 12 제곱센티미터
**4** (1) 7　(2) 13
**5** 예
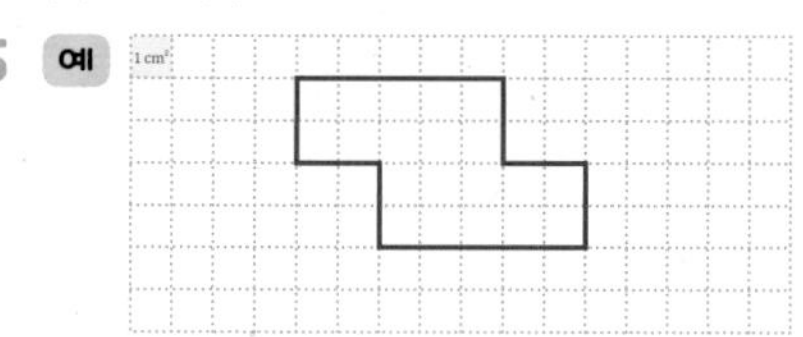
**6** 다, 라

**2** $\boxed{1\text{ cm}^2}$가 18개이므로 $18\text{ cm}^2$입니다.

**3** $\boxed{1\text{ cm}^2}$가 12개이므로 $12\text{ cm}^2$입니다.

**4** (1) $\boxed{1\text{ cm}^2}$가 7개이므로 $7\text{ cm}^2$입니다.
(2) $\boxed{1\text{ cm}^2}$가 13개이므로 $13\text{ cm}^2$입니다.

**5** 넓이가 $20\text{ cm}^2$인 도형이므로 $\boxed{1\text{ cm}^2}$가 20개인 도형을 그립니다.

**6** 가: $6\text{ cm}^2$, 나: $4\text{ cm}^2$, 다: $5\text{ cm}^2$, 라: $5\text{ cm}^2$

## 교과서+익힘책 개념탄탄 155쪽

**1** 5, 3, $\boxed{5}\times\boxed{3}=\boxed{15}$
**2** (위에서부터) 4, 12 / 4, 16
**3** $\boxed{7}\times\boxed{4}=\boxed{28}$　　**4** $\boxed{6}\times\boxed{6}=\boxed{36}$
**5** $12\times 5=60$ / 60　　**6** $8\times 8=64$ / 64

1 직사각형의 가로, 세로에 놓이는 $1\text{ cm}^2$의 개수는 가로, 세로의 길이와 같습니다.

2 직사각형의 넓이는 가로와 세로의 곱으로 구할 수 있습니다.

3 (직사각형의 넓이)=(가로)×(세로)

4 (정사각형의 넓이)=(한 변)×(한 변)

5 직사각형의 가로는 12 cm, 세로는 5 cm입니다.
(직사각형의 넓이)$=12\times5=60\ (\text{cm}^2)$

6 (정사각형의 넓이)$=8\times8=64\ (\text{cm}^2)$

## 교과서+익힘책 개념탄탄 157쪽

1 (1) 2 (2) 6, 3, 9, 9
2 (1) 예 (2) 예

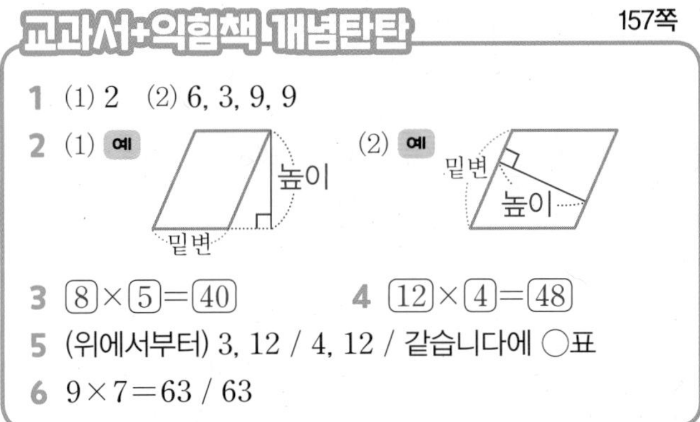


3 (8)×(5)=(40) 4 (12)×(4)=(48)
5 (위에서부터) 3, 12 / 4, 12 / 같습니다에 ○표
6 9×7=63 / 63

1 ◺ 모양 2개를 모아 $1\text{ cm}^2$로 만든 다음 $1\text{ cm}^2$의 개수를 세어 봅니다.

2 평행사변형의 높이는 두 밑변 사이의 거리입니다.

3 직사각형의 가로와 같은 평행사변형의 밑변과 직사각형의 세로와 같은 평행사변형의 높이를 곱하여 평행사변형의 넓이를 구합니다.

4 (평행사변형의 넓이)=(밑변)×(높이)

6 (평행사변형의 넓이)$=9\times7=63\ (\text{cm}^2)$

## 교과서+익힘책 개념탄탄 159쪽

1 (1) 4 제곱미터 (2) 7 제곱킬로미터
2 100, 100, 10000 3 1000, 1000, 1000000
4 (1) $\text{m}^2$에 색칠 (2) $\text{cm}^2$에 색칠 (3) $\text{km}^2$에 색칠
5 (1) 20000 (2) 11000000
6 6, 6, 54

2 $1\text{ m}=100\text{ cm}$이고 $1\text{ m}^2$는 한 변이 1 m인 정사각형의 넓이입니다.

3 $1\text{ km}=1000\text{ m}$이고 $1\text{ km}^2$는 한 변이 1 km인 정사각형의 넓이입니다.

4 운동장 넓이는 $\text{m}^2$, 공책 넓이는 $\text{cm}^2$, 부산 넓이는 $\text{km}^2$ 단위가 알맞습니다.

5 (1) $1\text{ m}^2=10000\text{ cm}^2$이므로
$2\text{ m}^2=20000\text{ cm}^2$입니다.
(2) $1\text{ km}^2=1000000\text{ m}^2$이므로
$11\text{ km}^2=11000000\text{ m}^2$입니다.

6 $1000\text{ m}=1\text{ km}$임을 이용하여 길이의 단위를 km로 나타내어 넓이를 구합니다.
$6000\text{ m}=6\text{ km}$ ➡ $9\times6=54\ (\text{km}^2)$

## 유형별 실력쑥쑥 160~163쪽

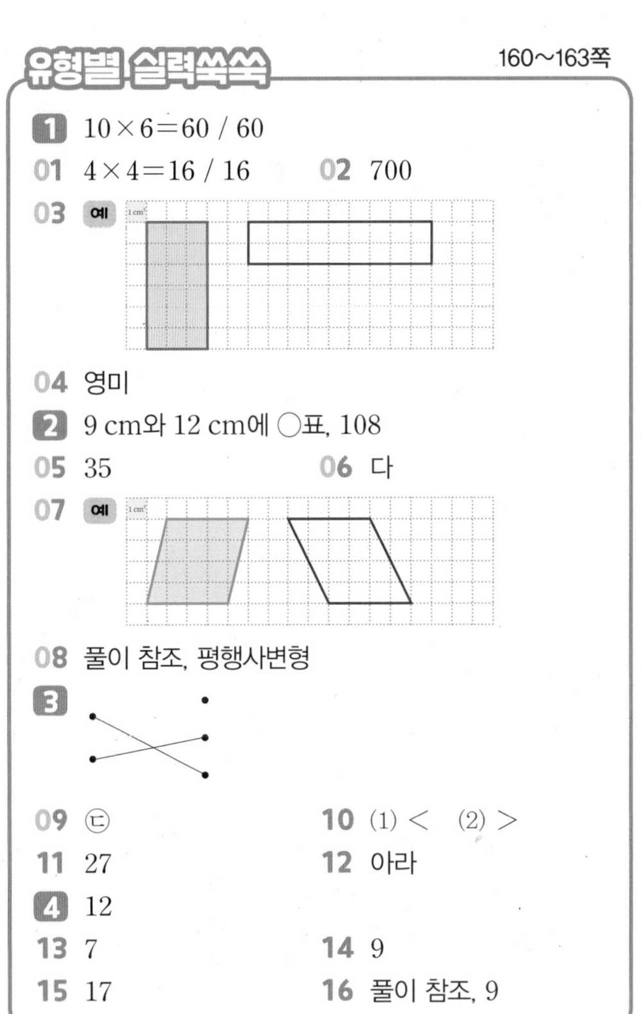

1 10×6=60 / 60
01 4×4=16 / 16 02 700
03 예
04 영미
2 9 cm와 12 cm에 ○표, 108
05 35 06 다
07 예
08 풀이 참조, 평행사변형
3
09 ㄷ 10 (1) < (2) >
11 27 12 아라
4 12
13 7 14 9
15 17 16 풀이 참조, 9

# 바른답 · 알찬풀이

**1** (봉투의 넓이)$=10\times6=60$ ($cm^2$)

**01** (붙임 딱지의 넓이)$=4\times4=16$ ($cm^2$)

**02** (포장지의 넓이)$=35\times20=700$ ($cm^2$)

**03** 주어진 직사각형의 넓이는 $3\times6=18$ ($cm^2$)이므로 (가로)$\times$(세로)$=18$ ($cm^2$)인 직사각형을 그립니다.

**04** 도형 가의 넓이는 16 $cm^2$이고 도형 나의 넓이는 15 $cm^2$이므로 도형 가는 도형 나보다 넓이가 1 $cm^2$ 더 넓습니다.

**2** 평행사변형의 넓이는 밑변과 높이의 곱으로 구할 수 있습니다.
평행사변형의 밑변은 9 cm, 높이는 12 cm이므로 (평행사변형의 넓이)$=9\times12=108$ ($cm^2$)입니다.

**05** (타일의 넓이)$=7\times5=35$ ($cm^2$)

**06** 평행사변형은 밑변과 높이가 같으면 모양이 달라도 넓이가 같습니다. 평행사변형 다는 평행사변형 가, 나, 라와 높이는 같지만 밑변이 다르기 때문에 넓이가 다릅니다.

**07** 주어진 평행사변형의 넓이는 $4\times4=16$ ($cm^2$)이므로 (밑변)$\times$(높이)$=16$ ($cm^2$)인 평행사변형을 그립니다.

**08** 예 ❶ (직사각형의 넓이)$=12\times5=60$ ($cm^2$)
❷ (평행사변형의 넓이)$=6\times11=66$ ($cm^2$)
❸ $60<66$이므로 넓이가 더 넓은 도형은 평행사변형입니다.
❹ 평행사변형

| 채점 기준 |
|---|
| ❶ 직사각형의 넓이를 구한 경우 |
| ❷ 평행사변형의 넓이를 구한 경우 |
| ❸ 넓이가 더 넓은 도형을 찾은 경우 |
| ❹ 답을 바르게 쓴 경우 |

**3** 10000 $cm^2=1$ $m^2$이고, 1000000 $m^2=1$ $km^2$입니다.
70000 $cm^2=7$ $m^2$, 7000000 $m^2=7$ $km^2$

**09** ㉢ 8 $m^2=80000$ $cm^2$

**10** (1) 200000 $cm^2=20$ $m^2$
➡ 200000 $cm^2<50$ $m^2$
(2) 4000000 $m^2=4$ $km^2$
➡ 4000000 $m^2>3$ $km^2$

**11** 9000 m$=$9 km, 3000 m$=$3 km
➡ (직사각형의 넓이)$=9\times3=27$ ($km^2$)
다른 풀이 (직사각형의 넓이)$=9000\times3000$
$=27000000$ ($m^2$)
1000000 $m^2=1$ $km^2$이므로 27000000 $m^2=27$ $km^2$입니다.

**12** $m^2$ 단위로 나타내어 넓이를 비교해 봅니다.
지혁: 2 $km^2=2000000$ $m^2$
하율: 90000 $cm^2=9$ $m^2$
9 $m^2<2000000$ $m^2<6000000$ $m^2$이므로 가장 넓은 넓이를 말한 친구는 아라입니다.

**4** (직사각형의 넓이)$=$(가로)$\times$(세로)
➡ (가로)$=$(직사각형의 넓이)$\div$(세로)
$=96\div8=12$ (cm)

**13** (평행사변형의 넓이)$=$(밑변)$\times$(높이)
➡ (밑변)$=$(평행사변형의 넓이)$\div$(높이)
$=105\div15=7$ (cm)

**14** (정사각형의 넓이)$=$(한 변)$\times$(한 변)
$9\times9=81$이므로 넓이가 81 $cm^2$인 정사각형의 한 변은 9 cm입니다.

**15** (액자의 넓이)$=$(가로)$\times$(세로)
➡ (세로)$=$(액자의 넓이)$\div$(가로)
$=136\div8=17$ (cm)

**16** 예 ❶ 직사각형 가의 가로는 12 cm이고 넓이가 36 $cm^2$이므로 ㉠$=36\div12=3$입니다.
❷ 정사각형 나에서 $6\times6=36$이므로 ㉡$=6$입니다.
❸ ㉠$+$㉡$=3+6=9$
❹ 9

| 채점 기준 |
|---|
| ❶ ㉠을 구한 경우 |
| ❷ ㉡을 구한 경우 |
| ❸ ㉠+㉡을 구한 경우 |
| ❹ 답을 바르게 쓴 경우 |

## 교과서+익힘책 개념탄탄 165쪽

1 (그림: 밑변, 높이)

2 2, 4, 2, 10

3 2, 8, 24

4 (1) 7, 35 (2) 14, 42

5 (위에서부터) 6 / 4, 6 / 4, 6

6 같습니다에 ○표

1 밑변과 마주 보는 꼭짓점에서 밑변에 수직으로 선분을 긋습니다.

2 직사각형의 가로는 삼각형의 밑변과 같고, 직사각형의 세로는 삼각형의 높이와 같습니다.

3 평행사변형의 밑변은 삼각형의 밑변과 같고, 평행사변형의 높이는 삼각형의 높이와 같습니다.

4 (삼각형의 넓이)=(밑변)×(높이)÷2
(1) $10\times7\div2=35$ ($cm^2$)
(2) $14\times6\div2=42$ ($cm^2$)

5 삼각형 가, 나, 다는 모두 밑변이 3 cm, 높이가 4 cm입니다. 따라서 삼각형 가, 나, 다의 넓이는 모두 $3\times4\div2=6$ ($cm^2$)입니다.

6 삼각형은 밑변과 높이가 같으면 모양이 달라도 넓이가 같습니다.

## 교과서+익힘책 개념탄탄 167쪽

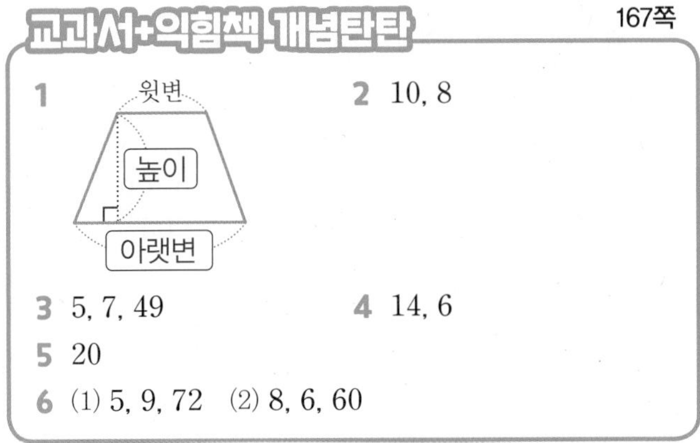


1 (그림)

2 10, 8

3 5, 7, 49

4 14, 6

5 20

6 (1) 5, 9, 72 (2) 8, 6, 60

1 두 밑변을 위치에 따라 윗변, 아랫변이라 하고, 두 밑변 사이의 거리를 높이라고 합니다.

2 사다리꼴에서 평행한 두 변을 찾으면 10 cm인 변과 7 cm인 변입니다. 따라서 7 cm인 윗변과 평행한 아랫변은 10 cm이고, 두 밑변 사이의 거리인 높이는 8 cm입니다.

3 평행사변형의 밑변은 사다리꼴의 (윗변)+(아랫변)과 같고, 평행사변형의 높이는 사다리꼴의 높이와 같습니다.

4 (삼각형 가의 넓이)$=7\times4\div2=14$ ($cm^2$)
(삼각형 나의 넓이)$=3\times4\div2=6$ ($cm^2$)

5 (사다리꼴의 넓이)
=(삼각형 가의 넓이)+(삼각형 나의 넓이)
$=14+6=20$ ($cm^2$)

6 (사다리꼴의 넓이)=((윗변)+(아랫변))×(높이)÷2
(1) $(11+5)\times9\div2=72$ ($cm^2$)
(2) $(8+12)\times6\div2=60$ ($cm^2$)

## 교과서+익힘책 개념탄탄 169쪽

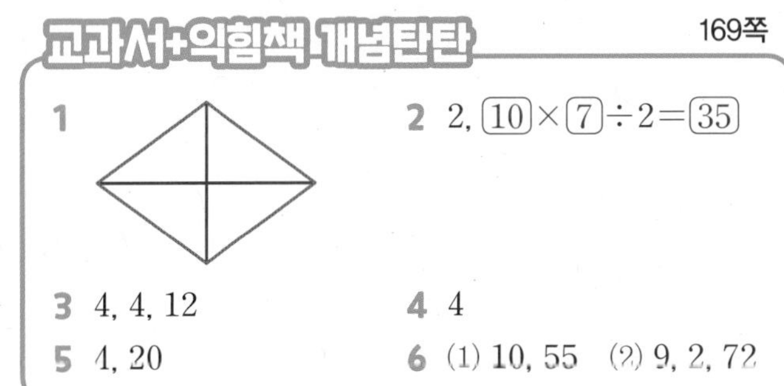

1 (그림)

2 2, [10]×[7]÷2=[35]

3 4, 4, 12

4 4

5 4, 20

6 (1) 10, 55 (2) 9, 2, 72

1 마름모에 그을 수 있는 대각선은 2개입니다.

2 가로가 10 cm, 세로가 7 cm인 직사각형의 넓이의 반은 대각선이 각각 10 cm, 7 cm인 마름모의 넓이와 같습니다.

3 (그림) 마름모의 한 대각선은 6 cm, 다른 대각선은 4 cm입니다.

4 (평행사변형의 높이)=(마름모의 다른 대각선)÷2
$=8\div2=4$ (cm)

5 평행사변형의 밑변은 마름모의 한 대각선과 같고, 높이는 다른 대각선의 반과 같습니다.

6 (마름모의 넓이)=(한 대각선)×(다른 대각선)÷2
(1) $11\times10\div2=55$ ($cm^2$)
(2) $16\times9\div2=72$ ($cm^2$)

## 유형별 실력쑥쑥

170~173쪽

**1** $8\times13\div2=52$ / 52
**01** $(10+6)\times9\div2=72$ / 72
**02** 24 **03** 35
**04** 마름모
**2** 가
**05** 다 **06** 나, 다
**07** 경호 **08** 나, 풀이 참조
**3** 예

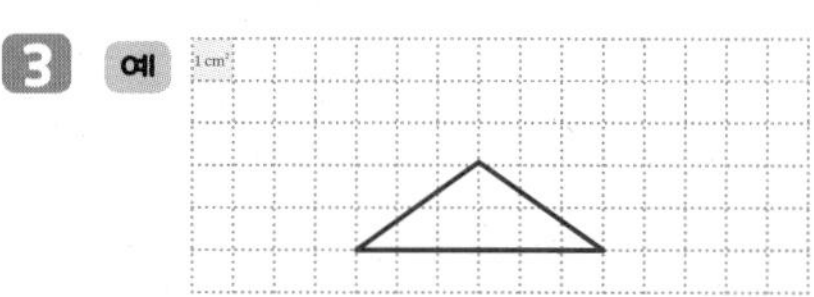

**09** 예

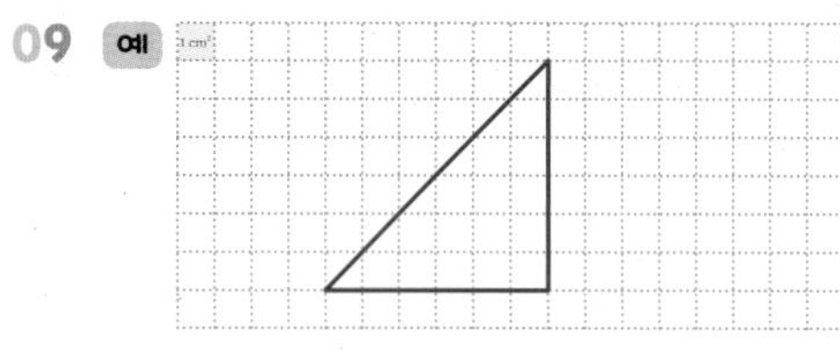

**10** 예

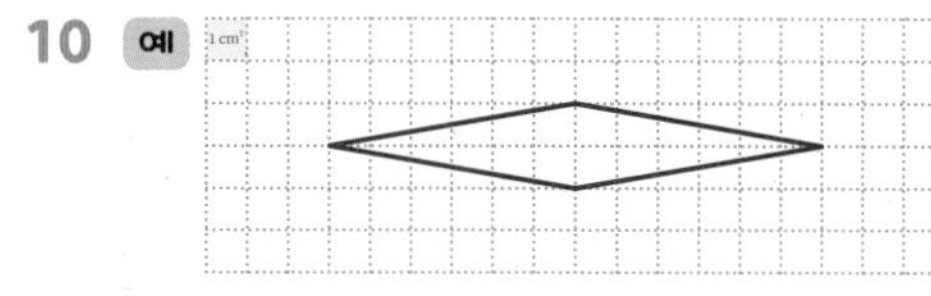

**11** 가
**12** 예

**4** 17
**13** 12 **14** 6
**15** 42 **16** 풀이 참조, 7

**1** (삼각형의 넓이)$=8\times13\div2=52\ (\text{cm}^2)$

**01** (사다리꼴의 넓이)$=(10+6)\times9\div2=72\ (\text{cm}^2)$

**02** 한 대각선은 8 cm, 다른 대각선은 6 cm입니다.
➡ (마름모의 넓이)$=8\times6\div2=24\ (\text{cm}^2)$

**03** 수영장의 모양이 사다리꼴이므로 수영장의 넓이는 $(4+6)\times7\div2=35\ (\text{m}^2)$입니다.

**04** (마름모의 넓이)$=8\times14\div2=56\ (\text{cm}^2)$
(삼각형의 넓이)$=9\times12\div2=54\ (\text{cm}^2)$
➡ $56>54$이므로 넓이가 더 넓은 도형은 마름모입니다.

**2** 삼각형의 밑변과 높이가 같으면 삼각형의 넓이는 같습니다.
삼각형 가는 삼각형 나, 다와 높이는 같지만 밑변이 다르기 때문에 넓이가 다릅니다.

**05** 사다리꼴의 두 밑변의 합과 높이가 같으면 사다리꼴의 넓이는 같습니다.
사다리꼴 가, 나, 다의 높이는 모두 같고, 두 밑변의 합을 각각 구하면 사다리꼴 가는 $3+4=7$ (cm),
사다리꼴 나는 $2+5=7$ (cm),
사다리꼴 다는 $4+2=6$ (cm)입니다.
따라서 넓이가 다른 사다리꼴은 다입니다.

**06** 마름모의 두 대각선을 각각 곱하면
마름모 가는 $6\times4=24$, 마름모 나는 $2\times8=16$,
마름모 다는 $4\times4=16$입니다.
따라서 넓이가 같은 두 마름모는 나와 다입니다.

**07** 주어진 마름모의 두 대각선의 곱은 $10\times9=90$입니다.
두 대각선의 곱을 각각 구하면
경호: $15\times6=90$, 예지: $12\times8=96$입니다.
따라서 주어진 마름모와 넓이가 같은 마름모를 그린 친구는 경호입니다.

**08** ❶ 나
예 ❷ 삼각형 나는 삼각형 가, 다와 높이는 같지만 밑변이 다르기 때문에 넓이가 다릅니다.

| 채점 기준 |
| --- |
| ❶ 넓이가 다른 삼각형의 기호를 쓴 경우 |
| ❷ 이유를 바르게 쓴 경우 |

**3** 주어진 삼각형의 넓이는 $4\times3\div2=6\ (\text{cm}^2)$이므로 (밑변)$\times$(높이)$=12$인 삼각형을 그립니다.

**09** 주어진 삼각형의 넓이는 $4\times9\div2=18\ (\text{cm}^2)$이므로 (밑변)$\times$(높이)$=36$인 삼각형을 그립니다.

**10** 주어진 마름모의 넓이는 $6\times4\div2=12\ (\text{cm}^2)$이므로 (한 대각선)$\times$(다른 대각선)$=24$인 마름모를 그립니다.

**11** 주어진 사다리꼴은 윗변과 아랫변의 합이 6 cm이고 높이가 3 cm입니다. 그린 사다리꼴의 높이가 3 cm로 같으므로 윗변과 아랫변의 합이 6 cm인 사다리꼴을 찾아봅니다.

12 사다리꼴의 윗변과 아랫변의 합이 14 cm이고 높이가 5 cm가 되도록 그립니다.

**4** □×8÷2=68, □×8=136, □=17

13 18×□÷2=108, 18×□=216, □=12

14 (5+9)×□÷2=42, 14×□÷2=42,
14×□=84, □=6

15 마름모의 다른 대각선을 □cm라고 하면
30×□÷2=630, 30×□=1260, □=42이므로 다른 대각선은 42 cm입니다.

16 예 ❶ 높이를 □m라고 하면
(10+12)×□÷2=77입니다.
❷ 22×□÷2=77, 22×□=154, □=7
넓이가 77 $m^2$가 되게 하려면 높이는 7 m로 해야 합니다.
❸ 7

| 채점 기준 |
|---|
| ❶ 높이 구하는 식을 쓴 경우 |
| ❷ 높이를 바르게 구한 경우 |
| ❸ 답을 바르게 쓴 경우 |

## 응용+수학역량 UP UP

174~178쪽

**1** (1) 18 (2) 16 (3) 직사각형
1-1 마름모 1-2 49
**2** (1) 9 (2) 117
2-1 102 2-2 98
**3** (1) 72 (2) 9
3-1 2 3-2 15
**4** (1) 10, 24
(2)

| 가로(cm) | 1 | 2 | 3 | 4 | 5 | 6 | 7 | 8 | 9 |
|---|---|---|---|---|---|---|---|---|---|
| 세로(cm) | 9 | 8 | 7 | 6 | 5 | 4 | 3 | 2 | 1 |
| 넓이($cm^2$) | 9 | 16 | 21 | 24 | 25 | 24 | 21 | 16 | 9 |

예

4-1 예

4-2 예
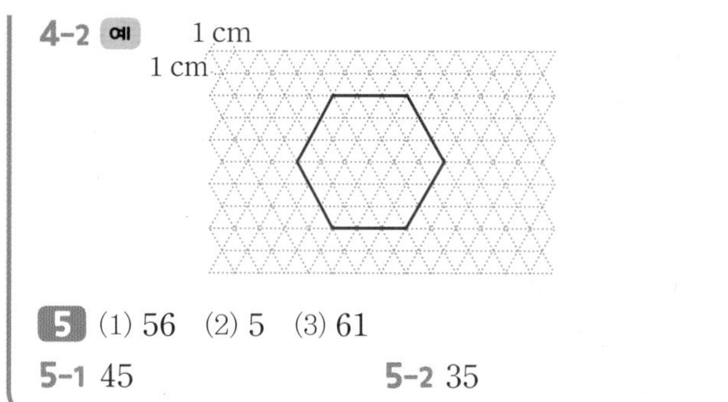


**5** (1) 56 (2) 5 (3) 61
5-1 45 5-2 35

**1** (1) 1 km=1000 m이므로 3000 m=3 km입니다.
➡ 6×3=18 ($km^2$)
(2) 1 km=1000 m이므로 8000 m=8 km입니다.
➡ 2×8=16 ($km^2$)
(3) 18>16이므로 직사각형의 넓이가 더 넓습니다.

1-1 700 cm=7 m이므로
(마름모의 넓이)=4×7÷2=14 ($m^2$)이고
800 cm=8 m이므로
(삼각형의 넓이)=8×3÷2=12 ($m^2$)입니다.
14>12이므로 넓이가 더 넓은 도형은 마름모입니다.

1-2 • 4000 m=4 km, 8000 m=8 km,
5000 m=5 km
➡ (사다리꼴의 넓이)=(4+8)×5÷2=30 ($km^2$)
• (정사각형의 넓이)=7×7=49 ($km^2$)
• 7000 m=7 km
➡ (마름모의 넓이)=10×7÷2=35 ($km^2$)
30<35<49이므로 넓이가 가장 넓은 도형은 정사각형이고 그 넓이는 49 $km^2$입니다.

**2** (1) 직사각형의 세로를 □cm라고 하면
(13+□)×2=44, 13+□=22, □=9이므로 직사각형의 세로는 9 cm입니다.
(2) 직사각형의 가로가 13 cm, 세로가 9 cm이므로 넓이는 13×9=117 ($cm^2$)입니다.

2-1 사다리꼴의 높이를 □cm라고 하면
□+6+13+11=42, □+30=42, □=12이므로 사다리꼴의 높이는 12 cm입니다.
➡ (사다리꼴의 넓이)=(11+6)×12÷2
=102 ($cm^2$)

2-2 정사각형의 한 변은 28÷4=7 (cm)이고 평행사변형의 높이는 정사각형의 한 변과 같으므로 7 cm입니다.
➡ (평행사변형의 넓이)=14×7=98 ($cm^2$)

**3** (1) (삼각형 가의 넓이)$=18\times8\div2=72$ (cm$^2$)

(2) 삼각형 나의 넓이도 72 cm$^2$이므로
$16\times\square\div2=72$, $8\times\square=72$, $\square=9$입니다.

**3-1** (사다리꼴의 넓이)$=(6+3)\times4\div2=18$ (cm$^2$)
평행사변형의 넓이도 18 cm$^2$이므로 $9\times\square=18$, $\square=2$입니다.

**3-2** (마름모의 넓이)$=18\times10\div2=90$ (cm$^2$)
직사각형의 넓이도 90 cm$^2$이므로 $15\times$㉠$=90$, ㉠$=6$입니다.
삼각형의 넓이도 90 cm$^2$이므로 $20\times$㉡$\div2=90$, $10\times$㉡$=90$, ㉡$=9$입니다.
따라서 ㉠$+$㉡$=6+9=15$입니다.

**4** (1) (가로)$+$(세로)는 둘레의 반이므로 $20\div2=10$ (cm)이고, (가로)$\times$(세로)는 넓이이므로 24 cm$^2$입니다.

(2) (가로)$+$(세로)$=10$ (cm)임을 이용하여 표를 완성하고, 넓이가 24 cm$^2$인 경우를 찾으면 가로 4 cm, 세로 6 cm 또는 가로 6 cm, 세로 4 cm일 때입니다.

**4-1** 둘레가 26 cm이므로 (가로)$+$(세로)$=13$ (cm)이고, (직사각형의 넓이)$=$(가로)$\times$(세로)$=36$ (cm$^2$)입니다.

| 가로(cm) | 1 | 2 | 3 | 4 | 5 | 6 | … |
|---|---|---|---|---|---|---|---|
| 세로(cm) | 12 | 11 | 10 | 9 | 8 | 7 | … |
| 넓이(cm$^2$) | 12 | 22 | 30 | 36 | 40 | 42 | … |

넓이가 36 cm$^2$인 경우를 찾으면 가로 4 cm, 세로 9 cm 또는 가로 9 cm, 세로 4 cm일 때입니다.

**4-2** 주어진 정다각형은 정칠각형입니다.
정칠각형의 둘레는 $5\times7=35$ (cm)이므로 그려야 하는 정육각형의 둘레는 35 cm보다 짧아야 합니다.
따라서 (정육각형의 둘레)$=$(한 변)$\times6$이므로 한 변이 6 cm보다 짧은 정육각형을 그립니다.

**5** (1) $(9+5)\times8\div2=56$ (cm$^2$)

(2) $2\times5\div2=5$ (cm$^2$)

(3) (사각형 ㄱㄴㄷㄹ의 넓이)
$=$(사다리꼴 ㄱㄴㅁㄹ의 넓이)
$+$(삼각형 ㄹㅁㄷ의 넓이)
$=56+5=61$ (cm$^2$)

**5-1**

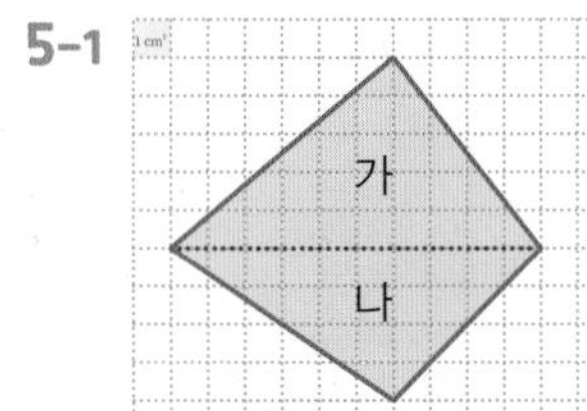


(사각형의 넓이)
$=$(삼각형 가의 넓이)
$+$(삼각형 나의 넓이)
$=10\times5\div2+10\times4\div2$
$=25+20=45$ (cm$^2$)

**5-2**

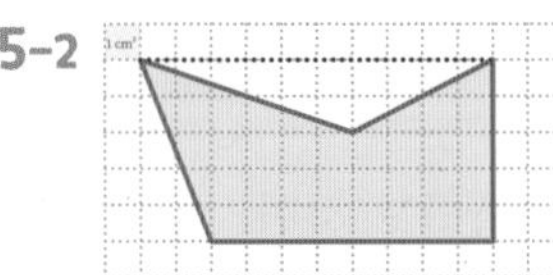

(색칠한 부분의 넓이)
$=$(사다리꼴의 넓이)$-$(삼각형의 넓이)
$=(10+8)\times5\div2-10\times2\div2$
$=45-10=35$ (cm$^2$)

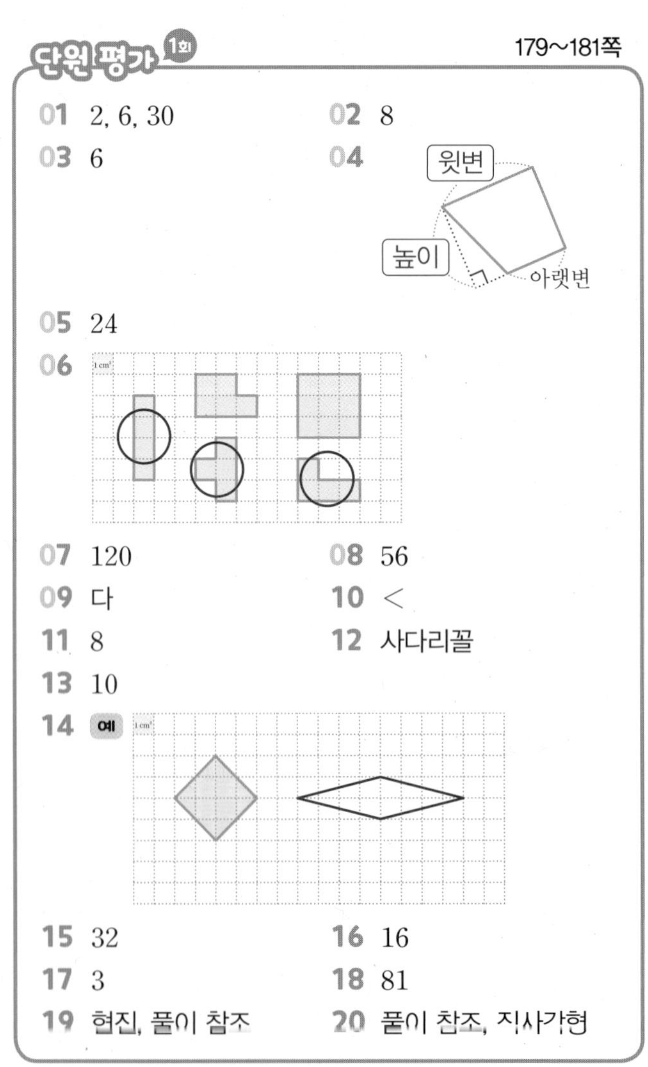

## 단원 평가 1회

179~181쪽

**01** 2, 6, 30
**02** 8
**03** 6
**04** 윗변, 높이, 아랫변
**05** 24
**06**
**07** 120
**08** 56
**09** 다
**10** <
**11** 8
**12** 사다리꼴
**13** 10
**14** 예
**15** 32
**16** 16
**17** 3
**18** 81
**19** 현진, 풀이 참조
**20** 풀이 참조, 직사각형

02 [1 cm²]가 8개이므로 도형의 넓이는 8 $cm^2$입니다.

03 1000000 $m^2$=1 $km^2$이므로
6000000 $m^2$=6 $km^2$입니다.

04 두 밑변을 위치에 따라 윗변, 아랫변이라 하고, 두 밑변 사이의 거리를 높이라고 합니다.

05 한 변이 8 cm인 정삼각형의 둘레는
$8\times3=24$ (cm)입니다.

06 [1 cm²]가 4개인 도형을 모두 찾습니다.

07 (직사각형의 넓이)$=15\times8=120$ ($cm^2$)

08 800 cm=8 m이므로
(마름모의 넓이)$=8\times14\div2=56$ ($m^2$)입니다.

09 삼각형 다는 삼각형 가, 나와 높이는 같지만 밑변이 다르기 때문에 넓이가 다릅니다.

10 7000000 $m^2$=7 $km^2$이므로 5 $km^2$<7 $km^2$입니다.

11 평행사변형의 넓이가 120 $cm^2$이므로
$15\times\square=120$, $\square=8$입니다.

12 (사다리꼴의 넓이)$=(5+7)\times7\div2=42$ ($cm^2$)
(직사각형의 넓이)$=9\times4=36$ ($cm^2$)
42>36이므로 넓이가 더 넓은 도형은 사다리꼴입니다.

13 (정오각형의 둘레)$=8\times5=40$ (cm)
정사각형의 둘레도 40 cm이므로
$\square\times4=40$, $\square=10$입니다.

14 주어진 마름모의 넓이는 $4\times4\div2=8$ ($cm^2$)이므로
(한 대각선)×(다른 대각선)=16인 마름모를 그립니다.

15 (정사각형의 넓이)=(한 변)×(한 변)=64 ($cm^2$)이고,
$8\times8=64$이므로 정사각형의 한 변은 8 cm입니다.
➡ (정사각형의 둘레)$=8\times4=32$ (cm)

16 아랫변을 □cm라 하면 $(8+\square)\times5\div2=60$,
$(8+\square)\times5=120$, $8+\square=24$, $\square=16$입니다.

17 삼각형의 넓이는 $8\times12\div2=48$ ($cm^2$)이므로
평행사변형의 넓이도 48 $cm^2$입니다.
➡ $16\times\square=48$, $\square=3$

18 (다각형의 넓이)
=(삼각형의 넓이)+(사다리꼴의 넓이)
$=12\times4\div2+(12+7)\times6\div2$
$=24+57=81$ ($cm^2$)

19 ❶ 현진
예 ❷ 학교 수영장의 넓이는 120 $m^2$입니다.

| 채점 기준 | 배점 |
|---|---|
| ❶ 단위를 잘못 사용하여 말한 친구를 쓴 경우 | 2점 |
| ❷ 문장을 바르게 고친 경우 | 3점 |

20 예 ❶ 직사각형의 둘레는 $(9+5)\times2=28$ (cm)이고, 평행사변형의 둘레는 $(7+6)\times2=26$ (cm)입니다.
❷ 28>26이므로 둘레가 더 긴 도형은 직사각형입니다.
❸ 직사각형

| 채점 기준 | 배점 |
|---|---|
| ❶ 직사각형과 평행사변형의 둘레를 구한 경우 | 2점 |
| ❷ 둘레가 더 긴 도형을 찾은 경우 | 1점 |
| ❸ 답을 바르게 쓴 경우 | 2점 |

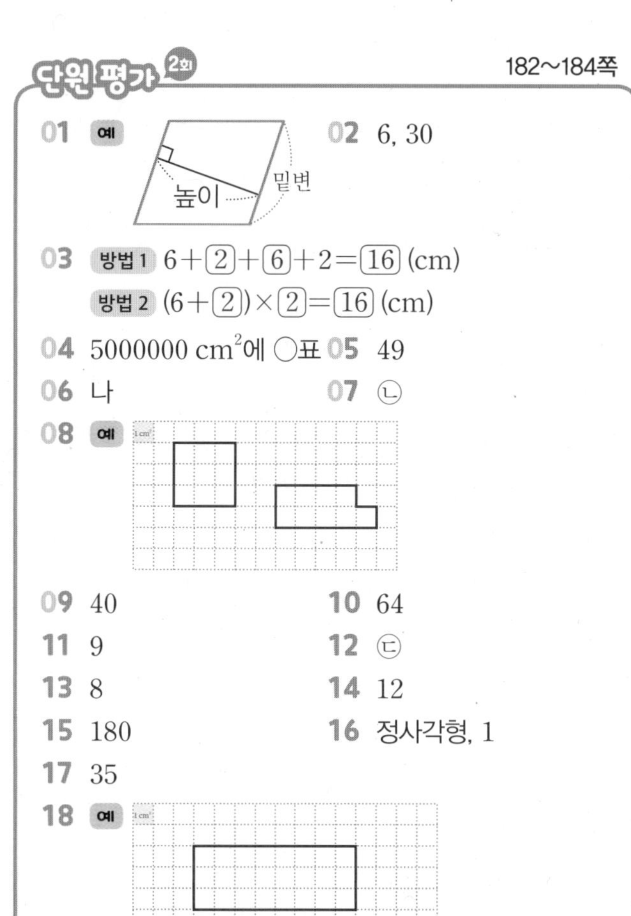
단원 평가 2회 182~184쪽

01 예 (높이, 밑변)　02 6, 30
03 방법 1 $6+2+6+2=16$ (cm)
방법 2 $(6+2)\times2=16$ (cm)
04 5000000 $cm^2$에 ○표　05 49
06 나　07 ㉡
08 예
09 40　10 64
11 9　12 ㉢
13 8　14 12
15 180　16 정사각형, 1
17 35
18 예
19 풀이 참조, 5　20 풀이 참조, 3

**01** 평행사변형에서 평행한 두 변을 밑변이라 하고, 두 밑변 사이의 거리를 높이라고 합니다.

**02** 정육각형은 변 6개의 길이가 모두 같으므로 정육각형의 둘레는 한 변에 변의 수를 곱해서 구합니다.

**03** 직사각형의 둘레는 네 변을 모두 더하거나 가로와 세로가 각각 서로 같다는 성질을 이용하여 구할 수 있습니다.

**04** 5000000 $m^2$=5 $km^2$
5000000 $cm^2$=500 $m^2$

**05** (정사각형의 넓이)=7×7=49 ($cm^2$)

**06** 평행사변형 나는 평행사변형 가, 다와 높이는 같지만 밑변이 다르기 때문에 넓이가 다릅니다.

**07** ㉠ 7 $m^2$=70000 $cm^2$
㉢ 1000000 $m^2$=1 $km^2$

**08** 넓이가 9 $cm^2$인 도형이므로 [1 $cm^2$]가 9개이고 모양이 서로 다른 도형을 2개 그립니다.

**09** (삼각형의 넓이)=10×8÷2=40 ($cm^2$)

**10** (사다리꼴의 넓이)=(10+6)×8÷2=64 ($cm^2$)

**11** 정칠각형은 변 7개의 길이가 모두 같으므로 정칠각형의 한 변은 63÷7=9 (cm)입니다.

**12** ㉠ 도형 가의 넓이는 8 $cm^2$입니다.
㉡ 도형 나의 넓이는 9 $cm^2$, 도형 다의 넓이는 12 $cm^2$이므로 넓이가 가장 넓은 도형은 다입니다.
㉢ 도형 가의 넓이는 도형 다의 넓이보다 12−8=4 ($cm^2$) 더 좁습니다.

**13** 15×□÷2=60, 15×□=120, □=8

**14** 마름모의 다른 대각선을 □m라고 하면
3×□÷2=18, 3×□=36, □=12입니다.
따라서 다른 대각선은 12 m입니다.

**15** 윗변: 1500 cm=15 m
아랫변: 2500 cm=25 m
높이: 900 cm=9 m
➡ (사다리꼴의 넓이)=(15+25)×9÷2
=180 ($m^2$)

**16** (정사각형의 넓이)=4×4=16 ($cm^2$)
(평행사변형의 넓이)=5×3=15 ($cm^2$)
➡ 정사각형의 넓이가 16−15=1 ($cm^2$) 더 넓습니다.

**17** 평행사변형의 밑변을 □cm라고 하면
(11+□)×2=32, 11+□=16, □=5입니다.
높이가 7 cm이므로
(평행사변형의 넓이)=5×7=35 ($cm^2$)입니다.

**18** 둘레가 22 cm이므로 (가로)+(세로)=11 (cm)이고, (직사각형의 넓이)=(가로)×(세로)=24 ($cm^2$)입니다.

| 가로(cm) | 1 | 2 | 3 | 4 | 5 | … |
|---|---|---|---|---|---|---|
| 세로(cm) | 10 | 9 | 8 | 7 | 6 | … |
| 넓이($cm^2$) | 10 | 18 | 24 | 28 | 30 | … |

넓이가 24 $cm^2$인 경우를 찾으면 가로 3 cm, 세로 8 cm 또는 가로 8 cm, 세로 3 cm일 때입니다.

**19** 예 ❶ 사다리꼴의 넓이를 구하는 식은
(4+8)×□÷2=30입니다.
❷ 12×□÷2=30, 12×□=60, □=5입니다.
❸ 5

| 채점 기준 | 배점 |
|---|---|
| ❶ 사다리꼴의 넓이를 구하는 식을 쓴 경우 | 1점 |
| ❷ □ 안에 알맞은 수를 구한 경우 | 2점 |
| ❸ 답을 바르게 쓴 경우 | 2점 |

**20** 예 ❶ (정사각형 가의 둘레)=6×4=24 (cm)
❷ 직사각형 나의 둘레도 24 cm이므로 직사각형 나의 세로를 □cm라 하면
(9+□)×2=24, 9+□=12, □=3입니다.
따라서 직사각형 나의 세로는 3 cm입니다.
❸ 3

| 채점 기준 | 배점 |
|---|---|
| ❶ 정사각형 가의 둘레를 구한 경우 | 1점 |
| ❷ 직사각형 나의 세로를 구한 경우 | 2점 |
| ❸ 답을 바르게 쓴 경우 | 2점 |

FUN!
PUZZLE!
LEARN!
퍼즐런
사자성어, 속담, 맞춤법(총3책)
사자성어
퍼즐런
속담
퍼즐런
맞춤법
퍼즐런

초등학교

학년 반 이름

초등학교에서 탄탄하게 닦아 놓은
공부력이 중·고등 학습의 실력을 가릅니다.

## 하루한장 쏙셈

### 쏙셈 시작편
초등학교 입학 전 연산 시작하기
[2책] 수 세기, 셈하기

### 쏙셈
교과서에 따른 수·연산·도형·측정까지 계산력 향상하기
[12책] 1~6학년 학기별

### 쏙셈+플러스
문장제 문제부터 창의·사고력 문제까지 수학 역량 키우기
[12책] 1~6학년 학기별

### 쏙셈 분수·소수
3~6학년 분수·소수의 개념과 연산 원리를 집중 훈련하기
[분수 2책, 소수 2책] 3~6학년 학년군별

## 하루한장 한자

그림 연상 한자로 교과서 어휘를 익히고 급수 시험까지 대비하기
[4책] 1~2학년 학기별

## 하루한장 한국사

### 큰별★쌤 최태성의 한국사
최태성 선생님의 재미있는 강의와 시각 자료로
역사의 흐름과 사건을 이해하기
[3책] 3~6학년 시대별

## 하루한장 ENGLISH BITE

### ENGLISH BITE 알파벳 쓰기
알파벳을 보고 듣고 따라쓰며 읽기·쓰기 한 번에 끝내기
[1책]

### ENGLISH BITE 파닉스
자음과 모음 결합 과정의 발음 규칙 학습으로
영어 단어 읽기 완성
[2책] 자음과 모음, 이중자음과 이중모음

### ENGLISH BITE 사이트 워드
192개 사이트 워드 학습으로 리딩 자신감 키우기
[2책] 단계별

### ENGLISH BITE 영문법
문법 개념 확인 영상과 함께 영문법 기초 실력 다지기
[Starter 2책 , Basic 2책] 3~6학년 단계별

### ENGLISH BITE 영단어
초등 영어 교육과정의 학년별 필수 영단어를
다양한 활동으로 익히기
[4책] 3~6학년 단계별

초등 교과서 발행사 미래엔의
교재로 초등 시기에 길러야 하는
공부력을 강화해 주세요.